四川省“十二五”普通高等教育本科规划教材

无机及分析化学实验

（第三版）

钟国清　主编

科 学 出 版 社

北 京

内 容 简 介

本书是与《无机及分析化学(第三版)》(钟国清,科学出版社,2021年)配套的实验教材,以"注重基本操作和基础实验,加强综合实验和设计实验,注重培养学生的创新思维与能力"为原则,把无机化学实验和分析化学实验有机结合。全书共6章,包括绪论、化学实验基础知识、化学实验基本操作技术、基础实验、综合实验和设计实验,共编写了75个实验。书后附有相关物理常量。用绿色化学理念对传统实验内容进行了"小量化、减量化、绿色化"改造,内容除通用化学实验外,还吸收最新的教学科研成果,引入微波合成、室温固相合成、水热合成等实验。本书是一本以化学实验为载体、全面培养学生科学思维方法与环境保护意识的新形态绿色化学实验教材。

本书适合工、农、林、水产、医、师等高等院校化工、材料、生物、环境等主要专业大类的本科生使用,也可供其他院校的师生使用和参考。

图书在版编目(CIP)数据

无机及分析化学实验/钟国清主编．—3版.—北京:科学出版社,2022.8

四川省"十二五"普通高等教育本科规划教材

ISBN 978-7-03-072679-7

Ⅰ.①无… Ⅱ.①钟… Ⅲ.①无机化学-化学实验-高等学校-教材 ②分析化学-化学实验-高等学校-教材 Ⅳ.①O61-33②O65-33

中国版本图书馆CIP数据核字(2022)第111407号

责任编辑:侯晓敏 郑祥志 / 责任校对:杨 赛

责任印制:张 伟 / 封面设计:迷底书装

科学出版社出版

北京东黄城根北街16号

邮政编码:100717

http://www.sciencep.com

北京中石油彩色印刷有限责任公司印刷

科学出版社发行 各地新华书店经销

*

2011年6月第一版 开本:787×1092 1/16

2015年6月第二版 印张:15 1/2

2022年8月第三版 字数:397 000

2023年8月第十六次印刷

定价:58.00元

(如有印装质量问题,我社负责调换)

《无机及分析化学实验(第三版)》

编写委员会

主　编　钟国清

副主编　胡文远　方景毅　朱远平　蒋琪英

编　委　(按姓名汉语拼音排序)

白进伟　朵兴红　方景毅　胡文远　蒋琪英

梁　华　沈　娟　王　鹏　徐　科　杨定明

袁竹连　张　欢　钟国清　朱远平

第三版前言

《无机及分析化学实验》自出版以来被许多高校关注和使用，并取得了良好的教学效果。为进一步加强无机及分析化学实验课程的建设与教学改革，建设一流课程，编者联合有关高校对《无机及分析化学实验(第二版)》进行了修订。

本书在保持原实验内容体系基础上进行了适当补充、删除和调整，修订过程中注重内容叙述简明扼要、深入浅出，进一步完善了化学实验内容的"绿色化"改造，努力打造一本"制备实验小量化、滴定实验减量化、实验内容绿色化"的无机及分析化学实验特色教材，实现在常规小容量仪器中完成实验教学。

本书共6章，包括绪论、化学实验基础知识、化学实验基本操作技术、基础实验、综合实验和设计实验，共编写了75个实验。实验内容吸收最新的教学科研成果，选材注重广泛性、针对性、趣味性和先进性，将基础性、综合性和设计性实验以及"小量化、减量化、绿色化"特色融入教材中。本书配套视频资源，读者可扫描书中的二维码直接观看。同时，在"学银在线"和"国家高等教育智慧教育平台"都建立了"无机及分析化学实验"精品在线开放课程。在移动客户端安装"学习通"APP，读者可以方便加入课程，免费注册和使用，随时随地进行在线学习、复习和测验。

本书全部采用中华人民共和国法定计量单位。

参加本书编写与修订的有：西南科技大学钟国清、胡文远、蒋琪英、张欢、杨定明、沈娟、梁华、白进伟，西南石油大学方景毅，北京建筑大学王鹏，嘉应学院朱远平，贵州师范学院徐科，青海民族大学朵兴红，广西民族大学袁竹连。全书由钟国清统稿、定稿。

在本书编写修订过程中得到了参编学校的有关领导及科学出版社的大力支持，在此向他们表示衷心的感谢。限于编者的理论水平和实践经验，书中的缺点和不足之处在所难免，敬请广大读者批评指正。

编　者

(zgq316@163.com)

2022年3月

第二版前言

放弃污染严重的传统化学实验，探索化学实验的"绿色化"改造，使绿色化学成为化学教育的重要组成部分，是化学教育工作者的奋斗方向。在绿色化学教育思想的指导下，编者在《无机及分析化学实验》第一版的基础上，进一步完善了对实验内容的绿色化改造，即制备实验小量化、滴定实验减量化、实验内容绿色化，在常规小容量仪器中完成无机及分析化学实验教学，不仅可以大量减少化学试剂和药品的消耗，降低实验消耗费用，而且也可加强学生的环境保护意识、降低环境污染，从而提高教学质量和效益。

本书共6章，包括绪论、化学实验基础知识、化学实验基本操作技术、基础实验、综合实验和设计实验，共编写了74个实验。本书介绍了一些文献资源的查阅与检索方法，还有计算机作图与数据处理方面的内容。用绿色化学理念对传统实验内容进行"小量化，减量化，绿色化"改造，试剂消耗可节约50%以上。内容除通用化学实验外，吸收最新的教学科研成果，引入微波合成、室温固相合成、水热合成等实验，实验选材注意广泛性、针对性、趣味性和先进性，并体现化学科学与材料科学、生命科学、环境科学之间的交叉渗透，使实验教学更接近于科学研究或生产实践。在本书编写过程中，注重学生自学能力的培养，注重对实验内容的绿色化改造，注重各实验之间的联系，注重吸收教学科研的新成果，以提高学生对所学知识的综合应用能力，培养学生的科学思维方法，提高学生的科研意识和能力以及科技论文的写作水平。

本书中全部采用中华人民共和国法定计量单位。

参加本书编写与修订的有：西南科技大学钟国清、蒋琪英、杨定明、张欢、沈娟、陈阳、白进伟，北京建筑大学王鹏，宁波大学干宁，西南石油大学方景毅，嘉应学院朱远平，贵州师范学院王超英、徐科，楚雄师范学院余建中，三明学院张启卫。全书由主编钟国清统稿定稿。

本书在编写与修订过程中得到了参编学校的有关领导及科学出版社的大力支持，编者在此向他们表示衷心的感谢。我们试图努力编写一本特色鲜明的《无机及分析化学实验》绿色化教材，但限于编者的理论水平和实践经验，书中的疏漏和不足在所难免，敬请读者批评指正。

编　者

2015年3月

第一版前言

化学实验在化学教学中占有重要地位。无机及分析化学实验的基本操作方法和基本操作技能是一项基本功，能很好地培养学生观察现象、分析问题、归纳总结、独立工作的能力，使学生加深对课堂理论的理解，建立准确的“量”的概念，树立严谨的科学态度。

为适应高等教育的改革与发展，贯彻绿色化学教育思想，我们对传统实验内容进行了改造，增加了综合实验和设计实验。本书以“注重基本操作和基础实验，加强综合实验和设计实验，注重培养学生的创新思维与能力”为原则，把无机化学实验和分析化学实验有机结合。全书共6章，包括绪论、化学实验基础知识、化学实验基本操作技术、基础实验、综合实验和设计实验，共编写了68个实验，供教师根据具体情况灵活选用。内容除保持通用化学实验外，还吸收了最新的教学科研成果，将“小量化，减量化，绿色化”有机融入实验，引入微波及固相、水热合成实验。本书注意广泛性、针对性、趣味性和先进性，并体现材料科学、生命科学、环境科学之间的相互交叉渗透，使教学科研与生产实际更接近。在本书编写过程中，注重学生自学能力的培养，注重对实验内容的绿色化改造，注重各实验之间的联系，注重吸收教学科研的新成果，提高学生对所学知识的综合应用，培养学生的科学思维方法、科研能力和意识。

把绿色化学的理念融合于大学化学教学，在化学实验中减少环境污染，增强广大师生的环保意识，使绿色化学成为化学教育的重要组成部分，是化学实验课程改革的新课题。放弃污染严重的传统化学实验，探索化学实验的“绿色化”改造，是化学实验教育工作者的奋斗方向。我们根据无机及分析化学实验的特点，从加强环境教育入手，用绿色化学的观念对传统实验教学内容进行改造，建立“制备实验小量化、分析实验减量化、实验内容绿色化”，在常规仪器中完成无机及分析化学实验教学，不仅可以大量减少化学试剂和药品的消耗，节约实验成本，而且能够加强学生的环保意识，减少环境污染，从而提高教学质量和效益。

制备实验小量化。以尽量少的化学原料和试剂获取尽量多的化学信息，降低实验室排废量，节约实验成本。采用小剂量实验，不仅可节约药品，缩短实验时间，减少环境污染，而且有利于强化学生的动手操作能力，培养创新思维，树立绿色化学观念，增强学生的环保意识。

分析实验减量化。长期以来，学生做滴定分析实验一直沿用50mL滴定管、25mL移液管、250mL锥形瓶等器皿，标准溶液的浓度采用0.1～0.2mol・L^{-1}。在实验原理、方法、操作与常量滴定分析相同的情况下，采用降低标准溶液浓度1/10～1/2，使用常规的小容量仪器，从而使实验操作更轻松，减轻实验强度，缩短实验时间，降低仪器破损率，并且可大幅度节省实验经费。例如，碘量法测定胆矾或铜矿中铜的含量，传统教材采用的是0.1mol・L^{-1} $Na_2S_2O_3$溶液，每个学生完成标定和样品测定实验要消耗碘化钾6g以上；在小容量仪器基础上进行减量化实验，把$Na_2S_2O_3$标准溶液浓度降至0.02mol・L^{-1}，完成实验消耗碘化钾总量不到1g，比传统的实验可节约成本80%以上。

实验内容绿色化。将绿色化学的原理、原则应用到化学实验中，寻找替代品，推行微型化、小量化与减量化实验，发展封闭实验和串联实验，回收利用实验产物和废物，以及使用微波及室温固相合成等方法，是实现无机及分析化学实验绿色化的重要途径。以化学实验为载体，全面培养学生的科学思维方法和绿色环保意识。

本书全部采用中华人民共和国法定计量单位。

参加本书编写的有：西南科技大学钟国清、蒋琪英、杨定明、张欢、沈娟、陈阳、白进伟，宁波大学干宁，西南石油大学方景毅，北京建筑工程学院王鹏，嘉应学院朱远平，楚雄师范学院余建中，河池学院李巨超，三明学院张启卫。全书由钟国清统稿定稿。

在本书编写过程中得到了参编学校的有关领导及科学出版社的大力支持，在此向他们表示衷心的感谢。我们试图努力编写一本特色的《无机及分析化学实验》，但限于编者的理论水平和实践经验，加之编写时间仓促，书中的缺点和不足在所难免，敬请读者批评指正。

编　者

2011年3月

目　　录

第1章　绪　　论

1.1　为什么要做化学实验

化学是一门实验科学，化学实验是实施全面化学教育的一种最有效的教学形式，是化学课程不可缺少的重要环节。通过实验课程的学习与实践，不仅可以培养学生的实验操作技能和实事求是、严谨认真的科学态度，而且可以培养学生初步掌握开展科学研究与创新的方法，提高学生的科学素养。

(1) 通过实验，掌握文献资料的查阅和实验方案设计的方法，使课堂中讲授的重要理论和概念得到验证、巩固和充实，并适当地扩大知识面。化学实验不仅使理论知识形象化，形成实验方案和方法，而且能说明这些理论和规律在应用时的条件、范围和方法，较全面地反映化学现象的复杂性和多样性。

(2) 培养学生正确地掌握一定的实验操作技能。只有操作正确，才能得出准确的数据和结果，而后者又是正确结论的主要依据。通过无机及分析化学实验的学习，可以掌握重要化合物的一般制备方法、常见的分离方法和定量分析测定方法，从而建立准确的"量"的概念。因此，化学实验中基本操作的训练具有极其重要的意义，是培养学生逐步掌握科学研究方法的基础。

(3) 培养独立思考和独立工作的能力。学生需要学会联系课堂讲授的知识，并认真学习每个实验所提供的阅读材料或参考文献，实验时仔细地观察、记录和分析实验现象，归纳、综合及正确处理数据，能对实验结果进行分析讨论和用文字进行准确规范的表达。

(4) 培养学生科学的工作态度和习惯。科学的工作态度是指实事求是的作风，忠实于所观察到的客观现象。若发现实验现象与理论不符，应检查操作是否正确或所用的理论是否合适等。科学的工作习惯是指操作正确、观察细致、安排合理等，这些都是做好实验的必要条件。

1.2　怎样做好化学实验

化学实验是化学及相关学科进行科学研究的重要手段，在培养学生的科学思维、动手能力、观察能力方面非常重要。为了做好实验，应当充分预习、认真操作、细心观察、如实记录，经归纳整理，写好实验报告。要达到实验的目的，必须有正确的学习态度和学习方法。化学实验的学习方法大致可分为下列三个步骤。

1. 预习

充分预习是做好实验的前提和保证，预习工作可归纳为"看、查、写"。预习应达到下列要求：

(1) 仔细阅读实验教材和复习理论教材中的有关内容，明确所做实验项目的目的，熟悉实验内容、有关理论、操作步骤、数据处理方法、有关基本操作和仪器的使用，了解实验中的注意事项(尤其是安全事项)和做好实验的关键所在，初步估计每一个反应或步骤的预期结果，回答实验思考题。对实验内容要做到胸有成竹，避免盲目地“照方抓药”。对预习不充分的学生，教师可停止其做实验。

(2) 从资料或手册中查出实验所需数据或常数。

(3) 对基础实验和综合实验，应在充分预习和下载阅读实验教材所提供的阅读材料的基础上，写好预习报告。预习报告要求写在专用的实验记录本上，内容一般包括实验目的、实验原理、实验步骤(简要叙述或用流程图表示)、实验现象与数据记录(预留好空格、设计好原始记录的表格等)、注意事项、实验所需数据、思考题的回答等。预习报告要做到简明扼要、清晰，切勿照书抄。

(4) 对设计实验，要认真查阅实验教材中提供的以及近期能从有关数据库中查到的有关参考文献，制订出切实可行的详细实验方案。

2. 实验

实验过程中，学生应严格遵守实验室规则，接受教师指导，在充分预习的基础上，根据实验教材中所规定的方法、步骤、试剂用量进行操作，并做到以下几点：

(1) 认真操作、细心观察，如实、详细地记录观察到的现象，将实验所观察到的现象、得到的有关实验原始数据记录到预习报告事先所预留的空格处和表格中。如实、详细地做好实验记录是十分重要的，因为这既可以训练学生真实、正确地反映客观事实的能力和培养分析、解决问题的能力，又便于检查实验成功和失败的原因，培养实事求是的科学态度和严谨的学风。

(2) 如果发现实验现象和理论不符，应认真分析、检查其原因，并细心地重做实验。也可以做对照实验、空白实验或自行设计的实验进行验证，从中得到有益的科学结论和学习科学思维的方法。

(3) 实验中遇到疑难问题，经自己思考分析仍难以解释时，可请教师解答。

(4) 在实验过程中应保持肃静，严格遵守实验室工作规则。

(5) 做完实验，整理好仪器设备，做好清洁卫生，将实验记录交指导教师审阅签字后，方能离开实验室。

3. 实验报告

做完实验后，应解释实验现象，并得出结论，或根据实验数据进行有关计算，独立完成实验报告，由课代表收齐后按时交指导教师批阅。若有实验现象、解释、结论、数据、计算等不符合要求，或实验报告写得潦草，应重做实验或重写报告。实验报告要记录清楚、结论明确、文字简练、书写整洁，一般包括下列七个部分：

(1) 实验名称。物理量测定实验还应包括室温、压力等。

(2) 实验目的。只有明确实验目的和具体要求，才能更好地理解实验操作及其依据，做到心中有数、有的放矢，达到预期的实验效果。

(3) 实验原理。简要地用文字和化学方程式说明，对有特殊装置的实验，应画出实验装置图。

(4) 仪器与试剂。写出主要仪器的型号、所用试剂的规格与浓度。

(5) 实验步骤。扼要地写出实验步骤，可用流程图形式简要表达，切忌照书抄。

(6) 实验结果与数据处理。用文字、表格、图形等将实验现象及数据表示出来，列出有关计算公式，并进行计算，将计算结果一并列入表格中。有的实验需要根据实验现象和结果等写出实验结论。尽可能使记录规范化、表格化。

(7) 分析讨论。分两方面，一是结合实验中的现象、结果或产生的误差等进行分析和讨论，尽可能理论联系实际；二是写下自己对本次实验的心得和体会，即在理论和实验操作上有哪些收获，对实验操作和仪器装置等的改进建议以及实验中的疑难问题分析等。通过问题讨论，可以达到总结、巩固和提高的目的，并提高科技论文的写作能力。

上述是实验过程必须经历的三个主要环节，也是考核学生化学实验成绩的重要依据。

1.3 实验报告书写格式

Ⅰ. 制备实验类

硫酸铜的提纯

一、实验目的

(1) 掌握粗硫酸铜提纯及产品纯度检验的原理和方法。

(2) 学习托盘天平和 pH 试纸的使用以及加热、溶解、蒸发、过滤、结晶等基本操作。

二、实验原理

粗硫酸铜中含有不溶性杂质和 $FeSO_4$、$Fe_2(SO_4)_3$ 等可溶性杂质，不溶性杂质经溶解、过滤即可除去，$FeSO_4$ 用 H_2O_2 氧化为 Fe^{3+}，然后调 pH≈4，使 Fe^{3+} 水解成为 $Fe(OH)_3$ 沉淀而除去。

$$2Fe^{2+} + H_2O_2 + 2H^+ = 2Fe^{3+} + 2H_2O$$

$$Fe^{3+} + 3H_2O = Fe(OH)_3 \downarrow + 3H^+$$

除去 Fe^{3+} 后的滤液经蒸发、浓缩、冷却，即可析出 $CuSO_4 \cdot 5H_2O$ 晶体。其他可溶性杂质留在母液中，经过滤即可与硫酸铜分离。

Fe^{3+} 与 SCN^- 生成红色物质 $[Fe(SCN)]^{2+}$，用比色法可估计杂质 Fe^{3+} 的含量，从而评定提纯后硫酸铜的纯度。

三、主要仪器与试剂(略)

四、实验步骤

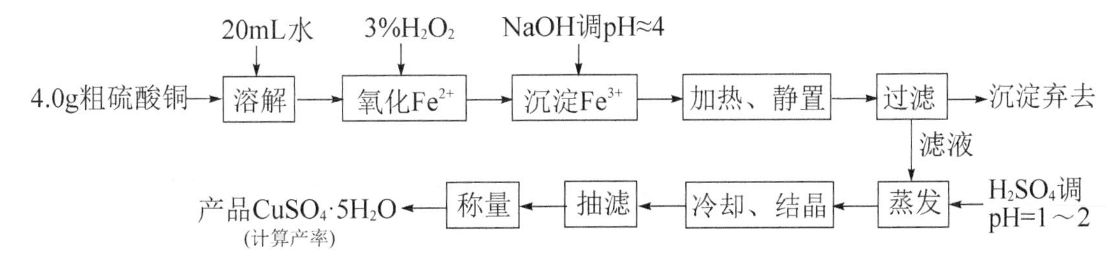

五、实验现象及结果

1. 实验现象(略)

2. 实验结果(略)

(1) 产品外观、色泽。

(2) 实际产量。

(3) 产率(计算公式)。

(4) 纯度检验结果。

六、分析讨论(供参考)

(1) 根据溶度积规则计算可知，pH 在 3.5～4.0 时 Fe^{3+} 可完全水解生成 $Fe(OH)_3$ 沉淀，Fe^{2+} 要在 pH=9.7 时才能完全水解生成 $Fe(OH)_2$ 沉淀，而 Cu^{2+} 在 pH 为 4.6 左右时就开始水解。因此，Fe^{2+} 要首先转化为 Fe^{3+}，并调节 pH 在 4.0 左右，可使 Fe^{3+} 水解完全而除去，Cu^{2+} 不水解。

(2) 能将 Fe^{2+} 氧化为 Fe^{3+} 的氧化剂有 $KMnO_4$、$K_2Cr_2O_7$、Cl_2、H_2O_2 等，选用 H_2O_2 的优点是其产物为水、对提纯物不引入新杂质、过多的 H_2O_2 通过加热就可除去且操作方便。此外也可以选用氧气。滴加 H_2O_2 时，溶液温度不能过高，否则会加速 H_2O_2 的分解。

(3) 用倾析法常压过滤，可加快过滤速度。淋洗烧杯及玻璃棒时应用少量蒸馏水，若洗涤液过多，则蒸发浓缩时间长，能量消耗大。

(4) 精制后的硫酸铜溶液加稀 H_2SO_4 溶液调节 pH 至 1～2，可以防止少量进入滤液的 $Fe(OH)_3$ 胶体混入最终的产品，同时防止加热过程中硫酸铜的水解。在浓缩过程中应用水浴或小火加热，并不断搅拌溶液，刚出现晶膜时应立即停止加热和搅拌，让其自然冷却、结晶。

(5) 检验硫酸铜纯度时，用氨水洗涤 $Fe(OH)_3$ 沉淀，这是因为氨水可与硫酸铜反应生成配合物 $[Cu(NH_3)_4]SO_4$，不与 $Fe(OH)_3$ 反应，从而分离出 $Fe(OH)_3$ 沉淀。

Ⅱ. 物理量测定类

镁的相对原子质量的测定

一、实验目的

(1) 掌握置换法测定镁的相对原子质量的原理和方法。

(2) 掌握理想气体状态方程和气体分压定律的应用。

(3) 学习测量气体体积的基本操作及气压表的使用。

二、实验原理

镁的摩尔质量在数值上等于镁的相对原子质量。镁与稀硫酸作用可按以下反应定量进行：

$$Mg + H_2SO_4(稀) = MgSO_4 + H_2 \uparrow$$

反应中镁的物质的量 $n(Mg)$ 与生成氢气的物质的量 $n(H_2)$ 之比等于 1，假设该实验中的气体为理想气体，则有

$$M(Mg) = \frac{m(Mg)}{n(H_2)} \qquad n(H_2) = \frac{p(H_2) \cdot V_{总}}{RT}$$

实验中由量气管收集到的 H_2 是被水蒸气饱和的，所以量气管内气体的压力是 $p(H_2)$ 与实验温度时 $p(H_2O)$ 的总和，并等于外界大气压 p。若量气管前后两次读数 V_1、V_2 的单位为 mL，则

$$M(Mg) = \frac{m(Mg)RT}{[p - p(H_2O)] \cdot (V_2 - V_1)} \times 1000$$

三、主要仪器与试剂(略)

四、实验步骤

(1) 装配仪器，并注入自来水，赶尽气泡，塞紧试管和量气管塞子，检查装置气密性。

(2) 取下试管，注入 2mL H_2SO_4 溶液，贴放镁条于试管上部，固定试管、塞紧橡皮塞，再次检查气密性。

(3) 读取量气管液面初读数，然后使 Mg 和 H_2SO_4 反应，并使量气管和液面调节器中液面大体在同一水平面上，待试管冷至室温，读取量气管液面终读数。

五、实验数据及计算结果

测定次数	1	2
镁条质量 $m(Mg)/g$	0.0295	0.0312
室温 T/K	301	301
大气压 p/kPa	97.18	97.18
TK 时水的饱和蒸气压 $p(H_2O)/kPa$	3.778	3.778
反应前量气管液面读数 V_1/mL	3.25	2.68
反应后量气管液面读数 V_2/mL	35.50	36.92
镁相对原子质量实测值 $M_{实}$	24.51	24.41
镁相对原子质量平均值 $M_{平}$	24.46	
镁相对原子质量的理论值 $M_{理}$	24.31	
测量的相对误差/%	0.6	

六、分析讨论(略)

Ⅲ. 定量分析类

NaOH 标准溶液的标定

一、实验目的

(1) 掌握用邻苯二甲酸氢钾基准物质标定 NaOH 标准溶液浓度的原理和操作方法。

(2) 练习碱式滴定管的洗涤和使用。

(3) 掌握酸碱指示剂的选择方法，熟悉酚酞指示剂的使用和滴定终点的正确判断。

二、实验原理

本实验用邻苯二甲酸氢钾标定 NaOH 溶液的浓度，反应方程式如下：

$$KHC_8H_4O_4 + NaOH = KNaC_8H_4O_4 + H_2O$$

计量点时，溶液 pH 约为 9，可选用酚酞作指示剂。按下式计算出 NaOH 溶液的浓度：

$$c(NaOH) = \frac{m(KHC_8H_4O_4)}{M(KHC_8H_4O_4) \times \frac{V(NaOH)}{1000}} = \frac{1000m(KHC_8H_4O_4)}{204.22V(NaOH)}$$

三、主要仪器与试剂(略)

四、实验步骤

准确称取 3 份分析纯邻苯二甲酸氢钾 0.15～0.20g，分别放入 3 个锥形瓶中，用大约 20mL 煮沸后刚冷却的蒸馏水使之溶解，加 2 滴酚酞指示剂，用 NaOH 标准溶液滴定至微红色，30s 不褪色即为终点，记下所消耗的体积。

五、实验数据及计算结果

测定次数	1	2	3
$m(KHC_8H_4O_4)$/g	0.1692	0.1887	0.1976
NaOH 溶液终读数/mL 初读数/mL V(NaOH)/mL	16.96 0.12 16.84	18.85 0.00 18.85	19.68 0.02 19.66
c(NaOH)/(mol · L^{-1})	0.04920	0.04902	0.04922
平均值/(mol · L^{-1})	0.04915		
相对平均偏差/%	0.17		

六、分析讨论(供参考)

(1) 作为基准物质,要求纯度高、稳定性好、组成与化学式完全吻合,并尽可能有大的摩尔质量。用邻苯二甲酸氢钾作基准物质时,应在 105～110℃烘干 1h 以上,但干燥温度不能过高,否则会转变为酸酐,标定时相同质量的基准物质将消耗更多的 NaOH 溶液,从而使标定的 NaOH 溶液浓度偏低。

(2) 滴定管在装入标准溶液前必须用操作溶液淌洗两三次,否则溶液的浓度会发生改变。用于滴定的锥形瓶不需要干燥,因为加入溶解基准物质或试样的水量不用精确,同时也不能用标准溶液淌洗锥形瓶。

(3) 平行测定时,每次滴定前都要把滴定管装到"0"刻度,即初读数应为 0.00mL 或稍下的位置,从而消除因滴定管每段刻度不准确而带来的系统误差。为使滴定管的读数误差符合滴定分析的要求,每次滴定消耗的 NaOH 溶液体积应控制在 20mL 左右,因此要控制好基准物质的称量,以免消耗 NaOH 溶液的体积过多或过少。

(4) 酸碱指示剂为有机弱酸或弱碱,可与待测液反应,多用会导致结果不准确。同时在高温下指示剂的变色范围会发生移动,将导致滴定终点不准确,因此滴定一般在室温下进行。

第2章　化学实验基础知识

2.1　误差及数据处理

2.1.1　有效数字

在测量和数字计算中，确定该用几位数字代表测量或计算的结果是很重要的。在计算结果中，无论写多少位数，绝不可能把准确度增加到超过测量所能允许的范围。反之，记录数字的位数过少，低于测量所能达到的精确度，同样是错误的。正确的写法是：所写出数字除末位数字为可疑或不确定外，其余各位数字都是准确的。

1. 有效数字及其位数

分析工作中实际能测量到的数字称为有效数字。任何测量数据，其数字位数必须与所用测量仪器及方法的精确度相当，不能任意增加或减少。“0”在数字之前起定位作用，不属于有效数字；在数字之间或之后属于有效数字。例如，0.001435为四位有效数字，10.05、1.2010分别为四位、五位有效数字。科学计数法有效数字位数与其指数无关，如6.02×10^{23}为三位有效数字。对数值（pH、pOH、pM、$pK_a^\ominus$、$pK_b^\ominus$、$\lg K_f^\ominus$等）有效数字的位数取决于小数部分的位数，如pH=4.75为两位有效数字，$pK_a^\ominus=12.068$为三位有效数字。

2. 有效数字的运算规则

(1) 记录测量数值时，只保留一位可疑数字。

(2) 当有效数字位数确定后，其余数字应舍弃，舍弃方法采取“大五入，小五舍，五成双”一次修约规则。例如，27.024 99、27.025 01、27.015 00和27.025 00取四位有效数字时，分别修约为27.02、27.03、27.02和27.02。

(3) 加减运算。几个数据相加或相减时，它们的和或差的有效数字的保留应以小数点后位数最少的数字为准。例如

$$0.0121+25.64+1.057\,82=0.01+25.64+1.06=26.71$$

(4) 乘除运算。几个数据相乘或相除时，它们的积或商的有效数字的保留应以有效数字位数最少的为准。例如

$$0.0121\times25.64\times1.057\,82=0.0121\times25.6\times1.06=0.328$$

(5) 对数计算中，所取对数的位数应与真数的有效数字位数相等。

(6) 在所有计算式中的常数，如$\sqrt{2}$、1/2等非测量所得数据可以视为有无限多位有效数字。其他如相对原子质量等基本物理量，若需要的有效数字位数少于公布的数值，可根据需要保留。

2.1.2　误差及其减免方法

1. 误差的种类

测定结果与真实值之差称为误差。误差有正负，当测定值大于真实值时为正误差，当

测定值小于真实值时为负误差。但客观存在的真实值不可能知道，实际工作中常用“标准值”代替真实值。标准值是用多种可靠的分析方法，由具有丰富经验的人员经过反复多次测定得出的比较准确的结果。按照来源不同，误差可分为系统误差和偶然误差。

1）系统误差

系统误差是由某些比较确定的原因所引起的，它对分析结果的影响比较固定，即误差的正、负通常是一定的，其特点是具有单向性和重现性。因此，其大小往往可以测出，并且可通过空白实验、对照实验、回收实验和校准仪器等方法减小或消除。按照误差产生的原因，系统误差可分为下列几种：

（1）方法误差：这种误差是由分析方法本身造成的。

（2）仪器试剂误差：仪器不准和试剂不纯引起的误差。

（3）操作误差：一般是指在正常操作条件下，由于实验者掌握操作规程和实验条件有出入而引起的误差。

2）偶然误差

偶然误差是由一些偶然因素所引起的误差，是偶然的或不能控制的，有时正，有时负，有时大，有时小。偶然误差符合正态分布规律，即绝对值相等的正、负误差出现的机会相等；小误差出现的次数多，大误差出现的次数少，个别特别大的误差出现的次数极少。在消除系统误差后，偶然误差可用多次测量的结果取算术平均值的方法减小。在一般的化学分析中，通常要求平行测定三四次。

2. 误差及偏差的表示方法

1）绝对误差和相对误差

实验测得值 x 与真实值 T 之间的差值称为绝对误差 E，即

$$E=x-T \tag{2-1}$$

相对误差是指绝对误差占真实值的百分比，即

$$E_r=\frac{E}{T}\times100\% \tag{2-2}$$

2）绝对偏差和相对偏差

绝对偏差是指某一次测量值与平均值的差异，即

$$d_i=x_i-\bar{x} \tag{2-3}$$

相对偏差是指某一次测量的绝对偏差占平均值的百分数，即

$$d_r=\frac{d_i}{\bar{x}}\times100\% \tag{2-4}$$

3）平均偏差 $\bar{d}$ 和相对平均偏差 $\bar{d}_r$

$$\bar{d}=\frac{|d_1|+|d_2|+|d_3|+\cdots+|d_n|}{n} \tag{2-5}$$

$$\bar{d}_r=\frac{\bar{d}}{\bar{x}}\times100\% \tag{2-6}$$

4）标准偏差 S 和相对标准偏差 S_r。

$$S=\sqrt{\frac{\sum(x_i-\overline{x})^2}{n-1}}=\sqrt{\frac{\sum d_i^2}{n-1}} \tag{2-7}$$

$$S_r=\frac{S}{\overline{x}}\times100\% \tag{2-8}$$

3. 准确度和精密度

测定值与真实值之间的接近程度称为准确度，用误差表示，误差越小，准确度越高。对同一样品，多次平行测定结果之间的符合程度称为精密度，用偏差表示，偏差越小，说明测定结果精密度越高。

准确度表示测量的准确性，精密度表示测量的重现性。在评价分析结果时，只有精密度和准确度都好的方法才可取。在同一条件下，对样品多次平行测定中，精密度高只表明偶然误差小，不能排除系统误差存在的可能性，即精密度高，准确度不一定高。只有在消除系统误差的前提下，才能以精密度的高低衡量准确度的高低。若精密度差，实验的重现性低，则该实验方法是不可信的。

2.1.3　可疑值的取舍

一组数据中，若某一数值与其他值相差较大，能否将其舍去，可用 Q 检验法判断。该方法是求出可疑值与其邻近值之差的绝对值，再除以极差（最大值与最小值之差），所得舍弃商称为 Q 值。若 Q 大于或等于表 2-1 中 $Q_{0.95}$ 或 $Q_{0.90}$ 值，应予舍去；否则，应保留。

表 2-1　舍弃商 Q 值表

测定次数 n	3	4	5	6	7	8	9	10
$Q_{0.90}$	0.94	0.76	0.64	0.56	0.51	0.47	0.44	0.41
$Q_{0.95}$	1.53	1.05	0.86	0.76	0.69	0.64	0.60	0.58

2.1.4　实验数据的表达与处理

实验得出的数据经归纳、处理，才能合理表达，得出满意的结果。结果处理一般有列表法、作图法和计算机处理法等方法。

1. 列表法

列表法是把实验数据按自变量与因变量关系一一对应列表，把相应计算结果填入表格中，该法简单清楚。列表时要求如下：

（1）表格必须写清名称。

（2）自变量与因变量应一一对应列表。

（3）表格中记录数据应符合有效数字规则。

（4）表格也可表达实验方法、现象与反应方程式。

2. 作图法

作图是化学研究中结果分析和结果表达的一种重要方法。正确地作图可使我们从大量的实验数据中提取出丰富的信息和简洁、生动地表达实验结果。作图法的要求如下：

(1) 以自变量为横坐标，因变量为纵坐标。

(2) 选择坐标轴比例时要求使实验测得的有效数字与相应的坐标轴分度精度的有效数字位数一致，以免作图处理后得到的各量的有效数字发生变化。坐标轴标值要易读，必须注明坐标轴所代表的量的名称、单位和数值，注明图的编号和名称，在图的名称下面要注明主要测量条件。为了作图方便，不一定所有图均把坐标原点取为“0”。

(3) 将实验数据以坐标点的形式画在坐标图上，根据坐标点的分布情况，把它们连接成直线或曲线，不必要求它全部通过坐标点，但要求坐标点均匀地分布在曲线的两边。最优化作图的原则是使每一个坐标点到达曲线距离的平方和最小。

3. 计算机处理法

1) Excel 电子表格在绘制各种曲线中的应用

例如，邻二氮菲分光光度法测定水中微量铁，以不含铁的试剂溶液为参比溶液，用分光光度计在波长 460～540nm 测量铁标准显色溶液的吸光度(表 2-2)，绘制吸收曲线。

表 2-2 不同吸收波长下铁标准溶液的吸光度

波长/nm	460	470	480	490	500	505	510	515	520	530	540
吸光度 A	0.310	0.342	0.366	0.387	0.401	0.408	0.412	0.408	0.389	0.317	0.217

在 Excel 表中，将波长和相应的吸光度分别输入第一列和第二列单元格，选定此数据区，用鼠标点击“插入→图表→X、Y 散点图→平滑曲线散点图→在 X、Y 轴输入标题(波长、吸光度)→下一步→完成”，可得该组数据的散点图，如图 2-1 所示。

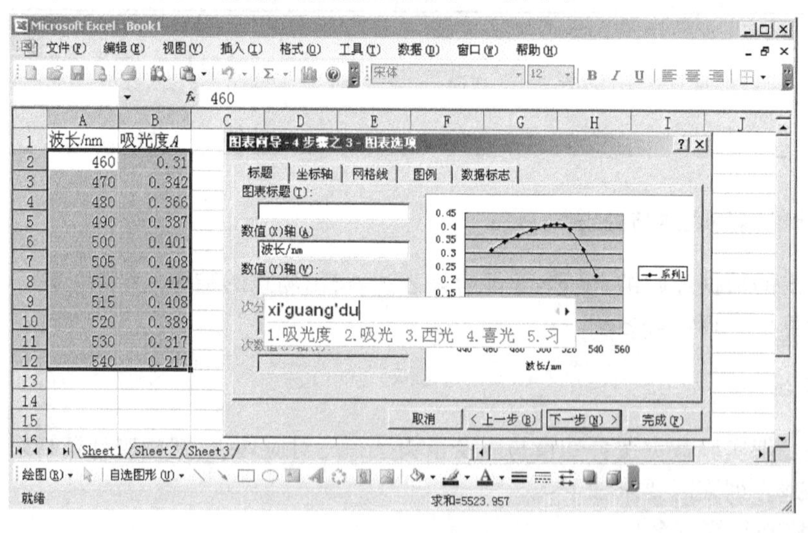

图 2-1 绘制平滑曲线散点图

选中 X 轴或 Y 轴，单击鼠标右键，设置坐标轴格式，如图 2-2 所示。再编辑图表区域格式，即得吸收曲线，如图 2-3 所示。

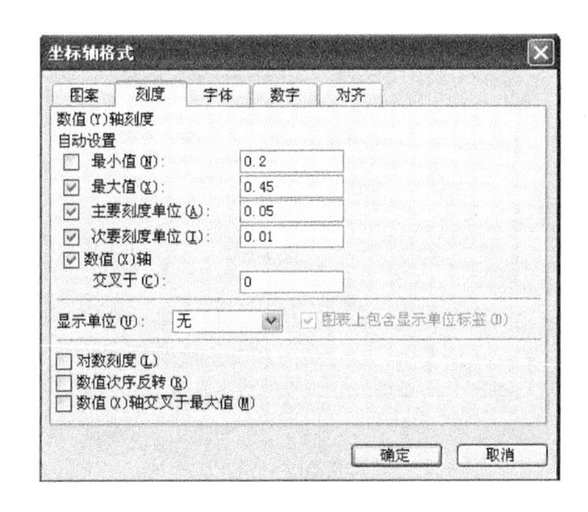

图 2-2　坐标轴格式对话框

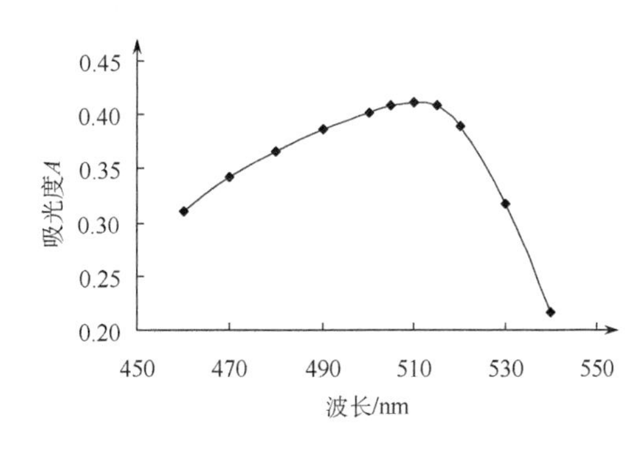

图 2-3　编辑得到的吸收曲线

在最大吸收波长下，以不含铁的试剂溶液为参比溶液，用 1cm 比色皿分别测量各标准显色溶液和试样显色溶液的吸光度(表 2-3)，绘制标准曲线，求出样品中铁的含量。

表 2-3　铁标准溶液和样品溶液在最大吸收波长下测得的吸光度

铁含量/($\mu g \cdot mL^{-1}$)	空白	0.40	0.80	1.20	1.60	2.00	试样
吸光度 A	0.000	0.078	0.162	0.240	0.318	0.399	0.278

在 Excel 表中，将铁标准溶液含量和相应的吸光度分别输入第一列和第二列单元格，选定数据区，用鼠标点击“插入→图表→X、Y 散点图→下一步→完成”，可得该组数据对应的散点图，如图 2-4 所示。

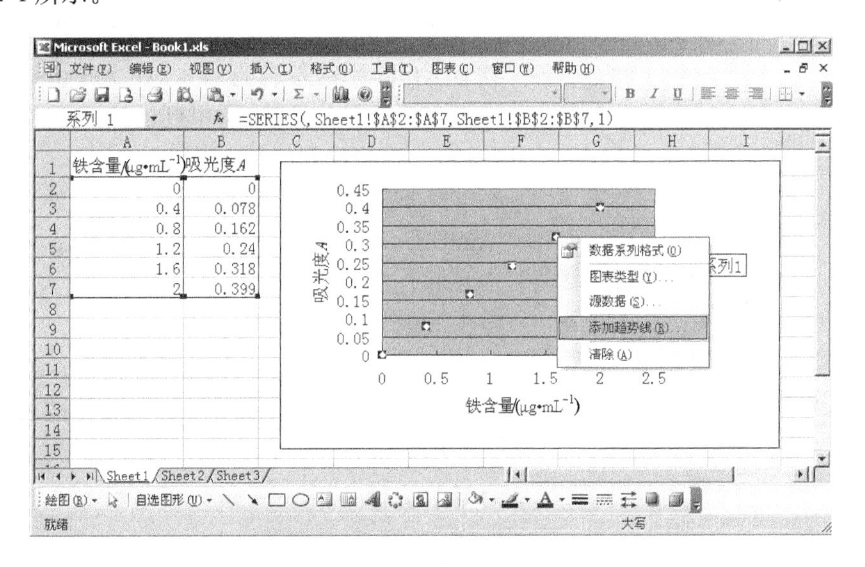

图 2-4　绘制标准曲线散点图

选中散点，单击鼠标右键“添加趋势线”，可得标准曲线。在趋势线格式“选项”框，点击“显示公式”及“显示 R 平方值”复选框，如图 2-5 所示，点击“确定”，得线性回归方程和相关系数。设置坐标轴格式，编辑图表区域格式，即得标准曲线，如图 2-6 所示。

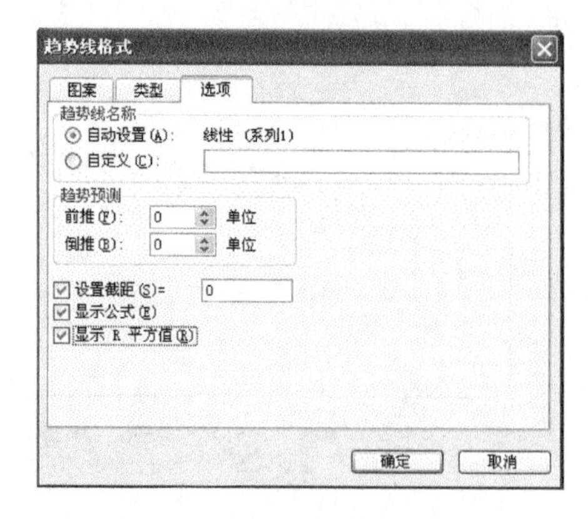

图 2-5　添加趋势线选项对话框

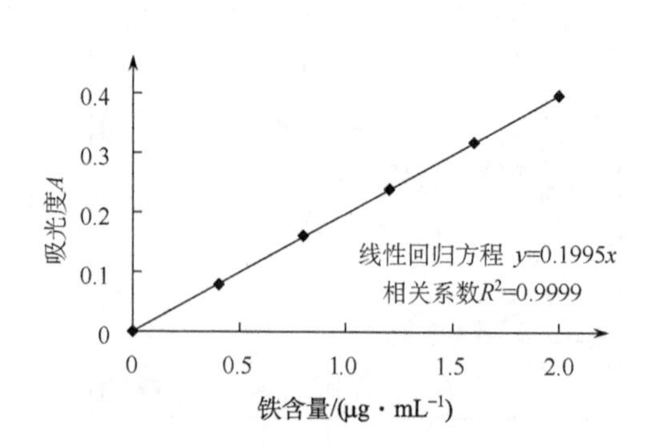

图 2-6　编辑得到的标准曲线及回归方程

根据标准曲线和线性回归方程，可计算出吸光度为 0.278 的样品溶液的含铁量为 1.39$\mu g \cdot mL^{-1}$。

2）Origin 软件在绘制各种曲线中的应用

Origin 是在 Windows 平台下用于数据分析和工程绘图的软件，功能强大，应用广泛。它最基本的功能是曲线拟合。以对表 2-3 中实验数据的处理为例，介绍 Origin 软件曲线拟合的过程。

(1) 启动 Origin 后，出现“Data1”。

(2) 将实验数据按“列”输入，Fe^{2+} 含量输入 $A(X)$列，吸光度 A 输入 $B(Y)$列。

(3) 将鼠标移至 $B(Y)$列，单击右键，选择“Plot”，再选择“Scatter”，即得到图形文件 Graph1。

(4) 按“Tools”菜单，选择“Linear Fit”，出现“Linear Fit”对话框，点击“Fit”，在 Graph1 中就显示出得到的拟合直线，并在 Results Log 窗口列出拟合后的有关参数，所得到的回归系数 $A=0$，$B=0.1995$，相关系数 $R=0.9995$。

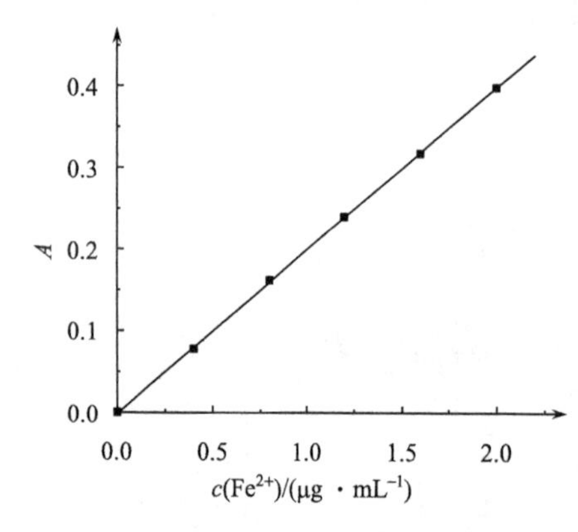

图 2-7　吸光度 A 与 Fe^{2+} 含量间的关系

(5) 双击图中“x Axis Title”处，出现“Text Control”，输入 Fe^{2+} 含量“$c(Fe^{2+})/(\mu g \cdot mL^{-1})$”，点击“OK”；双击图中“$y$ Axis Title”，输入吸光度“A”，点击“OK”。

(6) 双击 y 轴坐标，出现“y Axis-Layer1”对话框，可以对坐标刻度、数字大小等做修改，得到图 2-7。

用 Origin 软件同样也可以画出曲线，方法类似于直线的绘制。

2.2　化学实验安全知识

2.2.1　实验课学生守则

(1) 实验课前要认真预习实验内容，明确实验目的，了解实验的基本原理、方法和步骤等。

(2) 实验前必须按清单清点仪器，若发现有破损或缺少，应立即报告指导教师。

(3) 实验时应遵守操作规程,保证安全;实验过程中,必须认真仔细观察实验现象,积极思考,做好原始实验数据的记录。同时保持实验室内安静,不要大声喧哗。

(4) 整个实验过程中注意保持实验室的卫生和整洁。火柴梗、废纸、残渣等固体物应丢在指定位置,废液应倒入指定废液缸中,严禁倒入水槽内,以防水槽和水管堵塞或腐蚀,并减少环境污染。

(5) 要爱护公共财物,小心使用仪器和实验设备,注意节约使用水、电和药品。若损坏仪器,必须及时向指导教师报告,并自觉如实地填写实验仪器破损报告单,按规定赔偿或补领。实验室内的一切物品不得带离实验室。

(6) 实验完毕,必须将仪器洗涤干净,放回原处;值日生应整理好其他公用实验仪器,做好台面、地面、水槽及周边的清洁卫生;关好水龙头、电源和门窗。得到指导教师允许后,方可离开实验室。

(7) 禁止穿拖鞋、背心进入实验室,确保安全,树立良好的风气和秩序。

(8) 实验课后,理论联系实际,认真处理实验数据,分析问题,写出实验报告,按时交给指导教师批阅。

2.2.2　化学实验室安全守则

化学药品中,有很多是易燃的、易爆的、有毒的或有腐蚀性的。因此,在实验室做实验时,必须在思想上十分重视安全问题,绝不能麻痹大意。实验前应该充分了解实验中的安全事项,实验过程中要集中注意力,并严格遵守操作规程,才能避免事故的发生,确保实验正常进行。

(1) 对于易燃、易爆的物质,要放在离火较远且安全的地方,操作时要严格遵守操作规程。

(2) 涉及有毒、有刺激性气体的实验都要在通风橱内或室内通风较安全的地方进行。如果要借助于嗅觉判别少量的气体,绝不能将鼻子直接对着瓶口或管口闻,而应当用手将少量气体轻轻扇向鼻孔嗅闻。

(3) 加热、浓缩液体的操作要十分小心,不能俯视加热的液体、加热的试管口,更不能将管口对着自己或他人。浓缩液体时,要不停地搅拌,避免液体或晶体溅出使操作者受到伤害。

(4) 有毒药品(如重铬酸钾、钡盐、铅盐、砷的化合物、汞及汞化合物、氰化物等)不得进入口内或接触伤口,剩余废物及金属片不能倒入下水道,应倒入回收容器内集中处理。

(5) 浓酸、浓碱具有强腐蚀性,使用时切勿溅在衣服或皮肤上,尤其是眼睛里。稀释时应在不断搅拌(必要时加以冷却)下将它们慢慢倒入水中。稀释浓硫酸时更要小心,千万不可把水加入浓硫酸中,以免溅出烧伤。

(6) 使用酒精灯时,应随用随点,不用时则盖上灯罩。不要用点燃的酒精灯点燃其他酒精灯,以免酒精流出而失火。

(7) 严格按照实验的操作规程进行实验,绝对不允许随意混合各类化学药品。

(8) 水、电及其他各种气、灯使用完毕后应立即关闭。

(9) 实验室内严禁饮食、吸烟。实验完毕应洗净双手后才能离开实验室。

2.2.3　危险品的分类

在不确定所用物质有无毒性时,均认为有毒。

根据危险品的性质,常用的一些化学药品可大致分为易爆、易燃和有毒三大类。

1. 易爆化学药品

H_2、C_2H_2、CS_2、乙醚及汽油的蒸气与空气或 O_2 混合，皆可因火花导致爆炸。

单独可爆炸的有：硝酸铵、雷酸铵、三硝基甲苯、硝化纤维、苦味酸等。

混合发生爆炸的有：C_2H_5OH 加浓 HNO_3、$KMnO_4$ 加甘油、$KMnO_4$ 加 S、HNO_3 加 Mg 和 HI、NH_4NO_3 加锌粉和水滴、硝酸盐加 $SnCl_2$、H_2O_2 加 Al 和 H_2O、S 加 HgO、Na 或 K 与 H_2O 等。

氧化剂与有机化合物接触，极易引起爆炸，所以在使用 HNO_3、$HClO_4$、H_2O_2 等时必须注意。

2. 易燃化学药品

(1) 常见可燃气体有：NH_3、$CH_3CH_2NH_2$、Cl_2、CH_3CH_2Cl、C_2H_2、H_2、H_2S、CH_4、CH_3Cl、SO_2 和煤气等。

(2) 易燃液体有：丙酮、乙醚、汽油、环氧丙烷、环氧乙烷、甲醇、乙醇、吡啶、甲苯、二甲苯、正丙烷、异丙醇、二氯乙烯、丙酸乙酯、煤油、松节油等。

(3) 易燃固体可分为无机物类(如红磷、硫磺、P_2S_3、镁粉和铝粉)、有机物类及硝化纤维等。

(4) 自燃物质，如白磷。

(5) 遇水燃烧的物质有 K、Na、CaC_2 等。

3. 有毒化学药品

(1) 有毒气体有：Br_2、Cl_2、F_2、HBr、HCl、HF、SO_2、H_2S、$COCl_2$、NH_3、NO_2、PH_3、HCN、CO、O_3、BF_3 等，具有窒息性或刺激性。

(2) 强酸、强碱均会刺激皮肤，有腐蚀作用，会造成化学烧伤。

(3) 高毒性固体有：无机氰化物、As_2O_3 等砷化物、$HgCl_2$ 等可溶性汞盐、铊盐、Se 及其化合物、V_2O_5 等。

(4) 有毒的有机物有：苯、甲醇、CS_2 等有机溶剂，芳香硝基化合物、苯酚、硫酸二甲酯、苯胺及其衍生物等。

(5) 已知的危险致癌物质有：联苯胺及其衍生物，*N*-甲基-*N*-亚硝基苯胺、*N*-亚硝基二甲胺、*N*-甲基-*N*-亚硝基脲、*N*-亚硝基氢化吡啶等 *N*-亚硝基化合物，双(氯甲基)醚、氯甲基甲醚、碘甲烷、β-羟基丙酸丙酯等烷基化试剂，稠环芳烃，硫代乙酰胺等含硫有机物，石棉粉尘等。

(6) 具有长期积累效应的毒物有：苯、铅化合物，特别是有机铅化合物；汞、二价汞盐和液态有机汞化合物等。

2.2.4　易燃、易爆和腐蚀性药品的使用规则

(1) 不允许把各种化学药品任意混合，以免发生意外事故。

(2) 使用氢气时，要严禁烟火。点燃前必须检查其纯度。进行有大量氢气产生的实验时，应把废气通到室外，并注意室内的通风。

(3) 可燃性试剂不能用明火加热，必须用水浴、砂浴、油浴或电热套。钾、钠和白磷等暴露在空气中易燃烧，所以钾、钠应保存在煤油中，白磷保存在水中，取用时用镊子夹取。

(4) 取用酸、碱等腐蚀性试剂时，应特别小心，不要洒出。废酸应倒入废液缸，但不能向废酸中倒废碱液，以免酸碱中和放出大量的热而发生危险。浓氨水具有强烈的刺激性，一旦吸入较多氨气，可能导致头晕或昏倒。氨水溅入眼中严重时可能造成失明。因此，在热天取用浓氨水时，最好先用冷水浸泡氨水瓶，使其降温后再开盖取用。

(5) 对某些强氧化剂(如 $KClO_3$、KNO_3、$KMnO_4$等)或其混合物，不能研磨，否则将引起爆炸；银氨溶液不能留存，因其久置后会变成 Ag_3N 而容易发生爆炸。

2.2.5　有害、有毒药品的使用规则

(1) 有毒药品(如铅盐、砷的化合物、汞的化合物、氰化物和 $K_2Cr_2O_7$等)不得进入口内或接触伤口，也不能随便倒入下水道。

(2) 金属汞易挥发，并能通过呼吸道进入人体内，会逐渐积累而造成慢性中毒，所以取用时要特别小心，不得把汞洒落在桌面或地上，一旦洒落必须尽可能收集起来，并用硫磺粉盖在洒落汞的地方，使其转化为不挥发的 HgS，然后清除。

(3) 制备和使用具有刺激性、恶臭和有害的气体(如 H_2S、Cl_2、$COCl_2$、CO、SO_2、Br_2等)及加热蒸发浓 HCl、HNO_3、H_2SO_4等时，应在通风橱内进行。

(4) 对一些有机溶剂，如苯、甲醇、硫酸二甲酯等，使用时应特别注意，因这些有机溶剂均为脂溶性液体，不仅对皮肤及黏膜有刺激性作用，而且对神经系统也有损害。生物碱大多具有强烈毒性，皮肤也可吸收，少量即可导致中毒甚至死亡。因此，使用这些试剂时均需穿实验服、戴手套和口罩。

(5) 必须了解哪些化学药品具有致癌作用，取用时应特别注意，以免侵入体内。

2.2.6　实验室灭火常识

(1) 一般有机物，特别是有机溶剂，大都容易着火，它们的蒸气或其他可燃性气体、固体粉末等(如氢气、一氧化碳、苯、油蒸气、面粉)与空气按一定比例混合后，当遇火花(点火、电火花、撞击火花)时就会引起燃烧或猛烈爆炸。

(2) 由于某些化学反应放热而引起燃烧，如金属钠、钾等遇水燃烧甚至爆炸。

(3) 有些物品易自燃(如白磷遇空气就自行燃烧)，由于保管和使用不当而引起燃烧。

(4) 有些化学试剂混合，在一定条件下会引起燃烧和爆炸(如将红磷与氯酸钾混合就会发生燃烧爆炸)。

万一发生火灾，要沉着快速处理，首先要切断热源、电源，把附近的可燃物品移走，再针对燃烧物的性质采取适当的灭火措施。但不可将燃烧物抱着往外跑，因为跑动时空气更流通，会烧得更猛。常用的灭火措施有以下几种，使用时要根据火灾的轻重、燃烧物的性质、周围环境和现有条件进行选择。

a. 石棉布。适用于小火，用石棉布盖上以隔绝空气，就能灭火。如果火很小，用湿抹布或石棉板盖上即可。

b. 干砂土。一般装在砂箱或砂袋内，只要抛撒在着火物体上就可灭火。适用于不能用水扑救的燃烧，但对火势很猛、面积很大的火焰效果欠佳。

c. 水。水是常用的救火物质，它能使燃烧物的温度下降，但不适用于一般有机物的着火，因溶剂与水不相溶，又比水轻，水浇上去后，溶剂漂在水面上，扩散开继续燃烧。但若燃烧物与水互溶，或用水没有其他危险时可用水灭火。在溶剂着火时，先用泡沫灭火器把火扑灭，再用

水降温是有效的救火方法。

d. 泡沫灭火器。使用时，把灭火器倒过来，往火场喷，由于它生成二氧化碳及泡沫，使燃烧物与空气隔绝而灭火，效果较好，适用于除电起火外的灭火。

e. 二氧化碳灭火器。在小钢瓶中装入液态二氧化碳，救火时打开阀门，把喇叭口对准火场喷射出二氧化碳以灭火，在工厂、实验室都很适用。它不损坏仪器，不留残渣，对于通电的仪器也可以使用，但金属镁燃烧不可使用它来灭火。

f. 四氯化碳灭火器。四氯化碳沸点较低，喷出后形成沉重而惰性的蒸气掩盖在燃烧物周围，使燃烧物与空气隔绝而灭火。它不导电，适于扑灭带电物体的火灾。但它在高温时分解出有毒气体，所以在不通风的地方最好不用。另外，在有钠、钾等金属存在时不能使用，因为有引起爆炸的危险。

除以上几种常用的灭火器外，近年来生产了多种新型的高效能灭火器。例如，1211 灭火器，它在钢瓶内装有一种药剂二氟一氯一溴甲烷，灭火效率高；又如，干粉灭火器是将二氧化碳和一种干粉剂配合起来使用，灭火速度很快。

g. 水蒸气。在有水蒸气的地方，把水蒸气对向火场喷，也能隔绝空气而起灭火作用。

h. 石墨粉。当钾、钠或锂着火时，不能用水、泡沫灭火器、二氧化碳灭火器、四氯化碳灭火器等灭火，可用石墨粉扑灭。

i. 电路或电器着火时扑救的关键是先要切断电源，防止火势扩大。电器着火的最好灭火器是四氯化碳灭火器和二氧化碳灭火器。

当在着火和救火过程中，衣服着火时，千万不要乱跑，否则会由于空气的迅速流动而加强燃烧，应就地打滚，这样一方面可压熄火焰，另一方面也可避免火烧到头部。

2.2.7 意外事故的预防和处理

1. 意外事故的预防

1）防火

在操作易燃溶剂时，应远离火源，切勿用敞口容器放易燃液体，切勿在敞口容器内将易燃溶剂用明火加热或在密闭容器中加热，切勿将其倒入废液缸；取用时应远离火源，最好在通风橱内进行；在进行易燃物质实验时，应将乙醇等易燃物质搬开；蒸馏易燃物质时，装置不能漏气，接受器支管应与橡皮管相连，使余气通往水槽或室外；回流或蒸馏液体时应放沸石，不要用火焰直接加热烧瓶，而应根据液体沸点高低使用石棉网、油浴、砂浴或水浴，冷凝水要保持畅通；油浴加热时，应绝对避免水溅入热油中；酒精灯用毕应盖上盖子，避免使用灯颈已破损的酒精灯，切忌斜持一个酒精灯到另一个酒精灯上点火。

2）爆炸的预防

蒸馏装置必须安装正确。常压操作切勿密闭体系，减压操作用圆底烧瓶或吸滤瓶作接受器，不可用锥形瓶，否则可能发生爆炸；使用易燃易爆气体（如氢气、乙炔等）要保持通风，严禁明火，并应防止一切火花的产生；有机溶剂（如乙醚和汽油等）的蒸气与空气相混合时极危险，可能由于热的表面或火花而引起爆炸，应特别注意；使用乙醚时应检查有无过氧化物存在，如有则立即用 $FeSO_4$ 除去再使用；对于易爆炸的固体，或遇氧化剂会发生猛烈爆炸或燃烧的化合物，或可能生成有危险的化合物的实验，都应事先了解其性质、特点及注意事项，操作时应特别小心；开启有挥发性液体的试剂瓶应先充分冷却，开启时瓶口必须指向无人处，以免由于液体喷溅而导致伤害，当瓶塞不易开启时，必须注意瓶内物质的性质，切不可贸然用火加热或乱敲瓶塞。

3) 中毒的预防

对有毒药品应小心操作，妥善保管，不许乱放；有些有毒物质会渗入皮肤，因此，使用这些有毒物质时必须戴上手套，穿上实验服，操作后应立即洗手，切勿让有毒药品沾到五官及伤口；反应过程中产生有毒有害、有腐蚀性的气体时应在通风橱内进行实验，此时不要把头伸入橱内，使用后的器皿及时清洗。

4) 触电的预防

实验用电器时，应防止人体与电器导电部分直接接触，不能用湿的手或手握湿的物体接触电插头，装置和设备的金属外壳等应连接地线，实验完成后应切断电源，再将电器连接总电源的插头拔下。

2. 意外事故的处理

(1) 起火。起火时，要立即一边灭火，一边防止火势蔓延(如切断电源、移去易燃药品等)。灭火要针对起因选用合适的方法：一般的小火可用湿布、石棉布或砂子覆盖燃烧物；火势大用泡沫灭火器；电器失火切勿用水泼救，以免触电；若衣服着火，切勿惊慌乱跑，应赶紧脱下衣服，或用石棉布覆盖着火处，或就地卧倒打滚，或迅速用大量水扑灭。

(2) 割伤。伤处不能用手抚摸，也不能用水洗涤。应先取出伤口的玻璃碎片或固体物，用3% H_2O_2洗后涂上碘酒，再用绷带包扎。大伤口则应先按紧主血管以防大量出血，立即送医院处理。

(3) 烫伤。不要用水冲洗烫伤处，可涂抹甘油、万花油，或用蘸有酒精的棉花包扎伤处；烫伤较严重时，立即用蘸有饱和苦味酸或饱和 $KMnO_4$溶液的棉花或纱布贴上，再送医院处理。

(4) 酸或碱灼伤。酸灼伤时先立即用水冲洗，再用 3% $NaHCO_3$溶液或肥皂水处理；碱灼伤时先用水洗，再用 1% HAc 溶液或饱和硼酸溶液洗。

(5) 酸或碱溅入眼内。酸溅入眼内时，先立即用大量自来水冲洗眼睛，再用 3%$NaHCO_3$溶液洗眼。碱液溅入眼内时，先用自来水冲洗，再用 10%硼酸溶液洗眼。最后均用蒸馏水将余酸或余碱洗尽。

(6) 皮肤被溴或苯酚灼伤时，先用有机溶剂(如乙醇或汽油)洗去，再在受伤处涂抹甘油。

(7) 吸入刺激性或有毒的气体(如 Cl_2或 HCl)时，可吸入少量乙醇和乙醚的混合蒸气解毒；吸入 H_2S 或 CO 气体而感到不适时，应立即到室外呼吸新鲜空气。应注意，Cl_2或 Br_2 中毒时不可进行人工呼吸，CO 中毒时不可使用兴奋剂。

(8) 毒物进入口内时，应把 5～10mL 5% $CuSO_4$溶液加到一杯温水中，内服后，把手伸入咽喉部，促使呕吐，吐出毒物，然后送医院。

(9) 触电时应首先切断电源，然后在必要时进行人工呼吸。

2.3 实验室的“三废”处理

实验中经常会产生有毒有害的气体、液体和固体，需要及时排弃，特别是某些剧毒物质，如果直接排出可能污染周围的空气和水源，损害人体健康。因此，废气、废液和废渣(简称“三废”)都要经过处理后才能排弃。

1. 废气

实验室中凡可能产生有害气体的操作都应在通风橱中进行，通过排风设备将少量毒气排到室外，使废气在外面的空气中稀释，依靠环境自身的容量解决，以免污染室内空气。产生毒气量大的实验必须备有吸收或处理装置。例如，二氧化氮、二氧化硫、氯气、硫化氢、氟化氢等可用导气管通入碱液中，使其大部分被吸收后再排出；一氧化碳可点燃转化成二氧化碳。汞的操作室必须有良好的全室通风装置，其抽风口通常在墙体的下部。其他废气在排放前可参考工业上废气处理的办法，采用吸附、吸收、氧化、分解等方法处理。

2. 废液

(1) 废酸液。无机及分析化学实验室中经常有大量的废酸液。若其中含有废渣，可以先用耐酸塑料网纱或玻璃纤维过滤，滤液用碱中和，调 pH 至 6～8 后再排放。

(2) 含重金属的废液。处理含重金属离子的废液最经济有效的方法是加碱或硫化钠，使重金属离子形成难溶氢氧化物或硫化物沉淀，然后过滤分离除去，少量残渣可埋于地下。

(3) 含铬废液。化学实验室含铬废液主要是废铬酸洗液。可用 $KMnO_4$ 氧化使其再生，重复使用。方法如下：将废铬酸洗液在 110～130℃加热搅拌浓缩，除去水分后，冷却至室温，缓慢加入 $KMnO_4$ 粉末，边加边搅拌至溶液呈深褐色或微紫色(不要过量)，然后加热至有 SO_3 产生，停止加热。稍冷，用玻璃砂芯漏斗过滤，除去沉淀。滤液冷却后析出红色 CrO_3 沉淀，再加适量浓 H_2SO_4 使其溶解后即可使用。少量的废铬酸洗液可加入废碱液使其生成 $Cr(OH)_3$ 沉淀，集中存放，统一处理。

(4) 含氰废液。氰化物是剧毒物质，含氰废液必须认真处理。实验室少量含氰废液可用 NaOH 调 pH>10，再加适量 $KMnO_4$ 将 CN^- 氧化分解。大量含氰废液可先用碱调 pH>10，再加入 NaClO，使 CN^- 氧化成氰酸盐，并进一步完全分解为 CO_2 和 N_2。

(5) 含汞废液。含汞废液应先调 pH 至 8～10，然后加入过量 Na_2S，使其生成 HgS 沉淀，并加入适量 $FeSO_4$，使之与过量的 Na_2S 作用生成 FeS 沉淀，从而吸附 HgS 共沉淀。静置后过滤，清液含汞量降至 $0.02mg \cdot L^{-1}$ 以下时可以排放。少量残渣可埋于地下，大量残渣可用焙烧法回收汞，注意一定要在通风橱中进行。

(6) 含砷废液。可利用硫化砷的难溶性，在含砷废液中通入 H_2S 或加入 Na_2S 除去含砷化合物。也可在含砷废液中加入铁盐，并加入石灰乳使溶液呈碱性，新生成的 $Fe(OH)_3$ 与难溶性的亚砷酸钙或砷酸钙发生共沉淀和吸附作用，从而除去砷。

(7) 金属汞易挥发，并通过呼吸道进入人体内，逐渐积累会引起慢性中毒。因此，进行金属汞实验时应特别小心，不得把金属汞洒落在桌面上或地上。一旦洒落，必须尽可能收集起来，并撒硫磺粉覆盖在洒落的地方，使金属汞转化为难挥发的硫化汞。

(8) 实验中剩余的有毒药品(如重铬酸钾、钡盐、铅盐、砷的化合物、汞的化合物等)废液不能随便倒入下水道，应倒入教师指定的容器里。用剩的有毒药品应交还给教师。

3. 废渣

实验室产生的有害固体废渣虽然不多，但是绝不能将其与生活垃圾混倒。固体废弃物经回收、提取有用物质后，其残渣可以进行土地填埋，这是许多国家对固体废弃物最终处理的主要方法。要求被填埋的废弃物应是惰性物质或能被微生物分解的物质。填埋场应远离水源，场地底土不能透水，不能使废液渗入地下水层。

2.4　化学实验普通仪器简介

无机及分析化学实验中常见的基本实验仪器见表 2-4。

表 2-4　化学实验基本仪器

仪器名称	样图	规格及主要用途
试管	普通试管　离心管	试管分普通试管和离心管两种。有刻度的试管和离心管按容量(mL)分，常用的有 5、10、15、20、25、50 等。无刻度试管按管外径(mm)×长度(mm)分，有 10×75、10×100、25×150 等。试管用作少量试剂的反应容器，便于操作和观察；离心管还可用于溶液中固体物质的分离；离心管不能直接加热
烧杯		烧杯按容量(mL)分，有 50、100、150、200、250、500 等。烧杯用作反应物量较多时的反应容器，反应物在其中容易混合均匀。烧杯还可以代替水槽及配制溶液；可直接加热
毛刷		毛刷有大、小、长、短等多种规格。按用途分，有试管刷、烧杯刷、滴定管刷等。毛刷用于洗刷玻璃仪器
洗瓶		洗瓶分塑料洗瓶和玻璃洗瓶两种。按容量(mL)分，有 250、500 等。常用来盛装蒸馏水，用于洗涤仪器和沉淀，用水量少且效果好。塑料洗瓶使用方便、卫生，所以广泛使用
滴瓶		滴瓶分棕色和无色两种，滴管上带有橡皮胶头。按容量(mL)分，有 15、30、60、125 等。用于盛放少量液体试剂或溶液，便于取用
称量瓶		称量瓶分高型、低型两种。按容量(mL)分，高型有 10、20、25、40 等，低型有 5、10、15、30 等。高型称量瓶在准确称取一定量固体样品或基准物质时用，低型称量瓶在测定样品中水分或在烘箱中烘干基准物质时用
量筒		量筒按容量(mL)(有刻度部分)分，有 5、10、20、25、50、100、200 等。用于量取要求不太严格的液体体积，不能加热

续表

仪器名称	样图	规格及主要用途
移液管 吸量管	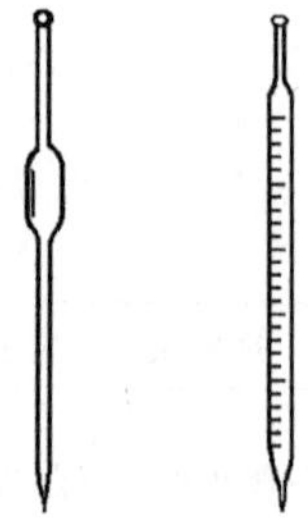 移液管　吸量管	中间有一膨大部分(称为球部)的称为移液管,常用的有5、10、20、25、50(mL)等多种规格。吸量管则是一种具有分刻度的移液管,常用的有1、2、5、10(mL)等。移液管和吸量管均用于准确移取一定体积的液体
容量瓶		容量瓶按刻度以下的容量(mL)分,有10、25、50、100、150、200、250、500、1000、2000等多种规格,有无色和棕色两种。用于配制准确浓度和一定体积的溶液,不能加热,不能在容量瓶内溶解固体
滴定管	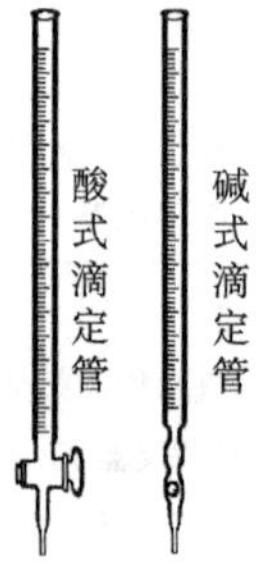 酸式滴定管　碱式滴定管	滴定管分酸式(具玻璃活塞)和碱式(具橡皮滴头)两种,按颜色分有无色和棕色。按刻度最大标度(mL)有25、50、100等规格。主要用于滴定分析,它能准确读取试液用量;也可用于量取准确体积的液体;滴定见光易分解的溶液时用棕色滴定管;碱式滴定管不能装氧化性的溶液
普通漏斗	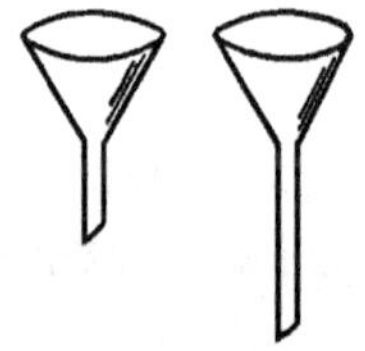 短颈漏斗　长颈漏斗	普通漏斗分长颈漏斗和短颈漏斗两种。按斗径(mm)分,有30、40、60、100、120等。普通漏斗用于常压过滤,是分离固体-液体的一种仪器。长颈漏斗还可在气体发生器装置中加液用;不能直接用火加热
分液漏斗		分液漏斗有球形、梨形、筒形和锥形几种。按容量(mL)分,有50、100、250、500等。常用于互不相溶的液-液分离,也可在气体发生器装置中加液用
吸滤瓶和布氏漏斗	 吸滤瓶　布氏漏斗	吸滤瓶(抽滤瓶)按容量(mL)分,有50、100、250、500等;布氏漏斗可用容量(mL)或口径(cm)大小表示。吸滤瓶和布氏漏斗配套使用,用于制备实验中晶体或沉淀的减压过滤;不能用火直接加热

续表

仪器名称	样图	规格及主要用途
表面皿		表面皿按直径(mm)分,有 45、65、75、90 等。用于盖在烧杯上防止液体迸溅,或作其他用途;不能用火直接加热
蒸发皿		蒸发皿按上口直径(mm)分,有 30、40、50、60、85、90 等,也可用容量(mL)大小表示。按材料分有瓷、石英、铂等。用于蒸发、浓缩溶液,根据被蒸发液体的性质不同,选用不同材质的蒸发皿;耐高温,不能骤冷
石棉网		石棉网由铁丝编成铁丝网,中间涂有石棉,有大、小之分。石棉是一种不良导体,它能使受热物体均匀受热,不致造成局部高温,所以常用于垫在被加热的器皿底部
试管架		试管架有木质和铝质的,有不同形状和大小。主要用于放试管
试管夹		试管夹有木质、竹质、钢质和铜质等,形状也不同。用于加热试管时夹持试管
漏斗架		漏斗架一般为木制品,有可以上下移动的漏斗板(通过螺丝固定)。过滤时用于放置漏斗
三脚架		三脚架为铁制品,有大小、高低之分,比较牢固。在铁三脚架上放上石棉网,石棉网上可放置不同的加热容器
铁架台	铁夹 铁圈	铁架台有圆形的,也有长方形的,其上一般安有铁夹和铁圈,用于固定或放置反应容器。铁圈还可以代替漏斗板放置漏斗用,铁架上安装滴定管夹还可以夹持滴定管
研钵		研钵按口径大小有多种规格,有瓷、玻璃、玛瑙或铁等不同材料制成的研钵。主要用于研碎固体物质,可按固体物质的性质和硬度以及实验要求选用不同材料的研钵。在室温固相合成中,可以作为反应器

续表

仪器名称	样图	规格及主要用途
锥形瓶		锥形瓶按容量(mL)分,有 50、100、150、200、250 等。可用作反应容器,由于振荡方便,更适用于滴定操作;可加热
药匙		药匙由牛角、瓷或塑料制成,现多数是塑料的,用于取固体药品。药匙两端有一大一小两个匙,根据用药量和实验需要分别选用
坩埚		坩埚分瓷、铁、银、镍、铂等,规格有 30mL、25mL 等,用于灼烧固体。坩埚耐高温,灼烧时放在泥三角上直接用火烧。取下的热坩埚应放在石棉网上,灼热的坩埚不能骤冷
泥三角		泥三角由瓷管和铁丝制成。用于承放坩埚,加热小蒸发皿时也可以用。灼热的泥三角不要滴上冷水,以免瓷管破裂
坩埚钳		坩埚钳由铁或铜合金制成,表面常镀铬或镍。加热坩埚时,用于夹取坩埚和坩埚盖。放置时应令其头部朝上,以免沾污;不能与化学药品接触,以免腐蚀;夹高温物体时应预热
干燥器		干燥器以直径表示,如 15cm 等。定量分析时,将灼烧过的坩埚置于其中冷却,存放物品以免物品吸收水汽,放入的物品不能温度过高。干燥器内的干燥剂要按时更换
干燥管		干燥管用于盛装干燥剂。干燥剂置于球形部分,不宜过多。小管与球形交界处放少许玻璃棉
玻璃砂坩埚		玻璃砂坩埚用于过滤定量分析中只能低温干燥的沉淀,干燥或烘烤沉淀时最高温度不得高于 500℃,最适宜在低于 150℃以下烘干的沉淀;不适用于过滤胶状沉淀或碱性较强的溶液

续表

仪器名称	样图	规格及主要用途
试剂瓶		试剂瓶由塑料或玻璃制作，分广口和细口两种，有棕色和无色。固体药品装入广口瓶中，而液体药品装在细口瓶中；见光易分解的药品应装在棕色瓶中。不能加热。盛放碱性药品应用橡皮塞和塑料瓶

2.5　实验用水

1. 实验室用水的种类

化学实验室中用于溶解、稀释和配制溶液的水都必须先经过净化。根据任务和要求的不同，对水的纯度要求也不同。对于一般的化学实验和分析检测，采用一次蒸馏水或去离子水即可；而在超纯分析或精密物理化学实验中，则要求用水质更高的二次蒸馏水、三次蒸馏水、无二氧化碳蒸馏水、无氨蒸馏水等。

我国已建立实验室用水规格的国家标准《分析实验室用水规格和试验方法》（GB/T 6682—2008)，见表2-5。该标准规定了实验室用水的级别、技术指标和检验方法。

表2-5　实验室用水的级别、主要技术指标(GB/T 6682—2008)

指标名称	一级	二级	三级
pH范围(25℃)	—	—	5.0～7.5
电导率(25℃)/(mS·m^{-1})	≤0.01	≤0.10	≤0.50
可氧化物质含量(以O计)/(mg·L^{-1})	—	≤0.08	≤0.4
吸光度(254nm，1cm光程)	≤0.001	≤0.01	—
蒸发残渣(105℃±2℃)/(mg·L^{-1})	—	≤1.0	≤2.0
可溶性硅(以SiO_2计)/(mg·L^{-1})	≤0.01	≤0.02	—

(1) 由于在一级水、二级水的纯度下，难以测定其真实pH，因此对一级水、二级水的pH范围不做规定。

(2) 由于在一级水的纯度下，难以测定其可氧化物质和蒸发残渣，因此对其限量不做规定。可用其他条件和制备方法保证一级水的质量。

国家标准(GB/T 6682—2008)中只规定一般技术指标，在实际工作中，有些实验对水有特殊要求，还要检查有关项目，如Cl^-、Fe^{3+}、Cu^{2+}、Zn^{2+}、Pb^{2+}、Ca^{2+}、Mg^{2+}等。

2. 制备方法

实验室用水的原水应为饮用水或适当纯度的水，根据实际需要再制备一级、二级、三级水。

三级水是最普遍使用的纯水，适用于一般实验室的实验工作。可用蒸馏、离子交换、电渗析、反电渗析等方法制得。常采用蒸馏法制备，所以蒸馏水最常用。

二级水用于无机痕量分析等实验，可含有微量的无机、有机或胶态杂质，可采用蒸馏、反渗透或去离子后再蒸馏等方法制备。

一级水用于有严格要求的分析实验，包括对颗粒有要求的实验。一级水基本不含有溶解的胶态离子杂质及有机物，可用二级水经过石英设备蒸馏或离子交换处理后，再经过 0.2μm 微孔滤膜过滤制备。

事实上，绝对纯的水是不存在的。水的价格也随水质的提高成倍地增长。不应盲目地追求水的纯度。蒸馏法制备水所用设备成本低、操作简单，但能耗高、产率低，且只能除去水中非挥发性杂质。离子交换法所得水为去离子水，去离子效果好，但不能除去水中非离子型杂质，且常含有微量的有机物。电渗析法是在直流电场作用下，利用阴、阳离子交换膜对原水中存在的阴、阳离子选择性渗透的性质而除去离子型杂质，与离子交换法相似，电渗析法也不能除去非离子型杂质，只是电渗析器的使用周期比离子交换柱长，再生处理比离子交换柱简单。在实验工作中要依据需要选择用水。

3. 检验方法

纯水水质一般以其电导率为主要质量标准，也常进行 pH、重金属离子、Cl^-、SO_4^{2-} 等的检验。此外，根据实际工作需要及生物化学、医药化学等方面的特殊要求，有时要进行一些特殊项目的检验。测量电导率时应选用适合测定高纯水的电导率仪，其最小量程为 0.02 $\mu S \cdot cm^{-1}$。测量一、二级水时，电导池常数为 0.01～0.1，进行在线测量；测量三级水时，电导池常数为 0.1～1，用烧杯接取 400mL 水样，立即进行测定。

第3章　化学实验基本操作技术

3.1　常用玻璃仪器的洗涤和干燥

3.1.1　仪器的洗涤

化学实验经常使用各种玻璃仪器，而这些仪器的干净与否直接影响实验结果的准确性，因此必须使用干净的仪器进行实验。附着在仪器上的污物可能有尘土和其他不溶性物质、可溶性物质、有机物和油污，针对这些情况，可分别用下列方法进行洗涤。常用的洗涤液及使用方法见表3-1。

表3-1　常用的洗涤液及使用方法

洗涤液名称	配制方法	使用方法
铬酸洗液	20g研细的$K_2Cr_2O_7$溶于40mL水中，缓慢加入360mL浓硫酸	用于洗涤较精密的仪器，可除去器壁残留油污，用后倒回原瓶，可重复使用，直到红棕色溶液变为绿色即失效。洗涤废液经处理解毒后方可排放，也可进行再生处理
工业盐酸	浓盐酸或按盐酸与水1∶1(体积比)混合	用于洗去碱性物质及大多数无机物残渣
碱性$KMnO_4$洗液	4g $KMnO_4$溶于水，加入10g NaOH，用水稀释至100mL	清洗油污或其他有机物质，洗后容器沾污处有褐色MnO_2，再用草酸洗液或硫酸亚铁、亚硫酸钠等还原剂除去
碘-碘化钾溶液	1g I_2和2g KI溶于水，用水稀释至100mL	洗涤用过硝酸银溶液的黑褐色沾污物，也可用于擦洗沾过硝酸银的白瓷水槽
有机溶剂		如汽油、二甲苯、乙醚、丙酮、二氯乙烷等有机溶剂，可洗去油污或可溶于该溶剂的有机物，使用时要注意其毒性和可燃性。用乙醇配制的指示剂溶液的干渣可用盐酸-乙醇(体积比为1∶2)洗液洗涤
乙醇-浓硝酸	使用时配制，不可事先混合	用于洗去一般方法难洗净的少量残留有机物(先在容器内加入不多于2mL的乙醇，再加4mL浓硝酸，反应完后用大量水冲洗，操作应在通风橱内进行，不可塞住容器)
氢氧化钠-乙醇溶液	120g NaOH溶于150mL水，用95%乙醇稀释至1L	用于洗涤油污及某些有机物
盐酸-乙醇溶液	盐酸与乙醇按1∶2(体积比)混合	主要用于被染色的吸收池、比色皿和吸量管等的洗涤

(1) 用水刷洗。用水和毛刷刷洗，可除去仪器上的尘土、可溶性物质及部分易刷落下来的不溶性物质。

(2) 用肥皂、合成洗涤剂或去污粉刷洗。用毛刷蘸取肥皂液、合成洗涤剂或去污粉刷洗，可除去油污和有机物，倘若仍洗不净，则可用热的碱液洗。

(3) 用特殊洗涤液洗。

a. 用铬酸洗液洗。铬酸洗液由浓 H_2SO_4 和 $K_2Cr_2O_7$ 配制而成，有很强的氧化性、酸性和腐蚀性，对有机物和油污的去污能力特别强。洗涤时向仪器内加入少量洗液，使仪器倾斜并慢慢转动，让仪器内壁全部被洗液湿润，转几圈后，把洗液倒回原瓶内。用洗液把仪器浸泡一段时间，或用热的洗液洗涤，效果更好。洗液的吸水性很强，应随时把装洗液的瓶子盖严，以防吸水，降低去污能力。当洗液用到出现绿色时($K_2Cr_2O_7$ 还原成 Cr^{3+})就失去了去污能力，不能继续使用。

b. 用特殊试剂洗。对于特殊的已知组成的沾污物宜选用特殊试剂洗涤，这样洗涤效果更好。例如，仪器上沾有较多的二氧化锰，可用酸性硫酸亚铁液洗涤。

用各种洗涤液洗后的仪器必须先用自来水冲洗或荡洗数次，若器壁上只留下一层既薄又均匀的水膜，不挂任何水珠，则表示仪器已洗净。在定性、定量分析实验中，还必须用蒸馏水荡洗两三次，“少量多次”是洗涤仪器时应遵循的重要原则。已经洗净的仪器不能用布或纸擦拭。

3.1.2 仪器的干燥

根据不同情况，可用下列方法干燥仪器。

(1) 晾干。不急用的仪器洗净后放在干燥处任其自然晾干。

(2) 烤干。急用干燥仪器，如烧杯、蒸发皿等，可放在石棉网上用小火烤干。试管可将管口朝下，来回在热源上移动烘烤，待水珠消失后再将管口朝上加热，把水汽逐尽，如图 3-1 所示。

(3) 烘干。先将仪器的水沥干，然后将仪器口朝下放进电烘箱(图 3-2)内烘干，控制温度为 100～105℃。

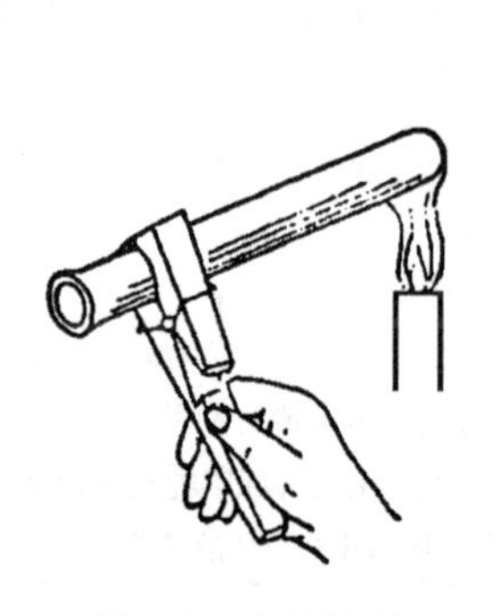

图 3-1 烤干试管

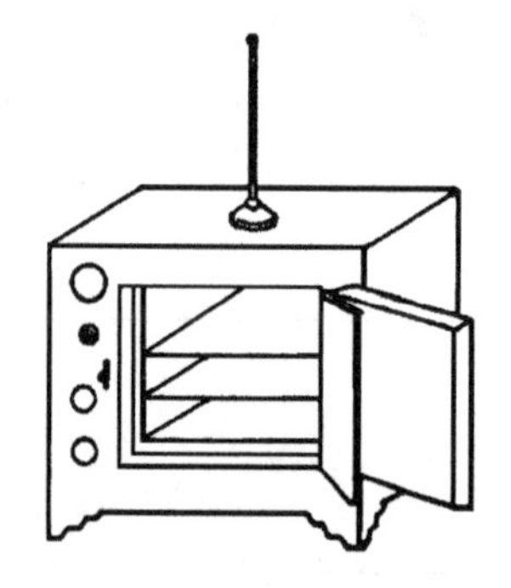

图 3-2 电烘箱

(4) 用有机溶剂干燥。在洗净的仪器内加入少量的乙醇或丙酮，转动仪器使器壁上的水与其混合，倾出混合液(回收)，再放置或用电吹风将仪器吹干。

应该特别注意，带有刻度的计量仪器不能用加热的方法进行干燥。

3.2 加热装置和加热方法

3.2.1 灯的使用

实验室常用酒精灯、酒精喷灯、煤气灯和电炉等进行加热。酒精灯的温度通常可达 400～500℃，酒精喷灯最高温度可达 1000℃左右。

1）酒精灯

酒精灯灯焰的温度分布如图 3-3 所示。点燃酒精灯需要用火柴或打火机，不能用已点燃的酒精灯直接点燃其他酒精灯，否则可能因灯内酒精外洒而引起烧伤或火灾。熄灭酒精灯时，切勿用嘴吹，可用灯罩盖上，火焰即灭。火焰熄灭后，再提起灯罩，通一通气，以防下次使用时打不开灯罩。添加酒精时必须先将灯熄灭，然后用小漏斗添加，且不要过满。酒精灯不用时，必须将灯罩盖好，以免酒精挥发。

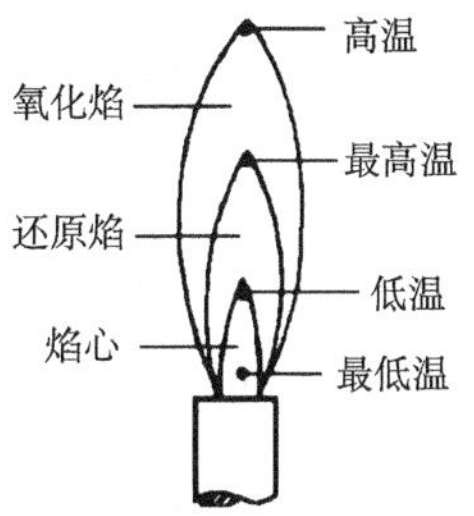

高温
氧化焰
最高温
还原焰
低温
焰心
最低温

图 3-3　酒精灯灯焰的温度分布

2）酒精喷灯

常用的酒精喷灯有挂式(图 3-4)及座式(图 3-5)两种。前者的酒精储存在悬挂于高处的储罐内，后者储存在灯座内。使用前，先在预热盆中注入酒精，然后点燃盆中酒精以加热铜质灯管。待盆中酒精将近燃完时，逆时针旋转开启开关，这时酒精在灯管内气化，并与来自气孔的空气混合，用火点燃管口气体，即可形成高温火焰。调节开关阀门可以控制火焰的大小。用毕旋紧开关，灯焰即可自灭。

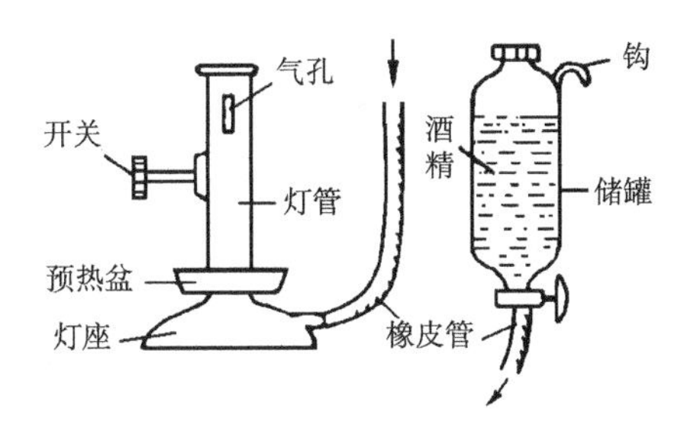

图 3-4　挂式酒精喷灯

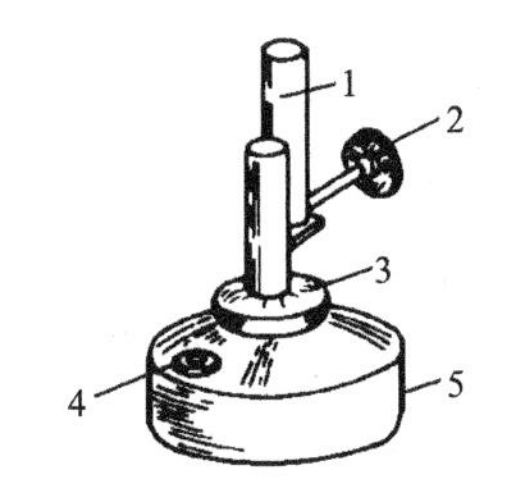

图 3-5　座式酒精喷灯

1. 灯管；2. 空气调节器；3. 预热盆；4. 铜帽；5. 酒精壶

应当指出，在开启开关，点燃管口气体以前，必须充分灼热灯管，否则酒精不能全部气化，以致有液态酒精由管口喷出，形成“火雨”，甚至引起火灾。挂式酒精喷灯不使用时，必须将储罐的开关关好，以免酒精漏失，甚至发生事故。

3）煤气灯

煤气灯样式较多，但构造原理基本相同，由灯座和金属灯管两部分组成(图 3-6)。使用时把灯管向下旋转以关闭空气入口，再把螺旋针向外旋转以开放煤气入口。慢慢打开煤气管阀门，用火柴在灯管口点燃煤气，然后把灯管向上旋转以导入空气，使煤气燃烧完全，形成蓝色火焰。煤气燃烧时，若空气量不足，则火焰发黄色光，应加大空气入口，增加空气量。若空气过多，则会产生“侵入”火焰，这时火焰缩入管内，煤气在管内空气入口处燃烧。而灯管口火焰消失，或者变为一条细长的绿色火焰，同时煤气灯管中发出“嘶嘶”的声音，可闻到煤气臭味，灯管被烧得很热。此时应立即关闭煤气管阀门，待灯管冷却后，关闭空气入口，重新点燃使用。

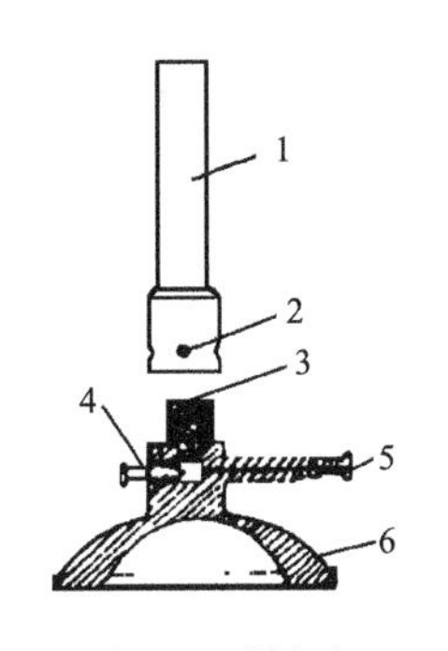

图 3-6　煤气灯

1. 灯管；2. 空气入口；3. 煤气出口；4. 螺旋针；5. 煤气入口；6. 灯座

煤气是易燃、有毒的气体，煤气灯用毕，必须随手关闭煤气管阀门，以免发生意外事故。

3.2.2　电加热器

实验室常用电炉(图 3-7)、电热板(图 3-8)、电烘箱(图 3-2)、马弗炉(图 3-9)等多种电加热器。马弗炉一般可以加热到 1000℃以上,适用于某一温度下长时间恒温。电烘箱一般可控制在室温到 300℃以下的任意温度,对仪器和样品进行任意时间的烘干。

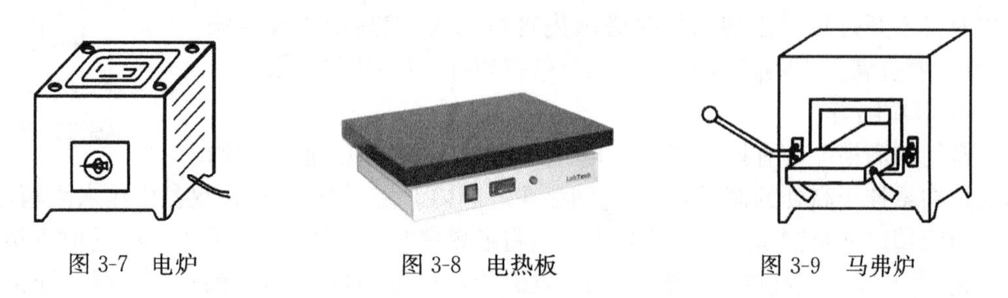

图 3-7　电炉　　　图 3-8　电热板　　　图 3-9　马弗炉

3.2.3　加热方法

常用的受热仪器有烧杯、烧瓶、锥形瓶、蒸发皿、坩埚、试管等,这些仪器一般不能骤热,受热后也不能立即与潮湿的或过冷的物体接触,以免因骤冷、骤热而破裂。加热液体时,液体体积一般不应超过容器容量的 1/2。加热前必须将容器外壁擦干。烧杯、烧瓶和锥形瓶加热时必须放在石棉铁丝网或铁丝网上,否则容易因受热不均而破裂。为防止暴沸,应不断搅拌溶液。实验室中常用的加热仪器有酒精灯、电炉、电热套、电热板、管式炉、马弗炉,以及水浴、油浴和砂浴等。管式炉、马弗炉加热温度的高低一般通过调节外电阻或外电压控制。电热套主要用于蒸馏瓶、圆底烧瓶等的加热,其保温性能好,热效高,一般规格与烧瓶的容量相匹配。管式炉和马弗炉主要用于高温加热。水浴用于均匀加热,但不超过 100℃,100℃以上用油浴或砂浴。

1. 液体的加热

1) 直接加热

直接加热法适用于在较高温度下不分解的溶液或纯液体。若溶液装在烧杯、烧瓶中,一般放在石棉网上用煤气灯、酒精灯或电炉直接加热(图 3-10)。若液体装在试管中,除了易分解溶液或控温反应外,常在火焰上直接加热,但应注意,一般用试管夹夹在试管长度的约四分之三处进行加热,加热时,管口向上,略呈倾斜(图 3-11),管口不得对着他人或自己,以防液体受热暴沸冲出,发生意外事故。加热时,先由液体的中上部开始,慢慢下移,然后不时地上下移动,避免集中加热某一部分而引起暴沸。

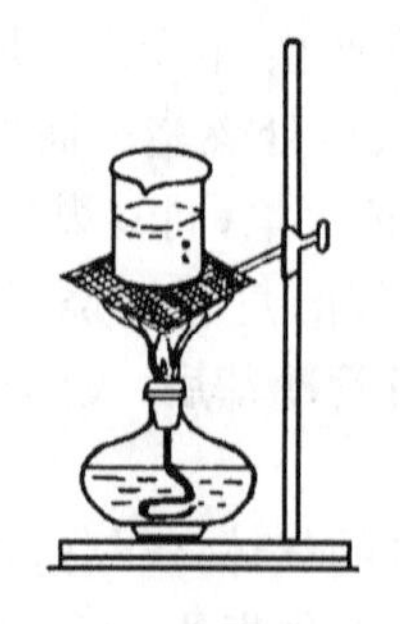

图 3-10　直接加热烧杯

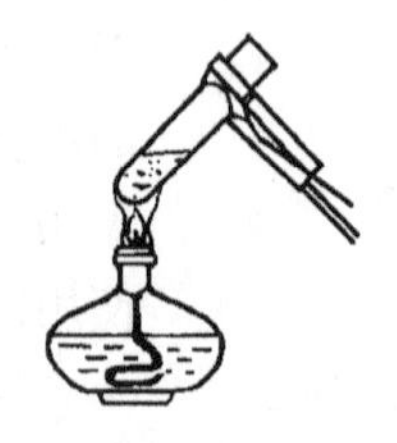

图 3-11　加热试管

2）间接加热

如果要在一定的温度范围内进行较长时间的加热，则可使用水浴、蒸汽浴、油浴、砂浴等。水浴或蒸汽浴的温度不超过100℃，常用具有可移动的同心圆盖的铜制水锅(图3-12)，也可用烧杯代替(图3-13)。油浴和砂浴的温度都高于100℃。用油代替水浴中的水，即为油浴。砂浴是一个铺有细砂的铁盘。应当指出，离心管因管底玻璃较薄，不能直接加热，只能在热水浴中加热。

图3-12　蒸汽浴加热

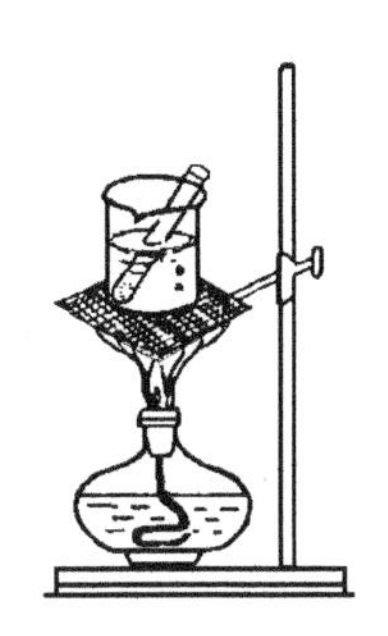

图3-13　烧杯代替水浴锅加热

2. 固体的加热

固体试剂或试样可用煤气灯、酒精灯或马弗炉等直接加热，常将固体放在试管、蒸发皿、坩埚中进行加热。下面简单介绍加热装置及方法。

(1) 试管中加热。试管稍稍向下倾斜，管口低于管底(图3-14)，原因是固体反应产生的水或固体表面的湿存水遇热变成蒸气，到管口遇冷又凝成水珠，就可顺势滴出试管而不至于使试管炸裂。加热时先将火焰由上到下均匀加热，然后集中加热某一部位。

(2) 蒸发皿中加热。当加热较多的固体时，一般在蒸发皿中进行，可直接在火焰上加热，但要注意充分搅拌，使固体受热均匀。

(3) 坩埚中灼烧。固体需高温熔融、分解或灼烧时，常在坩埚中进行，如图3-15所示。若灼烧含有定量滤纸的沉淀，先在低温下将滤纸炭化，再用高温灼烧，以防滤纸燃烧带走沉淀，还可能发生高温还原反应，改变组成或破坏坩埚。滤纸炭化后的沉淀或固体也可在马弗炉中控温灼烧。

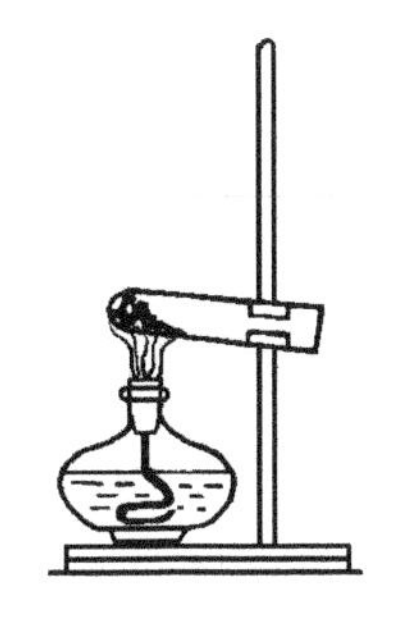

图3-14　固体加热

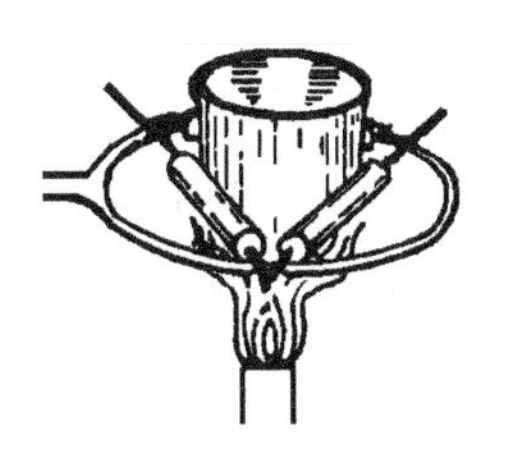

图3-15　坩埚中灼烧

3.3 试剂的分类、取用、配制及保管

3.3.1 化学试剂的分类

化学试剂是指具有一定纯度标准的各种单质和化合物，有时也可指混合物。各国对化学药品或试剂规格的划分不一致，我国化学试剂等级划分可参阅表 3-2。

表 3-2 化学试剂的分类

等级	名称	英文名称	符号	适用范围	瓶签颜色
一级品	优级纯	guaranteed reagents	G. R.	纯度很高，适用于精密分析工作和科学研究	绿色
二级品	分析纯	analytical reagents	A. R.	纯度仅次于一级品，适用于多数分析工作和科学研究工作	红色
三级品	化学纯	chemical pure	C. P.	纯度较二级品差些，适用于一般分析工作及化学教学实验	蓝色
四级品	实验试剂	laboratorial reagents	L. R.	纯度较低，适用于一般要求不高的实验，可作辅助试剂	棕色或其他色

在分析工作中，选择试剂的纯度除了要与所用方法相当外，其他如实验用的水、操作器皿也要与之相适应。若试剂都选用优级纯的，则不宜使用普通蒸馏水或去离子水，而应使用经两次蒸馏制得的重蒸馏水。所用器皿的质地也要求较高，使用过程中不应有物质溶解到溶液中，以免影响测定的准确度。

3.3.2 试剂的取用

固体试剂应装在广口瓶内，液体试剂盛放在细口瓶或滴瓶内。每个试剂瓶上都要贴上标签，标明试剂的名称、浓度和纯度等。

1. 固体试剂的取用

(1) 固体试剂必须用干净的药匙取用，不得用手直接拿取。药匙的两端为大、小两个匙，取大量固体用大匙，取少量固体用小匙。

(2) 取出试剂后，一定要及时将瓶塞盖严，并将试剂瓶放回原处。多取的药品不能倒回原瓶。

(3) 要求取用一定质量的固体时，可将固体试剂放在表面皿、小烧杯或干净的称量纸上称量。有腐蚀性、强氧化性或易潮解的固体试剂只能放在封闭的玻璃容器(如称量瓶)中进行称量。切忌不能使用滤纸盛放称量物。

2. 液体试剂的取用

(1) 自滴瓶中取液体试剂时，必须注意保持滴管垂直，避免倾斜，切忌倒立，防止试剂流入橡皮胶头内而将试剂污染。滴管尖端不可接触试管(图 3-16)或其他容器的内壁，也不得将滴管放在原滴瓶以外的地方，更不可将它错放到装有另一种溶液的滴瓶中。

(2) 用倾注法取液体试剂时，先将瓶盖取出倒放在桌上，右手握住瓶子，使试剂标签朝上，

将瓶口靠住容器壁，缓缓倾出所需液体，使液体沿壁下流。若所用容器为烧杯，则倾注液体时可用玻璃棒引流(图 3-17)。用完应及时将瓶盖盖上，立即放回原处。

(3) 用量筒量取液体时，应左手持量筒，并以大拇指指示所需体积的刻度处；右手持试剂瓶(单标签应在手心方向)，瓶口紧靠量筒口边缘，慢慢注入液体至所指刻度(图 3-18)。若倾出的液体超过所需体积，超过量应弃去或转给他人用，不得再倒回原瓶。

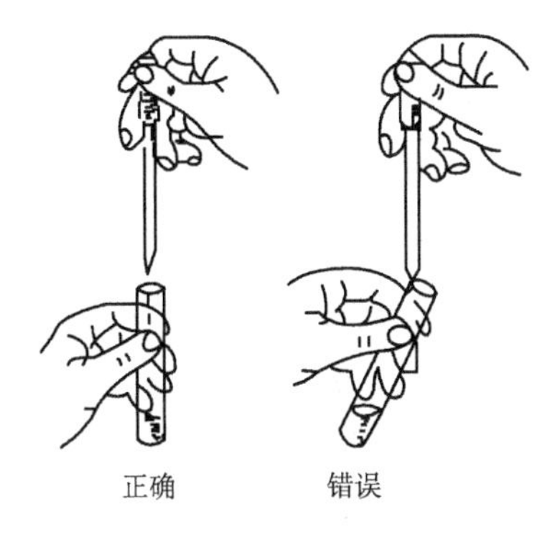

图 3-16　向试管中滴加溶液

图 3-17　液体试剂倒入烧杯

图 3-18　用量筒量取液体

3.3.3　溶液的配制

配制溶液时，首先根据所配制试剂纯度的要求，选用不同等级试剂，再根据配制溶液的浓度和数量，计算出试剂的用量。经称量后的试剂置于烧杯中，加少量的纯水，搅拌溶液，必要时可加热促使其溶解，再加水至所需体积，摇匀，即得所配制的溶液。用液态试剂或浓溶液稀释成稀溶液时，先计算试剂或浓溶液的相对浓度，再量取其体积，加入所需的水搅拌均匀即可。

配制饱和溶液时，所需试剂量应稍多于计算量，加热使之溶解、冷却，待结晶析出后再用。

配制易水解盐溶液时，应先用相应的酸溶液[如 $SbCl_3$、$Bi(NO_3)_3$等]或碱溶液(如 Na_2S)溶解，以抑制其水解。

配制易氧化的盐溶液时，不仅需要酸化溶液，还需加入相应的纯金属，使溶液稳定。例如，配制 $FeCl_2$、$SnCl_2$溶液时，需分别加入金属铁、金属锡。

配制好的溶液盛装在试剂瓶或滴瓶中，摇匀后贴上标签，并标明溶液名称、浓度和配制时间。对于大量使用的溶液，可先配制出比预定浓度约大 10 倍的储备液，使用时再稀释。

3.3.4　试剂的保管

试剂若保管不当，会变质失效，不仅造成浪费，甚至会引起事故。因此，应注意对化学药品进行妥善保管。一般的化学试剂应保存在通风良好、干净、干燥的房间，以防止被水分、灰尘和其他物质污染。同时，应根据试剂的不同性质而采取不同的保管方法。

易侵蚀玻璃而影响试剂纯度的试剂，如氢氟酸、含氟盐(氟化钾、氟化钠、氟化铵)和苛性碱(氢氧化钾、氢氧化钠、碳酸钠)等，应保存在聚乙烯塑料瓶中。

见光会逐渐分解的试剂(如硝酸银、高锰酸钾、草酸、铋酸钠等)，与空气接触易逐渐被氧化的试剂(如氯化亚锡、硫酸亚铁、硫代硫酸钠、亚硫酸钠等)，以及易挥发的试剂(如溴、氨水、乙醇等)，应放在棕色瓶内，置暗处。

吸水性强的试剂(如无水碳酸盐、氢氧化钠、浓硫酸等)应严格密封。

易相互作用的试剂(如挥发性的酸和氨，氧化剂与还原剂)应分开存放。易燃的试剂(如乙醇、乙醚、苯、丙酮)与易爆炸的试剂(如高氯酸、过氧化氢、硝基化合物)应分开存放在阴凉通风、不受阳光直射的地方。

剧毒试剂(如氰化钾、氰化钠、氢氟酸、氯化汞、三氧化二砷等)应有专人妥善保管,严格做好记录,经一定手续取用,以免发生事故。

极易挥发并有毒的试剂可放在通风橱内,当室温较高时,可放在冷藏室内保存。

3.4 试样溶解、固液分离、溶液的浓缩与结晶

3.4.1 试样溶解与熔融

试样溶样方法主要分为两种:一是用水、酸等液体溶解;二是高温熔融法。

用液体溶剂溶解试样,加入溶剂时先将烧杯适当倾斜,再将量筒靠近烧杯壁,使溶剂顺着烧杯壁慢慢流入;或用玻璃棒引流,使溶剂沿玻璃棒慢慢流入,以防烧杯内溶液溅出而损失。溶剂加入后,用玻璃棒搅拌,使试样完全溶解。溶解时会产生气体的试样,则应先用少量水将其润湿成糊状,用表面皿将烧杯盖好,然后用滴管将试剂自杯嘴逐滴加入,以防生成的气体将粉状的试样带出。对需要加热溶解的试样,加热时要盖上表面皿,以防止溶液剧烈沸腾迸溅。加热后要用蒸馏水冲洗表面皿和烧杯内壁,冲洗时也应使水顺壁流下。整个实验过程中,盛放试样的烧杯要用表面皿盖上,以防脏物落入。放在烧杯中的玻璃棒不要随意取出,以免溶液损失。

熔融是将固体物质和固体熔剂混合,在高温下加热,使固体物质转化为可溶于水或酸的物质。根据所用熔剂性质不同,可分为酸熔法和碱熔法。酸熔法是用酸性熔剂(如 K_2SO_4、$KHSO_4$)分解碱性物质,碱熔法是用碱性熔剂(如 Na_2CO_3、NaOH、K_2CO_3)分解酸性物质。熔融一般在很高温度下进行,因此需要根据熔剂的性质选择合适的坩埚(如铁坩埚、镍坩埚、铂坩埚等)。将固体物质与熔剂混合均匀后,送入高温炉中熔融灼烧,冷却后用水或酸浸取溶解。

3.4.2 溶液与沉淀的分离

溶液与沉淀的分离方法有:倾析法、常压过滤法(普通过滤法、热过滤法)、减压过滤法和离心分离法。

1. 倾析法

当晶体或沉淀的颗粒较大或相对密度较大,静置后能沉降至容器的底部时,上层清液可由倾析法除去。如果需要洗涤,可加入少量洗涤液或蒸馏水,搅拌后沉降、倾析除去洗涤液。如此反复,即可洗净固体物质。

2. 普通过滤法

1) 滤纸的类型与选择

滤纸按用途分主要有定量滤纸、定性滤纸和层析滤纸三类,按直径大小分为 7cm、9cm、11cm 等规格,按滤纸纤维孔隙大小分为快速、中速、慢速三种。一般的固液分离实验选用定性滤纸。对于需要灼烧称量的沉淀,必须使用定量滤纸(也称无灰滤纸)过滤,该种滤纸灼烧后其灰分的质量在重量分析中可忽略不计(小于 0.1mg)。根据沉淀的性质选择滤纸的类型,对 $BaSO_4$、$CaC_2O_4 \cdot 2H_2O$ 等细晶形沉淀,应选用慢速滤纸;对氢氧化铁等胶状沉淀,应选用快速

滤纸。根据沉淀量的多少选择滤纸的大小。总之，定量分析实验中应尽可能选择定量滤纸，而化合物制备实验中一般选用定性滤纸。

2）滤纸的折叠

滤纸的折叠如图 3-19 所示，将圆形滤纸对折两次成扇形，放在漏斗中量一下，若比漏斗大，用剪刀剪成比漏斗的圆锥体边缘低 2～5mm 的扇形。将滤纸一折撕去一角，打开扇形成圆锥体，一边为三层（包含撕角的两层），一边为单层，放入漏斗中（标准漏斗的角度为 60°），这样滤纸可完全紧贴漏斗内壁。若略大于或小于 60°，则可将滤纸第二次折叠的角度放大或缩小即可。用手按住滤纸，用少量水润湿四周，赶净气泡，使滤纸与漏斗内壁紧贴。标准长颈漏斗的水柱是自然形成的，对一些不标准漏斗可用手指将颈的下口堵住，加入半漏斗水，再用手轻压滤纸贴紧，赶走气泡，让水自然漏下，即可形成水柱。

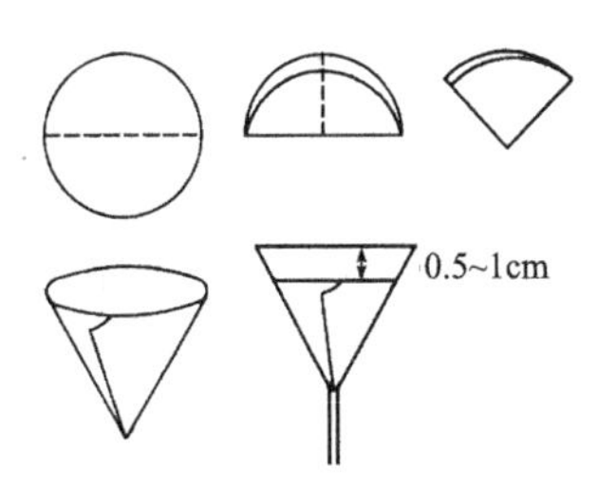

图 3-19　滤纸的折叠

3）过滤操作

过滤操作如图 3-20 所示，将漏斗放在漏斗架上，盛接滤液的容器与漏斗斜口最下端靠紧，左手拿玻璃棒轻轻靠近三层滤纸一边，右手握持过滤液的容器，容器口紧靠玻璃棒，慢慢向上倾斜，使待过滤液成细流沿玻璃棒流下，当溶液已达滤纸 3/4 高度时暂停加入，待过滤完一部分，重复加液操作。

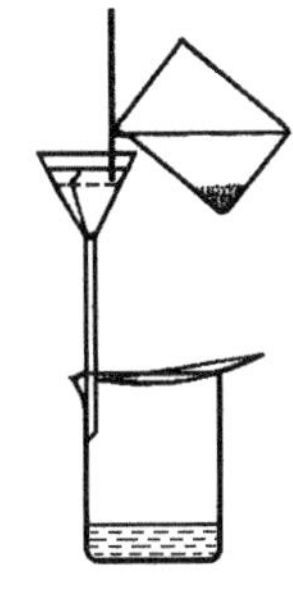

(a) 玻璃棒垂直紧靠烧杯嘴，下端对着滤纸三层的一边，但不能碰到滤纸

(b) 慢慢扶正烧杯，烧杯嘴仍与玻璃棒贴紧，接住最后一滴溶液

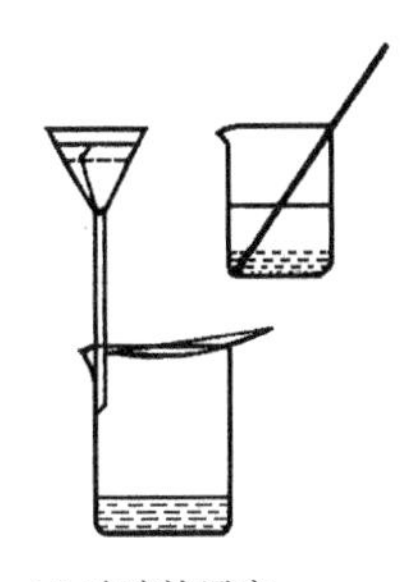

(c) 玻璃棒远离烧杯嘴搁置

图 3-20　过滤操作

若把溶液暂放桌子上，需将容器口紧靠玻璃棒，一起脱离滤纸，再将玻璃棒沿容器口向上提（不能脱开）直至提进容器内，这样就不会损失一滴待过滤液。待滤液滤完时，用洗瓶吹出少量水洗容器和玻璃棒数次，倒入漏斗中过滤，滤完后用水洗沉淀数次。

为加快过滤速度，一般先将待过滤液静置一段时间，使待过滤液中的沉淀尽量沉降，然后将上层清液过滤，待清液滤完再倒入沉淀过滤，这种过滤法称为倾析过滤法。其优点是前期避免沉淀堵塞滤纸的小孔而减慢过滤速度，这样就加快了过滤速度。对于无定形沉淀（较小的沉淀）又不要滤液时，常用倾析法洗涤沉淀，可使沉淀洗涤得较为干净，且速度快。

3. 热过滤法

为了避免过滤时晶体在滤纸上析出，可采用热过滤。其方法是，将玻璃漏斗置于铜质热漏斗内，铜质热漏斗金属夹层装热水，支管继续加热，以维持热水温度。热过滤使用折叠滤纸，以加速过滤。折叠滤纸的折法如图 3-21 所示，把滤纸对折，再对折，展开，见（a）；以 1 对 4 折出

5,3 对 4 折出 6,1 对 6 折出 7,3 对 5 折出 8,见(b);以 3 对 6 折出 9,1 对 5 折出 10,见(c);在相邻两折痕之间,从相反方向再按顺序对折一次,见(d);然后展开滤纸成两层扇面状,再把两层展开成菊花形,见(e)。

注意:折叠时不要每次都把尖嘴压得太紧,以防过滤时滤纸中心因磨损被穿透。

使用时,把滤纸打开并整理好,放入玻璃漏斗中,使其边缘比漏斗边缘低 5mm 左右,然后将玻璃漏斗放入铜质热漏斗内,加热保温,趁热过滤,如图 3-22 所示。

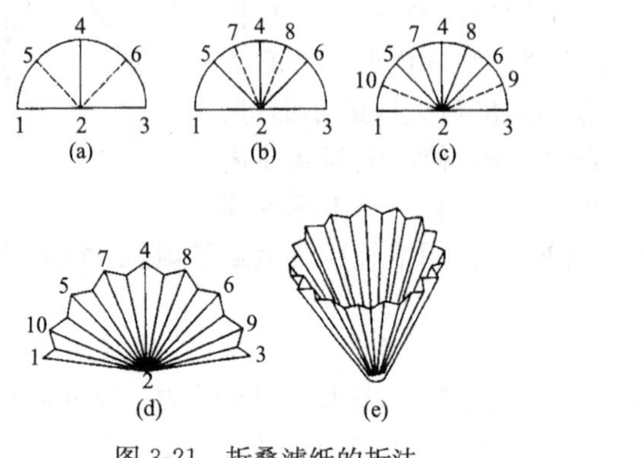

图 3-21　折叠滤纸的折法

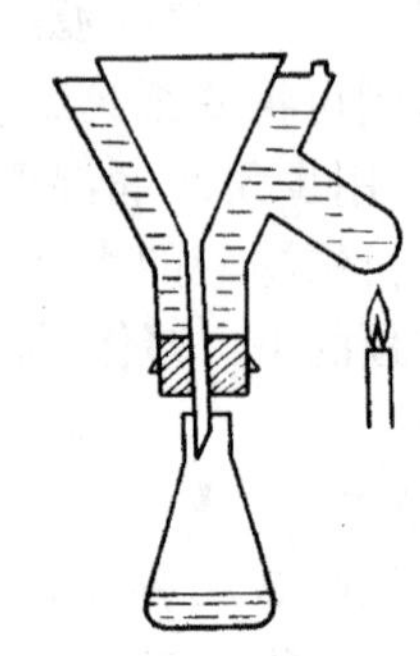

图 3-22　热过滤

注意:不得先润湿滤纸,否则折叠滤纸会变形。由于折叠滤纸与溶液接触面积是普通折叠法的两倍,所以过滤速度较快。其缺点是留在滤纸上的沉淀不易收集,适用于可以弃去沉淀的过滤。

4. 减压过滤法

减压过滤即抽滤,是利用压力差来加快过滤速度,还可以把沉淀抽吸得比较干燥。减压过滤不适用于过滤胶态沉淀和颗粒很细的沉淀,因为胶态沉淀在减压过滤时会透过滤纸,细小沉淀会在滤纸上形成一层密实的沉淀而减慢过滤速度。

1) 减压过滤装置

减压过滤装置如图 3-23 所示。

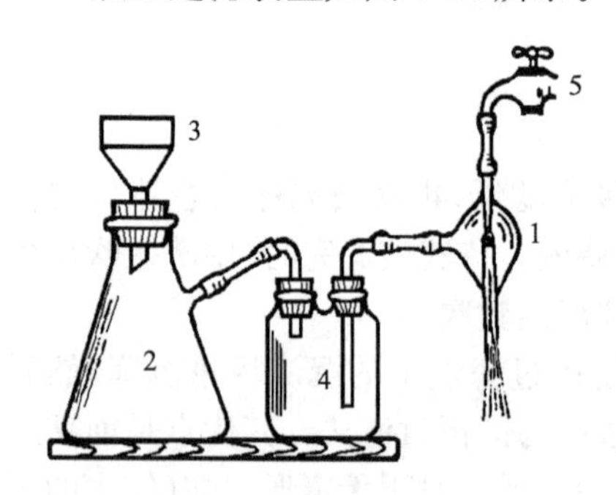

图 3-23　减压过滤装置

1. 水泵;2. 吸滤瓶;3. 布氏漏斗;4. 安全瓶;5. 自来水龙头

水泵:减压用,直通尖嘴口的接口为进水口(一般制成短管接口),无尖嘴口的为出水口(一般制成长管),侧管用于连接安全瓶或吸滤瓶(目前大多采用循环水泵减压过滤)。

吸滤瓶:用来盛接滤液,并由支管与抽气系统相连。

布氏漏斗:上面有很多瓷孔,下端颈部装有橡皮塞,并与吸滤瓶相连。

安全瓶:当水的流量突然加大或变小,或在滤完后不慎先关了水阀时,因吸滤瓶内压力低于外界压力而使自来水倒吸入吸滤瓶,沾污滤液,此现象称为反吸现象。安全瓶的作用就在于隔断吸滤瓶与水泵的直接联系,即使倒吸也不会沾污滤液。若不要滤液也可不接安全瓶。

2) 减压过滤操作

按图 3-23 安好装置,注意两点:一是安全瓶的长管接水泵,短管接吸滤瓶;二是布氏漏斗颈口的斜面对着吸滤瓶的支管，以防滤液被支管抽出。

将滤纸剪成比布氏漏斗内径略小一些的圆形，以能盖住瓷板上的小孔为宜。用少量蒸馏水润湿滤纸，再开启水泵抽气，使滤纸紧贴于瓷板，此时才能开始抽滤。

用倾析法过滤时，先将清液沿玻璃棒倒入漏斗，滤完再将沉淀移入滤纸中间部分抽滤。当滤液液面接近吸滤瓶支管的水平时，应拔下吸滤瓶上的橡皮管，取下漏斗，将滤液从吸滤瓶的上口倒出。重新安装漏斗，接好橡皮管，然后继续抽滤。抽滤过程中，不得突然关闭水泵。若欲取出滤液或停止抽滤，应先拔下吸滤瓶支管上的橡皮管，再关闭水泵，否则水将倒灌进安全瓶。

洗涤沉淀时应停止抽滤，让少量洗涤液缓慢通过沉淀，然后抽滤。为了尽量抽干沉淀，最后可用平底的玻璃瓶塞挤压沉淀。滤干后，停止抽滤，将漏斗取下，颈口向上倒置，用塑料棒或木棒轻轻敲打漏斗边缘，或在颈口用洗耳球吹，使沉淀脱离漏斗，落入预先准备好的滤纸上或容器中。

若抽滤酸性、强碱性或强氧化性溶液时，可用石棉纤维代替滤纸，具体操作如下：先将石棉纤维在水中浸泡一段时间，然后将石棉纤维搅匀，倒入布氏漏斗中，减压过滤，使石棉紧贴在瓷板上形成一层均匀的石棉层，若有小孔应补加石棉纤维，直至没有小孔。注意：石棉不要太厚，否则过滤速度慢。用石棉层过滤时，沉淀与石棉纤维混杂在一起，因此这种方法只适于不要沉淀的过滤。

若过滤强酸性溶液，可用砂芯漏斗（玻纤砂漏斗）。它是在漏斗下部熔接一片微孔烧结玻璃片作底部取代滤纸。微孔烧结玻璃片（又称砂芯）的空隙规格为1、2、3、4、5、6号，1号最大，6号最小，可根据需要选择。过滤操作与减压过滤相同。使用时注意几点：沉淀必须能用酸或氧化还原剂在常温下溶解，且不产生新的沉淀，否则会堵塞烧结玻璃片的微孔；不宜过滤碱性溶液，因为碱会与玻璃作用堵塞微孔；过滤结束后必须清理沉淀，将漏斗洗干净后才能存放；1号（G_1）和2号（G_2）相当于快速滤纸，3号（G_3）和4号（G_4）相当于中速滤纸，5号（G_5）和6号（G_6）相当于慢速滤纸。

5. 离心分离法

当少量溶液与沉淀分离时，用滤纸过滤常发生沉淀粘在滤纸上难以取下的现象，采用离心分离法可克服以上困难。离心分离法的原理是将悬浊液置于离心机中高速旋转，沉淀受离心力的作用，向圆周切线方向移动，聚集于离心管尖端，使溶液与沉淀分离。实验室常用的离心机为电动离心机，如图3-24所示。电动离心机的使用方法如下：

(1) 将待分离液装入离心管，打开离心机盖，检查塑料管（或金属管）底部是否填衬有橡胶块。若没有可用少许棉花代替，但对称位置也必须用棉花代替橡胶块。插入离心管，若是单个离心管，必须在对称位置插入用水代替分离液的离心管，以保持离心机旋转时平衡，盖上离心机盖。

(2) 启动时，逐挡慢慢加速，绝不允许一下开到高速。结晶形和致密沉淀以1000r · min^{-1}离心1～2min即可；无定形和疏松沉淀以2000r · min^{-1}离心3～4min即可；若仍不能分离，可加热或加入适当的电解质使其加速凝聚，然后再离心分离。

(3) 停止离心时，也应由高速逐挡慢慢降速至停止，且让其自然停转，切不可用外力强制它停止旋转，这样会损坏离心机。

(4) 取出离心管,用左手持离心管,右手拿滴管由上而下慢慢吸出清液(图 3-25),当滴管接近沉淀时,要细心、缓慢地吸,以防吸入沉淀。一般在沉淀表面总保留一些溶液,可加入适当蒸馏水或合适的电解质洗涤液搅匀再离心分离。如此重复操作两三次,一般可洗净沉淀表面的杂质。

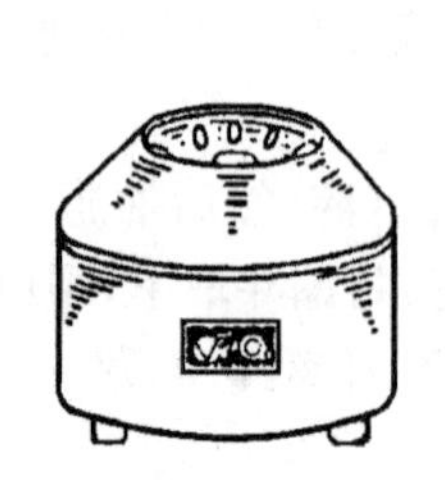

图 3-24　电动离心机

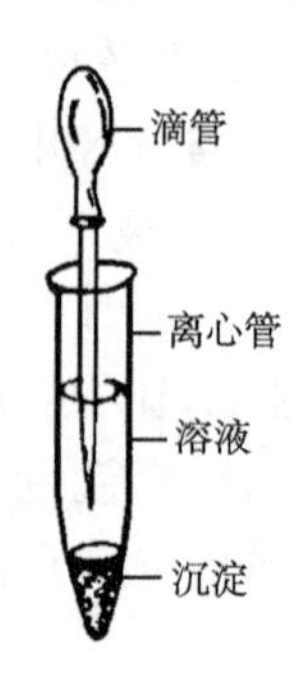

图 3-25　溶液与沉淀分离

3.4.3　溶液的蒸发与结晶

1. 蒸发浓缩

当溶液较稀且溶质的溶解度较大时,常采用蒸发浓缩。蒸发浓缩一般在蒸发皿中进行,因蒸发皿呈弧形,口大底小,所以蒸发面积大,速度快。蒸发皿不但可用水浴、蒸汽浴加热,还可直接火焰加热。选用何种加热方式主要由物质的热稳定性决定。

蒸发时加入蒸发皿的溶液不宜超过其容量的 2/3,若用直接火焰加热还需注意蒸发皿底部不能潮湿,否则易烧裂。当蒸发至近沸时,应不断搅拌,且关小火焰或暂时移开火源,以防暴沸。

至于浓缩到什么程度,需视溶质的溶解度与结晶要求而定。若物质的溶解度较大,可浓缩到表面出现晶膜时停止;若溶解度较小或高温溶解度大、室温溶解度小,可浓缩一定程度,如吹气有晶膜出现或再稀一些即可,不一定要大晶膜出现才停止;若要求结晶小,可浓缩到浓一些,反之可稀一些。

2. 重结晶

重结晶是提纯固体物质的重要手段之一,特别是与易溶性物质分离的重要手段。其基本操作是,将待提纯的物质溶于适当的溶剂中,除去杂质离子,滤去不溶物,蒸发浓缩,结晶,过滤,烘干或干燥。

重结晶过程中,析出晶体的大小除与蒸发浓缩中讨论的因素有关外,还与结晶条件有关。当溶液浓度不高时,采用自然冷却或温水浴逐步冷却,投入一个晶种(纯溶质的小晶体),静置,则析出晶体时慢且大。当溶质的溶解度较大,溶液的浓度较高,冷却较快,且不断搅拌、摩擦器壁,则析出晶体快且小。

晶体的纯度与颗粒大小及均匀程度有关。颗粒较大且均匀的晶体,夹带母液较少,比表面积小,易于洗涤,纯度较高。晶体太小且大小不均匀时,易形成糊状物,夹带母液较多,比表面积大,不易洗涤,纯度较差。如果结晶很大,纯度高,但残存母液较多,则产率低,损失大。除特殊需要外,一般结晶颗粒不宜太大。

残存母液可继续浓缩再结晶，但此时因易溶杂质浓度增大，晶体易携带易溶杂质，纯度较差。

一般重结晶次数越多，晶体的纯度就越高，但产率也越低。

3. 升华

固体碘之类的易升华物质常采用升华提纯。将待提纯的升华物质放入一个平底烧瓶内，用一个带有塞子的试管塞住，试管内装有冷却水。当加热平底烧瓶时，固体变成气体，气体在试管外壁上凝结成固体。

3.5　沉淀的干燥与灼烧

3.5.1　瓷坩埚的准备

定量分析中用滤纸过滤的沉淀须在瓷坩埚中灼烧至恒量，因此要事先准备好已恒量并称取其质量的坩埚。将洗净的坩埚倾斜放在泥三角上[图 3-26(a)]，斜放盖子，用小火加热坩埚盖[图 3-26(c)]，使热空气流反射到坩埚内部将其烘干。稍冷，用硫酸亚铁铵溶液(或硝酸钴、三氯化铁等溶液)在坩埚和盖上编号，然后在坩埚底部[图 3-26(b)]灼烧至恒量。灼烧温度和时间应与灼烧沉淀时相同(沉淀灼烧所需的温度和时间，随不同的沉淀而定)。在灼烧过程中，要用热坩埚钳慢慢转动坩埚数次，使其灼烧均匀。也可放入马弗炉中灼烧至恒量。

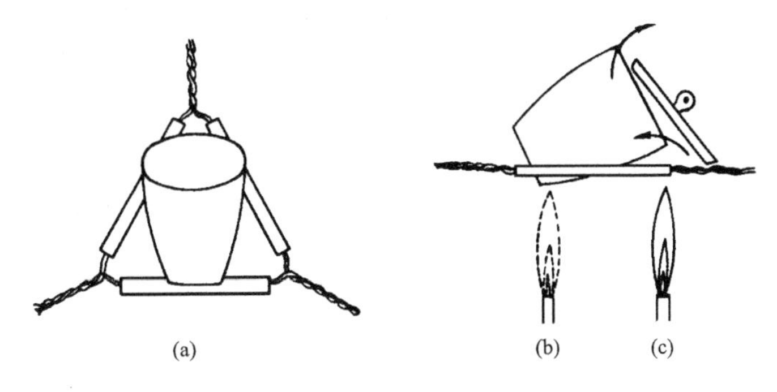

图 3-26　沉淀的烘干和灼烧

空坩埚第一次灼烧 30min 后，停止加热，稍冷却(红热退去，再冷 1min 左右)，用热坩埚钳夹取放入干燥器内冷却 45～50min，然后称量(称量前 10min 应将干燥器放入天平室)。第二次灼烧 15min，冷却，称量(每次冷却时间相同)，直至两次称量相差不超过 0.2mg，即为恒量，恒量的坩埚放在干燥器中备用。也可放入高温炉中灼烧至恒量。

3.5.2　沉淀的包裹

晶形沉淀一般体积较小，可按图 3-27 方法，用清洁的玻璃棒将滤纸的三层部分挑起，再用洗净的手将带沉淀的滤纸取出，打开成半圆形，自右边半径的 1/3 处向左折叠，再从上边向下折，然后自右向左卷成小卷，最后将滤纸放入已恒量的坩埚中，包卷层数较多的一面应朝上，以便于炭化和灰化。对于胶状沉淀，由于沉淀体积较大，不宜用上述包裹方法，而应用玻璃棒将滤纸边挑起(先挑三层边)，再向中间折叠(先折叠单层边)，将沉淀全部盖住(图 3-28)，最后用玻璃棒将滤纸转移到已恒量的瓷坩埚中(锥体的尖头朝上)。

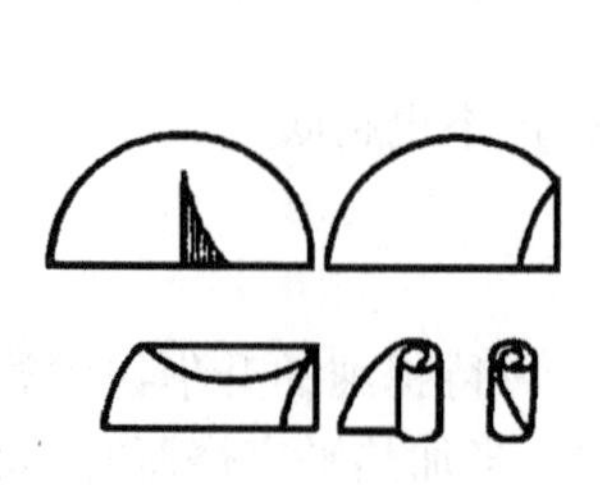
图 3-27　晶形沉淀包裹

图 3-28　胶状沉淀包裹

3.5.3　沉淀的烘干、灼烧及恒量

将装有沉淀的坩埚放好，用小火把滤纸和沉淀烘干直至滤纸全部炭化。炭化时如果着火，可用坩埚盖盖住并停止加热滤纸，炭化后，将沉淀在与灼烧空坩埚相同条件下进行灼烧、冷却，直至恒量。

3.5.4　玻璃坩埚的使用

不能在高温中灼烧的沉淀，应使用玻璃坩埚（也称砂芯漏斗）进行过滤、烘干与恒量操作。先将坩埚用稀盐酸、稀硝酸或氨水等溶剂泡洗（不可用去污粉），然后通过橡皮垫圈与吸滤瓶连接，接上真空泵，先后用自来水和蒸馏水多次抽洗。洗净的玻璃坩埚在烘干沉淀的条件下烘干，取出放于干燥器中冷却 30min 左右，称量。重复烘干、冷却、称量，直至两次称量结果相差不大于 0.2mg。

用玻璃坩埚过滤沉淀时，先将沉淀上部清液倾析于已恒量的玻璃坩埚中，然后加少量洗涤液洗涤沉淀，充分搅拌沉降，再倾析去清液，如此重复三四次。然后将沉淀全部转移到玻璃坩埚中，再将烧杯和沉淀用洗涤液洗净，最后将玻璃坩埚置于烘箱中（注意防尘），在与处理空坩埚相同的条件下烘干、冷却、称量，直至恒量。

3.5.5　干燥器的使用

干燥器是存放干燥物品、防止吸湿的玻璃仪器。干燥器的下部盛有干燥剂（常用变色硅胶或无水氯化钙等），上部放一个带孔的圆形瓷板以承放容器。干燥器是磨口的，涂有一层很薄的凡士林，使盖子密封，以防止水汽进入。开启（或关闭）干燥器时，应用左手朝里（或朝外）按住干燥器下部，用右手握住盖上的圆顶朝外（或朝里）平推器盖[图 3-29(a)]。当放入热坩埚

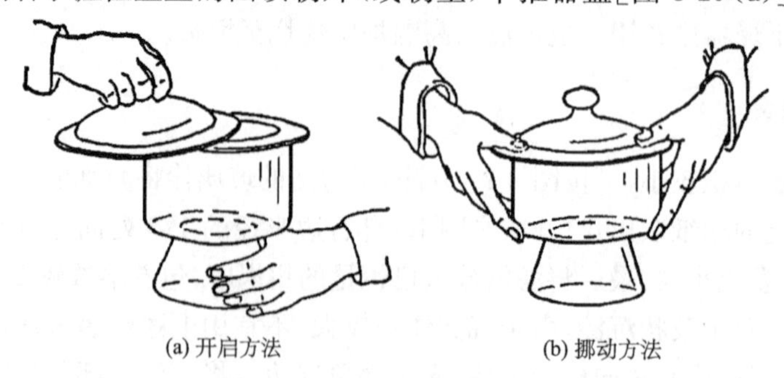
(a) 开启方法　　(b) 挪动方法

图 3-29　干燥器使用

时，为防止空气受热膨胀把盖子顶起，应当用同样的操作反复推、关盖子几次以放出热空气，直至盖子不再容易滑落。搬动干燥器时，不应只捧着下部，而应同时按住盖子，以防盖子滑落[图3-29(b)]。使用时注意：干燥器应保持干燥，不得存放潮湿的物品；干燥器只在存放或取出物品时打开，物品取出或放入后，应立即盖上；放在底部的干燥剂不能高于底部的1/2处，以防沾污存放的物品。干燥剂失效后要及时更换。

3.6　物质的称量

称量是化学实验最基本的操作之一，天平是常用的称量仪器，常用天平有托盘天平和分析天平。托盘天平俗称台秤，称量精确度不高，一般能称准到0.1g；分析天平和电子天平称量精确度较高，能称准到0.1mg甚至0.01mg。

3.6.1　托盘天平

托盘天平的构造如图3-30所示。使用托盘天平时应注意以下几点：

(1) 将游码归零，检查指针是否指在刻度盘中心线位置。若不在，可调节右盘下平衡螺丝。当指针在刻度盘中心线左右等距离摆动时，则表示天平处于平衡状态，即指针在零点。

(2) 左盘放被称物，右盘放砝码。用镊子先加大砝码，再加小砝码，一般5g以下质量通过游码添加，直至指针在刻度盘中心线左右等距离摆动(允许偏差1小格以内)。此时，砝码加游码的质量就是被称物的质量。

(3) 托盘天平不能称量热的物品，称量物一般不能直接放在托盘上。要根据称量物的性质和要求，将称量物放在称量纸上、表面皿上或其他容器中称量。

(4) 取放砝码要用镊子，不能用手拿，砝码不得放在托盘和砝码盒以外其他任何地方。称量完毕，应将砝码放回原砝码盒内，并使天平恢复原状。

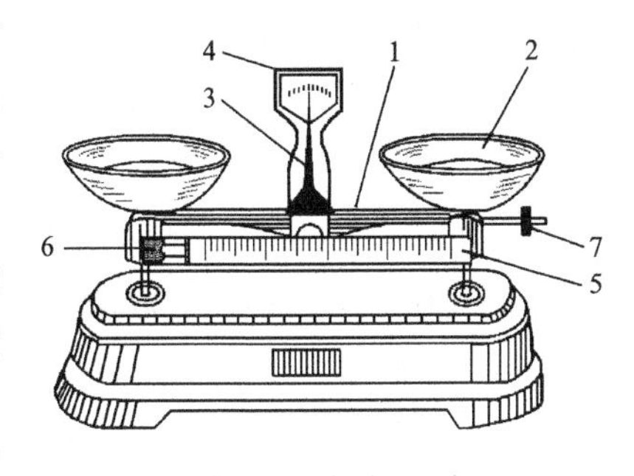

图3-30　托盘天平

1. 横梁；2. 托盘；3. 指针；4. 刻度盘；5. 游码标尺；6. 游码；7. 平衡螺丝

3.6.2　分析天平

分析天平按其构造和称量原理，一般分为杠杆式机械天平和电子天平。杠杆式机械天平又分等臂双盘天平和不等臂单盘天平，它们均有光学读数装置，所以称为电光天平。表3-3为常见分析天平型号和规格。电子天平是以电磁学原理直接显示质量读数的最新一代天平，它称量准确可靠、操作简便，具有自动校准、自动检测、输出打印等功能。本书仅介绍目前广泛使用的电子天平。

表3-3　常见分析天平型号和规格

种类	型号	名称	规格(最大载荷/分度值)
双盘天平	TG-328A	全机械加码电光天平	200g/0.1mg
	TG-328B	半机械加码电光天平	200g/0.1mg
	TG-332A	微量天平	20g/0.01mg

续表

种类	型号	名称	规格(最大载荷/分度值)
单盘天平	DT-100	单盘精密天平	100g/0.1mg
	DTG-160	单盘电光天平	160g/0.1mg
电子天平	FA1604(国产)	上皿式电子天平	160g/0.1mg
	AUY120(岛津)	上皿式电子天平	120g/0.1mg

1. 电子天平的操作步骤

电子天平的型号很多,外观类似,如图 3-31 所示,其使用方法大体相似。

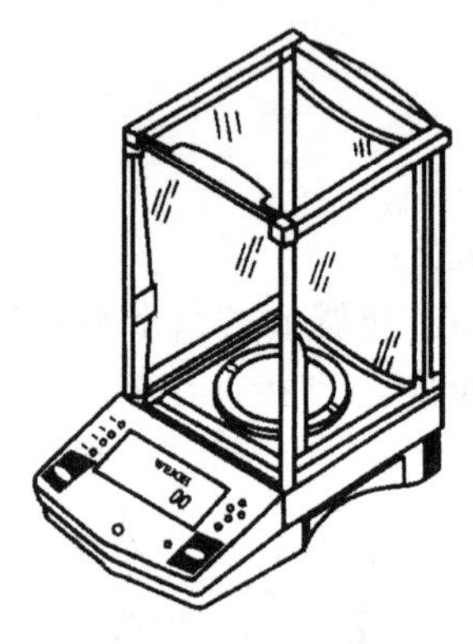

图 3-31　电子天平

(1) 观察水泡是否位于水准仪中心,若有偏移,需调整水平调节螺丝,使天平水平。检查称量盘上是否有遗洒的药品粉末,框罩内外是否清洁。若天平较脏,应先用毛刷清扫干净。检查电源,通电预热至所需时间。

(2) 轻按天平 POWER 键(有些型号为 ON 键),系统自动实现自检,当显示器显示"0.0000"后,自检完毕,方可称量。

(3) 称量时,将洁净的称量纸(或表面皿、小烧杯、称量瓶等)置于称量盘上,关上侧门,稍候,轻按天平 O/T 键(有些型号为 TAR 键),天平自动校对零点。当显示器显示"0.0000"后,开启右侧门,向称量盘上的容器内缓慢加入待称物质,直到达到所需质量,随手关好门。当显示屏出现稳定数值,即为被称物的质量(g)。称量样品一般用称量瓶进行差减称量。

(4) 称量结束,除去称量纸,关闭天平门,轻按天平 POWER 键(有些型号为 OFF 键),切断电源,罩上天平罩,并在记录本上记录使用情况。

2. 使用电子天平的注意事项

(1) 称量前必须检查天平是否处于水平状态,称量所得数据必须立即记录在记录本上。

(2) 放、取被称物时必须随手关闭天平门,所有操作都要轻、缓,切勿用力过猛,以免损坏天平。

(3) 过热或过冷的被称物应置于干燥器中,冷至天平室温度才能称量。被称物的质量不能超过天平最大载荷。

(4) 腐蚀性物质,易挥发、易吸水、易与二氧化碳作用或易氧化的物质,必须放在密闭容器内进行称量。

(5) 常在天平箱内放有硅胶作干燥剂,硅胶失效后(变粉色)应及时更换。保持天平、实验台和天平室整洁和干燥。有条件的天平室可配吸湿机和安装分体空调器。

(6) 天平必须远离震源、热源,并与化学处理室隔离。天平必须安放在牢固的实验台上。天平室窗户应悬挂黑布窗帘,避免阳光直射。

(7) 如果发现天平异常,应及时报告教师或实验室工作人员,不得自行处理。称量完毕,应及时对天平进行复原,检查使用情况并做记录。

3.6.3　称量方法

1. 直接称量法

直接称量法适用于称量洁净干燥的器皿(如称量瓶、小烧杯、表面皿等)、块状或棒状的金属等物体。方法是,先调节天平零点,将待称物置于天平盘中央,显示稳定后即可记录其质量。

2. 差减称量法

差减称量法适用于称量一定质量范围的粉末状物质,特别是在称量过程中易吸水、易氧化或易与CO_2反应的物质。因称取试样的量是由两次称量质量之差求得,所以称为差减称量法(或递减、减量称量法)。

称量方法是,从干燥器中取出称量瓶(注意,不要用手直接接触称量瓶和瓶盖),用小纸条夹住称量瓶,打开瓶盖,用牛角匙加入适量试样(一般为称一份试样质量的整数倍),盖上瓶盖。用清洁的纸条叠成称量瓶高1/2左右的多层纸带,套在称量瓶上,左手拿住纸带两端,如图3-32所示,把称量瓶置于天平盘中央,轻按去皮键 TAR 使其显示为0.0000。

将称量瓶取出,用纸片夹取出瓶盖,在接受器上方倾斜瓶身,用称量瓶盖轻轻敲瓶口上部,使试样慢慢落入容器中,如图3-33所示。当倾出的试样接近所需量(可从倾出试样的体积估计)时,一边逐渐将瓶身竖立,一边继续用瓶盖轻敲瓶口,使粘在瓶口上的试样回到瓶底,然后盖上瓶盖。把称量瓶放回天平盘上,此时所显示的数据即为倾出样品的质量(不管负号)。

倾样时,一般很难一次倾准,往往需几次(一般不超过3次)相同的操作过程,才能称取一份符合要求的样品。

图3-32　称量瓶拿法

图3-33　从称量瓶中敲出试样

3. 固定质量称量法

例如,称量1.2258g $K_2Cr_2O_7$基准试剂。称量方法是,将一洁净干燥的表面皿(或小烧杯)置于天平盘中央,按去皮键 TAR 显示为0.0000,然后用小牛角匙在表面皿上缓慢加入试剂,直到所加试剂接近1.2258g只差几毫克时,再极其小心地以左手持盛有试剂的牛角匙,伸向表面皿中心部位上方2～3cm处,匙柄顶在掌心,用左手拇指、中指及掌心拿稳牛角匙,以食指轻弹(或轻摩)牛角匙柄,使试剂慢慢抖入表面皿中,直到天平读数正好增加到1.2258g。

3.7　液体体积的量度

3.7.1　量筒和量杯

量筒和量杯是精密度要求不高的量取液体体积的量度仪器。一般容量有5mL、10mL、

20mL、25mL、50mL、100mL、250mL、500mL、1000mL 等，可根据需要选用，切勿用大容量的量杯和量筒量取小体积液体。一般来讲，量筒比量杯精度高一些。

量取液体时，应将量筒放平稳，且停留 15s 以上，待液面平静后，使视线与量筒内液体的弯月面最低处保持水平，偏高或偏低都会因读数不准而造成较大误差。

3.7.2　移液管和吸量管

移液管和吸量管都是用于准确量取一定液体体积的仪器。移液管是定容量的大肚管，只有一条刻度线，无分度刻度线，移取的液体到了刻度线即为定温度的规定体积，一般有 10mL、20mL、25mL、50mL 等规格。吸量管是一种直线型的带分度刻度的移液管，管上标有最大容量，一般有 1mL、2mL、5mL、10mL 等规格。例如，5mL 吸量管，最大容量为 5.00mL，可准确移取 0～5mL 任意体积的液体。移液管和吸量管的使用方法如图 3-34 所示。

（1）洗涤。首先用洗耳球吸取少量的铬酸洗液，用手按住移液管顶部管口，然后将移液管置于水平，两手托住移液管转动，使洗液润湿管壁至刻度线以上，然后将洗液放回原瓶中。再用自来水洗去残存洗液，接着用少量蒸馏水润洗 3 次，最后用少量待取的液体润洗 3 次，使得被移取的液体浓度保持不变。

（2）移液操作。将移液管尖端插入移取的液体中，右手的拇指和中指拿住管颈标线以上部位，左手拿洗耳球，将排出空气的洗耳球尖端插入管颈口，并使其密封，慢慢地让洗耳球自然恢复原状，直至液体上升到管颈标线以上。迅速移去洗耳球，立即用右手的食指按住管颈口，左手握盛放被移取溶液的器皿，使移液管垂直提高到管颈线与视线成水平，左手握器皿口接在移液管尖嘴下，右手拇指及中指微微转动移液管，同时放松食指，使液面缓慢平稳下降，直至液面的弯月面与标线相切，立即按紧食指。若移液管尖端口有半滴液体，可在原器壁上轻轻靠一下。取出移液管，插入盛接溶液的器皿中，尖端靠在器皿内壁上。此时移液管应保持垂直，将盛接的器皿倾斜，使容器内壁与移液管成约 45°（图 3-35），松开食指，使管内溶液自然地全部沿器壁流下，然后停靠 15s 左右。移走移液管，残留在移液管末端的溶液切不可用外力使其流出，因为校正移液管时已扣除末端残留的体积。

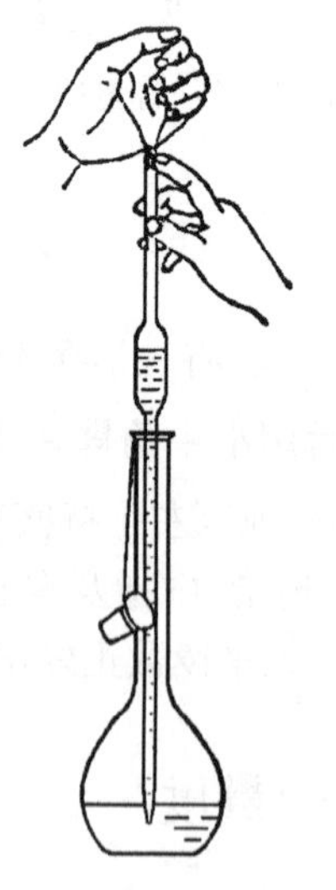

图 3-34　移液管吸取液体

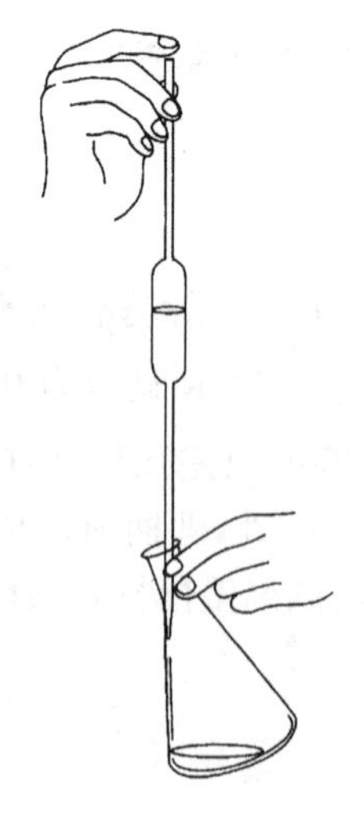

图 3-35　移液管放出液体

3.7.3　容量瓶

容量瓶是一种用于配制准确浓度的带磨口塞的仪器，刻度线处的标示体积即为定温度的规定体积，一般容量有25mL、50mL、100mL、250mL、500mL、1000mL等规格，有无色和棕色之分。其操作步骤如下：

(1) 检漏。在瓶中装少量水，塞紧塞子，如图3-36所示，右手顶住塞子，将瓶倒立，观察瓶塞处是否漏水或渗水。若不漏也不渗水，则将瓶塞旋转180°再塞紧，重复上面操作，若不漏也不渗水，则此容量瓶可用。

(2)洗涤。用铬酸洗液洗涤容量瓶，再用自来水冲洗，最后用少量蒸馏水洗涤瓶塞和容量瓶3次。

(3) 溶液的配制。欲将固体物质准确配成一定体积的溶液，应先把已准确称量的固体试剂置于小烧杯中溶解完全，然后用玻璃棒引流，将其定量转移到预先洗净的容量瓶中。转移时，一手拿玻璃棒，一手握烧杯，在容量瓶口上方慢慢将玻璃棒从烧杯中取出，将它插入容量瓶瓶口(但不得与瓶口接触)，再使烧杯嘴贴紧玻璃棒，慢慢倾斜烧杯，让溶液沿玻璃棒流下，如图3-37所示。当溶液流完后，将烧杯嘴沿玻璃棒轻轻上提，同时将烧杯直立，使附在玻璃棒和烧杯嘴之间的液滴回到烧杯中，再将玻璃棒末端残留的液滴靠入容量瓶口内。在瓶口上方将玻璃棒放回烧杯中，但不得放在靠烧杯嘴的一边，用洗瓶以少量蒸馏水冲洗玻璃棒及烧杯内壁三四次，洗出液按上法全部转入容量瓶中，然后加蒸馏水稀释。当稀释到容量瓶容量的2/3时，直立容量瓶细心旋摇，使溶液初步混合(此时切勿加塞倒立容量瓶)。最后继续稀释至距标线1cm左右时，改用滴管逐渐加水至弯月面下缘恰与标线相切(若是热溶液，应冷至室温后才能稀释至标线)。细心盖紧瓶塞，将瓶倒立，待气泡上升到顶部后，再倒转过来，如此反复20余次，使溶液充分摇匀(图3-38)。

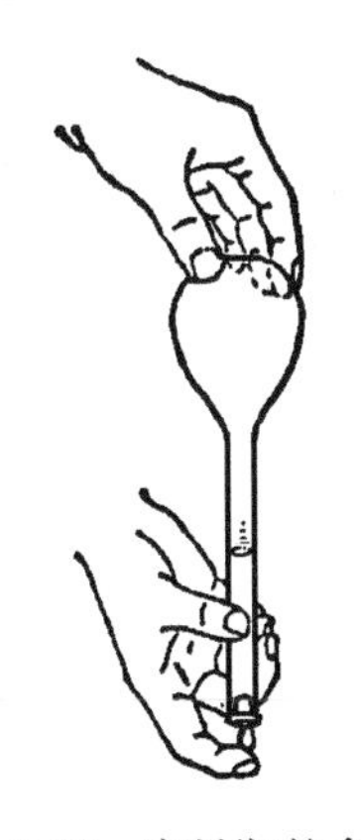

图3-36　容量瓶的拿法

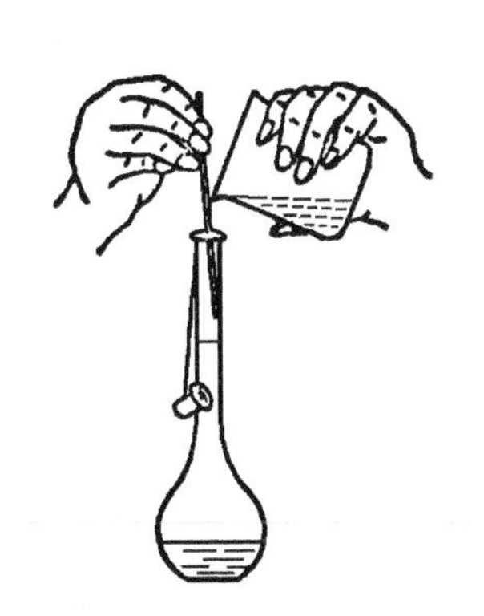

图3-37　溶液定量转移操作

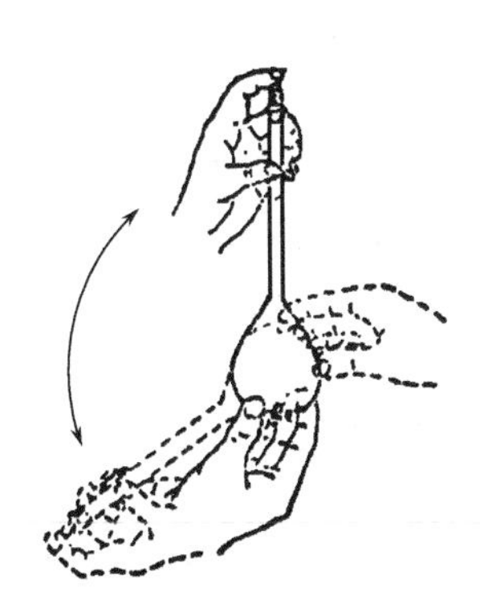

图3-38　溶液的混匀

液体溶液稀释时，用移液管移取一定体积溶液至容量瓶中，再加蒸馏水，余下操作与上相同。

3.7.4　滴定管

滴定管分酸式和碱式两种，有无色和棕色之分，除了碱溶液放在碱式滴定管中进行滴定外，其他溶液都在酸式滴定管中进行。目前还常用到聚四氟乙烯滴定管，既可用于滴定酸，也可用于滴定碱。

酸式滴定管下端为玻璃活塞,使用方法如下:

(1) 检漏。向滴定管中装水至刻度附近,垂直架在滴定台上,关上活塞,观察滴定管口是否有水滴以及活塞与塞槽间隙是否漏水。若不漏则将活塞旋转180°再检查,若漏水则需重新涂凡士林。

(2) 涂凡士林。为了使活塞转动灵活并克服漏水现象,需将活塞涂上凡士林。先将活塞取下,用滤纸擦干,然后擦干活塞槽。在活塞的大头涂上一薄层凡士林,在活塞小孔两侧的垂直方向或者在活塞的小头用手指涂上薄层凡士林,将活塞小心插入滴定管,插入时旋孔应与滴定管平行,沿同一方向转动活塞,使活塞与塞槽处呈透明状态,且活塞转动灵活。若不透明,需重新涂凡士林。在活塞小头套上橡皮圈,以防活塞滑出塞槽。涂凡士林操作如图3-39～图3-41所示。

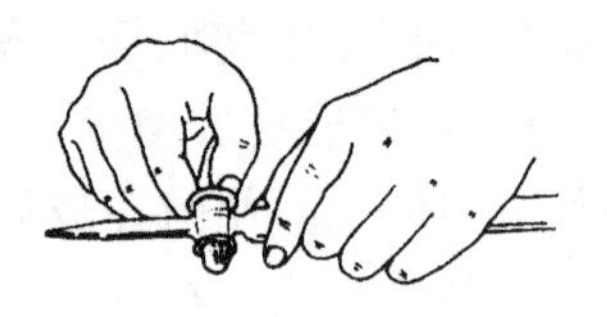

图3-39　擦干活塞槽

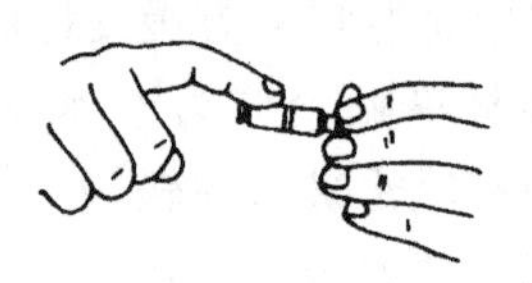

图3-40　活塞涂凡士林

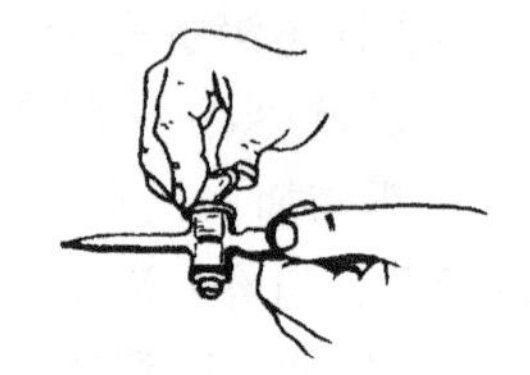

图3-41　旋转活塞至透明

(3) 洗涤方法。若滴定管有油污,可用铬酸洗液洗涤。洗涤时,向滴定管中倒入约1/4体积的洗液,慢慢倾斜旋转滴定管,使管壁全部被洗液润湿,然后打开活塞使洗液充满下端后,再关闭活塞,将大部分洗液从管口倒回原洗液瓶,打开活塞使小部分洗液从管尖倒回原洗液瓶。用自来水洗去残存洗液,再用蒸馏水(每次5～10mL)洗涤3次,最后用待装液(每次5～10mL)润洗滴定管3次,使待装液的浓度保持不变。

(4) 装溶液及赶气泡。将溶液直接装入洗净并润洗过的滴定管中,不能用其他器皿(如漏斗、烧杯等)转移。左手持滴定管上部无刻度处,并稍微倾斜,右手拿住试剂瓶向滴定管中倒入溶液,并加到零刻度以上。然后右手拿滴定管上部无刻度处,将其倾斜,左手迅速旋转活塞到最大,使气泡随溶液冲出,关上活塞。若没有赶出气泡,可反复数次上述操作。

(5) 调节液面及读数。调节液面至0.00mL或接近0.00mL,静置1～3min后读数。读数不准确是产生误差的重要原因,读数时滴定管应垂直,视线应与液体弯月面下部的最低点保持同一水平,偏高或偏低都会带来误差。而对弯月面看不清的有色溶液(如$KMnO_4$、I_2等溶液),可读液面两侧最高处的刻度。为了准确读出弯月面下缘的刻度,可在滴定管后面衬一张“读数卡”,它是一张黑色或深色纸,读数时,将卡片放在滴定管背后,使黑色边缘在弯月面下方约1mm处,即可见到弯月面的最下缘映成黑色(图3-42)。对“蓝线”滴定管,液体有两个弯月面相交于蓝线的某一点,应读取交叉点与刻度相交点的读数。常量滴定管的刻度每一大格为1mL,每一大格又分为10小格,每一小格为0.1mL,因此滴定管读数必须读到小数点后两位。

(6) 滴定操作。滴定前必须去掉滴定管尖端悬挂的残余液滴,读取初读数。滴定操作如图3-43所示,滴定最好在锥形瓶中进行,液体多时也可在烧杯中进行。滴定时,每次都应从0.00mL或接近0.00mL的某一刻度开始,这样可减少滴定管刻度不均匀而带来的系统误差。

将滴定管垂直夹在滴定管夹上,下端伸到容器内1cm左右,操作如图3-43所示。左手控制滴定管活塞,大拇指在前,食指和中指在后,手指略微弯曲,手心空握,轻轻地向内扣住活塞,

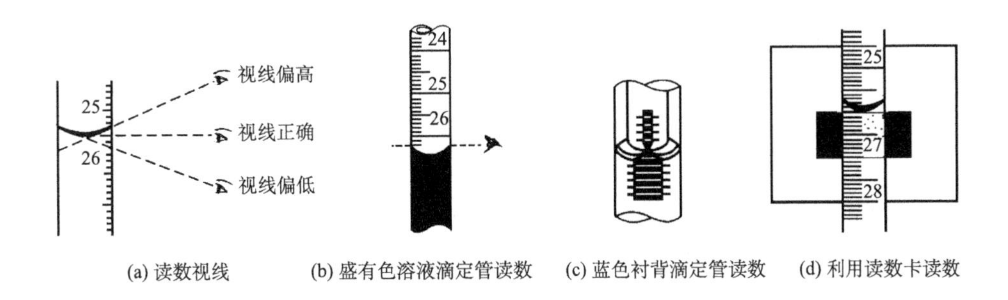

(a) 读数视线　(b) 盛有色溶液滴定管读数　(c) 蓝色衬背滴定管读数　(d) 利用读数卡读数

图 3-42　滴定管读数

以免活塞松动甚至顶出活塞。右手握住锥形瓶，边滴边摇动，且向同一方向做圆周旋转(手腕转动带动瓶转)，不能上下或前后振动，以免溅出溶液。开始滴定时可快些，一般控制在每分钟 10mL 左右，每秒 3～4 滴，即一滴接着一滴。临近终点时，应一滴或半滴地加入，即加入一滴或半滴后用洗瓶吹出少量水洗锥形瓶壁，摇匀，再加入一滴或半滴，摇匀，直至溶液的颜色刚刚发生突变，即可认为到达终点，记录所耗滴定剂的体积(终读数)。

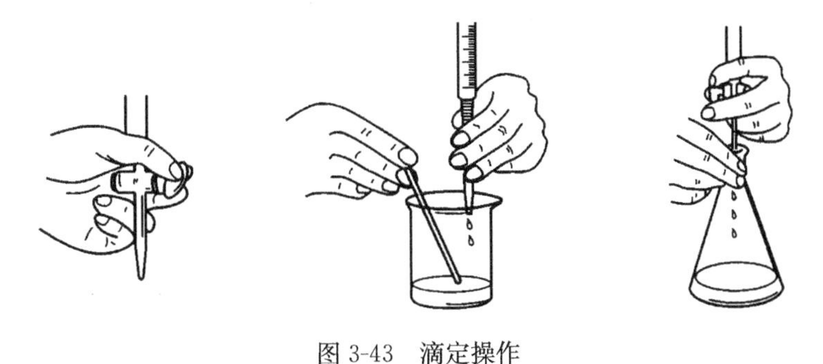

图 3-43　滴定操作

实验完毕，应将滴定管中剩余溶液倒出，并用水洗净，倒夹在滴定管夹上。

碱式滴定管下端接一橡皮管，内有玻璃球，橡皮管下端连接一尖嘴玻璃管。除洗涤方法、赶气泡和滴定操作不同外，其余与酸式滴定管操作类似。

(1) 洗涤方法。因橡皮管会被氧化剂腐蚀，所以用洗液洗涤时可将滴定管上口倒置于盛有洗液的烧杯中，用排出空气的洗耳球接在尖嘴口，轻捏玻璃球部位的橡皮管，当液体徐徐上升到接近橡皮管处时放开玻璃球，用洗液浸泡一段时间后，使碱式滴定管中的洗液流尽，然后用自来水冲洗干净，再用少量蒸馏水润洗 3 次，最后用少量滴定液润洗 3 次。

(2) 赶气泡与滴定。装入滴定液到零刻度线以上，将橡皮管向上弯曲，轻捏玻璃球中上部右侧，使气泡随液体流出，让液体充满橡皮管和尖嘴玻璃管，垂直放下，然后松手，如图 3-44 所示。滴定时，用左手的拇指和食指捏橡皮管中玻璃球所在部位稍上的右侧，使橡皮管和玻璃球之间形成一条缝隙，溶液即可流出。通过缝隙的大小来控制溶液流出的速度。为了防止尖嘴玻璃管在滴定过程中晃动，可用左手的无名指和小指夹住尖嘴玻璃管。注意，不得捏玻璃球下方的橡皮管，否则空气进入，再次形成气泡。

图 3-44　碱式滴定管赶气泡

总之，无论使用酸式滴定管还是碱式滴定管，都必须掌握三种滴液的方法：①连续滴加的方法，即一般的滴定速度“见滴成线”方法；②控制一滴一滴加入的方法，做到需一滴就加一滴；③学会使液滴悬而不落，只加半滴，甚至不到半滴的方法。

3.8 温度的测量与控制

温度是用来描述体系冷热程度的物理量，是一切物质固有的性质。准确测量一个体系的温度是实验、科研和生产实践中一项十分重要的技术。

3.8.1 温标

温度的表示法称为温标。确立一种温标包括选择测量仪器、确定固定点和划分温度值三个方面，常用的主要有摄氏温标和热力学温标两种。

摄氏温标是将压力为 101.325kPa 时水的冰点（水被空气饱和）定为 0℃，沸点定为 100℃。在两个点之间分为 100 等份，每一等份为 1℃。符号为 t，单位为℃。

热力学温标也称开尔文温标或绝对温标，是由开尔文根据卡诺循环提出的，是与测温物质本性无关的、理想的、科学的温标。规定热力学温度单位开尔文是水三相点热力学温度的 1/273.15，符号为 T，单位为 K，因而水的三相点即以 273.15K 表示。热力学温标与摄氏温标的刻度间隔是一样的，它们之间的换算式为

$$T=273.15+t$$

3.8.2 温度计

1. 水银玻璃温度计

水银玻璃温度计结构简单、使用方便，是实验室里最普通、最常用的温度计之一。虽然水银体积随温度的变化不是严格单调的，但仍接近于线性关系。按其用途、量程和精度可分为普通水银温度计、精密水银温度计和高温水银温度计等。许多因素会引起温度计的读数误差，主要因素有

（1）因毛细管直径上下不均匀，定点刻度不准，定点之间的等份刻度不完全等同而引起的误差。

（2）温度计的玻璃球受热后，由于玻璃收缩很慢，不能立即回到原来的体积，即产生滞后现象；又由于玻璃是一种过冷液体，玻璃球的体积随时间也会有所改变。这两种因素均会引起温度计零点的改变。

（3）使用全浸式水银温度计时，通常是水银柱有部分未浸没在介质中，此时外露部分与浸入部分的温度不同，也会引起误差，所以需进行露茎校正。

（4）压力对温度计的读数也有影响。另外，水银和玻璃的膨胀系数的非严格线性关系、毛细管效应等均会引起误差。

通常除对温度计进行示值校正外（与标准温度计进行比较），还必须进行露茎校正。

2. 贝克曼温度计

贝克曼温度计是一种精密度较高、量程较窄的示差温度计，它能精确测得体系的温度变化值。温差测定范围一般为±5℃，温度计刻度的最小分度为 0.01℃，可以估读至 0.001℃。贝

克曼温度计在使用前必须仔细调节。

3. 热电偶温度计

两种金属导体构成一个闭合线路，如果连接点温度不同，回路中将产生与温度差有关的电势，称为温差电势。这样的一对导体称为热电偶。因此，可用热电偶的温差电势测定温度，热电偶温度计也是一种测量高温的示差温度计。

4. 铂电阻温度计

因铂容易提纯，且性能稳定，有很高的电阻温度系数，所以铂电阻与专用精密电桥或电位计组成的铂电阻温度计有极高的精确度。铂电阻温度计感温元件是由纯铂丝用双绕法绕成的线圈，线圈末端各接一小段较粗的铂丝，以免使铂丝线圈被沾污和产生帕耳帖热效应，铂线圈在绕制前后均要小心退火，使其各部分性质状态稳定。

铂电阻的阻值与温度间有明确的函数关系，一般由厂家提供或自己标定。在测量过程中，如用电桥法已准确测得铂电阻温度计的电阻，即可根据阻值与温度的关系，标出体系的实际温度。

5. 热敏电阻温度计

许多金属氧化物半导体的电阻值随温度的变化而发生显著变化。这类半导体对温度的变化极其敏感，灵敏度比铂电阻、热电偶等其他感温元件高得多。它能直接将温度的变化转换成电性能（如电阻、电压或电流）的变化，测量其电性能的变化便可测出温度的变化，利用这类金属氧化物半导体制成的温度计称为热敏电阻温度计。这类温度计的缺点是重现性差，且测量范围较窄，一般实验室的常温测量大多采用热敏电阻温度计。

3.8.3　温度的控制

恒温的基本思想是将待控温体系置于热容比它大得多的恒温介质浴中。根据温度的控制范围，可使用下列液体介质作为恒温介质：−60～30℃，用乙醇或乙醇水溶液；0～90℃，用水；80～160℃，用甘油或甘油水溶液；70～300℃，用液体石蜡、汽缸润滑油或硅油。实验室中常用的以液体为介质的恒温装置是恒温槽，其构造如图 3-45 所示。

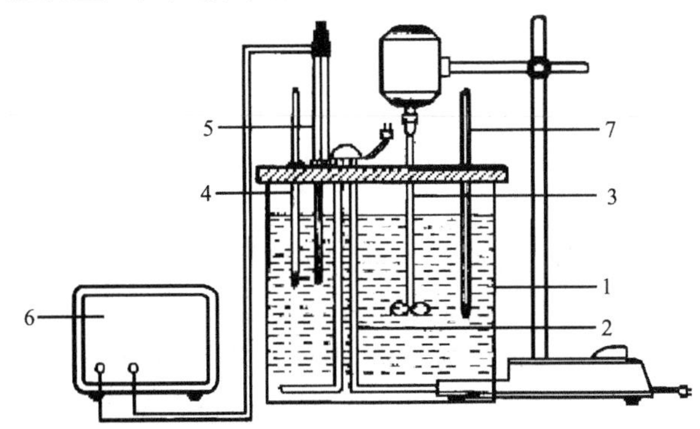

图 3-45　恒温槽的构造

1. 浴槽及恒温介质；2. 加热器；3. 搅拌器；4. 温度计；5. 温度调节器；6. 恒温控制器；7. 贝克曼温度计

恒温槽由浴槽(内放恒温介质)、温度调节器(感温元件)、继电器、加热器、搅拌器和温度计等部件组成。恒温槽各部件简介如下：

(1) 浴槽和恒温介质。常选用10～20L的玻璃槽(市售超级恒温槽为金属筒,用玻璃纤维保温),恒温温度在100℃以下,大多用水浴,使用前加入蒸馏水至浴槽容积的3/4左右。为防止水分蒸发,恒温在50℃,水浴面上可加一层液体石蜡;恒温在100℃,用液体石蜡或硅油作恒温介质。

(2) 加热器。若恒温温度高于室温,则需不断向槽中供给热量以补偿其向四周散失的热量;若恒温温度低于室温,则需不断从槽中取走热量,以抵偿环境向槽中传递的热量。对前一种情况,常用电加热器间歇加热实现恒温控制。对电加热器的要求是热容量小,导热性好,功率适当。加热炉丝的功率大小根据浴槽的容积和所需温度高低确定,为改善控温、恒温的灵敏度,组装的恒温槽可用调压变压器改变炉丝的加热功率。

(3) 搅拌器。搅拌器是恒温槽不可缺少的部件,利用电动搅拌器剧烈搅拌使恒温槽内温度趋于均匀。搅拌器的功率、安装的位置和桨叶的形状对搅拌效果有很大影响。恒温槽增大,搅拌功率也相应增大。搅拌器应装在加热器上面或靠近加热器,使加热后的液体及时混合均匀再流至恒温区。搅拌桨叶应是螺旋式或涡轮式,且有适当的片数、直径和面积,以使液体在恒温槽中循环,为了加强循环,有时还需要安装导流装置。

(4) 温度计。通常用1/10或1/5刻度的温度计测量恒温槽内温度,在测试恒温槽的灵敏度曲线时,还要使用贝克曼温度计。

(5) 温度调节器(感温元件)。它是恒温槽的感觉中枢,是提高恒温槽恒温效果的关键部件。感温元件的种类很多,如接点温度计(或称水银定温计、导电表)、热敏电阻感温元件等。这里以水银接点温度计为例说明它的控温原理,其构造如图3-46所示。它的结构与普通水银温度计不同,它的毛细管中悬有一根可上下移动的金属丝,从水银槽也引出一根金属丝,两根金属丝与温度控制系统连接。在温度计上部装有一根可随管外永久磁铁旋转的螺杆,螺杆上有一指示金属片(指示铁),金属片与毛细管中金属丝(触针)相连。当螺杆转动时,金属片上下移动,即带动金属丝上升或下降。调节温度时,先转动调节磁帽,使螺杆转动,带着金属片移动至所需温度(从温度刻度板上读出)。当加热器加热后,水银柱上升与金属丝相接,线路接通,加热器电源被切断,停止加热。反之,若温度未达到欲恒温温度,上、下部引出的导线断开,通过继电器作用使加热器加热。由于水银接点温度计的温度刻度很粗糙,恒温槽的精确温度应该由另一精密温度计指示。当所需的控温温度稳定时,将调节磁帽上的固定螺丝旋紧,使之不发生移动。水银接点温度计的控温精度通常为±0.1℃,甚至可达±0.05℃,对一般实验来说足够精密。水银接点温度计允许通过的电流很小,为几个毫安以下,不能与加热器直接相连。因为加热器的电流约为1A,所以在接点温度计和加热器中间加一个中间媒介,即电子管继电器。

(6) 电子管继电器。继电器与接点温度计、加热器配合使用,才能使恒温槽的温度得到控制。实验室恒温槽常用的是电子管继电器和晶体管继电器。电子管继电器的工作原理如图3-47所示,当浴槽温度低于设定温度时,接点温度计断开,电子管的栅极电压能使电子管处于通导状态,因此线路Ⅱ是断路,板流很大。电流流过继电器线圈使继电器衔铁吸下,线路Ⅰ是通路,电加热器通电加热。当接点温度计接通时,电子管的栅极电压很负,它能使电子管处于截止状态,板流很小,继电器的衔铁弹开,线路Ⅰ是断路,电加热器停止加热。

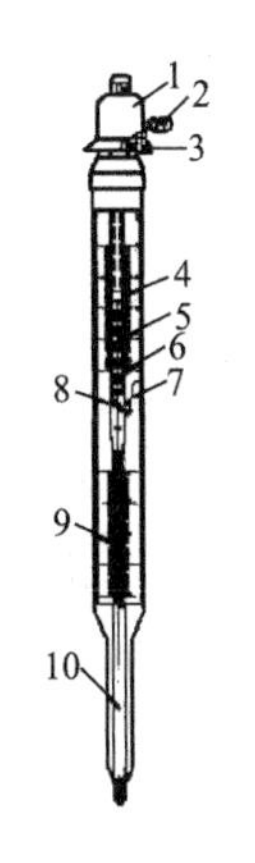

图 3-46 水银接点温度计的构造

1. 调节磁帽；2. 固定螺丝；3. 磁钢；4. 指示铁；5. 钨丝；
6. 调节螺杆；7. 铂丝接点；8. 铂弹簧；9. 水银柱；10. 铂丝接点

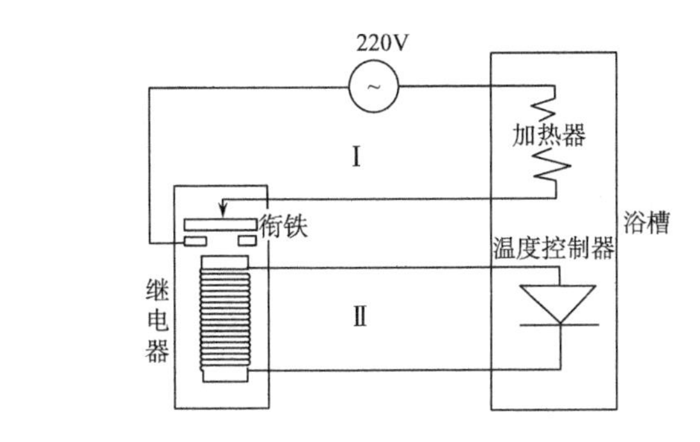

图 3-47 电子管继电器的工作原理

3.9 试纸的使用

1. pH 试纸

pH 试纸是检验溶液 pH 的一种试纸。一般分为两类：一类是广泛 pH 试纸，pH 分别为 1～10、1～12、1～14，是一种粗略检测溶液 pH 的试纸；另一类是精密 pH 试纸，pH 分别在 2.7～4.7、3.8～5.4、5.4～7.0、6.0～8.4、8.2～10.0、9.5～13.0 等变色范围，检测的精度比广泛 pH 试纸高。

用试纸检验溶液的酸碱性时，将剪成小块的试纸放在表面皿上，用玻璃棒蘸取待测溶液接触试纸中部，试纸即被溶液湿润而变色，将其与所附的标准色板比较，便可粗略确定溶液的 pH。注意不能将试纸浸泡在待测溶液中，以免造成误差或污染溶液。

2. 碘化钾-淀粉试纸

碘化钾-淀粉试纸用以定性检验氧化性气体（如 Cl_2、Br_2 等）。将滤纸在碘化钾-淀粉溶液中浸泡后晾干即成。使用时用蒸馏水将试纸润湿，平置试管口上。氧化性气体溶于试纸上的水后，将 I^- 氧化成 I_2。例如，下列反应：

$$2I^- + Cl_2 = I_2 + 2Cl^-$$

I_2 立即与试纸上的淀粉作用，使试纸变为蓝紫色。

注意：若氧化性气体的氧化性很强且含量很大，有可能进一步将 I_2 继续氧化成 IO_3^-，而使变蓝的试纸再褪色，从而误认为试纸没有变色，以致得出错误的结论。

3. 乙酸铅试纸

乙酸铅试纸用于定性检验反应中是否有硫化氢气体产生（溶液中是否有 S^{2-} 存在）。将滤纸经 3% 乙酸铅溶液浸泡后晾干即得乙酸铅试纸。使用时用蒸馏水润湿试纸，将待测溶液酸化，如果有 S^{2-} 存在，则生成硫化氢气体逸出，遇到试纸即溶于试纸上的水中，并与试纸上的乙酸铅反应，生成黑色的硫化铅沉淀。反应方程式如下：

$$Pb(Ac)_2 + H_2S = PbS \downarrow + 2HAc$$

试纸呈黑褐色并有金属光泽。溶液中 S^{2-} 浓度较小时，用乙酸铅试纸不易检出。

3.10 光电仪器

3.10.1 酸度计及其使用

酸度计的型号很多，这里介绍 pHS-3C 型酸度计，该酸度计是四位十进制数字显示的酸度计。仪器附有电磁搅拌器及电极支架，供测量时进行搅拌溶液和安装电极使用。仪器能输出 0～10mV 的直流电，若配上适当的记录式电位计，可自动记录电极电势。仪器的测量范围：pH 挡 0～14，mV 挡 0～±1999mV(自动极性显示)；精度，pH 挡 0.01 pH±1 个字，mV 挡 1mV±1 个字；零点漂移≤0.01pH/2h。

pHS-3C 型酸度计是以玻璃电极为指示电极，饱和甘汞电极为参比电极，与被测溶液组成如下原电池：Ag|AgCl|内缓冲溶液|内水化层|玻璃膜|外水化层|被测溶液|饱和甘汞电极，此电池电动势的表达式为

$$\varepsilon = K + \frac{2.303RT}{F}\text{pH}$$

式中：K 为常数。当被测溶液 pH 发生变化时，电池电动势 ε 也随之而变。在一定温度范围内，pH 与 ε 呈线性关系。为了方便操作，现在酸度计上使用的主要是将以上两种电极组合而成的复合电极。

pHS-3C 型酸度计面板如图 3-48 所示。

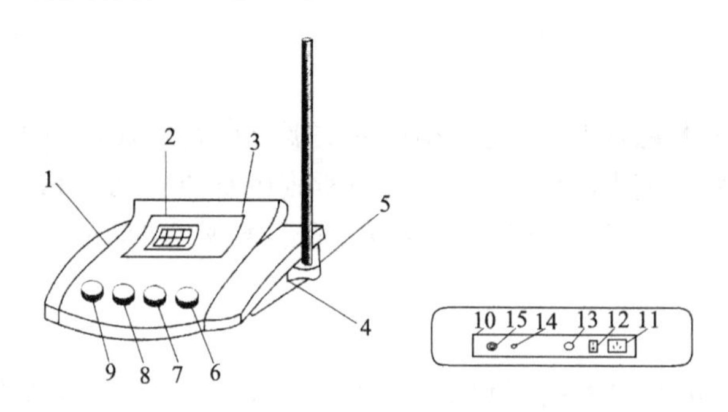

图 3-48　pHS-3C 型酸度计

1. 机箱外壳；2. 显示屏；3. 面板；4. 机箱底；5. 电极杆插座；6. 定位调节旋钮；7. 斜率补偿调节旋钮；8. 温度补偿调节旋钮；9. 选择开关旋钮；10. 仪器后面板；11. 电源插座；12. 电源开关；13. 保险丝；14. 参比电极接口；15. 测量电极插座

1. 仪器的操作步骤

1）开机前的准备

(1) 将复合电极插入测量电极插座，调节电极夹至适当的位置。

(2) 小心取下复合电极前端的电极套，用蒸馏水清洗电极后用滤纸吸干。

2）开机

打开电源开关，通电预热仪器约 30min。

3）仪器的标定

(1) 将选择开关旋钮 9 旋至 pH 挡，调节温度补偿调节旋钮 8，使旋钮上的白线对准溶液温度值。把斜率补偿调节旋钮 7 顺时针旋到底(旋到 100%位置)。

(2) 将清洗过的电极插入 pH=6.86 的标准缓冲溶液中，调节定位调节旋钮 6，使仪器显示读数与该缓冲溶液在当时温度下的 pH 一致。

(3) 用蒸馏水清洗电极后再插入 pH=4.00(或 pH=9.18)的标准缓冲溶液中，调节斜率补偿调节旋钮 7，使仪器的显示读数与该缓冲溶液在当时温度下的 pH 一致。

(4) 重复(2)、(3)操作，直至不用再调节定位调节旋钮或斜率补偿调节旋钮。

注意：仪器经以上标定后，定位调节旋钮和斜率补偿调节旋钮不可再有变动。

4) 测定

用蒸馏水清洗电极并用滤纸吸干，将电极浸入被测溶液，显示屏上的读数即为被测溶液的 pH。

2. 注意事项

(1) 玻璃电极的插口必须保持清洁，不使用时应将接触器插入，以防灰尘和湿气侵入。

(2) 玻璃电极在使用前需要用蒸馏水浸泡 24h。若发现玻璃电极球泡有裂纹或老化，应更换新电极。

(3) 测量时，电极的引入导线需保持静止，否则会引起测量不稳定。

(4) 用缓冲溶液标定仪器时，要保证缓冲溶液的可靠性，否则会导致测量结果的误差。

3.10.2 电导率仪及其使用

电解质溶液的电导测量除可用交流电桥法外，目前常用电导率仪进行测量。其特点是测量范围广、快速直读、操作方便，若配接自动电位计后，还可对电导的测量进行自动记录。电导率仪的类型很多，基本原理大致相同，这里以 DDS-11A 型电导率仪为例，简述其测量原理及使用方法。

1. 测量原理

仪器由振荡器、放大器和指示器等部分组成，其测量原理可参看图 3-49。

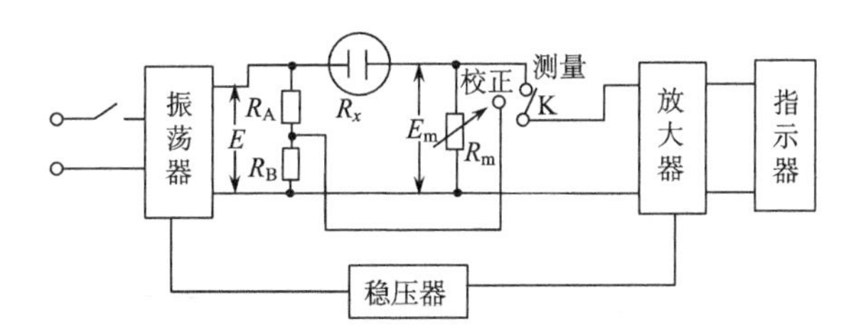

图 3-49 DDS-11A 型电导率仪示意图

图 3-49 中，E 为振荡器产生的标准电压，R_x 为电导池的等效电阻，R_m 为标准电阻器，E_m 为 R_m 上的交流分压。由欧姆定律及图 3-49 可得

$$E_m=\frac{R_m}{R_m+R_x}\cdot E=\frac{R_mE}{R_m+1/G}$$

可见，当 R_m、E 为常数时，溶液的电导 G 有改变(电阻值 R_x 发生变化)时，必将引起 E_m 的相应变化，因此测量的 E_m 值就反映了电导的高低。E_m 信号经放大检波后，由 0～10mA 电流表改制成的电导表头直接指示出来。

2. DDS-11A 型电导率仪的使用方法

1) 不用温度补偿法

(1) 选择电极。对电导很小的溶液用光亮电极，电导中等的用铂黑电极，电导很高的用 U 形电极。

(2) 将电导电极连接在 DDS-11A 型电导率仪上，接通电源，打开仪器开关，温度补偿旋钮置于 25℃刻度值。

(3) 电导电极插入被测溶液中。将仪器测量开关置于“校正”挡，调节常数校正旋钮，仪器显示电导池实际常数值。

(4) 将测量开关置于“测量”挡，选择适当的量程挡，将清洁电极插入被测液中，仪器显示该被测液在溶液温度下的电导率。

2) 温度补偿法

(1) 常数校正。调节温度补偿旋钮，使其指示的温度值与溶液温度相同，将仪器测量开关置于“校正”挡，调节常数校正旋钮，使仪器显示电导池实际常数值。

(2) 操作方法同第一种情况一样，这时仪器显示被测液的电导率为该液体标准温度(25℃)时的电导率。

需要说明的是，一般情况下，液体电导率是指该液体介质在标准温度(25℃)时的电导率，当介质温度不为 25℃时，其液体电导率会有一个变量。为等效消除这个变量，仪器设置了温度补偿功能。不采用温度补偿时，测得液体电导率为该液体在其测量时液体温度下的电导率；采用温度补偿时，测得液体电导率已换算为该液体在 25℃时的电导率值。本仪器温度补偿系数为每摄氏度(℃)2%。在做高精度测量时，尽量不用温度补偿，而采用测量后查表或将被测液恒温在 25℃测量，求得液体介质 25℃时的电导率。

3.10.3 分光光度计及其使用

1. 721W 型可见分光光度计性能和结构

721W 型可见分光光度计是在可见光谱区域内使用的一种单光束型仪器，其工作波长为 360～800nm，以钨丝白炽灯为光源。该仪器的结构示意图、面板功能图分别如图 3-50 和图 3-51 所示。

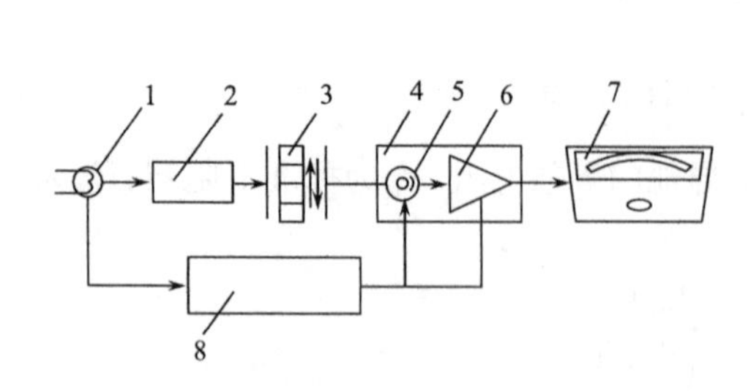

图 3-50 721W 型可见分光光度计结构示意图

1. 光源；2. 单色器；3. 吸收池；4. 光电管暗盒；5. 光电管；6. 放大器；7. 微安表；8. 稳压器

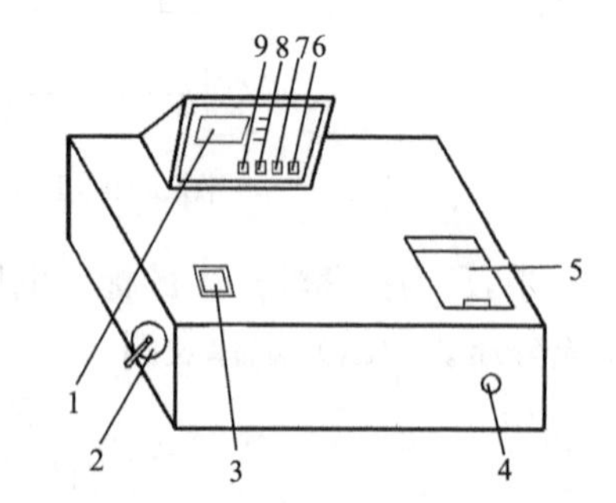

图 3-51 721W 型可见分光光度计面板功能图

1. 数显窗；2. 波长手轮；3. 波长窗口；4. 试样槽拉杆；5. 试样室盖；6. TAC 键；7. 正向置数键；8. 反向置数键；9. 复位键

2. 仪器的操作步骤

1) 准备工作

(1) 转动波长手轮,使波长窗口显示所需波长数。

(2) 打开试样室盖。

(3) 开启电源,仪器自动调暗电流为零。

(4) 关闭试样室盖,推动试样槽拉杆使1号试样槽进入光路,仪器自动调100% T。

(5) 预热30min。

2) 透光率 T 的测定

(1) 按 TAC 键,使"T"指示灯亮。

(2) 打开试样室盖,仪器自动调暗电流为零。

(3) 将参比溶液放入1号试样槽,标准溶液或待测溶液放入其他试样槽。

(4) 关闭试样室盖,使1号试样槽进入光路,仪器自动调100% T,数显窗显示读数为"100.0"。

(5) 拉动试样槽拉杆,使标准溶液或待测溶液依次进入光路,数显窗读数为对应溶液的透光率 T 值。

3) 吸光度 A 的测量

(1) 按透光率 T 测定步骤(1)~(4)操作。

(2) 按 TAC 键,使"A"指示灯亮,数显窗显示读数为"0.000"。

(3) 拉动试样槽拉杆,使标准溶液或待测溶液依次进入光路,数显窗读数为对应溶液的吸光度 A 值(吸光度 A 尽可能控制在0.2~0.8)。

4) 浓度 c 的测量

(1) 按透光率 T 测定步骤(1)~(4)操作。

(2) 拉动试样槽拉杆,使标准溶液依次进入光路,按 TAC 键,使"c"指示灯亮。

(3) 按 + (正向置数键)、− (反向置数键)输入标准溶液浓度值,同时按这两个键可改变小数点位置,再按 TAC 键。

(4) 拉动试样槽拉杆,使待测溶液进入光路,数显窗读数为待测溶液的浓度值。

3. 注意事项

(1) 若改变测量波长或调换参比溶液,必须重新调暗电流,调100% T。

(2) 改变波长后,若发现仪器在该波长处的光能量大于150.0或出现"3",可调节光强旋钮。

(3) 若连续测定时间过长,会造成读数漂移,因此每次读数后应随手打开试样室盖。

第 4 章　基 础 实 验

实验一　玻璃工操作与塞子钻孔

一、预习内容

(1) 灯的构造与使用方法。

(2) 预习本实验内容，回答思考题。

二、实验目的

(1) 熟悉酒精喷灯的构造，并掌握正确使用方法。

(2) 学会截、弯、拉玻璃管(棒)的基本操作。

(3) 学会塞子钻孔操作和洗瓶的安装。

三、仪器与试剂

三角锉刀(或小砂轮片)，钻孔器，塑料瓶，玻璃管，玻璃棒，橡皮塞，橡皮胶头，石棉网，煤气灯或酒精喷灯。

四、实验步骤

1. 截断玻璃管和玻璃棒

1) 基本操作

第一步：将玻璃管平放在桌面上，用锉刀的棱或小砂轮片(或破瓷片的断口)在左手拇指按住玻璃管的地方用力锉出一道凹痕(如图 4-1 所示，切忌用锉刀在锉的过程中用力压，以免压破玻璃管而割伤手)。应向一个方向锉，不要来回锉，锉出的凹痕应与玻璃管垂直，这样才能保证折断后的玻璃管截面是平整的。然后双手持玻璃管(凹痕向外)，用拇指在凹痕的后面轻轻外推，同时食指和拇指把玻璃管向外拉，以折断玻璃管(图 4-2)。截断玻璃棒的操作与截断玻璃管相同。

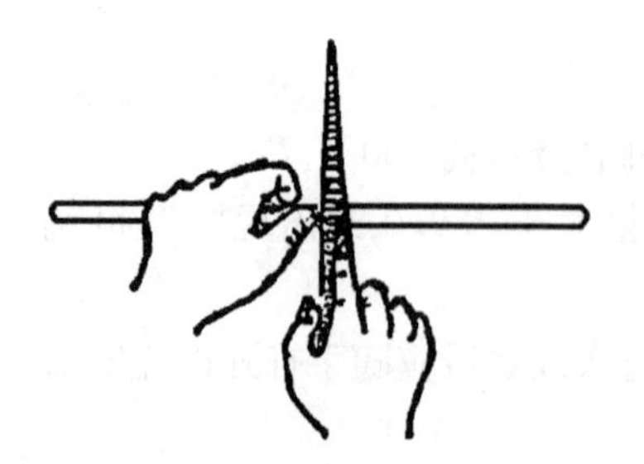

图 4-1　玻璃管的锉割

图 4-2　玻璃管的截断

第二步：玻璃管的截断面很锋利，容易把手划破，且难以插入塞子的圆孔内，必须在酒精喷灯或煤气灯的氧化焰中熔烧。把截断面斜插入氧化焰中熔烧时，要缓慢地转动玻璃管使熔烧均匀，直到熔烧光滑(图 4-3)。灼热的玻璃管应放在石棉网上冷却，不要放在桌上，也不要用手去摸，以免烫伤。

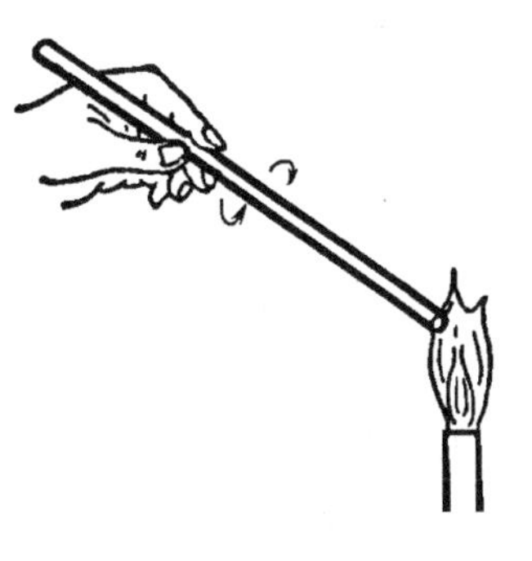

图 4-3　熔烧玻璃管的断截面

玻璃棒也同样需要熔烧。

2) 练习

(1) 先用一些废玻璃管(棒)反复练习截断玻璃管和玻璃棒的基本操作。

(2) 制作长 16cm、14cm、12cm 的玻璃棒各一根，并熔烧好断口(不要烧过头)。玻璃棒的直径选取 4～5mm 为宜。

2. 弯曲玻璃管

1) 基本操作

第一步：先将玻璃管用小火预热，然后双手持玻璃管，把要弯曲的地方斜插入氧化焰中，以增大玻璃管的受热面积(也可在煤气灯上罩以鱼尾灯头扩展火焰，以增大玻璃管的受热面积)(图 4-4)。同时缓慢而均匀地转动玻璃管，两手用力均等，转速要一致，以免玻璃管在火焰中扭曲，加热到发黄变软。

图 4-4　加热玻璃管的方法

第二步：自火焰中取出玻璃管，稍等 1～2s，使其各部位温度均匀，准确地把它弯曲成所需的角度。弯管的正确手法是“V”字形，两手在上方，玻璃管的弯曲部分在两手中间的下方(图 4-5)。弯好后，等其冷却变硬才把它放在石棉网上继续冷却。冷却后，应检查其角度是否准确，整个玻璃管是否处在同一平面上。图 4-6 是玻璃管弯得好坏的比较。

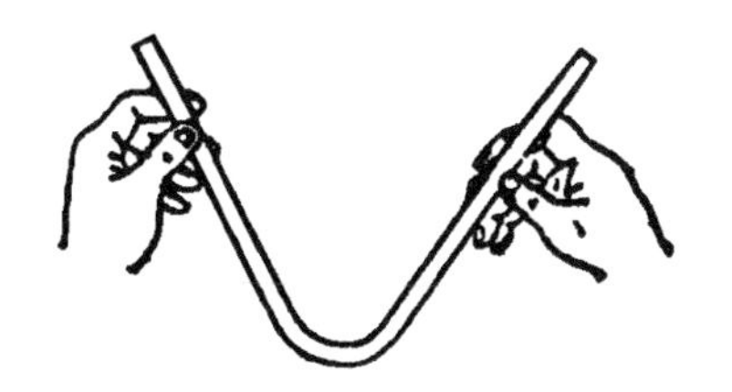

图 4-5　弯曲玻璃管的方法

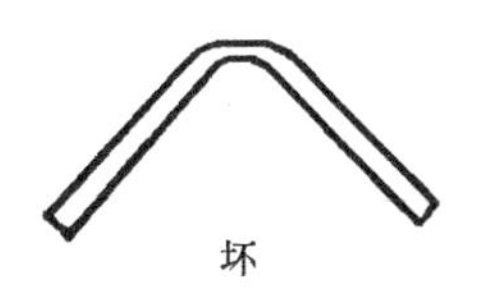

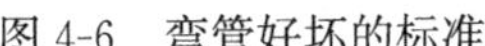

图 4-6　弯管好坏的标准

120°以上的角度可以一次弯成。较小的锐角可分几次弯成，先弯成一个较大的角度，然后在第一次受热部位的稍偏左、稍偏右处进行第二次、第三次加热和弯曲，直到弯成所需的角度。

一种改进的方法：将欲弯曲的玻璃管一端用棉花塞紧，从另一端往玻璃管内填满干燥的细砂，再用棉花把另一端塞紧。然后把填好细砂的玻璃管放到酒精喷灯上加热并均匀转动，待需要弯曲的部位烧红软后，取离火焰，再弯曲成所需要的角度。待弯好的玻璃管冷却后，把两端的棉花拿掉，将细砂倒出来，洗净备用。这种方法弯的玻璃管在转弯处不打皱、圆滑。

2）练习

练习玻璃管的弯曲，弯成 120°、90°、60°等角度。

3. 拉细玻璃管和玻璃棒

1）基本操作

拉细玻璃管时，加热玻璃管的方法与弯曲玻璃管时基本一样，不过要烧得更软一些。玻璃管应烧到红黄色时才从火焰中取出，顺着水平方向边拉边来回转动玻璃管(图 4-7)，拉到所需要的细度时，一手持玻璃管，使玻璃管垂直下垂。冷却后，可按需要切断，如果要求细管部分具有一定的厚度(如滴管)，需在烧软玻璃管的过程中一边加热一边两手轻轻向中间用力挤压，使中间受热部分管壁加厚，然后按上述方法拉细。

拉细玻璃棒的操作与拉细玻璃管相同。

2）练习

制作搅拌棒和滴管各 2 支，规格如图 4-8 所示。

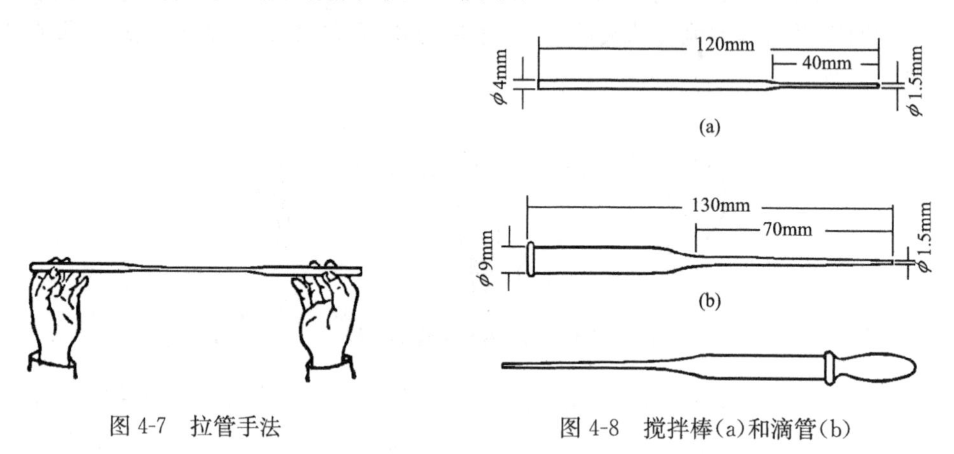

图 4-7　拉管手法

图 4-8　搅拌棒(a)和滴管(b)

熔烧滴管小口的一端要特别小心，不能长久地置于火焰中，否则管口直径会收缩，甚至封死。熔烧滴管粗口的一端则要完全烧软，然后在石棉网上垂直加压(不要用力过大)，使管口变厚略向外翻，以便套上橡皮胶头。所做的滴管规格要求是从滴管中每滴出 20～25 滴水，其体积约等于 1mL。

4. 塞子钻孔

1）塞子的选择

容器上常用的塞子有软木塞、橡皮塞和玻璃磨口塞。软木塞易被酸、碱损坏，但与有机物的作用较小。橡皮塞可以把瓶子塞得很严密，并可耐强碱性物质的侵蚀，但容易被强酸和某些有机物(如汽油、苯、氯仿、丙酮、二硫化碳等)侵蚀。玻璃磨口塞把瓶子也塞得很严，适用于除碱和氢氟酸以外的一切盛放液体或固体物质的瓶子。

2）塞子钻孔的基本操作

实验时，有时需要在塞子上安装温度计或插入玻璃管，所以要在软木塞和橡皮塞上钻孔。钻孔要用钻孔器(图 4-9)或钻孔机。钻孔器是一组直径不同的金属管，一端有柄，另一端的管口很锋利，可用来钻孔。另外还有一个带圆头的细铁棒，用来捅出钻孔器中的橡皮或软木。

钻孔时，选择一个比要插入橡皮塞的玻璃管略粗一点（不要太粗）的钻孔器。将塞子的小头向上，放在桌面上，左手拿住塞子，右手按住钻孔器的手柄（图 4-10），在选定的位置上沿一个方向垂直地边转边往下钻，钻到一半时，反方向旋转并拔出钻孔器，调换橡皮塞另一头，对准原孔的方位按同样的操作钻孔，直到打通为止。把钻孔器中的橡皮条捅出。钻孔时，可把一些润滑剂（如甘油、凡士林）涂在钻孔器前端，以减小摩擦力。

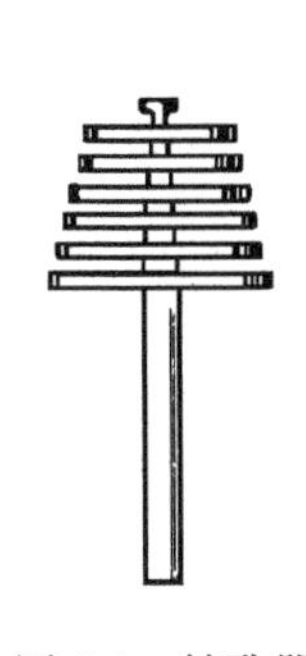

图 4-9 钻孔器

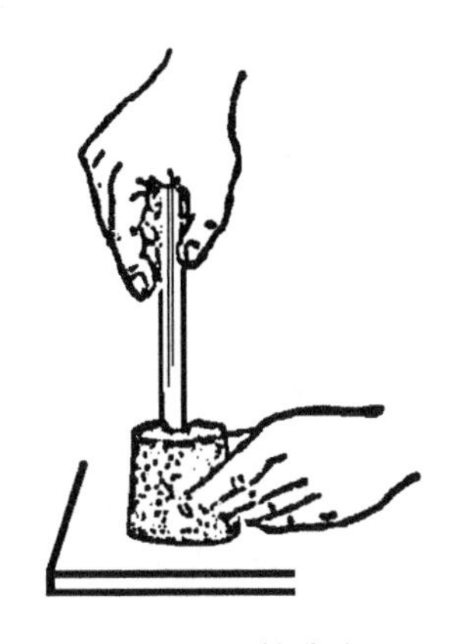

图 4-10 钻孔法

软木塞的钻孔方法和橡皮塞大同小异。钻孔前，先用压塞机（图 4-11）把软木塞压紧实一些，以免钻孔时钻裂；其次，选择的钻孔器的直径应比玻璃管略细一些，因为软木塞没有橡皮塞那样大的弹性。其他操作两者完全一样。

钻孔时主要注意保持钻孔器与塞子的平面垂直，以免把孔钻斜。

3）练习

（1）按塑料瓶口的直径大小选取一个合适的橡皮塞，塞子应以能塞入瓶口 1/3 为宜。

（2）根据玻璃管直径选用一个钻孔器，在所选橡皮塞的中间钻出一孔。

5. 装配洗瓶

（1）制作玻璃管一根（图 4-12），准备装配塑料洗瓶用。

图 4-11 压塞机

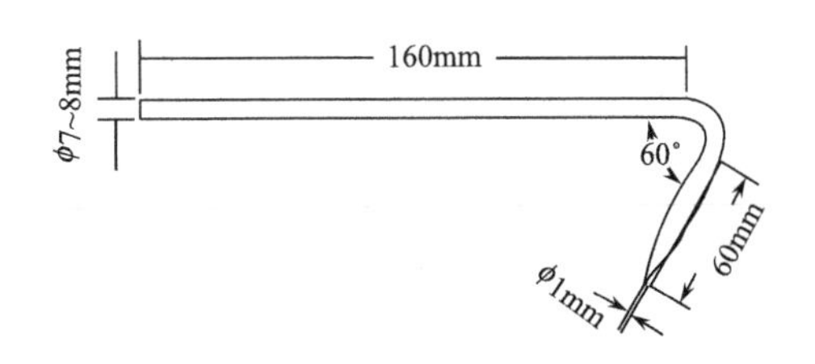

图 4-12 制洗瓶用的弯管

（2）把制作好的弯管按图 4-13 所示的手法，边转边插入橡皮塞中。操作时可先将玻璃管蘸些水以保持润滑，不要硬塞。孔径过小时可以用圆锉把孔锉大一些，否则玻璃管易折断而伤手。

（3）把已插入橡皮塞中的玻璃管的下半部按图 4-14 所示的要求，用火加热玻璃管下端 3cm 处（若已湿水，需先小心烘干），弯出 150°，此角和上面的 60°是同一方向，还必须在同一平面上。

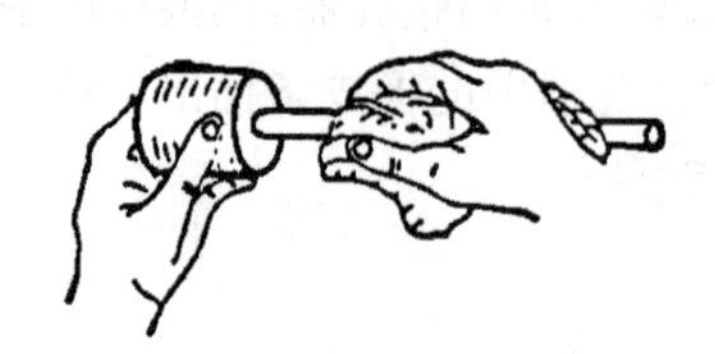

图 4-13　把玻璃管插入塞子的手法

图4-14　塑料洗瓶

五、阅读材料

(1) 陈少康. 2009. 玻璃仪器加工技巧点滴. 教学仪器与实验,25(2):32

(2) 陈香霞,陈广庚. 1991. 实验室玻璃器件加工小工艺. 菏泽师专学报(社会科学版),(4):56

(3) 孙德成. 1991. 玻璃管的加工技巧. 师范教育,(9):31

(4) 唐康寿. 2000. 一种加工玻璃弯管的新方法. 实验教学与仪器,(11):12

(5) 杨翼罡. 2004. 玻璃管如何加工. 科学课,(2):45

(6) 银秀菊,张鹏,谢婉莹,等. 2019. 玻璃管加工实验的教学改革与探索. 科技资讯,17(15):88-89

六、思考题

(1) 在切割玻璃管(棒)以及向塞子内插入玻璃管等操作中,怎样防止割伤或刺伤皮肤?

(2) 刚刚烧过的灼热的玻璃和冷的玻璃往往外表很难分辨,怎样防止烫伤?

(3) 在弯曲玻璃管的操作中,要做到弯曲得准确、规范,应注意些什么?

(4) 在拉细玻璃管和玻璃棒操作中,要使拉成的细小部分粗细均匀并不发生弯曲,符合要求,应注意些什么?

(5) 对塞子钻孔时,怎样才能保证钻成的孔直而不斜并在塞子的中央?钻孔操作中应注意些什么?

(6) 怎样才能保证迅速而准确地调整好煤气灯的火焰?熔烧玻璃管和玻璃棒时,应用煤气灯火焰的哪一部分加热?火焰呈什么颜色?

实验二　中和热的测定

一、预习内容

(1) 赫斯定律、中和热、解离热等概念。

(2) 预习本实验内容,明白基本原理、有关操作及数据处理,回答思考题。

二、实验目的

(1) 用量热法测定 HCl 与 $NH_3 \cdot H_2O$、NaOH 与 HAc 的中和热。

(2) 根据赫斯定律计算 HAc 和 $NH_3 \cdot H_2O$ 的解离热。

(3) 了解化学标定法,并掌握其操作。

三、实验原理

在 298K、溶液足够稀的情况下,1mol OH^- 与 1mol H^+ 中和可放出 57.3kJ 热量,即

$$H^+(aq)+OH^-(aq) \longrightarrow H_2O(aq) \qquad \Delta_r H_m^\ominus=-57.3kJ\cdot mol^{-1}$$

在水溶液中，强酸和强碱几乎全部解离为 H^+ 和 OH^-，所以各种一元强酸和强碱的中和热数值应该是相同的。随着实验温度的变化，中和热数值略有不同，T 温度下的中和热可由式(4-1)算得：

$$\Delta_r H_{m,T}^\ominus=-57.3kJ\cdot mol^{-1}+0.21kJ\cdot mol^{-1}\cdot K^{-1}\times(T-298)K \tag{4-1}$$

弱酸(或弱碱)在水溶液中只是部分解离，所以弱酸(或弱碱)与强碱(或强酸)发生中和反应，存在弱酸(或弱碱)的解离作用(需吸收热量，即解离热)，总的热效应将比强酸强碱中和时的热效应的绝对值要小。两者的差值即为该弱酸(或弱碱)的解离热。

用量热计测定反应的热效应时，首先要测定量热计本身的热容 C'，它代表量热计各部分(如杯体、搅拌器、温度计等)的热容总和，即量热计温度每升高 1K 所需的热量。测定量热计热容 C' 的方法一般有两种：化学标定法和电热标定法。前者是将已知热效应的标准样品放在量热计中反应；后者是向溶液中输入一定的电能使之转化为热能，然后根据已知热量和温升算出量热计热容 C'。

本实验采用化学标定法，即将已知热效应的标准 HCl 溶液和过量的 NaOH 溶液在量热计中反应，使之放出一定热量，根据在体系中实际测得的温度升高值(ΔT)，由式(4-2)计算出量热计热容 C'。

$$n(HCl)\cdot\Delta_r H_m^\ominus+(V\rho c+C')\Delta T=0 \tag{4-2}$$

式中：$n(HCl)$——参加反应 HCl 的物质的量，mol；

V——反应体系中溶液的总体积，L；

ρ——溶液的密度，$kg\cdot L^{-1}$；

c——溶液的比热容，$kJ\cdot K^{-1}\cdot kg^{-1}$。

在溶液的密度不太大或不太小的情况下，溶液的密度与比热容的乘积可视为常数。因此，实验中若控制反应物体积相同，则($V\rho c+C'$)为一常数，它就是反应体系(包括反应液和量热器)的总热容，用 C 表示。代入式(4-2)可得

$$C=-\frac{n(HCl)\cdot\Delta_r H_m^\ominus}{\Delta T} \tag{4-3}$$

由 C 值便可方便地在相同条件下，测得任一中和反应的中和热。

四、仪器与试剂

量热计，温度计，磁力搅拌器，pH 试纸，量筒(100mL)。

HCl 溶液($1.00mol\cdot L^{-1}$)，NaOH 溶液($3.00mol\cdot L^{-1}$)，$NH_3\cdot H_2O$ 溶液($3.00mol\cdot L^{-1}$)，HAc 溶液($1.00mol\cdot L^{-1}$)。

五、实验步骤

1. 总热容的测定

(1) 用量筒量取 $1.00mol\cdot L^{-1}$ HCl 溶液 150.0mL 置于干燥的量热计中，如图 4-15 所示。量热计泡沫塑料盖上附有温度计与搅拌棒，调节温度计的高度，使水银球距离杯底 2cm 左右。观察 HCl 溶液的温度，当保持不变时，记录数据，作为 HCl 溶液的起始温度。

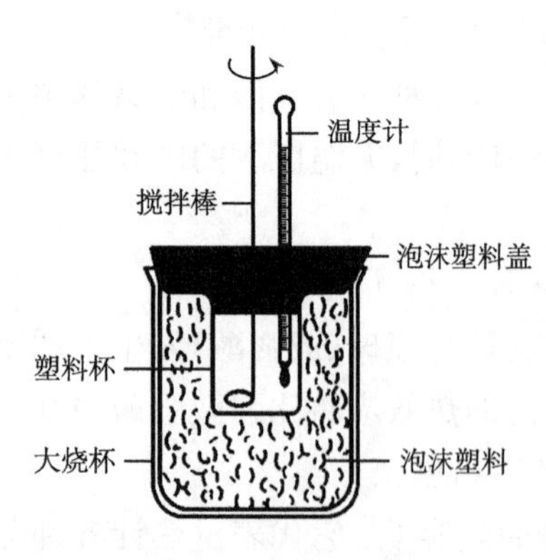

图 4-15 量热计装置

(2) 另取一干净的量筒量取 3.00mol · L^{-1} NaOH 溶液 51.0mL，用另一温度计测量该溶液的温度，看是否与 HCl 溶液起始温度一致，如不一致，则需略加调节使其与 HCl 溶液起始温度相同。

(3) 取下量热计上的泡沫塑料盖，将上述的 NaOH 溶液迅速倒入量热计中，盖紧泡沫塑料盖，并充分搅拌，观察温度计的变化，并用手轻轻敲打温度计，待温度计读数上升并达到最大值时，记下最高温度 T。用 pH 试纸检查量热计中溶液的酸碱性(溶液应该为碱性)。

(4) 倒掉量热计中的溶液，用冷水冲洗干净并使其降温。擦干后，重复上述测定一次。两次测定的 C 值相对平均偏差应在 2%以内。

2. HCl 和 $NH_3 \cdot H_2O$ 中和热的测定

用 3.00mol · L^{-1} $NH_3 \cdot H_2O$ 溶液代替 3.00mol · L^{-1} NaOH 溶液，重复上述操作，测定 HCl 和 $NH_3 \cdot H_2O$ 中和反应的中和热(量热计中溶液的 pH 应为 7～8)。

3. HAc 和 NaOH 中和热的测定

用 1.00mol · L^{-1} HAc 溶液代替步骤 1 中的 1.00mol · L^{-1} HCl 溶液，重复上述操作，测定 HAc 与 NaOH 的中和热。

六、数据记录与处理

(1) 测定总热容 C 和中和热的有关数据，列于表 4-1 和表 4-2 中。

表 4-1 总热容 C 测定记录表

实验序号	1	2
HCl 溶液起始温度/K①		
反应进行后所达到的最高温度/K		
温度升高值 ΔT/K		
参加反应的 HCl 的物质的量 n(HCl)/mol		
实验温度下按式(4-1)计算的强酸强碱中和热 $\Delta_r H_m^\ominus$/(kJ · mol^{-1})		
总热容 C/(kJ · K^{-1})		
总热容平均值/(kJ · K^{-1})		
相对平均偏差		

① 本实验中要测量的是温度升高值，因此也可以用摄氏度。

表 4-2　中和热测定记录表

中和反应	HCl 和 $NH_3 \cdot H_2O$ 反应		HAc 和 NaOH 反应	
实验序号	1	2	1	2
酸的物质的量 n(酸)/mol				
酸的起始温度/K				
反应后达到的最高温度/K				
温度升高值 ΔT/K				
中和热 $\Delta_r H_m^{\ominus}/(kJ \cdot mol^{-1})$				
中和热平均值/$(kJ \cdot mol^{-1})$				
相对平均偏差				

（2）由 HCl 和 $NH_3 \cdot H_2O$、HAc 和 NaOH 及 HCl 和 NaOH 的中和热数值，根据赫斯定律，计算 $NH_3 \cdot H_2O$ 和 HAc 的解离热。

七、阅读材料

（1）陈瑞芝，申晓莉. 2014. 改进的热滴定法测量酸碱中和热. 化学教学，(7)：59-62
（2）刘怀乐. 2004. 中和热测定实验中的几个为什么. 教学仪器与实验，(3)：31
（3）王小科，谢振国，周爱忠. 2004. 中和热的测定实验装置的改进. 中国教育技术装备，(1)：14
（4）张盘斌，常国旗，徐立娟. 2019. 中和热测定装置的创新设计. 中国现代教育装备，(22)：31-32

八、思考题

（1）中和热除与温度有关外，与浓度有无关系？
（2）下列情况对实验结果有何影响？
a. 每次实验时，若量热计温度与溶液起始温度不一致。
b. 量热计未洗干净或洗后未用冷风吹干。
c. 两支温度计未校正。

实验三　氯化铵生成焓的测定

一、预习内容

（1）理论教材中赫斯定律及标准摩尔生成焓的定义。
（2）预习本实验内容，明白基本原理、有关操作及数据处理，并回答思考题。

二、实验目的

（1）学习用量热计测定物质生成焓的简单方法。
（2）加深对有关热化学知识的理解。

三、实验原理

本实验用量热计分别测定 $NH_4Cl(s)$的溶解热和 $NH_3(aq)$与 HCl(aq)反应的中和热，再利用 $NH_3(aq)$和 HCl(aq)的标准摩尔生成焓数据，用赫斯定律计算 $NH_4Cl(s)$的标准摩尔生成焓。

$$
\boxed{1/2N_2(g)+3/2H_2(g)} + \boxed{1/2H_2(g)+1/2Cl_2(g)} \xrightarrow{\Delta_f H_m^\ominus(NH_4Cl,s)} \boxed{NH_4Cl(s)}
$$

$$
\downarrow \Delta_f H_m^\ominus(NH_3,aq) \qquad \downarrow \Delta_f H_m^\ominus(HCl,aq) \qquad \downarrow \Delta_r H_{m,溶解}^\ominus
$$

$$
\boxed{NH_3(aq)} + \boxed{HCl(aq)} \xrightarrow{\Delta_r H_{m,中和}^\ominus} \boxed{NH_4Cl(aq)}
$$

$$
\Delta_f H_m^\ominus(NH_4Cl,s)=\Delta_f H_m^\ominus(NH_3,\ aq)+\Delta_f H_m^\ominus(HCl,\ aq)+\Delta_r H_{m,中和}^\ominus-\Delta_r H_{m,溶解}^\ominus \quad (4\text{-}4)
$$

本实验用保温杯式简易量热计测定反应热，如图 4-16 所示。化学反应在量热计中进行时，放出(或吸收)的热量会引起量热计和反应物质的温度升高(或降低)。

$$
\Delta_r H_{m,中和}^\ominus=-\frac{(cm+C)\Delta T}{n} \quad (4\text{-}5)
$$

$$
\Delta_r H_{m,溶解}^\ominus=-\frac{(cm+C)\Delta T}{n} \quad (4\text{-}6)
$$

式中：$\Delta_r H_{m,中和}^\ominus$——中和热，$J\cdot mol^{-1}$；

$\Delta_r H_{m,溶解}^\ominus$——溶解热，$J\cdot mol^{-1}$；

m——物质的质量，g；

c——物质的比热容，$J\cdot g^{-1}\cdot K^{-1}$；

ΔT——反应终了温度与起始温度之差，K；

C——量热计的热容，$J\cdot K^{-1}$；

n——反应物的物质的量，mol。

由于反应后的温度需要一段时间才能升到最高值，而实验所用简易量热计不是严格的绝热体系，在这段时间，量热计不可避免地会与周围环境发生热交换。为了校正由此带来的温度偏差，需用图解法确定系统温度变化的最大值，即以测得的温度为纵坐标，时间为横坐标绘图，按虚线外推到开始混合的时间($t=0$)，求出温度变化最大值(ΔT)，这个外推的 ΔT 值能较客观地反映出由反应热所引起的真实温度变化，如图 4-17 所示。

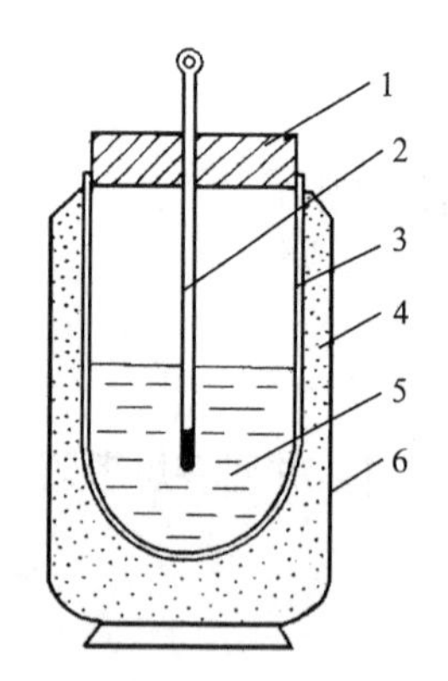

图 4-16　简易量热计测定反应热装置

1. 保温杯盖；2. 温度计；3. 真空隔热层；4. 隔热材料；5. 水或反应物；6. 保温杯外壳

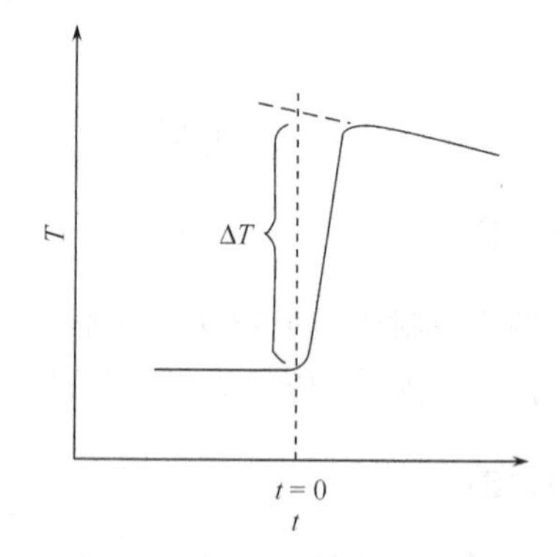

图 4-17　图解外推法求温差

量热计的热容是使量热计温度升高 1K 所需的热量。确定量热计热容的方法是，在量热计中加入一定质量 m(如 50g)、温度为 T_1 的冷水，再加入相同质量温度为 T_2 的热水，测定混合后水的最高温度 T_3。水的比热容为 4.184$J\cdot g^{-1}\cdot K^{-1}$，设量热计热容为 C，则

$$热水失热=4.184m(T_2-T_3)$$

$$冷水得热=4.184m(T_3-T_1)$$

$$量热计得热=C(T_3-T_1)$$

热水失热=冷水得热+量热计得热

$$C=\frac{4.184m[(T_2-T_3)-(T_3-T_1)]}{(T_3-T_1)} \tag{4-7}$$

实验中的 NH_4Cl 溶液浓度很低，作为近似处理可以假定：① 溶液的体积为 100mL；② 中和热只能使水和量热计的温度升高；③ $NH_4Cl(s)$ 溶解时吸热，只能使水和量热计的温度下降。

四、仪器与试剂

保温杯，1/10℃温度计，托盘天平，秒表，烧杯(100mL)，量筒(100mL)。

HCl 溶液($1.5mol \cdot L^{-1}$)，$NH_3 \cdot H_2O$ 溶液($1.5mol \cdot L^{-1}$)，NH_4Cl(A. R.)。

五、实验步骤

1. 量热计热容的测定

(1) 用量筒量取 50.0mL 蒸馏水倒入量热计中，盖上保温杯盖后适当摇动，待系统达到热平衡后(5～10min)，记录温度 T_1(精确到 0.1℃)。

(2) 在 100mL 烧杯中加入 50.0mL 蒸馏水，加热到比 T_1 高 30℃左右，静置 1～2min，待热水系统温度均匀时，迅速测量温度 T_2(精确到 0.1℃)，尽快将热水倒入量热计中，盖好保温杯盖后不断地摇荡保温杯，并立即计时和记录水温。每隔 30s 记录一次温度，直至温度上升到最高点，再继续测定 3min。

将上述实验重复一次，取两次实验所得结果，作温度-时间图，用外推法求最高温度 T_3，并计算量热计热容 C 的平均值。

2. 盐酸与氨水的中和热及氯化铵溶解热的测定

(1) 用量筒量取 50.0mL $1.5mol \cdot L^{-1}$ HCl 溶液，倒入烧杯中备用。洗净量筒，再量取 50.0mL $1.5mol \cdot L^{-1}$ $NH_3 \cdot H_2O$，倒入量热计中，在酸碱混合前，先记录氨水的温度 3min(间隔 30s，温度精确到 0.1℃，以下相同)。将烧杯中的盐酸加入量热计，立刻盖上保温杯盖，测量并记录温度-时间数据，并不断地摇荡保温杯，直至温度上升到最高点，再继续测量 3min。依据温度-时间数据作图，用外推法求 ΔT。

(2) 称取 4.0g 分析纯 NH_4Cl 备用。量取 100.0mL 蒸馏水倒入量热计中，测量并记录水温 3min。然后加入 $NH_4Cl(s)$ 并立刻盖上保温杯盖，测量温度-时间数据，不断地摇荡保温杯，促使固体溶解，直至温度下降到最低点，再继续测量 3min。最后作温度-时间图，用外推法求 ΔT。

由相应的温差 ΔT 和水的质量 m、比热容 c 及量热计的热容 C，即可分别计算出中和热和溶解热。已知 NH_3(aq) 和 HCl(aq) 的标准摩尔生成焓分别为 $-80.29kJ \cdot mol^{-1}$ 和 $-167.159kJ \cdot mol^{-1}$，根据赫斯定律，计算 $NH_4Cl(s)$ 的标准摩尔生成焓，并对照查得的数据计算实验误差(若操作与计算正确，所得结果的误差可小于 3%)。

六、阅读材料

(1) 李丽. 2021. Origin软件在氯化铵生成焓测定实验中的应用. 中国教育技术装备,(10):115-116

(2) 宋纯义. 1982. 氯化铵生成焓的测定. 化学教育,(6):42-44

(3) 杨春,成文玉,王庆伦,等. 2013. 氯化铵和硫酸铵生成焓与晶格能测定. 实验技术与管理,30(7):33-36,39

七、思考题

(1) 为什么放热反应的温度-时间曲线的后半段逐渐下降,而吸热反应则相反?

(2) $NH_3(aq)$和$HCl(aq)$反应的中和热和$NH_4Cl(s)$的溶解热之差是哪个反应的热效应?

(3) 实验产生误差的可能原因是什么?

实验四　凝固点降低法测定摩尔质量

一、预习内容

(1) 理论教材中稀溶液凝固点下降及其有关应用。

(2) 第3章中关于移液管和分析天平及其使用。

(3) 预习本实验内容,明白基本原理、有关操作及数据处理,并回答思考题。

二、实验目的

(1) 了解凝固点降低法测定摩尔质量的原理和方法,加深对稀溶液依数性的认识。

(2) 练习移液管和分析天平的使用。

三、实验原理

化合物的摩尔质量是一个重要的物理化学数据,凝固点降低法是一种简单而比较准确的测定摩尔质量的方法。难挥发非电解质稀溶液的凝固点下降ΔT_f与溶质的质量摩尔浓度b_B成正比:

$$\Delta T_f = T_f^* - T_f = K_f \cdot b_B = K_f \frac{m_1/M_B}{m_2/1000}$$

$$M_B = K_f \frac{1000m_1}{(T_f^* - T_f) \cdot m_2} \tag{4-8}$$

式中:T_f^*——溶剂的凝固点(苯为5.4℃),K或℃;

T_f——溶液的凝固点,K或℃;

K_f——溶剂的凝固点降低常数(苯为$5.12K \cdot kg \cdot mol^{-1}$),$K \cdot kg \cdot mol^{-1}$;

b_B——溶质的质量摩尔浓度,$mol \cdot kg^{-1}$;

m_1、m_2——分别为溶质和溶剂的质量,g;

M_B——溶质的摩尔质量,$g \cdot mol^{-1}$。

从式(4-8)可知,只要测得ΔT_f,即可求得溶质的摩尔质量M_B。为此,要测定溶剂的凝固点T_f^*和溶液的凝固点T_f。

凝固点的测定可采用过冷法。将纯溶剂逐渐降温冷却,溶剂的温度随时间均匀下降,达到凝固点温度后,温度将保持不变,直到全部溶剂凝固后温度才会继续均匀下降,其冷却曲线如

图 4-18(a)所示。但由于经常发生过冷现象,即在温度低于凝固点时才析出固体。刚析出固体时放出的熔化热使温度逐渐上升,然后温度保持不变,直到全部溶剂凝固后温度又均匀下降,如图 4-18(b)所示。溶液的冷却曲线与纯溶剂的不同,因为当溶液达到凝固点时,随着溶剂成为晶体从溶液中析出,溶液浓度不断增大,其凝固点会不断下降,如图 4-18(c)所示,溶液的冷却曲线在凝固点温度时出现一个转折点。如果出现过冷现象,则会使测定结果的温度偏低,如图 4-18(d)所示。

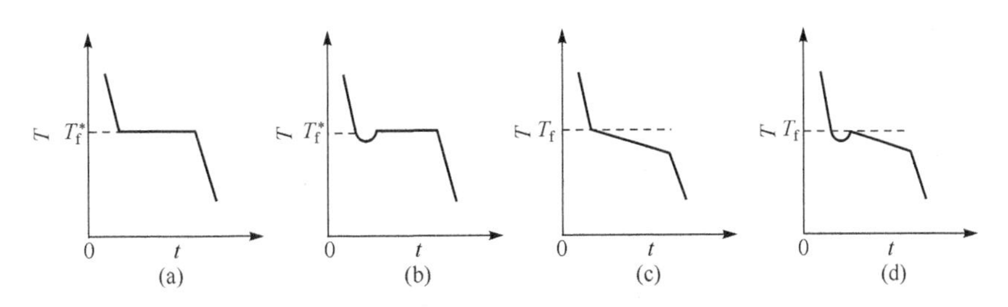

图 4-18 纯溶剂和溶液的冷却曲线

本实验所要测定的是已知浓度溶液的凝固点,所以所析出溶剂固相的量不能太多,否则影响原溶液的浓度。测定过程中必须设法控制过冷程度,一般可采用:① 在开始结晶时加入少量溶剂的微小晶体作为晶种以促进晶体生成;② 用加速搅拌的方法也可促使晶体生长;③ 控制冷浴温度,不要使冷浴温度太低,以防止产生大的过冷现象。

做好本实验的关键:一是控制搅拌速度,不能太快也不能太慢,每次测量时的搅拌条件和速度尽量一致;二是冷浴温度,过高则冷却太慢、过低则测不准凝固点,一般要求比溶剂凝固点低 3～4℃。

四、仪器与试剂

凝固点测定装置,精密温度计(−5～50℃),分析天平,移液管(25mL)。

萘(s),苯。

五、实验步骤

1. 溶剂凝固点的测定

实验装置如图 4-19 所示。用干燥的移液管取 25.00mL 苯于干燥的大试管中,插入温度计和搅拌棒,调节温度计位置使其水银球距试管底 1cm 左右。将大试管插入装有冰块和水的大烧杯中,使大试管的液面低于冰水混合物的液面,并固定大试管。上下移动大试管中的搅拌棒,记录温度和时间,每隔 30s 记录一次温度。当冷到比苯的凝固点(5.4℃)高 1～2℃时,停止搅拌,待苯液过冷到凝固点以下 0.5℃左右再继续搅拌。当开始有晶体出现时,因有热量放出,苯液温度将略有上升,然后一段时间内保持恒定,一直记录到温度明显下降。

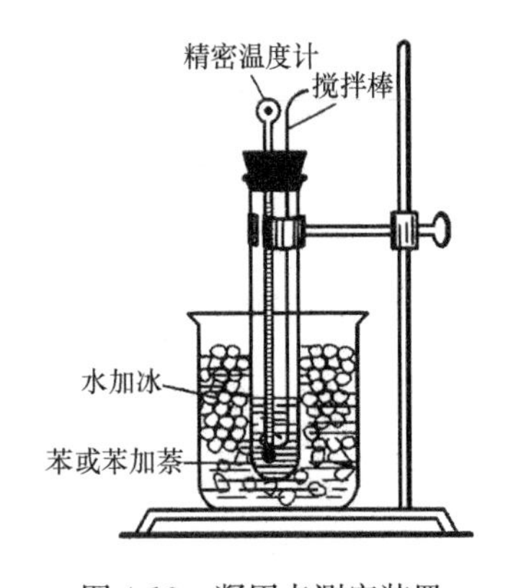

图 4-19 凝固点测定装置

2. 溶液凝固点的测定

在分析天平上准确称取1.0～1.1g萘，倒入装有25.00mL苯的大试管中，插入温度计和搅拌棒，用手温热大试管并上下移动搅拌棒，使萘完全溶解。然后按照步骤1中的方法和要求，测定萘-苯溶液的凝固点。回升后的温度不像纯苯那样保持恒定，而是缓慢下降，应一直记录到温度明显下降。

六、数据记录与处理

将测定数据记录于表4-3，以温度为纵坐标、时间为横坐标分别作出冷却曲线，求出纯苯、萘-苯溶液的凝固点 T_f^* 和 T_f。由苯在不同温度下的密度(表4-4)求出苯的质量，由式(4-8)计算出萘的摩尔质量。

表4-3　纯苯及萘-苯溶液的冷却数据

时间/min	0.5	1.0	1.5	2.0	2.5	3.0	3.5	4.0	4.5	5.0	5.5	6.0	…
纯苯温度/℃													
萘-苯溶液温度/℃													

表4-4　苯在不同温度时的密度

温度/℃	密度/(g·mL⁻¹)	温度/℃	密度/(g·mL⁻¹)	温度/℃	密度/(g·mL⁻¹)	温度/℃	密度/(g·mL⁻¹)
11	0.887	16	0.882	21	0.879	26	0.874
12	0.886	17	0.881	22	0.878	27	0.874
13	0.885	18	0.880	23	0.877	28	0.873
14	0.884	19	0.879	24	0.876	29	0.872
15	0.883	20	0.879	25	0.875	30	0.871

七、阅读材料

(1) 白云山，王敬杰，陶伟桐，等. 2010. 凝固点降低法测定摩尔质量影响因素. 实验室研究与探索，29(4):30-32

(2) 高桂枝，黄玲，陈少刚，等. 2009. 凝固点降低法测萘摩尔质量实验条件的探讨. 实验技术与管理，26(4):23-25

(3) 何漫，高美，廖知常，等. 2021. 凝固点降低法测摩尔质量实验改进. 实验室研究与探索，40(3):212-215

(4) 裴渊超，张虎成，赵扬，等. 2011. 凝固点降低法测定摩尔质量实验装置的改进. 实验室科学，14(4):174-176

(5) 荣华，佟拉嘎，徐中波. 2007. 凝固点降低法测定物质摩尔质量实验的改进. 大学化学，22(5):40-41

八、思考题

(1) 在凝固点降低法测定摩尔质量实验中，根据什么原则考虑加入溶质的量，太多、太少影响如何？

(2) 为什么纯溶剂和溶液的冷却曲线有所不同？

(3) 凝固点降低法测定摩尔质量实验中，为什么会有过冷现象？严重的过冷现象为什么会给实验结果带来较大的误差？

实验五 粗食盐的提纯

一、预习内容

(1) 第3章化学实验基本操作技术中托盘天平、量筒的使用，试剂的取用，pH试纸的使用，溶解、加热、蒸发、结晶、沉淀、减压过滤等基本操作。

(2) 本实验的基本原理和方法，回答思考题。

二、实验目的

(1) 学习NaCl的提纯原理、方法及SO_4^{2-}、Ca^{2+}、Mg^{2+}等的定性鉴定。

(2) 掌握托盘天平和pH试纸的使用，以及溶解、沉淀、减压过滤、蒸发浓缩、结晶和烘干等基本操作。

三、实验原理

化学试剂或医药用NaCl都是以粗食盐为原料提纯的。粗食盐中的不溶性杂质(如泥沙等)可通过溶解和过滤的方法除去。粗食盐中的可溶性杂质主要是Ca^{2+}、Mg^{2+}、K^+和SO_4^{2-}等，选择适当的试剂使它们生成难溶化合物的沉淀而被除去。所选沉淀剂应符合不引进新的杂质或引进的杂质能够在下一步的操作中除去的原则。

(1) 在粗食盐溶液中加入过量$BaCl_2$溶液，除去SO_4^{2-}，过滤除去不溶性杂质和$BaSO_4$沉淀。

$$Ba^{2+} + SO_4^{2-} = BaSO_4 \downarrow$$

(2) 在滤液中加入NaOH和Na_2CO_3溶液，除去Mg^{2+}、Ca^{2+}以及沉淀SO_4^{2-}时加入的过量Ba^{2+}，过滤除去沉淀。

$$Mg^{2+} + 2OH^- = Mg(OH)_2 \downarrow$$

$$Ca^{2+} + CO_3^{2-} = CaCO_3 \downarrow$$

$$Ba^{2+} + CO_3^{2-} = BaCO_3 \downarrow$$

(3) 溶液中过量的NaOH和Na_2CO_3用盐酸中和除去。

(4) 粗食盐中的K^+和上述的沉淀剂都不起作用。因KCl的溶解度大于NaCl的溶解度，且含量较少，所以在蒸发和浓缩过程中，NaCl先结晶出来，而KCl则留在溶液中。

四、仪器与试剂

托盘天平，烧杯，量筒，试管，普通漏斗，漏斗架，减压过滤装置，蒸发皿，石棉网，酒精灯，药匙，pH试纸，滤纸。

粗食盐(s)，$BaCl_2$溶液($1mol \cdot L^{-1}$)，NaOH溶液($2mol \cdot L^{-1}$)，Na_2CO_3溶液($1mol \cdot L^{-1}$)，HCl溶液($2mol \cdot L^{-1}$)，HAc溶液($2mol \cdot L^{-1}$)，$(NH_4)_2C_2O_4$溶液($1mol \cdot L^{-1}$)，镁试剂。

五、实验步骤

1. 粗食盐的提纯

(1) 在托盘天平上称取5.0g粗食盐，放入100mL烧杯中，加20mL蒸馏水，搅拌并加热使其溶解。至溶液沸腾时，在搅拌下逐滴加入 1mol·L^{-1} $BaCl_2$ 溶液①(1～2mL)至沉淀完全。继续加热 5min②，使 $BaSO_4$ 的颗粒长大而易于沉降和过滤。为了检验沉淀是否完全，可将烧杯取下静置，待沉淀下降后，沿烧杯壁在上层清液中加 1～2 滴 1mol·L^{-1} $BaCl_2$ 溶液，如果出现浑浊，表示 SO_4^{2-} 尚未除尽，需继续加 $BaCl_2$ 溶液以除去剩余的 SO_4^{2-}；如果不浑浊，表示 SO_4^{2-} 已除尽。减压过滤，弃去沉淀。

(2) 在(1)的滤液中加入 1mL 2mol·L^{-1}NaOH 溶液和 2mL 1mol·$L^{-1}$$Na_2CO_3$ 溶液，加热至沸，静置。待沉淀下降后，在上层清液中加几滴 Na_2CO_3 溶液，检查有无沉淀生成。如果出现浑浊，表示 Ba^{2+} 等阳离子未除尽，需在原溶液中继续加 Na_2CO_3 溶液，直至除尽。减压过滤，弃去沉淀。

(3) 将(2)的滤液倒入蒸发皿中，滴加 2mol·L^{-1} HCl 溶液，中和到溶液 pH 为 2～3(用 pH 试纸检验)。然后用小火加热蒸发③，浓缩至稀粥状的稠液，切不可将溶液蒸干。

(4) 冷却后，减压过滤，尽量将晶体抽干。将晶体从布氏漏斗中取出，放回蒸发皿中，用小火加热干燥，烘干时应不断地用玻璃棒搅动，以免结块，烘至 NaCl 晶体不沾玻璃棒。

(5) 将精食盐冷至室温，称量，计算产率。最后把精食盐放入指定容器中。

2. 产品纯度的检验

取粗食盐和精食盐各 0.5g，分别溶于 5mL 蒸馏水中，将粗食盐溶液过滤。将两种澄清溶液分别盛于三支小试管中，组成三组，对照检验它们的纯度。

(1) SO_4^{2-} 的检验。第一组溶液中分别加 2 滴 2mol·L^{-1} HCl 使溶液呈酸性，再加 2 滴 1mol·L^{-1} $BaCl_2$ 溶液。若有白色沉淀，证明存在 SO_4^{2-}。记录结果，进行比较。

(2) Ca^{2+} 的检验。第二组溶液中分别加 2 滴 2mol·L^{-1} HAc 使溶液呈酸性，再加 2 滴 1mol·$L^{-1}$$(NH_4)_2C_2O_4$ 溶液。若有白色 CaC_2O_4 沉淀生成，证明存在 Ca^{2+}。记录结果，进行比较。

(3) Mg^{2+} 的检验。第三组溶液中分别加 3 滴 2mol·L^{-1} NaOH 使溶液呈碱性，再加 1 滴镁试剂。若有天蓝色沉淀生成④，证明存在 Mg^{2+}。记录结果，进行比较。

六、阅读材料

(1) 陈鲜丽. 2007. 简化步骤进行粗食盐的提纯. 化学教学，(8)：8-9

(2) 张福林，戴仲善. 1995. 粗食盐精制过程中镁盐沉淀形式的研究. 天津纺织工学院学报，14(4)：61-64

(3) 张太平. 2005. 粗食盐提纯中除去 CO_3^{2-} 需要控制 pH 值范围. 高等函授学报(自然科学版)，19(6)：49-50

七、思考题

(1) 加入 20mL 水溶解 5g 粗食盐的依据是什么？加水过多或过少有什么影响？

(2) 怎样除去实验过程中所加的过量沉淀剂 $BaCl_2$、NaOH 和 Na_2CO_3？

---

① $BaCl_2$ 及一切可溶性钡盐均有毒，应小心使用。

② 加入沉淀剂后还要继续加热煮沸，使沉淀颗粒长大而易于沉降，但加热煮沸的时间不宜过长，以免水分蒸发过多而使 NaCl 晶体析出，若发现有晶体析出，可适当补充蒸馏水。

③ 蒸发浓缩时要不断地进行搅拌，以免局部过热而飞溅，溶液最终蒸发浓缩至原体积的 1/4。

④ 镁试剂是一种有机染料，在碱性溶液中呈红色或紫色，但被 $Mg(OH)_2$ 沉淀吸附后，则呈天蓝色。

(3) 在除去Ca^{2+}、Mg^{2+}、SO_4^{2-}时，为什么要先加$BaCl_2$溶液除SO_4^{2-}，再加入Na_2CO_3溶液除Ca^{2+}、Mg^{2+}？如果把顺序颠倒，先加Na_2CO_3溶液除Ca^{2+}、Mg^{2+}，后加$BaCl_2$溶液除SO_4^{2-}，是否可行？

(4) 为什么用毒性很大的$BaCl_2$，而不用无毒性的$CaCl_2$除去SO_4^{2-}？

(5) 在除去CO_3^{2-}时，为什么要把溶液pH调至2～3？能否调至恰好为中性？(提示：从溶液中H_2CO_3、HCO_3^-、CO_3^{2-}的浓度与pH的关系考虑)

(6) 提纯后的食盐溶液浓缩时为什么不能蒸干？

(7) 在检验SO_4^{2-}时，为什么要加入盐酸溶液？

(8) 在粗食盐的提纯中，(1)、(2)两步生成的沉淀能否合并进行过滤？

实验六　硫酸铜的提纯

一、预习内容

(1) 重结晶法提纯物质的原理和方法，回答思考题。

(2) 第3章化学实验基本操作技术中托盘天平的使用，以及加热、溶解、蒸发、过滤、结晶等基本操作。

二、实验目的

(1) 掌握粗硫酸铜提纯及产品纯度检验的原理和方法。

(2) 学习托盘天平和pH试纸的使用，以及加热、溶解、蒸发、过滤、结晶等基本操作。

三、实验原理

可溶性晶体物质中杂质可通过重结晶方法除去。重结晶原理是基于晶体物质的溶解度一般随温度的降低而减小，当热的饱和溶液冷却时，待提纯的物质首先以晶体析出，而少量杂质由于尚未达到饱和，仍然留在母液中。粗硫酸铜中含有不溶性杂质和$FeSO_4$、$Fe_2(SO_4)_3$等可溶性杂质，不溶性杂质可在溶解、过滤过程中除去，$FeSO_4$可用氧化剂H_2O_2氧化为Fe^{3+}，然后调pH≈4，使Fe^{3+}水解成为$Fe(OH)_3$沉淀而除去。

$$2Fe^{2+}+H_2O_2+2H^+ = 2Fe^{3+}+2H_2O$$

$$Fe^{3+}+3H_2O = Fe(OH)_3\downarrow+3H^+$$

除去Fe^{3+}后的滤液经蒸发、浓缩、冷却，即可析出$CuSO_4\cdot5H_2O$晶体。其他微量杂质在硫酸铜结晶析出时留在母液中，经过滤即可与硫酸铜分离。

四、仪器与试剂

托盘天平，研钵，烧杯，量筒，电炉，石棉网，漏斗，滤纸，表面皿，蒸发皿，减压过滤装置，pH试纸。

粗硫酸铜(s)，H_2SO_4溶液($1mol\cdot L^{-1}$)，H_2O_2溶液(3%)，NaOH溶液($1mol\cdot L^{-1}$)，HCl溶液($2mol\cdot L^{-1}$)，$NH_3\cdot H_2O$溶液($6mol\cdot L^{-1}$、$1mol\cdot L^{-1}$)，KSCN溶液($1mol\cdot L^{-1}$)。

五、实验步骤

1. 粗硫酸铜的提纯

1) 称量和溶解

在托盘天平上称取研细的粗硫酸铜晶体4.0g于100mL烧杯中，用量筒量取20mL蒸馏水加入烧杯中，加热使其完全溶解。在溶解过程中加入 2～3 滴 $1mol \cdot L^{-1} H_2SO_4$ 溶液。

2) 沉淀和过滤

向 1)溶液中加 1mL 3% H_2O_2 溶液①，加热，边搅拌边逐滴加入 $1mol \cdot L^{-1}$ NaOH 溶液，调节 pH≈4(用 pH 试纸检验)②。再加热片刻，静置，使红棕色 $Fe(OH)_3$ 沉淀。用倾析法常压过滤，滤液承接在清洁的蒸发皿中，用少量蒸馏水淋洗烧杯及玻璃棒，洗涤液全部转入蒸发皿中。

3) 蒸发和结晶

在 2)的滤液中加入 2 滴 $1mol \cdot L^{-1} H_2SO_4$ 溶液，使其 pH＝1～2，然后用小火蒸发，浓缩至溶液表面出现晶膜时停止加热(切不可蒸干)，加入一小粒纯 $CuSO_4 \cdot 5H_2O$ 晶体(作为晶种)。静置，冷却，使 $CuSO_4 \cdot 5H_2O$ 晶体析出。减压过滤，并尽可能抽干。取出晶体后，用滤纸将吸附水吸干，在托盘天平上称出产品质量，计算产率。

2. 产品纯度检测

在托盘天平上分别称取 0.5g 粗硫酸铜和提纯后的硫酸铜晶体，分别倒入 2 个小烧杯中，用 10mL 蒸馏水溶解，然后加入 $1mol \cdot L^{-1} H_2SO_4$ 1mL 酸化，再加入 10 滴 3% H_2O_2 氧化，加热煮沸，使其中的 Fe^{2+} 全部转化为 Fe^{3+}。

待溶液冷却后，分别滴加 $6mol \cdot L^{-1} NH_3 \cdot H_2O$ 至生成的蓝色沉淀全部溶解，溶液呈深蓝色，常压过滤，在取出的滤纸上滴加 $1mol \cdot L^{-1} NH_3 \cdot H_2O$ 至蓝色褪去。此时 $Fe(OH)_3$ 沉淀留在滤纸上。

用滴管滴加 1mL $2mol \cdot L^{-1}$ HCl 溶液至滤纸上，溶解 $Fe(OH)_3$ 沉淀。然后在溶解液中加 2 滴 $1mol \cdot L^{-1}$ KSCN 溶液，根据红色的深浅，评定提纯后硫酸铜的纯度。

六、阅读材料

(1) 黄赛金，谭正德，陈建芳，等. 2011. 粗硫酸铜的提纯改进研究. 广州化工，39(16)：173-174，176

(2) 禹耀萍. 2003. 粗硫酸铜提纯实验中增大硫酸铜结晶颗粒的方法. 怀化师院学报(自然科学)，22(2)：99-100

(3) 张析，王进龙. 2013. 粗品硫酸铜提纯工艺研究. 甘肃冶金，35(5)：63-65

七、思考题

(1) Fe^{2+} 为何要首先转化为 Fe^{3+}？除 Fe^{3+} 时，为什么要调节 pH ≈ 4？

(2) 蒸发溶液时，为什么加热不能过猛？为什么不可以将滤液蒸干？

(3) $KMnO_4$、$K_2Cr_2O_7$、H_2O_2 等都可将 Fe^{2+} 氧化为 Fe^{3+}，你认为选用哪种氧化剂较为合适？为什么？

(4) 精制后的硫酸铜溶液为什么要加几滴稀 H_2SO_4 溶液调节 pH 至 1～2，再加热蒸发？在浓缩过程中应注意哪些问题？

---

① 向溶液中滴加 H_2O_2 时，溶液的温度不能过高，否则会加速 H_2O_2 的分解而降低氧化效果。

② 加 NaOH 溶液沉淀 $Fe(OH)_3$ 时，要控制好溶液的 pH 约为 4，pH 过高会导致 $Cu(OH)_2$ 沉淀，影响产率；pH 过低会导致 $Fe(OH)_3$ 沉淀不完全，影响提纯的效果。

实验七　硫酸亚铁铵的制备

一、预习内容

（1）复盐的性质，本实验的基本原理和方法，回答思考题。

（2）第3章化学实验基本操作技术中托盘天平的使用，以及加热、溶解、蒸发、浓缩、过滤、结晶等基本操作。

二、实验目的

（1）掌握制备复盐硫酸亚铁铵的方法，了解复盐的特性。

（2）掌握水浴加热、蒸发、浓缩、过滤等基本操作。

（3）了解无机物制备的投料、产量、产率的有关计算，以及产品纯度的检验方法。

三、实验原理

铁溶于稀硫酸生成硫酸亚铁：

$$Fe(s)+2H^+(aq)═══Fe^{2+}(aq)+H_2(g)$$

通常，亚铁盐在空气中易被氧化。例如，硫酸亚铁在中性溶液中能被溶于水中的少量氧气氧化，进而与水作用，甚至析出棕黄色的碱式硫酸铁（或氢氧化铁）沉淀。

$$4Fe^{2+}(aq)+2SO_4^{2-}(aq)+O_2(g)+6H_2O(l)═══2[Fe(OH)_2]_2SO_4(s)+4H^+(aq)$$

若向硫酸亚铁溶液中加入等物质的量的硫酸铵，则生成复盐硫酸亚铁铵。硫酸亚铁铵又称莫尔盐，其组成为$(NH_4)_2SO_4 \cdot FeSO_4 \cdot 6H_2O$，溶于水，但不溶于乙醇，稳定性较高，不易被空气氧化，在定量分析中常用以配制亚铁离子的标准溶液。像所有的复盐那样，硫酸亚铁铵在水中的溶解度比组成它的任一组分硫酸亚铁或硫酸铵的溶解度都小，三种盐的溶解度见表4-5。因此，蒸发浓缩含$FeSO_4$和$(NH_4)_2SO_4$的溶液，可制得浅绿色的硫酸亚铁铵（六水合物）晶体。

$$Fe^{2+}(aq)+2NH_4^+(aq)+2SO_4^{2-}(aq)+6H_2O(l)═══(NH_4)_2SO_4 \cdot FeSO_4 \cdot 6H_2O(s)$$

表4-5　几种盐的溶解度$[g \cdot (100g\ H_2O)^{-1}]$

温度/℃	0	10	20	30	40	50	60
$FeSO_4 \cdot 7H_2O$	15.6	20.5	26.5	32.9	40.2	48.6	—
$(NH_4)_2SO_4$	70.6	73.0	75.4	78.0	81.0	—	88.0
$(NH_4)_2SO_4 \cdot FeSO_4 \cdot 6H_2O$	12.5	17.2	21.6	28.1	33.0	40.0	—

若溶液的酸性减弱，则亚铁盐中Fe^{2+}与水作用的程度将会增大。在制备硫酸亚铁铵过程中，为了使Fe^{2+}不与水作用，溶液需要保持足够的酸度。

用比色法可估计产品中所含杂质Fe^{3+}的量。Fe^{3+}能与SCN^-生成红色物质$[Fe(SCN)]^{2+}$，当红色较深时，产品中含Fe^{3+}较多；当红色较浅时，产品中含Fe^{3+}较少。因此，用所制备的硫酸亚铁铵晶体与KSCN溶液在比色管中配成待测液，将其与含一定量的Fe^{3+}所配制的标准$[Fe(SCN)]^{2+}$溶液的红色进行比较，根据红色的深浅程度即可知待测液中Fe^{3+}的含量，从而可确定产品的等级。

四、仪器与试剂

托盘天平，水浴锅，烧杯，量筒（20mL），锥形瓶（50mL），电炉或酒精灯，漏斗，减压过滤装置，移液管（5mL），比色管（25mL），pH 试纸。

铁屑（s），硫酸铵（s），HCl 溶液（2mol · L^{-1}），H_2SO_4 溶液（2mol · L^{-1}），Fe^{3+} 标准溶液（0.100mg · mL^{-1}），KSCN 溶液（1mol · L^{-1}），乙醇（95%），Na_2CO_3 溶液（10%）。

五、实验步骤

1. 铁屑的净化

由机械加工过程得来的铁屑油污很多，可用碱煮的方法除去。用托盘天平称取 1.0g 铁屑，放入小锥形瓶中，加入 10mL 10% Na_2CO_3 溶液。在石棉网上小火加热约 10min，然后倒出碳酸钠溶液（用于吸收 H_2S 等有毒气体）于另一个烧杯中，用自来水冲洗后，再用蒸馏水将铁屑冲洗洁净（如何检验铁屑已洗净？）。若使用的铁屑不含油污，可省去本步骤。

2. 硫酸亚铁的制备

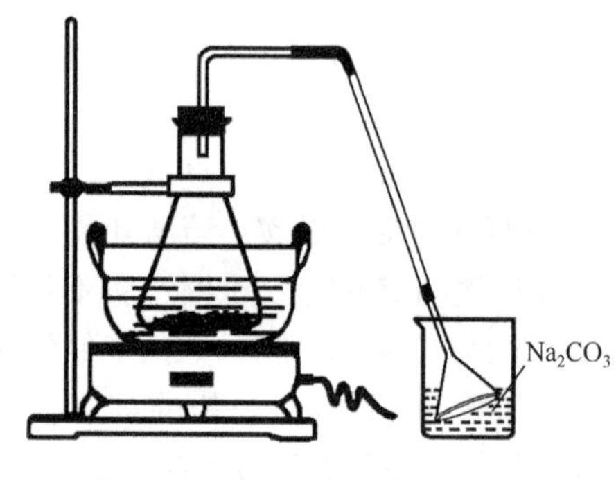

图 4-20　硫酸亚铁的制备装置图

向盛有铁屑的锥形瓶中加入 15mL 2mol · L^{-1} H_2SO_4 溶液①，按图 4-20 装好仪器，用水浴加热使铁屑与稀硫酸反应至基本不再冒出气泡②。趁热用普通漏斗过滤③，滤液承接于干净的蒸发皿中（为何要趁热过滤？锥形瓶及漏斗上的残渣是否要用热的蒸馏水洗涤？洗涤液是否要弃去？）。将留在锥形瓶中及滤纸上的残渣取出，用滤纸吸干后称量。根据已作用的铁屑质量，计算溶液中 $FeSO_4$ 的理论产量。

3. 硫酸亚铁铵的制备

按 $n[(NH_4)_2SO_4]:n(FeSO_4)=1:1$ 的比例称取 $(NH_4)_2SO_4$ 的用量，并加到盛有上面制得的 $FeSO_4$ 溶液④的蒸发皿中。水浴加热，搅拌使 $(NH_4)_2SO_4$ 全部溶解，在搅拌下蒸发浓缩至溶液表面刚出现薄层晶膜。自水浴锅上取下蒸发皿（结晶过程中不宜搅动），静置、冷却，即有硫酸亚铁铵晶体析出。待冷至室温后（能否不冷至室温？），减压过滤，最后用少量乙醇洗去晶体表面所附着的水分。取出晶体，置于两张干净的滤纸之间，并轻压以吸干母液，称量。计算理论产量和产率。

$$产率=\frac{实际产量/g}{理论产量/g}\times 100\%$$

---

① 由于 Fe^{2+} 在强酸性溶液中较稳定，在碱性溶液中立即被氧化，因此应加入足量的酸，保持溶液呈强酸性。

② 加热时应间歇摇动锥形瓶。若在加热过程中水分蒸发过多，应补充少量的蒸馏水，以防止 $FeSO_4$ 结晶析出。

③ 此处也可以采用减压过滤。

④ 应检查并调节溶液的 pH 为 1～2。

4. 产品检验

1）标准溶液的配制

向3支25mL比色管中各加入2mol·L^{-1}HCl 2mL和1mol·L^{-1}KSCN溶液1mL。再用移液管分别加入0.100mg·mL^{-1} Fe^{3+}标准溶液0.50mL、1.00mL、2.00mL，最后用蒸馏水稀释至刻度，摇匀，制成含Fe^{3+}量不同的标准溶液。这3支比色管中所对应的各级硫酸亚铁铵药品规格分别为

含Fe^{3+} 0.05mg·g^{-1}，符合一级标准；

含Fe^{3+} 0.10mg·g^{-1}，符合二级标准；

含Fe^{3+} 0.20mg·g^{-1}，符合三级标准。

2）Fe^{3+}分析

称取1.0g产品置于25mL比色管中，加入15mL不含氧气的蒸馏水（怎样制取？）溶解，再加入2mL 2mol·L^{-1} HCl和1mol·L^{-1}KSCN溶液1mL，用蒸馏水稀释到刻度线，摇匀。将它与配制好的上述标准溶液进行目测比色，确定产品的等级。（在进行比色操作时，可在比色管下衬白瓷板。为了消除周围光线的影响，可用白纸包住盛溶液部分比色管的四周。从上往下观察，对比溶液颜色的深浅程度确定产品的等级。）

六、阅读材料

（1）陈彦玲，徐林林，林世威．2011．硫酸亚铁铵制备方法微型化的研究．长春师范学院学报，30(1)：73-75

（2）姜述芹，马荔，梁竹梅，等．2005．硫酸亚铁铵制备实验的改进探索．实验室研究与探索，24(7)：18-20

（3）汪丰云，王小龙．2006．硫酸亚铁铵制备的绿色化设计．大学化学，21(1)：51-53

（4）韦正友，石婷婷，司友琳，等．2014．硫酸亚铁铵制备实验的改进．大学化学，29(1)：60-62，68

（5）钟国清，吴治先，白进伟．2015．硫酸亚铁铵的绿色化制备与表征．实验室研究与探索，34(2)：46-49

（6）钟国清，周齐文，夏安．2013．硫酸亚铁铵的制备反应条件与绿色化研究．实验技术与管理，30(5)：14-16，25

七、思考题

（1）在$FeSO_4$的制备过程中，所得溶液为什么要趁热过滤？

（2）为什么制备硫酸亚铁铵晶体时，溶液必须呈酸性？蒸发浓缩时是否需要搅拌？

（3）能否将最后产物直接放在蒸发皿中加热干燥？为什么？

（4）为什么在检验产品中的Fe^{3+}含量时要用不含氧气的蒸馏水？如何制备不含氧气的蒸馏水？

实验八 硫代硫酸钠的制备

一、预习内容

（1）烧杯、量筒、蒸发皿等常用玻璃（瓷质）仪器的使用方法。

（2）减压过滤中布氏漏斗和抽滤瓶的使用方法。

（3）亚硫酸钠和硫代硫酸钠的性质。

二、实验目的

(1) 学习亚硫酸钠法制备硫代硫酸钠的原理和方法。

(2) 学习硫代硫酸钠的检验方法。

三、实验原理

硫代硫酸钠是最重要的硫代硫酸盐,俗称“海波”,又名“大苏打”,是无色透明单斜晶体。它易溶于水,不溶于乙醇,有较强的还原性和配位能力,是冲洗照相底片的定影剂、棉织物漂白后的脱氯剂、定量分析中的还原剂。

$Na_2S_2O_3 \cdot 5H_2O$ 的制备方法有多种,其中亚硫酸钠法是工业和实验室中的主要方法:

$$Na_2SO_3 + S + 5H_2O = Na_2S_2O_3 \cdot 5H_2O$$

反应液经脱色、过滤、浓缩、结晶、抽滤、干燥,即得产品。

$Na_2S_2O_3 \cdot 5H_2O$ 于 40～45℃熔化,48℃分解,在浓缩过程中要注意不能蒸发过度。

四、仪器与试剂

托盘天平,烧杯,量筒,酒精灯或电炉,蒸发皿,减压过滤装置,小试管。

Na_2SO_3(C. P.),硫磺粉,乙醇(95%),活性炭,HCl 溶液($2mol \cdot L^{-1}$),$AgNO_3$ 溶液($0.1mol \cdot L^{-1}$),KBr 溶液($0.1mol \cdot L^{-1}$),碘溶液($0.1mol \cdot L^{-1}$)。

五、实验步骤

1. 硫代硫酸钠的制备

称取 5.0g(0.04mol)Na_2SO_3 于 100mL 烧杯中,加 50mL 蒸馏水,搅拌溶解。取 1.5g 硫磺粉于另一个 100mL 烧杯中,加 3mL 乙醇充分搅拌均匀,再加入配制好的 Na_2SO_3 溶液,小火加热煮沸,并不断搅拌至硫磺粉几乎全部反应。停止加热,待溶液稍冷后加 1g 活性炭,加热煮沸 2min。趁热减压过滤,滤液全部转移到蒸发皿中,用小火蒸发浓缩至溶液呈微黄色浑浊时停止加热①。冷却、结晶②,减压过滤,滤液回收。晶体用少量乙醇洗涤,抽干后再用滤纸吸干,称量,计算产率。

2. 硫代硫酸钠的检验

(1) 取一小粒硫代硫酸钠晶体于试管中,加入几滴蒸馏水使之溶解,再加 2 滴 $0.1mol \cdot L^{-1}$ $AgNO_3$ 溶液,观察现象,写出反应方程式。

(2) 取一小粒硫代硫酸钠晶体于试管中,加 1mL 蒸馏水使之溶解,再加 2 滴碘溶液,观察现象,写出反应方程式。

(3) 取 5 滴 $0.1mol \cdot L^{-1}$ $AgNO_3$ 溶液于试管中,加 5 滴 $0.1mol \cdot L^{-1}$ KBr 溶液,静置沉淀,弃去上清液。另取少量硫代硫酸钠晶体于试管中,加 1mL 蒸馏水使之溶解。将硫代硫酸钠溶液倒入 AgBr 沉淀中,观察现象,写出反应方程式。

---

① 蒸发浓缩时,速度太快,产品易结块;速度太慢,产品不易形成结晶。实验过程中,浓缩液终点不易观察,有晶体出现即可。

② 若冷却时间较长而无晶体析出,可搅拌或投入一粒 $Na_2S_2O_3$ 晶体以促使晶体析出。

六、阅读材料

(1) 陈英,赖红珍. 2015. 实验室硫代硫酸钠的制备条件的研究及改进. 绵阳师范学院学报,34(2):121-126

(2) 胡小莉,萧德超. 1997. 用硫粉和亚硫酸钠制备硫代硫酸钠的反应条件探讨. 西南师范大学学报(自然科学版),22(1):103-105

(3) 李芳,郑典慧,陈红,等. 2005. 硫代硫酸钠制备方法的优化. 实验技术与管理,22(10):57-58

(4) 刘顺珍,张丽霞. 2011. 硫代硫酸钠制备实验条件的优化. 广西师范学院学报(自然科学版),28(1):54-57

七、思考题

(1) 通过文献阅读,你知道有哪些方法常用于硫代硫酸钠的制备?

(2) 实验中使用硫磺粉稍有过量,为什么?

(3) 制备过程中为什么加入乙醇?目的何在?

(4) 本实验为什么要加入活性炭?

(5) 如果没有晶体析出,该如何处理?

(6) 减压过滤时,漏斗下端应如何放置?滤纸大小如何?

(7) 减压过滤完成后应如何操作?

(8) 减压过滤后晶体要用少量乙醇洗涤,为什么?

实验九　磷酸锌的微波合成

一、预习内容

(1) 微波加热的原理及微波炉的使用方法。

(2) 预习本实验内容,回答思考题。

二、实验目的

(1) 了解磷酸锌的用途与制备方法。

(2) 熟悉微波法制备磷酸锌的原理与操作方法。

三、实验原理

微波又称超高频电磁波,波长范围在0.1～10cm。它具有以下特点:有很强的穿透作用,在反应物内外同时、均匀、迅速地加热,热效率高;在微波场中,反应物的转化能减少,反应速率加快;微波与物质相互作用是独特的非热效应,能降低反应温度。一般来说,具有较大介电常数的化合物(如水)在微波作用下会迅速加热,而其他物质在微波作用下,产生类似摩擦的作用,使处于杂乱的热运动分子从中获得能量,以热的形式表现出来,介质的温度升高,所以微波加热可用于化学合成等方面。

磷酸锌 $Zn_3(PO_4)_2 \cdot 2H_2O$ 是一种新型防锈颜料,它可配制各种防锈涂料,可代替氧化铅作为底料。其合成常以硫酸锌、磷酸和尿素为原料,在水浴中加热反应,反应过程中尿素分解放出氨气并生成铵盐,常规反应需4h才能完成。本实验采用微波加热条件下进行反应,反应时间缩短为8min。反应式为

$$3ZnSO_4 + 2H_3PO_4 + 3CO(NH_2)_2 + 7H_2O = Zn_3(PO_4)_2 \cdot 4H_2O + 3(NH_2)_2SO_4 + 3CO_2\uparrow$$

所得的四水合晶体在110℃烘箱中脱水，即得二水合晶体。

四、仪器与试剂

微波炉，托盘天平，减压过滤装置，烧杯，表面皿，量筒，烘箱。

$ZnSO_4 \cdot 7H_2O$(C. P.)，尿素(C. P.)，磷酸(C. P.)，无水乙醇(C. P.)。

五、实验步骤

称取2.0g硫酸锌于50mL烧杯中，加1.0g尿素[①]和1.0mL浓H_3PO_4，再加20mL蒸馏水，搅拌溶解，把烧杯置于250mL烧杯水浴中，盖上表面皿，放进微波炉[②]，以大火挡(约650W)辐射8min，烧杯里隆起白色沫状物。停止辐射加热后，取出烧杯，用蒸馏水浸取，洗涤产物数次[③]，抽滤。晶体用蒸馏水洗涤至滤液无SO_4^{2-}(怎样检查?)。将产品转移到表面皿上，在110℃烘箱中干燥脱水，得到$Zn_3(PO_4)_2 \cdot 2H_2O$，称量，计算产率。

六、阅读材料

(1) 陈心怡，黄云龙，袁爱群，等. 2019. 纳米磷酸锌的可控合成. 无机盐工业，51(8)：20-24

(2) 胡希明，李兴，谷云骊，等. 1998. 微波诱导快速磷酸锌合成研究. 化学通报，(12)：33-34

(3) 姜求宇，吴文伟，廖森，等. 2005. 室温固相合成磷酸锌纳米晶. 当代化工，34(4)：240-242

(4) 王金霞，高艳阳，魏宁. 2011. 有机模板固相合成磷酸锌及其表征. 化学与生物工程，28(11)：35-36，61

(5) 王禹，叶俊伟，王莉，等. 2006. 二维层状结构磷酸锌化合物的水热合成与结构表征. 吉林大学学报(理学版)，44(2)：291-294

(6) 邹洪涛，唐文华，刘吉平，等. 2006. 低热固相化学反应法合成磷酸锌微米晶棒. 化工矿物与加工，(5)：19-22

七、思考题

(1) 合成反应时加尿素的目的是什么?

(2) 用微波辐射法制备磷酸锌有什么优点?

(3) 通过查阅文献了解制备磷酸锌还有哪些方法?

(4) 为什么微波加热能显著缩短反应时间? 使用微波炉应注意什么?

实验十　离子交换法制备纯水

一、预习内容

(1) 离子交换法制备纯水的原理与基本操作，回答思考题。

(2) 实验用水的分类与要求，电导率仪的使用。

---

① 合成反应完成时溶液pH为5～6，加尿素的目的是调节反应体系的酸碱性。

② 微波对人体有害，必须正确使用微波仪器，以防微波泄漏。微波炉内不能使用金属，以免产生火花。炉门一定要关紧后才能开始加热，加热结束后才能打开炉门，取出物体。

③ 晶体最好洗涤至近中性再抽滤。

二、实验目的

(1) 掌握离子交换法制备去离子水的原理与操作方法。

(2) 熟悉电导率仪的使用方法，了解水样质量的检测方法。

三、实验原理

1. 离子交换树脂及其种类

离子交换树脂是一种人工合成的带有交换活性基团的多孔网状结构的高分子化合物。其特点是性质稳定，与酸、碱及一般有机溶剂都不发生作用。在其网状结构的骨架上，含有许多可与溶液中的离子发生交换作用的“活性基团”。根据树脂可交换活性基团的不同，离子交换树脂分为阳离子交换树脂和阴离子交换树脂两大类。

阳离子交换树脂是指含有酸性活性基团的树脂，如磺酸基($R—SO_3H$)、羧基($R—COOH$)等，R表示树脂中网状结构的骨架部分。活性基团中的H^+可与溶液中的阳离子发生交换作用，所以又把这种阳离子交换树脂称为酸性阳离子交换树脂或H型阳离子交换树脂。按活性基团酸性强弱的不同，又分为强酸性、弱酸性离子交换树脂。例如，$R—SO_3H$为强酸性离子交换树脂(如国产“732”树脂)；$R—COOH$为弱酸性离子交换树脂(如国产“724”树脂)。目前，应用最广泛的是强酸性磺酸型聚乙烯树脂。

阴离子交换树脂是指含有碱性活性基团的树脂，其特点是树脂中的活性基团可与溶液中的阴离子发生交换作用。活性基团中含有OH^-基团的称为OH型阴离子交换树脂，含有Cl^-基团的称为Cl型阴离子交换树脂。按活性基团的碱性强弱的不同，可分为强碱性、弱碱性离子交换树脂。例如，$R—N^+(OH)^-—(CH_3)_3$为强碱性离子交换树脂(如国产“717”树脂)；$R—NH_3^+OH^-$为弱碱性离子交换树脂(如国产“701”树脂)。

在制备去离子水时，使用强酸性和强碱性离子交换树脂。它们具有较好的耐化学腐蚀、耐热性与耐磨性，在酸性、碱性及中性介质中都可以应用，其离子交换效果好，同时对弱酸根离子也可以进行交换。

2. 离子交换法制备纯水的原理

天然水或自来水中含有无机和有机杂质。可溶性杂质主要有钠、镁、钙的碳酸盐、硫酸盐、氯化物及某些气体，即水中常含有Na^+、Ca^{2+}、Mg^{2+}、SO_4^{2-}、CO_3^{2-}、Cl^-等。

离子交换法制备纯水的原理是基于树脂中的活性基团和水中各种离子间的可交换性。离子交换过程是水中的离子先通过扩散进入树脂颗粒内部，再与树脂活性基团中的H^+或OH^-发生交换，被交换出来的H^+或OH^-又扩散到溶液中，并相互结合成水的过程。

例如，$R—SO_3^-H^+$型阳离子交换树脂，交换基团中的H^+与水中的阳离子(如Na^+、Ca^{2+}等)进行交换后，使水中的Na^+、Ca^{2+}等结合到树脂上，并交换出H^+于水中。反应如下：

$$R—SO_3^-H^+ + Na^+ \!=\!=\!= R—SO_3^-Na^+ + H^+$$

经过阳离子交换树脂后流出的水中含有过剩的H^+，因此呈酸性。

同样，水通过阴离子交换树脂，交换基团中的OH^-与水中的阴离子(如Cl^-、SO_4^{2-}等)进行交换后，使水中的Cl^-、SO_4^{2-}等结合到树脂上，并交换出OH^-于水中。反应如下：

$$R—N^+(OH)^-—(CH_3)_3 + Cl^- \!=\!=\!= R—N^+Cl^-—(CH_3)_3 + OH^-$$

经过阴离子交换树脂后流出的水中含有过剩的 OH^-，因此呈碱性。

可见，如果含有杂质离子的原料水单纯地通过阳离子交换树脂或阴离子交换树脂后，虽然能达到分别除去阳(或阴)离子的作用，但所得的水是非中性的。如果将原料水通过阴、阳混合离子交换树脂，则交换出来的 H^+ 和 OH^- 又发生中和反应结合成水：

$$H^+ + OH^- = H_2O$$

从而得到纯度很高的去离子水。

在离子交换树脂上进行的交换反应是可逆的。杂质离子可以交换出树脂中 H^+ 或 OH^-，而 H^+ 或 OH^- 又可以交换出树脂所包含的杂质离子。反应主要向哪个方向进行，与水中两种离子(H^+ 或 OH^- 与杂质离子)的浓度有关。当水中杂质离子较多时，杂质离子交换出树脂中 H^+ 或 OH^- 的反应是矛盾的主要方面。当水中杂质离子减少，树脂上的活性基团大量被杂质离子所交换时，则水中大量存在的 H^+ 或 OH^- 反而会把杂质离子从树脂上交换下来，使树脂又转变成 H 型或 OH 型。由于交换反应的这种可逆性，所以只用两个离子交换柱(阳离子交换柱和阴离子交换柱)串联起来所生产的水仍含有少量的杂质离子未经交换而遗留在水中。为了进一步提高水质，可串联一个由阳离子交换树脂和阴离子交换树脂均匀混合的交换柱。其作用相当于串联多个阳离子交换柱与阴离子交换柱，而且在交换柱任何部位的水都是中性的，从而减少了逆反应的可能性。

利用上述交换反应可逆的特点，既可以将原料水中的杂质离子除去，达到纯化水的目的，又可以将盐型的失效树脂经过适当处理后重新复原，恢复交换能力，解决树脂循环再使用的问题。这一过程称为树脂的再生。

另外，树脂是多孔网状结构，有很强的吸附能力，可以同时除去电中性杂质。又由于装有树脂的交换柱本身就是一个很好的过滤器，所以颗粒状杂质也能一同除去。

经处理后的去离子水的要求为：电导率 $\kappa \leqslant 5\mu S \cdot cm^{-1}$，定性检验无 Ca^{2+}、Mg^{2+}、Cl^-、SO_4^{2-} 等。各种水样电导率的大致范围见表 4-6。

表 4-6　各种水样的电导率

水样	自来水	去离子水	纯水(理论值)
电导率 $\kappa/(S \cdot cm^{-1})$	$5.0\times10^{-3}\sim5.3\times10^{-4}$	$4.0\times10^{-6}\sim8.0\times10^{-7}$	5.5×10^{-8}

四、仪器与试剂

阴、阳离子交换柱，乳胶管，烧杯，量筒，试管，电导率仪。

732 型阳离子交换树脂，717 型阴离子交换树脂，铬黑 T 指示剂，钙指示剂，HCl 溶液($2mol \cdot L^{-1}$)，NaOH 溶液($2mol \cdot L^{-1}$)，NaCl 溶液(25%)，$AgNO_3$ 溶液($0.1mol \cdot L^{-1}$)，$BaCl_2$ 溶液($0.1mol \cdot L^{-1}$)，HNO_3 溶液($2mol \cdot L^{-1}$)，$NH_3 \cdot H_2O$ 溶液($2mol \cdot L^{-1}$)。

五、实验步骤

1. 树脂的预处理

阳离子交换树脂首先用去离子水浸泡 24h，再用 $2mol \cdot L^{-1}$ HCl 溶液浸泡 24h，滤去酸液后，反复用去离子水冲洗至中性，浸泡于去离子水中备用。阴离子交换树脂同样按上述方法处理，用 $2mol \cdot L^{-1}$ NaOH 溶液代替 $2mol \cdot L^{-1}$ HCl 浸泡 24h。

2. 装柱与洗涤

在交换柱底部塞入少量玻璃纤维以防树脂流出，向柱内注入约1/3去离子水，排出柱连接部位的空气①，将预处理过的树脂和适量水一起注入柱内，注意保持液面始终高于树脂层。如图4-21所示，用乳胶管连接交换柱，柱Ⅰ为阳离子交换柱，柱Ⅱ为阴离子交换柱。用去离子水淋洗树脂，使柱Ⅰ和柱Ⅱ流出液pH均为7.0，洗涤过程应保持液面始终高于树脂层。

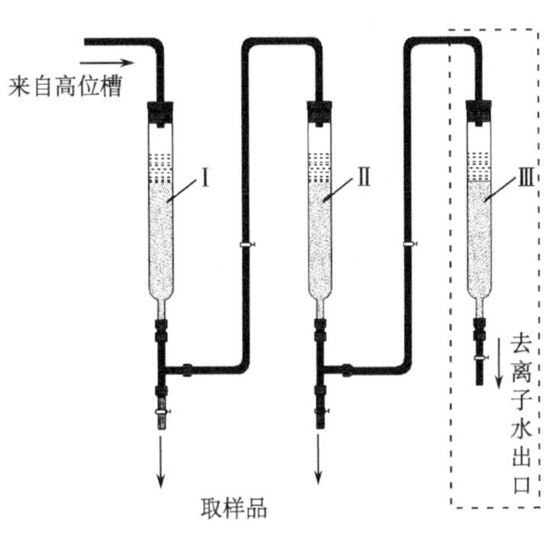

图4-21 离子交换法制备纯水的装置
Ⅰ. 阳离子交换柱；Ⅱ. 阴离子交换柱；
Ⅲ. 阴、阳离子混合交换柱

3. 去离子水的制备

自来水经高位槽依次进入柱Ⅰ进行阳离子交换，然后进入柱Ⅱ进行阴离子交换和柱Ⅲ混合离子交换，控制水流速度为每分钟1mL。

4. 离子交换树脂的再生

将交换柱中的阳、阴离子交换树脂的混合物倒入烧杯中，先用25% NaCl溶液浸泡，二者因密度不同(阳离子交换树脂的密度约为0.8g · cm^{-3}，阴离子交换树脂密度约为0.7g · cm^{-3})而在25% NaCl溶液中分层。将其分别取出，阳离子交换树脂用2mol · L^{-1} HCl溶液浸泡30min，阴离子交换树脂用2mol · L^{-1} NaOH溶液浸泡30min，用纯水洗至近中性，纯水浸泡备用。从而保证离子交换树脂的循环使用。

5. 水质的检测

依次取自来水、柱Ⅰ、柱Ⅱ、柱Ⅲ流出水进行下列项目检测。

Mg^{2+}：1mL水样加2滴2mol · L^{-1} $NH_3 \cdot H_2O$和少量铬黑T指示剂，根据颜色判断。

Ca^{2+}：1mL水样加2滴2mol · L^{-1} NaOH和少量钙指示剂，根据颜色判断。

Cl^-：1mL水样加2滴2mol · L^{-1} HNO_3酸化，再加2滴0.1mol · L^{-1} $AgNO_3$溶液，根据有无白色沉淀判断。

SO_4^{2-}：1mL水样加2滴2mol · L^{-1} HNO_3酸化，再加2滴0.1mol · L^{-1} $BaCl_2$溶液，根据有无白色沉淀判断。

用电导率仪测定各水样的电导率，有关检测结果填入表4-7。

表4-7 水样的定性检测和电导率测定表

水样	检测项目				
	Mg^{2+}	Ca^{2+}	Cl^-	SO_4^{2-}	电导率 $\kappa/(\mu S \cdot cm^{-1})$
自来水					
柱Ⅰ流出水					

① 在装柱时，应防止树脂层中夹有气泡。若发现有气泡，可用长的玻璃棒伸入柱中进行搅拌，将气泡排出。整个实验过程中，要保证装置里的离子交换树脂被水淹没，否则又会产生气泡。

续表

水样	检测项目				
	Mg^{2+}	Ca^{2+}	Cl^-	SO_4^{2-}	电导率 $\kappa/(\mu S \cdot cm^{-1})$
柱Ⅱ流出水					
柱Ⅲ流出水					

六、阅读材料

(1) 何慧艳. 2012. 采用离子交换法与反渗透法制备纯水的工艺研究. 中国高新技术企业,(6):85-86

(2) 任有良,孙楠,曹宝月,等. 2021. 离子交换法制备纯水实验的改进. 化学教学,(7):79-83

(3) 张晓滨. 2012. 离子交换树脂在纯水制备方面的应用. 化学工程师,(7):73-74

七、思考题

(1) 硬水、软水、去离子水三者的区别何在？离子交换法制备去离子水的基本原理是什么？

(2) 离子交换法制备去离子水过程中有哪些操作步骤？应注意什么控制因素？

(3) 制备去离子水时,为什么要控制水流速度？速度太快或太慢对离子交换有什么影响？

(4) 什么是电导率？如何测定？为什么可用测量水样的电导率来检查水质的纯度？电导率数值越大,水的纯度是否越高？

(5) 定性检验水中是否含有少量 Ca^{2+}、Mg^{2+}、Cl^-、SO_4^{2-} 的原理分别是什么？

实验十一　乙酸解离度和解离常数的测定

一、预习内容

(1) 解离度和解离常数的关系及影响因素,解离度和解离常数的测定方法。

(2) pH 计和电导率仪的使用方法。

二、实验目的

(1) 掌握 pH 法测定乙酸解离度和解离常数的原理,学习酸度计的使用方法。

(2) 了解电导率法测定乙酸解离度和解离常数的原理和方法。

(3) 加深对解离度、解离常数和弱电解质解离平衡的理解。

(4) 练习移液管、滴定管的使用及滴定操作。

三、实验原理

乙酸(HAc)是弱电解质,在溶液中存在以下解离平衡：

$$\begin{array}{ccc} HAc\,(aq) & \rightleftharpoons H^+\,(aq) & +\ Ac^-\,(aq) \\ c & 0 & 0 \\ c-c\alpha & c\alpha & c\alpha \end{array}$$

$$K_a^{\ominus}=\frac{c\,(H^+)c\,(Ac^-)}{c(HAc)}=\frac{c\alpha^2}{1-\alpha} \tag{4-9}$$

式中：$c(H^+)$、$c(Ac^-)$和 $c(HAc)$——H^+、Ac^-和 HAc 的平衡浓度,$mol \cdot L^{-1}$；

$K_a^{\ominus}$——HAc 的解离常数；

c——HAc的初浓度，$mol \cdot L^{-1}$；

α——HAc的解离度。

1. pH法测定HAc的解离度和解离常数

HAc溶液的初浓度可用NaOH标准溶液滴定测得。其解离出的H^+浓度，可在一定温度下用酸度计测定HAc溶液的pH，根据$pH=-\lg c(H^+)$关系式计算出来。根据$c(H^+)=c\alpha$，便可求得解离度α和解离常数$K_a^\ominus$。

解离度α随初浓度c而变化，解离常数与c无关。因此，在一定温度下，对于一系列不同浓度的HAc溶液，$\frac{c\alpha^2}{1-\alpha}$值近似为一常数，所得一系列$\frac{c\alpha^2}{1-\alpha}$的平均值即为该温度下HAc的解离常数$K_a^\ominus$。

2. 电导率法测定HAc的解离度和解离常数

电解质溶液是离子电导体，在一定温度时，电解质溶液的电导(电阻的倒数)Λ为

$$\Lambda=\kappa A/l \tag{4-10}$$

式中：κ——电导率(电阻率的倒数)，表示长度l为1m、截面积A为$1m^2$导体的电导，单位为$S \cdot m^{-1}$。电导的单位为S(西门子)。

为了便于比较不同溶质溶液的电导，常采用摩尔电导率Λ_m。摩尔电导率表示在相距1m的两平行电极之间，放置含有1单位物质的量电解质的电导，其数值等于电导率κ乘以此溶液的全部体积。若溶液的浓度为$c(mol \cdot L^{-1})$，则含有1单位物质的量电解质的溶液体积$V=10^{-3}/c\ (m^3 \cdot mol^{-1})$，溶液的摩尔电导率为

$$\Lambda_m=\kappa V=10^{-3}\kappa/c \tag{4-11}$$

Λ_m的单位为$S \cdot m^2 \cdot mol^{-1}$。

由式(4-9)可知，弱电解质溶液的浓度c越小，其解离度α越大，无限稀释时弱电解质也可看作是完全解离的，即此时的$\alpha=100\%$。从而可知，一定温度下某浓度c的摩尔电导率Λ_m与无限稀释时的摩尔电导率$\Lambda_{m,\infty}$之比即为该弱电解质的解离度：

$$\alpha=\Lambda_m/\Lambda_{m,\infty} \tag{4-12}$$

不同温度下HAc的$\Lambda_{m,\infty}$值见表4-8。

表4-8 不同温度下HAc无限稀释时的摩尔电导率$\Lambda_{m,\infty}$

温度T/K	273	291	298	303
$\Lambda_{m,\infty}/(S \cdot m^2 \cdot mol^{-1})$	0.0245	0.0349	0.0391	0.0428

通过电导率仪测定一系列已知初浓度的HAc溶液的κ值，根据式(4-11)、式(4-12)可求得对应的解离度α。将式(4-12)代入式(4-9)，可得

$$K_a^\ominus=\frac{c\Lambda_m^2}{\Lambda_{m,\infty}(\Lambda_{m,\infty}-\Lambda_m)} \tag{4-13}$$

根据式(4-13)，即可求得HAc的解离常数$K_a^\ominus$。

四、仪器与试剂

酸度计，电导率仪，锥形瓶(150mL)，干燥烧杯(100mL)，移液管(25mL)，酸、碱式滴定管

(50mL)，滴定管夹和铁架台，洗耳球，温度计。

HAc溶液(0.05mol·L^{-1})，NaOH标准溶液(0.05mol·L^{-1})，标准缓冲溶液(pH＝6.86、4.00、9.18)，酚酞指示剂(0.2%乙醇溶液)。

五、实验步骤

1. pH法

1) HAc溶液浓度的测定

用移液管吸取待测HAc溶液25.00mL放入锥形瓶中，加酚酞指示剂2滴，用NaOH标准溶液滴定至溶液呈微红色且半分钟不褪色，即为终点，记下所消耗NaOH标准溶液的体积。平行测定3次，把滴定的数据和计算结果填入表4-9中。

表4-9　HAc溶液浓度的测定记录表

滴定序号		1	2	3
NaOH标准溶液浓度/(mol·L^{-1})				
HAc溶液的体积/mL		25.00	25.00	25.00
滴定消耗NaOH标准溶液的体积/mL				
HAc溶液的浓度/(mol·L^{-1})	测定值			
	平均值			

2) 配制不同浓度的HAc溶液

用酸式滴定管分别放出40.00mL、20.00mL、10.00mL和5.00mL上述已知浓度的HAc溶液于4个干燥的100mL烧杯中，并依次编号为1、2、3、4。然后用碱式滴定管向2、3、4号烧杯中分别加20.00mL、30.00mL和35.00mL蒸馏水，并混合均匀。计算出稀释后HAc溶液的精确浓度c，并填入表4-10中。

表4-10　HAc解离常数$K_a^\ominus$的测定记录表(室温T=　　K)

编号	c/(mol·L^{-1})	pH	$c(H^+)$/(mol·L^{-1})	$\alpha=c(H^+)/c$	$K_a^\ominus=\frac{c\alpha^2}{1-\alpha}$	$K_a^\ominus$平均值
1						
2						
3						
4						

3) 测定HAc溶液的pH、α和$K_a^\ominus$

将以上四种不同浓度的HAc溶液，按由稀至浓的次序依次在酸度计上分别测定它们的pH，记录数据和室温，计算解离度和解离常数。

2. 电导率法

(1) 取pH法配制好的HAc溶液，用电导率仪分别依次按由稀至浓的次序测量4～1号小烧杯中HAc溶液的电导率值，并如实正确记录测定数据。

(2) 记录室温及不同初浓度HAc溶液的电导率κ数据。根据表4-8的数值，得到室温下HAc无限稀释时的摩尔电导率$\Lambda_{m,\infty}$。按照式(4-11)计算不同初浓度时的摩尔电导率Λ_m，即可由式(4-12)求得各浓度时 HAc 的解离度 α。再根据式(4-13)计算，取平均值，可得到 HAc 的解离常数 $K_a^{\ominus}$。

六、阅读材料

(1) 陈彦玲，王彬彬，蔡艳，等. 2009. 醋酸电离度和电离常数测定方法的比较研究. 长春师范学院学报(自然科学版)，28(4)：39-42

(2) 李娟. 2012. 电导法测定乙酸解离常数实验数据处理软件设计. 物联网技术，(8)：35-40

(3) 马晓光. 2009. 醋酸电离度和电离常数的实验测定. 赤峰学院学报(自然科学版)，25(10)：15-16

(4) 于晓彩，孙亚光，高恩君. 2000. 两点电位滴定法测定醋酸电离常数及其热力学参数. 沈阳师范学院学报(自然科学版)，18(2)：50-53

(5) 赵明，杨声，孙永军，等. 2014. 电导法对弱电解质乙酸(HAc)电离度及离解平衡常数等物理量的测定研究. 甘肃高师学报，19(5)：20-22

(6) 朱金花，吴立业，刘绣华. 2012. 乙酸和一氯乙酸电离常数的高效毛细管区带电泳法测定. 化学研究，23(3)：7-10

七、思考题

(1) 根据实验结果，讨论 HAc 解离度和解离常数与其浓度的关系，如果改变温度，对 HAc 的解离度和解离常数有何影响？

(2) 若所用 HAc 溶液的浓度极稀，是否能用 $K_a^{\ominus} \approx c^2(H^+)/c$ 求解离常数？

(3) 配制不同浓度的 HAc 溶液时要注意些什么？

(4) 测定一系列同一种电解质溶液的 pH 时，测定顺序按浓度由稀到浓和由浓到稀，结果有何不同？

(5) 两种方法测定 HAc 解离度和解离常数的原理有何不同？

实验十二　分析天平的称量练习

一、预习内容

(1) 分析天平的分类。

(2) 分析天平的使用与称量方法。

二、实验目的

(1) 熟悉分析天平的使用规则，掌握电子天平的使用方法。

(2) 了解在称量中如何运用有效数字，掌握直接称量法和差减称量法。

三、仪器与试样

电子天平，称量瓶，坩埚，坩埚钳，烧杯，不易吸潮的试样。

四、实验步骤

1. 直接称量练习

开机预热后，轻按 TAR 键使其显示为 0.0000，将被称物品轻放在电子天平上，显示稳定后，即可记录该物品的质量。

称量要求：称取小烧杯、坩埚、笔等物品的质量。

2. 差减称量练习

将适量的试样装入干燥洁净的称量瓶中，用洁净的纸条套住称量瓶，轻轻放在电子天平上，显示稳定后，轻按TAR键使其显示为0.0000，然后取出称量瓶向容器中敲出一定量试样，再将称量瓶放在称盘上称量，结果所显示质量（不管负号）达到所需范围，即可记录称量结果。若未达到所需称量范围，则继续倾样至符合要求；若倾出试样超过所需称量范围，则需重做。注意：取放称量瓶及瓶盖时，一定要套上纸条。

称量要求：称取0.2～0.3g及0.15～0.20g试样各2份。

直接称量法和差减称量法的称量结果，请记录于表4-11。

表4-11 分析天平称量记录

直接称量法		差减称量法	
称量物名称及编号	称量物的质量/g	样品编号	样品的质量/g
		1	
		2	
		3	
		4	

五、阅读材料

(1) 蔡朝容. 2008. TG328A/TG328B型分析天平常见故障调修及使用规范. 柳州职业技术学院学报，8(2):86-90

(2) 耿金灵，王岩，殷海燕. 2009. 由机械分析天平与电子分析天平的特点试论其在化学实验教学中的互补作用. 实验室科学，(4):38-40

(3) 耿师科. 2007. 浅谈分析天平使用的技术及经验掌握. 内蒙古石油化工，(4):53-54

(4) 徐军，刘瑞斌，王春燕. 2008. 电光分析天平常见故障的排除. 实验室科学，(2):144-145

(5) 张民. 2014. 电子分析天平的使用与维护. 电子技术与软件工程，(22):156

六、思考题

(1) 称量方法有几种？如何选择称量方法？

(2) 使用电子天平时应注意些什么？

(3) 差减称量法称取样品时，能否先把样品敲在纸上，符合要求后再将纸上的样品转到容器中？为什么？

(4) 差减称量法称取样品时应注意什么？可否用手直接拿称量瓶或瓶盖，为什么？若在称量过程中称量瓶盖子未盖上，是否有影响？

实验十三 容量仪器的校准

一、预习内容

(1) 容量仪器校准的方法和意义。

(2) 滴定管、容量瓶、移液管的使用，分析天平的称量操作。

二、实验目的

(1) 了解容量仪器校准的意义和方法。

(2) 初步掌握滴定管的校准和容量瓶与移液管间相对校准的操作。

(3) 掌握滴定管、容量瓶、移液管的使用方法。

(4) 进一步熟悉分析天平的称量操作。

三、实验原理

滴定管、移液管和容量瓶是分析实验中常用的玻璃量器，都具有刻度和标称容量。量器产品都允许有一定的容量误差。在准确度要求较高的分析测试中，对自己使用的一套量器进行校准是完全必要的。

校准的方法有称量法和相对校准法。称量法的原理是，用分析天平称量被校量器中量入和量出的纯水的质量 m，再根据纯水的密度 ρ 计算出被校量器的实际容量。由于玻璃的热胀冷缩，所以在不同温度下，量器的容积也不同。因此，规定使用玻璃量器的标准温度为 20℃。各种量器上标出的刻度和容量称为在标准温度 20℃时量器的标称容量，但是在实际校准工作中，容器中水的质量是在室温下和空气中称量的。因此，必须考虑以下三方面的影响：

(1) 空气浮力使质量改变的校正。

(2) 水的密度随温度而改变的校正。

(3) 玻璃容器本身容积随温度而改变的校正。

考虑上述因素的影响，可得出 20℃容量为 1L 的玻璃容器在不同温度时所盛水的质量(表 4-12)，根据此来计算量器的校正值十分方便。

表 4-12　不同温度下 1L 水的质量(在空气中用黄铜砝码称量)

t/℃	m/g	t/℃	m/g	t/℃	m/g
0	998.24	14	998.04	28	995.44
1	998.32	15	997.93	29	995.18
2	998.39	16	997.80	30	994.91
3	998.44	17	997.66	31	994.68
4	998.48	18	997.51	32	994.34
5	998.50	19	997.35	33	994.05
6	998.51	20	997.18	34	993.75
7	998.50	21	997.00	35	993.44
8	998.48	22	996.80	36	993.12
9	998.44	23	996.60	37	992.80
10	998.39	24	996.38	38	992.46
11	998.32	25	996.17	39	992.12
12	998.23	26	995.93	40	991.77
13	998.14	27	995.69		

例如，某 25mL 移液管在 25℃放出的纯水的质量为 24.921g，密度为 0.996 17g · mL^{-1}，计算该移液管在 20℃时的实际容积。

$$V_{20}=\frac{24.921\text{g}}{0.996\ 17\text{g}\cdot\text{mL}^{-1}}=25.02\text{mL}$$

则这支移液管的校正值为

$$25.02mL-25.00mL=+0.02mL$$

需要特别指出的是，校准不当和使用不当是产生容积误差的主要原因，其误差甚至可能超过允许或量器本身的误差。因此，在校准时务必正确、仔细地进行操作，尽量减小校准误差。凡是使用校准值的，其允许次数不应少于两次，且两次校准数据的偏差应不超过该量器允许偏差的 1/4，并取其平均值作为校准值。

有时只要求两种容器之间有一定的比例关系，而不需要知道它们各自的准确体积，这时可用容量相对校准法。经常配套使用的移液管和容量瓶，采用相对校准法更为重要。例如，用 25mL 移液管取蒸馏水于干净且晾干的 100mL 容量瓶中，到第 4 次重复操作后，观察瓶颈处水的弯月面下缘是否刚好与刻线上缘相切，若两者不相切，应重新做一记号为标线，以后此移液管和容量瓶配套使用时就用校正的标线。

四、仪器

分析天平，滴定管(25mL)，容量瓶(100mL)，移液管(25mL)，锥形瓶(50mL)，温度计。

五、实验步骤

1. 滴定管的校准(称量法)

将洗净且外表干燥的带磨口玻璃塞的锥形瓶①放在分析天平上称量，得空瓶质量 $m_{瓶}$，记录至 0.001g。

将洗净的滴定管盛满纯水，调至 0.00mL 刻度处，从滴定管中放出一定体积(记为 V_0)，如放出 5.00mL 纯水于已称量的锥形瓶中②，塞紧塞子，称出“水＋瓶”的质量 $m_{水+瓶}$，两次质量之差即为放出水的质量 $m_{水}$。用同法称量滴定管从 0～10mL、0～15mL、0～20mL、0～25mL 等刻度间的 $m_{水}$，用实验水温③时水的密度除每次的 $m_{水}$，即得滴定管各部分的实际容量 V_{20}。重复校准一次，两次相应区间的水质量相差应小于 0.02g(为什么?)，求出平均值，并计算校准值 $\Delta V=(V_{20}-V_0)$，记录于表 4-13 中。以 V_0 为横坐标，ΔV 为纵坐标，绘制滴定管校准曲线。移液管和容量瓶也可用称量法进行校准。校准容量瓶时，当然不必用锥形瓶，且称准至 0.001g 即可。

表 4-13　容量仪器的校准记录表

V_0/mL	$m_{水+瓶}$/g	$m_{瓶}$/g	$m_{水}$/g	V_{20}/mL	ΔV/mL
0.00～5.00					
0.00～10.00					
0.00～15.00					
0.00～20.00					
⋮					

2. 移液管和容量瓶的相对校准

用洁净的 25mL 移液管移取纯水于干净且晾干的 100mL 容量瓶中，重复操作 4 次，观察

① 拿取锥形瓶时，像拿取称量瓶那样用纸条(三层以上)套取。

② 锥形瓶磨口部位不要沾到水。

③ 测量实验水温时，须将温度计插入水中后才读数，读数时温度计水银球部位仍浸在水中。

液面的弯月面下缘是否恰好与标线上缘相切，若两者不相切，则用胶布在瓶颈上另做标记，以后实验中，此移液管和容量瓶配套使用时，应以新标记为准。

六、阅读材料

(1) 邓振伟，陈玲，王雪，等. 2012. 容量仪器校准实验数据处理的改进研究. 计量与测试技术，39(12)：38-40

(2) 杨海鹏. 1986. 谈谈粮油饲料品质分析中容量仪器使用校正问题. 粮食与饲料工业，(10)：63-67

七、思考题

(1) 校准滴定管时，为何锥形瓶和水的质量只需称到 0.001g？

(2) 容量瓶校准时为什么要晾干？在用容量瓶配制标准溶液时是否也要晾干？

(3) 分段校准滴定管时，为什么每次都要从 0.00mL 开始？

实验十四 镁的相对原子质量的测定

一、预习内容

(1) 理想气体状态方程式和气体分压定律。

(2) 测量气体体积的装置及气压表的使用。

(3) 预习本实验内容，回答思考题。

二、实验目的

(1) 掌握置换法测定镁的相对原子质量的原理和方法。

(2) 掌握理想气体状态方程式和气体分压定律的应用。

(3) 学习测量气体体积的基本操作及气压表的使用。

三、实验原理

镁与稀硫酸作用可按以下反应定量进行：

$$\mathrm{Mg + H_2SO_4(稀) = MgSO_4 + H_2 \uparrow}$$

反应中镁的物质的量 $n(\mathrm{Mg})$ 与生成氢气的物质的量 $n(\mathrm{H_2})$ 之比等于1。设所称取金属镁条的质量为 $m(\mathrm{Mg})$，镁的摩尔质量为 $M(\mathrm{Mg})$，则

$$\frac{m(\mathrm{Mg})}{M(\mathrm{Mg})} : n(\mathrm{H_2}) = 1 \qquad M(\mathrm{Mg}) = \frac{m(\mathrm{Mg})}{n(\mathrm{H_2})}$$

镁的摩尔质量在数值上等于镁的相对原子质量。假设该实验中的气体为理想气体，则有

$$p(\mathrm{H_2}) \cdot V_{总} = n(\mathrm{H_2})RT \qquad n(\mathrm{H_2}) = \frac{p(\mathrm{H_2}) \cdot V_{总}}{RT}$$

式中：T——实验测定时的温度，K；

$p(\mathrm{H_2})$——氢气的分压，kPa；

$V_{总}$——量气管前后两次读数之差(包括产生的氢气体积和水蒸气的体积)，L；

R——摩尔气体常量，$8.314\mathrm{kPa \cdot L \cdot mol^{-1} \cdot K^{-1}}$。

由于实验中由量气管收集到的氢气是被水蒸气所饱和的，所以量气管内气体的压力是氢气的分压 $p(\mathrm{H_2})$ 与实验温度时水的饱和蒸气压 $p(\mathrm{H_2O})$ 的总和，并等于外界大气压 p。若量气管前后两次读数 V_1、V_2 的单位为 mL，则

$$M(Mg)=\frac{m(Mg)RT}{[p-p(H_2O)]\cdot(V_2-V_1)}\times 1000 \tag{4-14}$$

四、仪器与试剂

分析天平，量筒(10mL)，50mL 量气管(或 50mL 碱式滴定管)，长颈漏斗，乳胶管，试管，铁架台，滴定管架，橡皮塞，铁环，气压计。

镁条，H_2SO_4 溶液($2mol\cdot L^{-1}$)。

五、实验步骤

(1) 用分析天平准确称取两份已擦去表面氧化膜的镁条，每份质量为 0.0280～0.0320g。

(2) 按图 4-22 装配好仪器装置①，取下试管，从液面调节器处注入自来水，使液面保持在量气管刻度 0～5mL，上下移动液面调节器，以赶尽附着在乳胶管和量气管内壁的气泡，然后把试管和量气管的塞子塞紧。

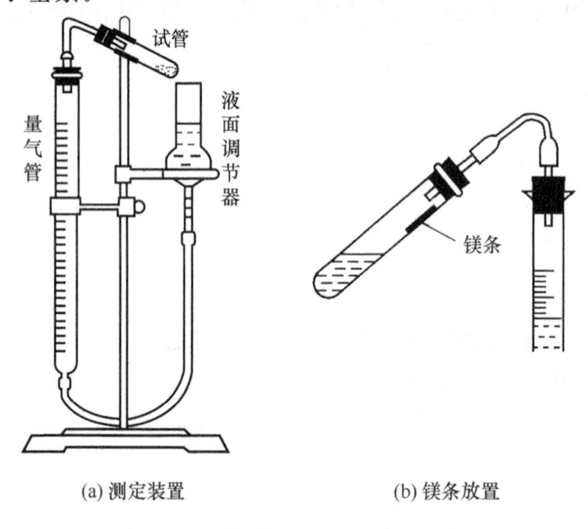

(a) 测定装置　　(b) 镁条放置

图 4-22　测定镁相对原子质量的装置

(3) 检查装置的气密性。将液面调节器下移一段距离，并固定在一定位置上。如果量气管中的液面只在开始时稍有下降，以后即维持恒定(必须经过 3min 以上时间观察才能判断)，便表明装置不漏气。若液面继续下降，则说明装置漏气。这时要检查各个接口处是否严密。经过检查并改装后，再重复试验，直至确保不漏气。

(4) 镁与硫酸作用前的准备。取下试管，用一洁净漏斗将 2mL $2mol\cdot L^{-1}$ H_2SO_4 溶液注入试管(切勿使酸沾在试管上半部的壁上)，将镁条用水稍微湿润，贴放在试管上部②(切勿使镁条触及酸液)，固定试管，塞紧橡皮塞。再按步骤(3)检查装置是否漏气。若不漏气，将液面调节器移至量气管的右侧，使两者的液面保持同一水平面，记下量气管中液面的位置(液面最好在刻度 0～1mL)。

(5) 氢气的发生、收集和体积的量度。轻轻地摇动试管，使镁条落入 H_2SO_4 溶液中，镁条

---

① 本实验装置可采用两支 50mL 碱式滴定管用乳胶管连接的装置，装置简单易行。

② 在镁条的放置过程中，如果镁条长度大于试管直径，可将镁条轻微弯曲，然后用一洁净玻璃棒将镁条送入试管中，使镁条弯曲地卡在试管中，切勿与酸接触。反应时，让酸与镁条接触反应，随着反应的进行，镁条变小，进而滑入试管底部继续与酸反应。此法可避免在反应前不小心将镁条抖入酸中。

和 H_2SO_4 反应放出氢气，这时反应产生的氢气进入量气管中，将管中水压入液面调节器内。为使量气管内气压不至于过大而造成漏气，在管内液面下降的同时，液面调节器可相应地向下移动，使管内液面和液面调节器中液面大体保持在同一水平面上。

镁条反应完毕后，待试管冷至室温。然后使液面调节器与量气管的液面处于同一水平面，记下液面位置。稍等 1～2min，再记录液面位置，若两次读数一致，表明管内气体温度已与室温相同。

用另一份镁条重复实验一次。

(6) 记录实验室的室温和大气压 p。

(7) 从附录 3 中查出对应温度下水的饱和蒸气压 $p(H_2O)$。

有关数据记录于表 4-14。

$$测量的相对误差=\frac{M_{实}-M_{理}}{M_{理}}\times 100\%$$

表 4-14 镁的相对原子质量测定记录表

测定次数	Ⅰ	Ⅱ
镁条质量 $m(Mg)/g$		
室温 T/K		
大气压 p/kPa		
TK 时水的饱和蒸气压 $p(H_2O)$ /kPa		
反应前量气管液面读数 V_1/mL		
反应后量气管液面读数 V_2/mL		
镁相对原子质量实测值 $M_{实}$		
镁相对原子质量平均值 $M_{平}$		
镁相对原子质量的理论值 $M_{理}$	24.31	
测量的相对误差/%		

六、阅读材料

(1) 范云霞. 2000. 置换法测定镁的相对原子质量最佳实验条件的探讨. 化学教育,(11):38-39

(2) 韩莉,李梅,马荔,等. 2007. 关于“理想气体常数 R 的测定”实验原理的讨论. 实验室研究与探索,26(8):27-29

(3) 林源为,迟瑛楠. 2010. 对教材中摩尔气体常数测定实验原理误解的更正. 大学化学,25(3):72-74

(4) 刘晟波,虞春姝. 2009. 一种用置换法测镁相对原子质量的新方法. 大学化学,24(6):49-53

(5) 申德君,杜超. 1998. 镁的相对原子质量的测定微型化实验研究. 化学教学,(8):11-12

(6) 宋玉民,张玉梅,达玉霞,等. 2011. 简易方法测镁的相对原子质量. 中国校外教育,(6):67-68

(7) 燕翔,裴平,张少飞,等. 2020. 镁的相对原子质量测定实验改进. 化学教育,41(12):48-51

七、思考题

(1) 本实验中检查漏气的操作原理是什么？如果装置漏气，对实验结果有何影响？

(2) 读取液面位置时，为什么要使量气管和液面调节器的液面保持在同一水平面上？

(3) 反应后试管未冷却就记录量气管中的液面刻度对实验结果有何影响？

(4) 镁条质量为 0.0280～0.0320g 的依据是什么？太多或太少将对实验结果产生什么影响？

(5) 讨论下列情况对实验结果有何影响？

a. 量气管内空气泡没赶净。

b. 反应过程中实验装置漏气。

c. 镁条表面的氧化膜未除净。

d. 装入稀硫酸时，酸沾在试管内壁的上部，使镁条提前接触到了酸。

e. 反应过程中，从量气管压入液面调节器的水过多，造成水从液面调节器中溢出。

f. 量气管中的气体温度没有冷至室温就读数。

g. 读数时，量气管和液面调节器的液面不在同一水平面上。

实验十五　酸碱标准溶液的配制与比较滴定

一、预习内容

（1）酸碱标准溶液的配制方法，酸碱指示剂的选择原则。

（2）滴定管的洗涤和使用方法。

（3）有效数字的正确记录、运算，分析结果和相对平均偏差的计算。

二、实验目的

（1）学会配制一定浓度的酸碱标准溶液的方法。

（2）练习酸式和碱式滴定管的洗涤和使用。

（3）掌握酸碱指示剂的选择原则，熟悉酚酞指示剂的使用和滴定终点的正确判断。

三、实验原理

在酸碱滴定中，酸标准溶液通常用 HCl 或 H_2SO_4 配制，其中用得较多的是 HCl 溶液。如果试样要和过量的酸标准溶液共同煮沸时，则选用 H_2SO_4。HNO_3 有氧化性且稳定性较差，所以不宜选用。碱标准溶液一般用 NaOH 配制。KOH 较贵，应用不普遍。$Ba(OH)_2$ 可以配制不含碳酸盐的碱标准溶液。

市售的酸浓度不定，碱的纯度也不够，而且常吸收 CO_2 和水蒸气，因此都不能直接配制准确浓度的溶液，通常是先将它们配成近似所需浓度，然后通过比较滴定和标定确定它们的准确浓度，酸碱标准溶液的浓度一般在 0.01～1mol · L^{-1}，具体浓度可根据需要选择。

酸碱比较滴定是指用酸（或碱）标准溶液滴定碱（或酸）标准溶液的操作过程，可得到酸碱溶液的体积比。当 HCl 和 NaOH 溶液反应达到计量点时，根据等物质的量规则 $n(HCl)=n(NaOH)$，有

$$\frac{c(HCl)}{c(NaOH)}=\frac{V(NaOH)}{V(HCl)}$$

因此，只要标定其中任何一种溶液的浓度，就可通过比较滴定的结果（体积比），算出另一种溶液的准确浓度。

四、仪器与试剂

烧杯，锥形瓶（150mL），量筒，酸式滴定管（25mL），碱式滴定管（25mL），试剂瓶（250mL）。

HCl 溶液（1mol · L^{-1}），NaOH 溶液（1mol · L^{-1}），酚酞指示剂（0.2%乙醇溶液），溴甲酚绿-甲基红指示剂。

五、实验步骤

1. 0.05mol · L^{-1} HCl 和 0.05mol · L^{-1} NaOH 溶液的配制

(1) 0.05mol · L^{-1} HCl 溶液的配制。计算出配制 200mL 0.05mol · L^{-1} HCl 溶液所需 1mol · L^{-1} HCl 溶液的体积，然后用量筒量取所需 1mol · L^{-1} HCl 溶液，倒入事先准备好的洁净的试剂瓶中，用蒸馏水稀释至 200mL，盖上玻璃塞，摇匀，贴好标签，备用。

(2) 0.05mol · L^{-1} NaOH 溶液的配制①。计算出配制 200mL 0.05mol · L^{-1} NaOH 溶液所需 1mol · L^{-1} NaOH 溶液的体积。然后用量筒量取所需 1mol · L^{-1} NaOH 溶液，倒入洁净的具橡皮塞的试剂瓶中，用无 CO_2 的蒸馏水②稀释至 200mL，摇匀，贴好标签，备用。

2. 酸碱溶液的比较滴定

将配制的酸、碱标准溶液分别装入酸式和碱式滴定管中(注意赶气泡和除去管尖悬挂的液滴)，分别记录初读数，然后由酸式滴定管放出约 20mL HCl 溶液于锥形瓶中，加入酚酞指示剂 2 滴，用 NaOH 溶液滴定至溶液由无色突变为微红色，30s 不褪色即为终点。若滴定过量，可用 HCl 溶液回滴至溶液变为无色，再用 NaOH 溶液滴定至微红色。第一次操作练习应反复控制和观察滴定终点的颜色突变(无色突变为微红色，再由微红色突变为无色)，掌握好滴定过程中的一滴及半滴加液操作。最后，准确记录酸式、碱式滴定管的终读数。平行滴定 3 次，计算酸碱溶液的体积比 $V(HCl)/V(NaOH)$ 或 $V(NaOH)/V(HCl)$。

若用 HCl 溶液滴定 NaOH 溶液，则使用溴甲酚绿-甲基红指示剂，颜色由绿色突变为酒红色为终点。

平行测定时，每次滴定前都必须把酸式、碱式滴定管装到“0”刻度或“0”刻度稍下的位置，后面的各类滴定分析实验同样按此要求，3 次平行测定结果的相对平均偏差一般应控制小于 0.2%。

六、阅读材料

(1) 刘四运，吴新民，陈平，等. 2004. 酚酞指示剂在酸碱溶液中变色复杂性探讨. 安庆师范学院学报(自然科学版)，10(1)：63-65

(2) 郗向前，赵从伊，张爱桃，等. 2002. 对 GB 601—88 酸碱标准溶液标定比较法的讨论. 氯碱工业，(2)：38-39

七、思考题

(1) 为什么不能用直接法配制 HCl、NaOH 标准溶液？

(2) 每次滴定要从滴定管零点或零点附近开始滴定，为什么？

(3) HCl 溶液滴定 NaOH 标准溶液时，是否可用酚酞作指示剂？为什么？

(4) 如果 NaOH 标准溶液在保存过程中吸收了空气中的 CO_2，用该溶液滴定 HCl 溶液时，以甲基橙为指示剂，NaOH 溶液的浓度会不会改变？若改用酚酞指示剂，情况如何？

---

① 不含 CO_3^{2-} 的 NaOH 溶液可用下列三种方法配制：a. 制备 NaOH 饱和溶液(50%)(因为在浓碱中，Na_2CO_3 几乎不溶解)，待 Na_2CO_3 沉降后，吸取上层清液稀释至所需浓度；b. 在托盘天平上用小烧杯称取比理论计算值稍多的 NaOH 固体，用不含 CO_2 的蒸馏水迅速冲洗一次，以除去固体表面少量的 Na_2CO_3，然后再溶解、稀释至所需的体积；c. 在 NaOH 溶液中加入少量 $Ba(OH)_2$ 或 $BaCl_2$，CO_3^{2-} 以 $BaCO_3$ 形式沉淀，然后取上层清液稀释至所需浓度。

② 将蒸馏水煮沸数分钟，冷却，即制得无 CO_2 蒸馏水。

实验十六　酸碱标准溶液的标定

一、预习内容

(1) 酸碱标准溶液标定的原理和酸碱指示剂的选择原则，滴定管的洗涤和使用方法。

(2) 有效数字的正确记录、运算，分析结果和相对平均偏差的计算。

二、实验目的

(1) 掌握用基准物质标定酸碱标准溶液浓度的原理和操作方法。

(2) 熟悉溴甲酚绿-甲基红或酚酞指示剂的使用和滴定终点的正确判断。

三、实验原理

常用于标定酸溶液的基准物质有无水碳酸钠(Na_2CO_3)和硼砂($Na_2B_4O_7 \cdot 10H_2O$)，标定碱溶液的基准物质有邻苯二甲酸氢钾($KHC_8H_4O_4$)和草酸($H_2C_2O_4 \cdot 2H_2O$)。

用硼砂标定 HCl 溶液的反应方程式如下：

$$Na_2B_4O_7 \cdot 10H_2O + 2HCl = 2NaCl + 4H_3BO_3 + 5H_2O$$

由反应式可知，1mol HCl 与 1mol($1/2Na_2B_4O_7 \cdot 10H_2O$)完全反应。因生成的 H_3BO_3 是弱酸，计量点时 pH 约为 5.3，因此可选用溴甲酚绿-甲基红或者甲基红作指示剂。为防止硼砂发生风化失水现象，应将其保存在装有蔗糖和食盐饱和水溶液的干燥器中(相对湿度为 60%)。

用邻苯二甲酸氢钾标定 NaOH 溶液的浓度，标定反应方程式如下：

$$KHC_8H_4O_4 + NaOH = KNaC_8H_4O_4 + H_2O$$

由反应式可知，1mol $KHC_8H_4O_4$ 和 1mol NaOH 完全反应，计量点时溶液呈弱碱性，pH 约为 9，可选用酚酞作指示剂。邻苯二甲酸氢钾作为基准物质的优点是，易于获得纯品，易于干燥，不吸湿，摩尔质量大，可减小称量误差。

NaOH 标准溶液与 HCl 标准溶液的浓度一般只需标定其中一种，另一种则通过 NaOH 溶液与 HCl 溶液滴定的体积比算出。标定 NaOH 溶液还是标定 HCl 溶液，要视采用何种标准溶液测定何种试样而定。原则上，应标定测定时所用的标准溶液，标定时的条件与测定时的条件(如指示剂和被测组分等)应尽可能一致。

四、仪器与试剂

分析天平，称量瓶，烧杯，锥形瓶(150mL)，酸式滴定管(25mL)，碱式滴定管(25mL)，量筒(20mL)。

HCl 溶液($0.05mol \cdot L^{-1}$)，NaOH 溶液($0.05mol \cdot L^{-1}$)，邻苯二甲酸氢钾(A.R.)，硼砂(A.R.)，酚酞指示剂(0.2%乙醇溶液)，溴甲酚绿-甲基红指示剂。

五、实验步骤

1. NaOH 标准溶液浓度的标定

用差减称量法准确称取 3 份已在 105～110℃烘干 1h 以上的分析纯邻苯二甲酸氢钾，每份 0.15～0.20g，分别放入 3 个已编号的洁净锥形瓶中，用约 20mL 煮沸后刚冷却的蒸馏水使之溶解(若没有完全溶解，可稍微加热)。冷却后加 2 滴酚酞指示剂，用 NaOH 标准溶液滴定至微红色，30s不褪色即为终点，记下消耗NaOH标准溶液的体积。每次滴定前，溶液必须在零刻度线附近。3次平行测定的相对平均偏差应小于0.2%，否则应重复测定。

2. HCl标准溶液浓度的标定

用差减称量法准确称取硼砂3份(其质量按消耗0.05mol·L^{-1} HCl溶液15～20mL计)，分别放入3个已编号的洁净锥形瓶中，加蒸馏水约20mL，温热，摇动使之溶解，以溴甲酚绿-甲基红为指示剂，用HCl标准溶液滴定至溶液由绿色突变为酒红色为终点，记下消耗HCl标准溶液的体积。平行测定3次，计算出HCl标准溶液的浓度。

六、阅读材料

(1) 胡刚. 2014. 碳酸钠标定盐酸标准滴定溶液误差分析. 炼油与化工，(2)：33-36

(2) 刘卫超. 2006. 两种方法标定氢氧化钠滴定溶液结果分析. 河南预防医学杂志，17(4)：201-202

(3) 陆子健，李成梁，李帅，等. 2019. 氢氧化钠标准溶液浓度标定方法的比较研究. 哈尔滨师范大学自然科学学报，35(1)：78-83

(4) 彭杨思，赵婷，章骅，等. 2009. 两种方法标定盐酸标准溶液的结果比较. 食品研究与开发，30(5)：98-100，109

(5) 宋爱菊. 2012. 关于盐酸的标定方法改进探讨. 中国卫生检验杂志，(12)：12-10

(6) 徐功华，魏得良，王国平. 2001. 酸碱中和标定中指示剂的选用. 郴州医专学报，3(1)：45-46

(7) 张超. 2012. 氢氧化钠标准溶液配制与标定的影响因素. 计量与测试技术，(7)：73

(8) 郑弘毅，张娟，徐莹. 2011. 组合回归分析法——盐酸标准滴定溶液浓度的标定. 化学通报，74(2)：170-177

七、思考题

(1) 滴定管在装入标准溶液前为什么要用此溶液润洗两三次？用于滴定的锥形瓶或烧杯是否需要干燥，是否需要用标准溶液润洗？为什么？

(2) 本实验中，基准物质称完需加20mL水溶解，水的体积是否要准确量取，为什么？

(3) 标定HCl的基准物质硼砂若保存不当而发生风化，对标定HCl溶液浓度有何影响？

(4) 以下情况对实验结果是否有影响？

a. 滴定过程中向锥形瓶中加入少量蒸馏水。

b. 滴定完成后滴定管的尖端外还留有液滴。

实验十七　食醋中总酸量的测定

一、预习内容

(1) 预习理论教材中酸碱滴定法的基本原理和有关应用。

(2) 移液管和容量瓶的洗涤与使用方法。

二、实验目的

(1) 学习强碱滴定弱酸的基本原理及指示剂的选择原则。

(2) 掌握食醋中总酸量测定的原理和方法。

(3) 学习移液管和容量瓶的洗涤和使用。

三、实验原理

食醋的主要成分是乙酸(CH_3COOH)，此外还含有少量其他有机酸，如乳酸、氨基酸等。

用 NaOH 标准溶液滴定时，试样中 $K_a^\ominus > 10^{-7}$ 的酸均可以被测定，因此测出的是总酸量，分析结果通常用含量最多的 CH_3COOH 表示。用 NaOH 滴定 CH_3COOH 的反应方程式为

$$CH_3COOH + NaOH = CH_3COONa + H_2O$$

这是强碱滴定弱酸，突跃范围偏碱性，计量点 pH 为 8.6 左右，可用酚酞作指示剂，但必须注意 CO_2 对滴定的影响。因为食醋是液体样品，通常是量其体积而不称其质量，所以测定结果一般以每升或每 100mL 样品所含 CH_3COOH 的质量表示。

食醋中含 CH_3COOH 的质量分数为 3%～5%，必须稀释后再滴定。有的食醋颜色较深，经稀释后颜色仍然很明显(若用活性炭脱色后测定，因吸附作用将会使测定结果明显偏低)，无法判断终点，则不能用指示剂法测定，可采用电位滴定法。

四、仪器与试剂

移液管(10mL、25mL)，容量瓶(250mL)，碱式滴定管(25mL)，锥形瓶(150mL)，洗耳球。

NaOH 标准溶液(0.05mol · L^{-1})，酚酞指示剂(0.2%乙醇溶液)，食醋样品。

五、实验步骤

用移液管吸取 25.00mL 食醋样品于 250mL 容量瓶中，用无 CO_2 蒸馏水稀释定容。

用移液管吸取稀释后的食醋样品 10.00mL 于锥形瓶中，加酚酞指示剂 1 滴，用 NaOH 标准溶液滴定到溶液呈微红色，30s 内不褪色为终点，记录所消耗 NaOH 标准溶液的体积。平行滴定 3 次，食醋的总酸量按下式计算：

$$\rho(CH_3COOH) = \frac{c(NaOH) \cdot V(NaOH) \cdot M(CH_3COOH)}{V_{样}} \times f(g \cdot L^{-1})$$

式中：$V_{样}$——滴定时所取稀释后样品的体积，mL；

$c(NaOH)$——NaOH 标准溶液的浓度，mol · L^{-1}；

$V(NaOH)$——滴定时消耗 NaOH 标准溶液的体积，mL；

$M(CH_3COOH)$——CH_3COOH 的摩尔质量，g · mol^{-1}；

f——稀释比。

六、阅读材料

(1) 付晓敏，严静，杨孝容，等. 2014. 活性炭脱色对食醋总酸量的影响. 化学教育，(17)：49-51

(2) 耿金灵，殷海燕，王岩. 2009. 食醋中总酸量和氨基酸态氮含量测定方法的比较. 大学化学，24(2)：51-53

(3) 黄诚，尹红，周金森. 2002. 食醋中总酸、总酯含量的连续测定. 食品与发酵工业，27(12)：41-43

(4) 黄春. 2012. 浅谈食醋中总酸的测定方法. 计量与测试技术，39(4)：87-88

(5) 王雅铮，侯佳慧，张萍，等. 2018. 酸碱滴定法测定食醋总酸量 3 种终点指示方法比较. 中国卫生检验杂志，28(2)：146-148

七、思考题

(1) 无 CO_2 蒸馏水怎样制备？若稀释食醋样品的蒸馏水中含 CO_2，对测定结果有何影响？为什么？

(2) 滴定时使用的移液管、锥形瓶是否需要食醋溶液洗涤？为什么？

(3) 测定食用白醋含量时，为什么选用酚酞为指示剂，能否选用甲基橙或甲基红为指示剂？

(4) 本实验变红的溶液在空气中久置后又会变为无色的原因是什么？

实验十八 混合碱 NaOH 及 Na_2CO_3 含量的测定

一、预习内容

(1) 酸碱分步滴定的基本原理及指示剂的选择。

(2) 双指示剂法测定混合碱的原理，回答思考题。

二、实验目的

(1) 掌握用双指示剂法测定 NaOH 和 Na_2CO_3 混合碱的原理和方法。

(2) 进一步练习移液管、容量瓶的使用，掌握滴定操作和正确判定终点。

三、实验原理

混合碱是指 Na_2CO_3 与 NaOH 或 $NaHCO_3$ 与 Na_2CO_3 的混合物。工业烧碱在生产和储藏过程中，易吸收空气中的 CO_2 而产生部分 Na_2CO_3，在测定烧碱中 NaOH 含量的同时，常测定 Na_2CO_3 的含量，所以称为混合碱的分析。分析方法有两种：双指示剂法和氯化钡法。本实验采用双指示剂法，即在同一份试液中先后用两种不同的指示剂指示两个不同的滴定终点。

NaOH 和 Na_2CO_3 混合碱的测定过程是，先以酚酞作指示剂，用 HCl 标准溶液滴定至溶液由红色变为浅红色(接近无色)，这是第一终点。此时，NaOH 完全被中和，而 Na_2CO_3 只被滴定到 $NaHCO_3$(只中和了 1/2)，其反应式为

$$NaOH + HCl = NaCl + H_2O$$

$$Na_2CO_3 + HCl = NaHCO_3 + NaCl$$

设这时用去 HCl 的体积为 V_1 mL，在溶液中再加入甲基橙-靛蓝二磺酸混合指示剂(也可加入甲基橙)，继续用 HCl 标准溶液滴定。为了防止终点提前，必须尽可能驱除 CO_2，接近终点时要剧烈振荡溶液，或者将溶液加热至沸，赶出 CO_2，冷却后再继续滴定。溶液由黄绿色变为紫色，是第二终点。其反应方程式为

$$NaHCO_3 + HCl = NaCl + CO_2\uparrow + H_2O$$

设这一步用去 HCl 的体积为 V_2 mL，由上述反应可知，整个滴定过程中，Na_2CO_3 消耗 HCl 的体积为 $2V_2$ mL，NaOH 消耗 HCl 的体积为 (V_1-V_2) mL。据此，可分别计算出 NaOH 和 Na_2CO_3 的含量。

四、仪器与试剂

分析天平，烧杯，锥形瓶(150mL)，洗耳球，容量瓶(250mL)，移液管(25mL)，酸式滴定管(25mL)。

HCl 标准溶液($0.05mol\cdot L^{-1}$)，酚酞指示剂(0.2%乙醇溶液)，甲基橙-靛蓝二磺酸混合指示剂，混合碱试样。

五、实验步骤

准确称取混合碱试样 0.3～0.4g 于小烧杯中，用不含 CO_2 的蒸馏水溶解后，定量转入

250mL 容量瓶中,用蒸馏水稀释至刻度,充分摇匀。取 25.00mL 上述试液于锥形瓶中①,加酚酞指示剂 2 滴,用 0.05mol·L^{-1} HCl 标准溶液滴定至溶液由红色变为浅红色(近无色)②,记下所消耗 HCl 标准溶液的体积 V_1。然后再加入甲基橙-靛蓝二磺酸混合指示剂 1 滴,继续用 HCl 标准溶液滴定溶液由黄绿色突变为紫色即为终点,记录第二次滴定所消耗 HCl 标准溶液的体积 V_2。平行测定 3 次,混合碱中 NaOH 和 Na_2CO_3 的含量按下式计算:

$$w(\mathrm{NaOH})=\frac{c(\mathrm{HCl})\cdot\dfrac{V_1-V_2}{1000}\cdot M(\mathrm{NaOH})}{m_{样}\times 25.00/250.00}\times 100\%$$

$$w(\mathrm{Na_2CO_3})=\frac{c(\mathrm{HCl})\cdot\dfrac{2V_2}{1000}\cdot M(1/2\mathrm{Na_2CO_3})}{m_{样}\times 25.00/250.00}\times 100\%$$

六、阅读材料

(1) 杜金. 2010. 双指示剂法测定混合碱样的含量. 辽宁化工,38(8):888-890

(2) 李春晖,林培喜. 2005. 自动电位滴定法用于混合碱的测定. 茂名学院学报,15(3):16-18

(3) 刘晓辉,于文清. 2009. 双指示剂法测定混合碱误差的主要原因. 承德民族师专学报,29(2):46-47

(4) 彭国丽,刘家春. 2006. 氯化钡法测定混合碱的改进. 金陵科技学院学报,22(4):102-105

(5) 仵春祺,徐天昊,王艳红,等. 2014. 混合碱中氢氧化钠和碳酸钠含量测定的影响因素与方法改进. 分析仪器,(3):88-90

(6) 杨文静,黎学明,李武林,等. 2013. 混合碱滴定分析. 实验室研究与探索,32(8):20-21

七、思考题

(1) 何谓双指示剂法? 双指示剂法测定混合碱的优缺点是什么?

(2) 平行测定时,能否将 3 份混合碱试液同时取好再滴定? 为什么?

(3) 滴定混合碱,接近第一计量点时,若滴定速度太快,摇动锥形瓶不均匀,使 HCl 局部过量,对测定结果有什么影响? 为什么?

(4) 取等体积的同一烧碱试液两份,一份加酚酞指示剂,另一份加甲基橙指示剂,分别用 HCl 标准溶液滴定。设消耗 HCl 的体积分别为 V_1mL、V_2mL,怎样确定 NaOH 和 Na_2CO_3 所消耗 HCl 的体积?

实验十九　铵盐中氮的测定(甲醛法)

一、预习内容

(1) 理论教材酸碱滴定法中各种滴定方式及应用,铵盐中氮含量的测定原理和方法。

(2) 弱酸强化的基本原理与方法。

二、实验目的

(1) 了解酸碱滴定法的应用,掌握甲醛法测定铵盐中氮含量的原理和方法。

---

① 由于样品溶液中含有大量 OH^-,因此取出后应立即滴定,不宜久置,否则容易吸收空气中的 CO_2,使 NaOH 的含量减少,Na_2CO_3 的含量增多。

② 在达到第一计量点前,不应有 CO_2 的损失,若溶液中 HCl 局部过量,可能会引起 CO_2 的损失,带来较大误差。因此,滴定时溶液应冷却(最好将锥形瓶置于冰水中冷却),加酸时宜慢些,摇动要均匀,但滴定也不能太慢,以免溶液吸收空气中的 CO_2。

（2）巩固滴定管、容量瓶、移液管的洗涤和正确操作。

（3）熟练掌握酸碱指示剂的选择原则和滴定终点的判断。

三、实验原理

铵盐中 NH_4^+ 的酸性很弱（$K_a^\ominus=5.7\times10^{-10}$），无法用 NaOH 标准溶液直接滴定。在生产和实验室中广泛应用甲醛法测定铵盐中的含氮量。铵盐与甲醛作用生成六亚甲基四胺和等物质的量的酸，反应式①如下：

$$4NH_4^+ + 6HCHO = (CH_2)_6N_4H^+ + 6H_2O + 3H^+$$

生成的酸用 NaOH 标准溶液滴定。因生成的六亚甲基四胺是一种很弱的碱（$K_b^\ominus=1.4\times10^{-9}$），计量点时，溶液 pH≈8.7，可选用酚酞作指示剂。

甲醛中常含有少量因空气氧化而生成的甲酸，因此在使用前必须先以酚酞作指示剂，用 NaOH 中和，否则将产生正误差。铵盐中有时也含有游离酸，应事先以甲基红作指示剂中和除去。

甲醛法适用于 NH_4Cl、NH_4NO_3、$(NH_4)_2SO_4$ 等铵盐中铵态 N 的测定。

四、仪器与试剂

分析天平，称量瓶，烧杯，锥形瓶（150mL），洗耳球，容量瓶（100mL），移液管（20mL），碱式滴定管（25mL）。

$(NH_4)_2SO_4$ 试样，甲基红指示剂（0.2%乙醇溶液），酚酞指示剂（0.2%乙醇溶液），NaOH 标准溶液（$0.05mol\cdot L^{-1}$），中性甲醛溶液（取 37%甲醛②，用等体积的蒸馏水稀释后，加酚酞指示剂数滴，滴加 NaOH 中和至溶液显粉红色）。

五、实验步骤

1. $(NH_4)_2SO_4$ 试液的配制

准确称取 $(NH_4)_2SO_4$ 样品 0.20～0.25g 于烧杯中，加适量蒸馏水溶解完全后，定量转入 100mL 容量瓶中定容。

2. $(NH_4)_2SO_4$ 试液的处理及含氮量的测定

用移液管取 20.00mL 上述试液于锥形瓶中，加甲基红指示剂 2 滴，如果溶液呈红色，表示有游离酸，则用 NaOH 标准溶液滴定至橙色，记下 NaOH 的用量 V_1。

另取 20.00mL 试液于锥形瓶中③，加入 5mL 中性甲醛溶液，摇匀，静置 5min④，加酚酞指示剂 1～2 滴，用 $0.05mol\cdot L^{-1}$ NaOH 标准溶液滴定至微红色，30s 内不褪色为终点，记录 NaOH 的用量 V_2。平行测定 3 次，按下式计算 $(NH_4)_2SO_4$ 试样中的含氮量。

---

① 在酸性介质中，$(CH_2)_6N_4$ 以 $(CH_2)_6N_4H^+$ 的形式存在。

② 甲醛中常有白色乳状物存在，它是多聚甲醛，是链状聚合物的混合物，可加入少量的浓硫酸加热使之解聚。甲醛溶液中含少量多聚甲醛不影响滴定。甲醛有毒，且易挥发，要注意减少其在空气中暴露的机会。

③ 也可以直接在测定游离酸后的试液中再加中性甲醛和酚酞指示剂，继续用 NaOH 溶液滴定，但由于溶液中有两种指示剂，因此终点颜色为甲基红的黄色和酚酞的微红色的混合色——金黄色，对初学者来说，终点不易观察。

④ 铵盐与甲醛的缩合反应在室温下进行较慢，所以加甲醛后要放置几分钟，使反应完全，也可温热至 40℃左右，以加速反应，但不能超过 60℃，以免六亚甲基四胺分解产生 CO_2 而影响终点。

$$w(\mathrm{N})=\frac{c(\mathrm{NaOH})\cdot\frac{V_2-V_1}{1000}\times 14.01}{m_{样}\times 20.00/100.00}\times 100\%$$

六、阅读材料

(1) 蔡彭骥. 2004. 甲醛法测定铵盐中氮滴定终点的判断. 天津化工,18(6):55

(2) 杜军良,罗娅君,王秀峰. 2012. 铵盐中氮含量的测定(甲醛法)的改进. 教师,(5):69

(3) 马松艳,赵东江,田喜强. 2010. 电位滴定法测定铵盐中的氮含量. 实验技术与管理,27(12):30-31,43

(4) 宋萍. 2003. 甲醛法测定铵盐中总氮含量的有关问题讨论. 宜春学院学报,25(5):39-40

(5) 张秀英,王琳,张有娟,等. 2001. 无机铵盐中氮含量测定方法的改进. 化学研究与应用,13(6):699-700

七、思考题

(1) $(NH_4)_2SO_4$ 试样溶于水后,能否用 NaOH 标准溶液直接测定氮的含量?为什么?

(2) 为什么中和甲醛中的甲酸以酚酞作指示剂,而中和铵盐试样中的游离酸以甲基红作指示剂?

(3) NH_4HCO_3 中含氮量的测定,能否用甲醛法?为什么?

(4) 要减少甲醛在空气中暴露,使用时要注意什么?

(5) 用甲醛法测定 NH_4NO_3 的含氮量,其结果如何表示?测得的含氮量中是否包括 NO_3^- 中的氮?

实验二十　非水滴定法测定 L-赖氨酸盐酸盐含量

一、预习内容

(1) 有关非水滴定法的基本原理和方法。

(2) 预习本实验内容,回答思考题。

二、实验目的

(1) 掌握非水滴定法测定 L-赖氨酸盐酸盐含量的原理和方法。

(2) 学习 $HClO_4$ 冰醋酸标准溶液的配制和标定方法。

三、实验原理

L-赖氨酸盐酸盐是常用的饲料添加剂,其含量可用非水滴定法测定。赖氨酸中含有一个 —COOH 和两个 $-NH_2$,在水溶液中,羧基的酸性很弱,氨基的碱性也很弱,无法准确滴定。在冰醋酸中,用高氯酸标准溶液则能准确滴定其含量。其反应式如下:

$$NH_2(CH_2)_4\underset{\underset{NH_2}{|}}{CH}COOH\cdot HCl+2HClO_4 = {}^{+}NH_3(CH_2)_4\underset{\underset{NH_3^+}{|}}{CH}COOH\cdot HCl+2ClO_4^-$$

根据等物质的量规则,有

$$n(HClO_4)=n(1/2C_6H_{14}N_2O_2\cdot HCl)$$

$HClO_4$ 冰醋酸溶液常用邻苯二甲酸氢钾作基准物质标定,其反应式为

$$C_6H_4(COOH)(COOK)+H_2Ac^+\cdot ClO_4^- = C_6H_4(COOH)_2+KClO_4+HAc$$

$$n(HClO_4)=n(KHC_8H_4O_4)$$

因标定反应产物中有 $KClO_4$，而高氯酸盐（钠或钾）在非水介质中溶解度较小，因此滴定过程中随着 $HClO_4$ 冰醋酸标准溶液的不断滴入，慢慢有白色浑浊物产生，但这并不影响滴定结果。

标定标准溶液时的温度与滴定样品时的温度应保持一致，否则容易产生误差。

四、仪器与试剂

分析天平，称量瓶，锥形瓶（150mL），试剂瓶（500mL），量筒（20mL），酸式滴定管（25mL）。

$HClO_4$（A. R.），冰醋酸（A. R.），乙酐（A. R.），邻苯二甲酸氢钾（A. R.），甲酸（A. R.），甲基紫指示剂（0.2g 甲基紫溶解于 100mL 冰醋酸中），乙酸汞（6%冰醋酸溶液），α-萘酚苯基甲醇指示剂（0.2%冰醋酸溶液）。

五、实验步骤

1. $HClO_4$ 冰醋酸标准溶液的配制和标定

0.05mol·L^{-1} $HClO_4$ 冰醋酸标准溶液的配制：在 400～450mL 冰醋酸中缓缓加入 2.2mL 72% $HClO_4$，混匀，再加入 4mL 乙酐以除去 $HClO_4$ 中的少量水分，仔细搅拌均匀，冷至室温，用冰醋酸稀释至 500mL，放置 24h，使乙酐与溶液中的水充分反应。

准确称取邻苯二甲酸氢钾①约 0.1g，置于洁净干燥的 150mL 锥形瓶中②，加入 15mL 冰醋酸使其完全溶解，必要时可温热数分钟。冷却至室温，加 1～2 滴甲基紫指示剂③，用 $HClO_4$ 冰醋酸标准溶液滴定到溶液由紫色刚好变为蓝色。记录所耗标准溶液的体积，平行测定 3 次，按下式计算 $HClO_4$ 的浓度。

$$c(HClO_4)=\frac{m(KHC_8H_4O_4)/M(KHC_8H_4O_4)}{V(HClO_4)/1000}$$

2. L-赖氨酸盐酸盐含量的测定

试样预先在 105℃干燥至恒量，准确称取试样约 0.1g 于 150mL 锥形瓶中，加 2mL 甲酸和 15mL 冰醋酸，再加入 3mL 乙酸汞冰醋酸溶液，2 滴 α-萘酚苯基甲醇指示剂④，用 $HClO_4$ 冰醋酸标准溶液滴定至溶液由橙黄色变成黄绿色为终点。用同样方法做空白实验。平行测定 3 次，按下式计算 L-赖氨酸盐酸盐的质量分数。

$$w(C_6H_{14}N_2O_2\cdot HCl)=\frac{c(HClO_4)\times\dfrac{(V-V_0)}{1000}\times M(1/2C_6H_{14}N_2O_2\cdot HCl)}{m_{样}}\times 100\%$$

式中：$c(HClO_4)$——$HClO_4$ 冰醋酸标准溶液的浓度，mol·L^{-1}；

V、V_0——分别为试样和空白实验消耗 $HClO_4$ 冰醋酸标准溶液的体积，mL；

---

① 使用前在 105～110℃干燥 2h，于干燥器中冷却备用。

② 非水滴定过程中不能带入水，烧杯、量筒等仪器均要干燥。

③ 甲基紫为三苯甲烷类指示剂，它的颜色随介质酸度的不同而变化，颜色由紫色（碱式色）→蓝色→蓝绿色→黄色（酸式色）。对于弱碱等物质，一般滴定至蓝色为终点。也可以用结晶紫作指示剂，颜色变化与甲基紫相似。

④ 也常用甲基紫作指示剂，以紫色刚消失、变为蓝色为终点。

$M(1/2C_6H_{14}N_2O_2 \cdot HCl)$——基本单元为 $1/2C_6H_{14}N_2O_2 \cdot HCl$ 的赖氨酸盐酸盐的摩尔质量，$g \cdot mol^{-1}$；

$m_{样}$——试样的质量，g。

六、阅读材料

(1) 程晓梅，尚伟，王娜. 2003. 可见分光光度法测定盐酸赖氨酸含量. 长春中医学院学报，19(2)：37

(2) 黄钊，赵壮志，姚毅. 2017. 赖氨酸盐酸盐测定. 食品安全导刊，(6)：67

(3) 厉风华. 1995. 非水滴定法测定赖氨酸盐酸盐的探讨. 粮食与饲料工业，(9)：36-38

(4) 刘志祥. 2004. 饲料级 L-赖氨酸盐酸盐含量检测的方法探讨. 畜禽业，(7)：22-23

(5) 陆淳，吴剑平，商军，等. 2009. 高效液相色谱法测定饲料级 L-赖氨酸盐酸盐含量. 兽药与饲料添加剂，14(5)：25-27

(6) 施远国. 2007. 电位滴定法测定饲料级赖氨酸盐酸盐含量. 广东饲料，16(2)：41-42

七、思考题

(1) 什么是非水酸碱滴定法？

(2) 配制 $HClO_4$ 冰醋酸溶液时，为什么要加入乙酐？能否将乙酐直接加入 $HClO_4$ 酸中？

(3) 试样为什么要预先干燥？可以不干燥吗？

(4) 除非水滴定法外，还可以用哪些方法测定 L-赖氨酸盐酸盐的含量？

实验二十一　EDTA 标准溶液的配制及标定

一、预习内容

(1) 理论教材中 EDTA 配位滴定法的基本原理和特点，酸度对配位滴定的影响。

(2) EDTA 标准溶液的配制和标定方法，回答思考题。

二、实验目的

(1) 掌握 EDTA 标准溶液的配制和标定方法。

(2) 熟悉金属指示剂的变色原理，掌握二甲酚橙指示剂、钙指示剂的使用条件和终点颜色变化。

(3) 了解缓冲溶液的应用。

三、实验原理

配位滴定法中通常使用的配位剂是乙二胺四乙酸二钠（$Na_2H_2Y \cdot 2H_2O$，简称 EDTA），其水溶液的 pH=4.5 左右。若其 pH 偏低，应用 NaOH 溶液中和到 pH=5 左右，以免溶液配制后有乙二胺四乙酸析出。通常采用间接法配制 EDTA 标准溶液。

EDTA 能与大多数金属离子形成 1∶1 的稳定配合物，因此可用含有这些金属离子的基准物质，在一定酸度下，选择适当的指示剂标定 EDTA 的浓度。

标定 EDTA 溶液的基准物质常用 Zn、ZnO、$CaCO_3$、Cu、MgO、$MgSO_4 \cdot 7H_2O$ 等，通常选用其中与被测组分相同的物质作基准物质，这样滴定条件较一致，以减少误差。EDTA 溶液若用于测定待测物中 CaO、MgO 的含量，则适宜用 $CaCO_3$ 为基准物质，即用盐酸溶解制成钙标准溶液，然后调节钙标准溶液的酸度为 pH=12～13，用钙指示剂，以 EDTA 标准溶液滴定至溶液由酒红色突变为纯蓝色，即为终点。钙指示剂(常以 Na_2H_2In 表示)，在 pH＝12～13 的溶液中以 HIn^{3-}(纯蓝色)存在，能与 Ca^{2+} 形成比较稳定的配离子，其反应如下：

$$HIn^{3-}(\text{纯蓝色})+Ca^{2+} \rightleftharpoons CaIn^{2-}(\text{酒红色})+H^+$$

在试液中加入钙指示剂时，溶液呈酒红色。当用 EDTA 标准溶液滴定时，因 EDTA 能与 Ca^{2+} 形成比 $CaIn^{2-}$ 更稳定的配离子，因此在滴定终点附近，$CaIn^{2-}$ 能转化为较稳定的 CaY^{2-} 配离子，使钙指示剂游离出来，其反应如下：

$$CaIn^{2-}(\text{酒红色})+H_2Y^{2-} \rightleftharpoons CaY^{2-}(\text{无色})+HIn^{3-}(\text{纯蓝色})+H^+$$

由于 CaY^{2-} 无色，因此到达终点时溶液由酒红色变成纯蓝色。

EDTA 若用于测定 Pb^{2+}、Bi^{3+}，则宜以 ZnO 或金属锌为基准物质，以二甲酚橙为指示剂。在 pH＝5～6 的溶液中，二甲酚橙指示剂本身显黄色，与 Zn^{2+} 的配合物呈紫红色。EDTA 与 Zn^{2+} 形成更稳定的配合物，因此用 EDTA 标准溶液滴定至近终点时，二甲酚橙被游离出来，溶液由紫红色变成黄色。

四、仪器与试剂

分析天平，托盘天平，称量瓶，烧杯，表面皿，锥形瓶(150mL)，量筒(10mL)，聚乙烯塑料瓶(500mL)，移液管(10mL)，容量瓶(250mL)，酸式滴定管(25mL)。

乙二胺四乙酸二钠(A. R.)，$CaCO_3$(A. R.)，金属锌(99.99%)，氨水溶液(1∶2)，HCl 溶液(6mol·L^{-1})，NaOH 溶液(10%)，六亚甲基四胺溶液(20%)，钙指示剂(配制方法见附录12)，二甲酚橙指示剂(0.2%水溶液)。

五、实验步骤

1. 0.005mol·L^{-1} EDTA 标准溶液的配制

用托盘天平称取 0.5g 乙二胺四乙酸二钠于 250mL 烧杯中，用蒸馏水溶解后稀释至 250mL(可微热加速溶解)。若溶液需保存，应将溶液储存在聚乙烯塑料瓶中，贴上标签，注明试剂名称、配制日期和配制人。

2. EDTA 标准溶液的标定

1) 金属锌为基准物质标定

准确称取 0.17～0.20g 金属锌，置于 100mL 烧杯中，盖上干净的表面皿，从杯口加入 6mol·L^{-1} HCl 溶液 5mL，待反应完全后，用蒸馏水吹洗表面皿及烧杯壁，将溶液定量转入 250mL 容量瓶，用蒸馏水稀释至刻度，摇匀。

用移液管移取 10.00mL Zn^{2+} 标准溶液 3 份，分别放入锥形瓶中，加入 20mL 蒸馏水、2～3 滴二甲酚橙指示剂，滴加 1∶2 氨水至溶液由黄色刚变为橙色，然后滴加 20%六亚甲基四胺至溶液呈稳定的紫红色后再多加 2mL，用 EDTA 标准溶液滴定至溶液由紫红色突变为黄色即为终点。平行测定 3 次，计算 EDTA 标准溶液的准确浓度。

2) $CaCO_3$ 为基准物质标定

置 $CaCO_3$ 基准物质于称量瓶中，110℃干燥 2h，冷却后备用。准确称取 $CaCO_3$ 0.2～0.25g 于干净的烧杯中，用少量蒸馏水润湿，盖上干净的表面皿，从烧杯口滴加 5mL 6mol·L^{-1} HCl 溶液，加热溶解。溶解后用少量蒸馏水洗表面皿及烧杯壁，加热至近沸，待冷却后将溶液定量转移到250mL容量瓶中，用蒸馏水稀释至刻度，摇匀。

用移液管移取10.00mL钙标准溶液3份，分别放入锥形瓶中，加20mL蒸馏水、2mL 10% NaOH溶液及钙指示剂少许(米粒大小)，此时溶液呈酒红色，然后用EDTA标准溶液滴定至由酒红色突变为纯蓝色即为终点。平行测定3次，计算EDTA标准溶液的准确浓度。

六、阅读材料

(1) 蔡成翔，甘雄. 2007. 7种不同物质标定EDTA标准滴定溶液的条件控制及误差分析. 冶金分析，27(4)：65-71

(2) 丁宇. 2014. EDTA溶液标定实验的改进. 卫生职业教育，32(18)：94-95

(3) 胡伯胜，周红，喻盼春. 2013. Excel在EDTA标准滴定溶液标定中的应用. 中国卫生产业，(2)：107，109

(4) 陆道明. 1998. 镁离子在EDTA标定实验中的影响. 镇江市高等专科学校学报，(4)：63-65

(5) 叶萍萍. 2011. 配制和标定EDTA标准溶液浓度时要注意的问题. 价值工程，(15)：319

七、思考题

(1) 为什么通常使用乙二胺四乙酸二钠配制EDTA标准溶液，而不用乙二胺四乙酸？

(2) 以HCl溶液溶解$CaCO_3$基准物质时，操作中应注意些什么？

(3) 配位滴定法与酸碱滴定法相比有哪些不同？操作中应注意哪些问题？

实验二十二　水的总硬度及钙、镁含量测定

一、预习内容

(1) 理论教材中EDTA配位滴定法的滴定方式和有关应用。

(2) 水的硬度的表示方法、测定方法和意义。

二、实验目的

(1) 掌握EDTA配位滴定法测定水样总硬度的基本原理和方法，理解溶液的酸度对配位滴定的重要性。

(2) 熟悉铬黑T和钙指示剂的性质、应用及终点时颜色的变化。

(3) 了解水的硬度的表示方法和测定意义。

三、实验原理

天然水的硬度主要由Ca^{2+}、Mg^{2+}组成。硬度有暂时硬度和永久硬度之分。凡水中含有钙、镁的酸式碳酸盐，遇热即成碳酸盐沉淀而失去其硬度称为暂时硬度；凡水中含有钙、镁的硫酸盐、氯化物、硝酸盐等所形成的硬度称为永久硬度。暂时硬度和永久硬度的总和称为总硬度。由Mg^{2+}形成的硬度称为镁硬度，由Ca^{2+}形成的硬度称为钙硬度。

水的硬度的表示方法有很多，常用的有两种：一是用“德国度(°H_G)”表示，这种方法是将水中的Ca^{2+}、Mg^{2+}折合为CaO计算，每升水含10mg就称为1德国度；另一种方法是将每升水中所含的Ca^{2+}、Mg^{2+}都折合成$CaCO_3$的毫克数表示，这种表示方法美国使用较多。天然水按硬度的大小可以分为以下几类：0～4°H_G称为极软水，4～8°H_G称为软水，8～16°H_G称为中等软水，16～30°H_G称为硬水，30°H_G以上称为极硬水。

用 EDTA 配位滴定法测定 Ca^{2+}、Mg^{2+} 含量的方法是，先测定 Ca^{2+}、Mg^{2+} 总量，再测定 Ca^{2+} 含量，然后由测定 Ca^{2+}、Mg^{2+} 总量时消耗 EDTA 的体积减去测定 Ca^{2+} 含量时消耗 EDTA的体积而求得 Mg^{2+} 含量。

Ca^{2+}、Mg^{2+} 总量的测定：在 pH＝10 的氨性缓冲溶液中，加入少量铬黑 T(NaH_2In)指示剂或者酸性铬蓝 K-萘酚绿 B 指示剂(K-B 指示剂)，然后用 EDTA 标准溶液滴定。铬黑 T 和 EDTA 都能与 Ca^{2+}、Mg^{2+} 生成配合物，其稳定性次序为 $CaY^{2-} > MgY^{2-} > MgIn^- > CaIn^-$。因此，加入铬黑 T 后，它与 Mg^{2+} 结合生成酒红色配合物。当滴入 EDTA 时，EDTA 则先与游离 Ca^{2+} 配位，再与游离 Mg^{2+} 配位，最后夺取铬黑 T 配合物中的 Mg^{2+}，使铬黑 T 指示剂游离出来，终点溶液由酒红色突变为纯蓝色。

Ca^{2+} 含量的测定：另取等体积的水样，调节 pH＝12～13，加少量钙指示剂，用 EDTA 滴定，这时 Mg^{2+} 以 $Mg(OH)_2$ 沉淀析出，不干扰 Ca^{2+} 的测定，终点时溶液由酒红色突变为纯蓝色。

若水中含有铜、锌、锰、铁、铝等离子，则会影响测定结果。可加入 1% Na_2S 溶液 1mL 使 Cu^{2+}、Zn^{2+} 等生成硫化物沉淀，过滤。铁、铝的干扰可加三乙醇胺掩蔽，锰的干扰可加入盐酸羟胺消除。

四、仪器与试剂

烧杯，锥形瓶(250mL)，量筒(10mL)，移液管(50mL)，酸式滴定管(25mL)。

EDTA 标准溶液($0.005mol \cdot L^{-1}$)，三乙醇胺溶液(1∶2)，NaOH 溶液(10%)，铬黑 T 指示剂①(配制方法见附录 12)，钙指示剂(配制方法见附录 12)。

pH＝10 的氨性缓冲溶液(含 EDTA-Mg^{2+})：将 2.0g $Na_2H_2Y \cdot 2H_2O$ 及 1.5g $MgSO_4 \cdot 7H_2O$ 溶于 100mL 蒸馏水中，加 NH_4Cl 33.8g 及浓氨水 286mL，溶解后用蒸馏水定容至 1000mL。然后用移液管移取此溶液 10.00mL 于锥形瓶中，加蒸馏水 90mL，加铬黑 T 指示剂少许，用 EDTA 标准溶液滴定至纯蓝色，记录用量。按此比例取 EDTA 标准溶液，加入上述溶液中，混合均匀。

五、实验步骤

1. Ca^{2+}、Mg^{2+} 总量的测定

用 50mL 移液管吸取澄清水样(若浑浊，则以中速滤纸干过滤)50.00mL 于锥形瓶中②，加入三乙醇胺溶液 2mL、pH＝10 的氨性缓冲溶液 5mL③、铬黑 T 指示剂少许(米粒大小)④，在充

---

① 指示剂用 0.1%铬黑 T-20% NH_3-NH_4Cl 缓冲溶液-0.1% PVP 乙醇体系，可稳定一个月以上。或者溶解 0.5g 铬黑 T 指示剂于 10mL NH_3-NH_4Cl 缓冲溶液中，加入 20mL 1∶4 三乙醇胺溶液，再用蒸馏水稀释至 100mL 即成，可稳定 3 个月左右。

② 若水的硬度较高(如>16°H_G)，应少取水样，以免消耗 EDTA 标准溶液的体积过多。若取样量少于 50mL，应用蒸馏水稀释至 50mL 后再滴定。

③ 若水中 HCO_3^- 含量较高，加缓冲溶液(或 NaOH)后可能有 $CaCO_3$ 沉淀析出，使测定结果偏低，并且终点拖长，变色不敏锐，这时可在滴定前加几滴 1∶1 HCl 酸化(刚果红试纸变蓝)，并煮沸 1～2min 以除去 CO_2，再做测定。

④ 指示剂的用量以使水样呈明显红色为好，颜色过深或过浅，终点都难以判断。滴定时，若发现颜色太浅，可随时补加适量的指示剂。此处也可以使用 K-B 指示剂。

分摇动下，用 EDTA 标准溶液滴定到溶液由酒红色经紫色突变为纯蓝色为终点①。记下 EDTA标准溶液的用量 V_1mL，平行测定 3 次，总硬度按下式计算。

$$\text{总硬度(德国度)}=\frac{c(\text{EDTA})\cdot V_1\cdot M(\text{CaO})}{V_{\text{水样}}}\times 100$$

2. Ca^{2+} 的测定

用 50mL 移液管吸取水样 50.00mL 于锥形瓶中，加入三乙醇胺溶液 2mL、10% NaOH 溶液 2mL②，摇匀，再加钙指示剂少许（米粒大小），用 EDTA 标准溶液滴定至溶液由酒红色经紫色突变为纯蓝色为终点，记录 EDTA 标准溶液的用量 V_2mL，平行测定 3 次。

$$\text{钙硬度(德国度)}=\frac{c(\text{EDTA})\cdot V_2\cdot M(\text{CaO})}{V_{\text{水样}}}\times 100$$

$$\text{镁硬度(德国度)}=\text{总硬度}-\text{钙硬度}$$

六、阅读材料

(1) 蔡成翔. 2006. 毛细滴管-吸量管数滴微型滴定法现场快速测定水的总硬度. 工业水处理，26(12)：70-73

(2) 胡庆兰，张小月. 2014. 水的总硬度测定的半微量研究. 湖北第二师范学院学报，31(2)：6-8

(3) 黄小梅. 2007. 分光光度法测定水的总硬度. 四川文理学院学报，17(2)：48-49

(4) 姜丽娟，魏建荣. 2005. 自动电位滴定法测定水中总硬度方法的研究. 中国卫生检验杂志，15(5)：538-539

(5) 李香兰. 2010. 水中总硬度测定影响因素的研究. 中国现代教育装备，(3)：110-113

(6) 马晓光，张曼，龙梅. 2018. 水的总硬度的测定方法对比. 赤峰学院学报(自然科学版)，34(3)：105-108

(7) 潘华英，刘德秀，王明伟. 2012. 水总硬度测定实验的废液处理方案. 化学教育，(6)：57-59

(8) 彭秧锡. 2004. 络合滴定测定水质总硬度的误差来源与消除. 分析科学学报，20(2)：221-222

(9) 王辉，丁昌华，赵永梅，等. 2021. 水的总硬度测定实验改进研究. 应用化工，50(5)：1452-1453

(10) 岳冠华，王鹏. 2007. 铬黑 T 指示剂稳定体系的研究及应用. 北京建筑工程学院学报，23(1)：49-51

七、思考题

(1) 什么是水的硬度？水的硬度有哪些表示方法？

(2) 用 EDTA 配位滴定法测定水的硬度时，哪些离子的存在有干扰？应如何消除？

(3) 用 EDTA 配位滴定法怎么测出总硬度？用什么作指示剂？试液的 pH 应控制在什么范围？

(4) 本实验中加入氨性缓冲溶液和 NaOH 溶液各起什么作用？在配制氨性缓冲溶液时，为什么要加入 EDTA-Mg^{2+}？

---

① EDTA 的配位反应速率较慢，因此滴定速度也应慢一些。临近终点时更要注意，每加 1 滴 EDTA，要摇动几秒钟，否则容易过量。温度太低时，要加热使溶液温度为 30～40℃。终点前出现的紫色是 Mg^{2+}-铬黑 T 与铬黑 T 的混合色。

② 当 Mg^{2+} 含量较高时，生成的 $Mg(OH)_2$ 沉淀将吸附 Ca^{2+}，使 Ca^{2+} 测定结果偏低。可在水样中加入少量蔗糖（或糊精）后，再加碱，可减少沉淀对 Ca^{2+} 的吸附。若水中 Ca^{2+}、Mg^{2+} 含量较多，也可少取水样稀释后再测定，从而减小沉淀的干扰。

实验二十三 铋、铅混合溶液的连续滴定

一、预习内容

(1) 理论教材中EDTA配位滴定的基本原理、滴定方式和有关应用。

(2) 提高配位滴定选择性的方法，酸度对配位滴定选择性的影响。

二、实验目的

(1)了解酸度对EDTA滴定选择性的影响。

(2)掌握用EDTA标准溶液进行连续滴定的方法。

三、实验原理

Bi^{3+}、Pb^{2+}均能与EDTA形成稳定的1∶1螯合物，其$\lg K_f^{\ominus}$分别为27.94、18.04。根据EDTA的酸效应曲线，可在pH为1左右滴定Bi^{3+}，pH为5～6滴定Pb^{2+}。因此，可将Bi^{3+}、Pb^{2+}混合溶液的pH调为1左右，以二甲酚橙为指示剂，用EDTA标准溶液滴定Bi^{3+}，当溶液由紫红色突变为黄色时即为滴定Bi^{3+}的终点。在滴定Bi^{3+}后的溶液中，用六亚甲基四胺溶液调节pH为5～6，此时Pb^{2+}与溶液中的指示剂二甲酚橙形成配合物，溶液再次呈现紫红色，再用EDTA标准溶液继续滴定，当溶液由紫红色突变为黄色时，即为滴定Pb^{2+}的终点。

若被测溶液存在如Cu^{2+}、Fe^{3+}等离子，对铅、铋的测定会产生影响，可通过加入适量的掩蔽剂去除杂质元素对Bi^{3+}、Pb^{2+}测定的干扰。Fe^{3+}的干扰可加抗坏血酸进行消除，在滴定Pb^{2+}前加入一定量的硫脲可掩蔽Cu^{2+}。

四、仪器与试剂

烧杯、锥形瓶250mL、量筒10mL、移液管25mL、酸式滴定管25mL。

EDTA标准溶液(0.005mol·L^{-1})，二甲酚橙指示剂(0.2%水溶液)，六亚甲基四胺溶液(20%)，HCl溶液(6mol·L^{-1})、浓HNO_3溶液。

Bi^{3+}、Pb^{2+}混合液(含Bi^{3+}、Pb^{2+}各约0.005mol·L^{-1})：分别称取2.5g $Bi(NO_3)_3 \cdot 5H_2O$、1.6g $Pb(NO_3)_2$，将其加入盛有15mL浓HNO_3溶液的烧杯中，在电炉上微热溶解，然后稀释至1000mL。

五、实验步骤

用移液管移取25.00mL Bi^{3+}、Pb^{2+}混合液3份于250mL锥形瓶中，各加2滴二甲酚橙指示剂，用EDTA标准溶液滴定至溶液由紫红色突变为黄色①。平行滴定3次，记录所消耗EDTA标准溶液的体积，计算混合液中Bi^{3+}的含量(以g·L^{-1}表示)。

在滴定Bi^{3+}后的溶液中，滴加20%六亚甲基四胺溶液至溶液呈现稳定的紫红色②，然后再多加5mL，此时溶液pH为5～6，用EDTA标准溶液滴定，当溶液再次由紫红色突变为黄色，即为滴定Pb^{2+}的终点。平行滴定3次，记录此时所消耗EDTA标准溶液的体积，计算混合液

---

① Bi^{3+}与EDTA反应速率较慢，因此滴定速度不宜过快。

② 因滴定稀释原因，在第二步滴定Pb^{2+}时，若溶液颜色较浅，可以补加适量的指示剂。

中 Pb^{2+} 的含量(以 g · L^{-1} 表示)。

六、阅读材料

(1) 黄曼. 2010. 铅铋混合溶液中铅、铋含量的连续测定. 化学工程与装备,(8):184-185

(2) 刘君侠,葛小燕,李先和,等. 2016. EDTA 滴定法连续测定粗铅铋合金中的铅铋. 山东化工,45(1):59-61

(3) 刘淑萍. 2001. 铅铋混合液中铅、铋连续测定方法改进. 河北理工学院学报,23(1):75-77

(4) 徐晓凤,姜小嵋. 2018. EDTA 分取滴定法测定铅铋合金中的铋的方法改良及方法比对. 山东化工,47(9):62,65

七、思考题

(1) 配位滴定中,在 pH<2、pH>12 和 pH 在 2~12 时,如何控制溶液的酸度?

(2) 滴定 Pb^{2+} 时调节溶液 pH 为 5~6,为什么加六亚甲基四胺溶液调节,而不用氢氧化钠、乙酸钠或氨水溶液?

实验二十四　铝合金中铝含量的测定

一、预习内容

(1) EDTA 配位滴定法的各种滴定方式和有关应用实例。

(2) 置换滴定法和返滴定法测定铝含量的原理、方法和应用,回答思考题。

二、实验目的

(1) 掌握置换滴定法测定铝合金中铝含量的原理和方法。

(2) 学会铝合金的溶样方法。

(3) 熟悉二甲酚橙指示剂的变色原理和应用条件。

三、实验原理

因 Al^{3+} 易水解形成多核羟基配合物,在较低酸度时,还可与 EDTA 形成羟基配合物,同时 Al^{3+} 与 EDTA 配位反应速率较慢,在较高酸度下煮沸则容易配位完全,所以一般采用返滴定法或置换滴定法测定铝的含量。

铝合金中含有 Si、Mg、Cu、Mn、Fe、Zn,个别还含有 Ti、Ni、Sn 等,返滴定法测定铝含量时,所有能与 EDTA 形成稳定配合物的离子都产生干扰,缺乏选择性。对于复杂物质中的铝,一般采用置换滴定法。

先调节溶液 pH 为 3~4,加入过量 EDTA 标准溶液,煮沸,使 Al^{3+} 与 EDTA 配位,冷却后,再调节溶液 pH 为 5~6,以二甲酚橙为指示剂,用 Zn^{2+} 标准溶液滴定过量的 EDTA(不计体积)。然后,加入过量 NH_4F,加热至沸,使 AlY^- 与 F^- 发生置换反应,并释放出与 Al^{3+} 等物质的量的 EDTA。

$$AlY^- + 6F^- + 2H^+ = AlF_6^{3-} + H_2Y^{2-}$$

释放出的 EDTA 再用 Zn^{2+} 标准溶液滴定至紫红色,即为终点。

试样中含 Ti^{4+}、Zr^{4+}、Sn^{4+} 等时,也同时被滴定,对 Al^{3+} 的测定有干扰。大量 Fe^{3+} 对二甲酚橙指示剂有封闭作用,因此本法不适合测定含大量 Fe^{3+} 的试样。Fe^{3+} 含量不太高时,可用此法，但需控制 NH_4F 的用量，否则 FeY^- 也会部分被置换，使结果偏高。为此加入 H_3BO_3，使过量 F^- 生成 BF_4^-，可防止 Fe^{3+} 的干扰。同时，加入 H_3BO_3 后，还可防止 SnY 中的 EDTA 被置换，可消除 Sn^{4+} 的干扰。

铝合金中杂质元素较多，通常可用 NaOH 分解法或 HNO_3-HCl 混合溶液进行溶样。

四、仪器与试剂

托盘天平，分析天平，称量瓶，烧杯，锥形瓶（250mL），表面皿，量筒（10mL），酸式滴定管（25mL），容量瓶（100mL），移液管（10mL）。

铝合金试样，HNO_3-HCl-H_2O 混合酸（1∶1∶2），EDTA 溶液（0.01mol·L^{-1}），Zn^{2+} 标准溶液（0.005mol·L^{-1}），二甲酚橙指示剂（0.2%水溶液），HCl 溶液（3mol·L^{-1}），$NH_3 \cdot H_2O$ 溶液（1∶1），六亚甲基四胺溶液（20%），NH_4F 溶液（10%，储于塑料瓶中）。

五、实验步骤

1. 样品的预处理

准确称取 0.1g 左右铝合金于 100mL 烧杯中，加入 5mL 混合酸，并立即盖上表面皿，待试样溶解后，用蒸馏水冲洗表面皿和烧杯壁，将溶液定量转移至 100mL 容量瓶中，用蒸馏水稀释至刻度，摇匀。

2. 铝合金中铝含量的测定

取铝合金试液 2.00mL 于锥形瓶中，加 0.01mol·L^{-1} EDTA 溶液 10mL、蒸馏水 20mL、二甲酚橙指示剂 2 滴，此时溶液呈黄色，滴加 1∶1 的 $NH_3 \cdot H_2O$ 调至溶液恰好出现紫红色（pH=7～8），然后滴加 3mol·L^{-1} HCl 溶液 3 滴，将溶液煮沸 3min 左右，冷却，加入 20%六亚甲基四胺溶液 5mL，此时溶液应呈黄色，若不呈黄色，可用 HCl 溶液调节，再补加二甲酚橙指示剂 2 滴，用 Zn^{2+} 标准溶液滴定至溶液从黄色变为紫红色（此时不计滴定的体积，为什么?）。加入 10% NH_4F 溶液 2mL，将溶液加热至微沸，流水冷却。再补加二甲酚橙指示剂 1 滴，用 3mol·L^{-1} HCl 调节溶液呈黄色后，再用 0.005mol·L^{-1} Zn^{2+} 标准溶液滴定至溶液由黄色突变为紫红色，即为终点，记录此时消耗的 Zn^{2+} 标准溶液的体积。平行测定 3 次，计算样品中铝的质量分数。

$$w(\mathrm{Al})=\frac{c(\mathrm{Zn}^{2+})\times\dfrac{V(\mathrm{Zn}^{2+})}{1000}\times M(\mathrm{Al})}{m_{样}}\times\frac{100.00}{2.00}\times100\%$$

六、阅读材料

(1) 蔡萍，梨庶，张豫海，等. 2010. EDTA 络合滴定法测定硅钙铝合金中铝含量. 青海科技，(2)：90-91

(2) 孔德明，李一峻. 2009. 返滴定法测定未知物中铝含量的实验改进. 实验室科学，(5)：79-80

(3) 李文娟. 2012. 铝合金中铝含量的测定方法的改进. 佳木斯教育学院学报，(11)：436

(4) 阳小宇，姜玉梅. 2009. EDTA 置换滴定法和返滴定法测定矿石中铝含量. 辽宁化工，38(6)：424-425

(5) 赵海全，柳闽生，陈静，等. 2009. 称量滴定法测定复方氢氧铝片中的铝含量. 内蒙古民族大学学报，15(4)：89-91

七、思考题

(1) 为什么测定简单试样中的 Al^{3+} 用返滴定法即可，而测定复杂试样中的 Al^{3+} 则必须用置换滴定法？

(2) 返滴定法测定简单试样中 Al^{3+} 时，加入过量 EDTA 溶液的浓度和体积是否必须准确？为什么？

(3) 本实验中使用的 EDTA 溶液要不要标定？所加入的体积是否需要准确？

(4) 为什么加入过量的 EDTA，第一次用 Zn^{2+} 标准溶液滴定时，可以不计所消耗的体积，但此时是否需准确滴定溶液由黄色变为紫红色？为什么？

(5) 试分析从开始加入二甲酚橙指示剂时，直至测定结束的整个过程中，溶液颜色几次变黄、几次变红的原因。

实验二十五　高锰酸钾标准溶液的配制和标定

一、预习内容

(1) $KMnO_4$ 的有关性质。

(2) $KMnO_4$ 法的基本原理、滴定条件及有关应用，回答思考题。

二、实验目的

(1) 掌握 $KMnO_4$ 标准溶液的配制和标定方法。

(2) 练习滴定管中装入深色溶液时的读数方法。

(3) 学习使用自身指示剂判断滴定终点。

三、实验原理

市售 $KMnO_4$ 试剂中常含有少量 MnO_2 和其他杂质，蒸馏水中也常含有微量还原性物质，它们可与 MnO_4^- 反应而析出 $MnO(OH)_2$ 沉淀，MnO_2 和 $MnO(OH)_2$ 又能进一步促进 $KMnO_4$ 溶液的分解。因此，$KMnO_4$ 标准溶液不能用直接法配制，通常先配成近似浓度的溶液，然后进行标定。$KMnO_4$ 溶液见光易分解，应保存于棕色瓶中。$KMnO_4$ 溶液的浓度容易改变，长期使用必须定期进行标定。

标定 $KMnO_4$ 的基准物质有 $Na_2C_2O_4$、$FeSO_4 \cdot (NH_4)_2SO_4 \cdot 6H_2O$、$H_2C_2O_4 \cdot 2H_2O$ 和纯铁丝等。以 $Na_2C_2O_4$ 最常用，其性质稳定，不含结晶水，容易提纯，没有吸湿性。在酸性溶液中，$KMnO_4$ 与 $Na_2C_2O_4$ 的反应式如下：

$$2MnO_4^- + 5C_2O_4^{2-} + 16H^+ = 10CO_2\uparrow + 2Mn^{2+} + 8H_2O$$

由于该反应进行得很慢，所以必须将溶液加热到 75～85℃。但温度也不能太高，若超过 90℃，则会使 $H_2C_2O_4$ 分解。

$$H_2C_2O_4 = CO_2\uparrow + CO\uparrow + H_2O$$

四、仪器与试剂

托盘天平，分析天平，称量瓶，烧杯，锥形瓶(250mL)，表面皿，微孔玻璃漏斗，棕色试剂瓶(500mL)，量筒(10mL、50mL)，容量瓶(100mL)，移液管(25mL)，酸式滴定管(25mL)。

$KMnO_4$(C. P.)，$Na_2C_2O_4$(A. R.)，H_2SO_4 溶液($3mol \cdot L^{-1}$)。

五、实验步骤

1. 0.05mol·L^{-1}(1/5$KMnO_4$)标准溶液的配制

称取约0.4g $KMnO_4$ 于洁净的大烧杯中，加蒸馏水250mL，加热促进其溶解，盖上表面皿，加热至沸并保持微沸状态1h，冷却后，用微孔玻璃漏斗过滤，滤液储存在清洁带塞的棕色试剂瓶中，贴上标签。最好将溶液于室温下静置2～3d后过滤备用，一周后标定。

2. $KMnO_4$ 标准溶液的标定

准确称取已烘干的 $Na_2C_2O_4$ 0.2～0.3g于小烧杯中，加适量蒸馏水溶解后，定量转入100mL容量瓶中，用蒸馏水稀释至刻度，摇匀。

用移液管取上述 $Na_2C_2O_4$ 溶液25.00mL于锥形瓶中，加蒸馏水30mL[①]和3mol·L^{-1} H_2SO_4 10mL，加热至75～85℃(瓶口明显冒蒸气时的温度。能否将温度计放入此溶液中测量温度？为什么？)，趁热用 $KMnO_4$ 标准溶液滴定[②]。开始反应速率很慢，滴入第1滴后，要不断摇动锥形瓶，待 $KMnO_4$ 的颜色褪去，再继续滴定。由于生成的 Mn^{2+} 对滴定反应有催化作用，因此滴定速度逐渐加快，但仍然必须逐滴加入[③]，如此小心滴定至溶液呈微红色，半分钟内不褪色即为终点[④]，记录所消耗 $KMnO_4$ 标准溶液的体积。平行标定3次。$KMnO_4$ 标准溶液的浓度按下式计算，相对平均偏差不应大于0.3%。

$$c(1/5\,KMnO_4)=\frac{m(Na_2C_2O_4)}{M(1/2\,Na_2C_2O_4)\times\frac{V(KMnO_4)}{1000}}\times\frac{25.00}{100.0}$$

六、阅读材料

(1) 管浩，徐宝军，赵志民. 2013. 探讨草酸钠标定高锰酸钾标准溶液的条件. 甘肃石油和化工，(3)：29-31，46

(2) 黄桂荣. 2007. 标定低浓度高锰酸钾溶液的方法比较. 环境科学导刊，26(6)：83-84

(3) 江俊芳. 2012. 间接碘量法标定高锰酸钾溶液的浓度. 河北化工，35(12)：56-58，70

(4) 李萍，管浩. 2013. 温度对草酸钠标定高锰酸钾标液的影响. 广州化工，41(17)：125-127

(5) 尚杰锋，李金利，荣中波. 2003. 高锰酸钾标准溶液的稳定性及标定准确性探讨. 大氮肥，26(2)：106-108

(6) 王继莲. 2010. 高锰酸钾标准溶液标定方法的改进及注意事项. 中国卫生检验杂志，20(9)：2373

七、思考题

(1) $KMnO_4$ 标准溶液为什么不能用直接法配制？

---

① 此处加蒸馏水的目的是蓄积热量，以免滴定过程中溶液的温度下降过快。本实验要求终点时溶液的温度应在60℃以上，因此如果室温太低，滴定过程中还应适当加热。

② $KMnO_4$ 溶液颜色较深，读数时应以液面的上沿最高线为准。

③ 若滴定速度过快，部分 $KMnO_4$ 将来不及与 $Na_2C_2O_4$ 反应而在热的酸性溶液中分解：

$$4KMnO_4+2H_2SO_4 = 4MnO_2\downarrow+2K_2SO_4+2H_2O+3O_2\uparrow$$

④ 空气中含有的还原性气体及尘埃等杂质能使 $KMnO_4$ 慢慢分解，而使微红色消失，所以经过半分钟不褪色即可认为已到滴定终点。

(2) 配制 $KMnO_4$ 标准溶液时，为什么要将 $KMnO_4$ 溶液煮沸一定时间并放置数天？配好的 $KMnO_4$ 标准溶液为什么要过滤后才能保存？过滤时是否可以用滤纸？

(3) 配制好的 $KMnO_4$ 标准溶液为什么要盛放在棕色试剂瓶中保存？

(4) 在滴定时，$KMnO_4$ 标准溶液为什么要装在酸式滴定管中？

(5) 用 $Na_2C_2O_4$ 标定 $KMnO_4$ 时，为什么必须在 H_2SO_4 介质中进行？酸度过高或过低有何影响？可以用 HNO_3 或 HCl 调节酸度吗？为什么要加热到 75～85℃？溶液温度过高或过低有何影响？

(6) 标定 $KMnO_4$ 溶液时，为什么第 1 滴 $KMnO_4$ 加入后溶液的红色褪去很慢，而以后红色褪去越来越快？

(7) 盛放 $KMnO_4$ 溶液的烧杯或锥形瓶等容器放置较久后，其壁上常有棕色沉淀物，它是什么？此棕色沉淀物用通常方法不容易洗净，应怎样洗涤才能除去此沉淀？

实验二十六　H_2O_2 含量的测定（高锰酸钾法）

一、预习内容

(1) 氧化还原滴定法的有关计算。

(2) $KMnO_4$ 法的基本原理及有关应用，回答思考题。

二、实验目的

(1) 掌握 $KMnO_4$ 法测定 H_2O_2 含量的原理和操作过程。

(2) 了解自身指示剂和自动催化的原理。

三、实验原理

H_2O_2 具有杀菌、消毒、漂白等作用，市售商品一般为 30％水溶液。H_2O_2 既可作为氧化剂也可作为还原剂，在酸性溶液中 H_2O_2 是强氧化剂，但遇 $KMnO_4$ 时表现为还原剂。在稀硫酸溶液中及室温条件下，它能定量地被 $KMnO_4$ 氧化，因此可用 $KMnO_4$ 法测定 H_2O_2 的含量，其反应式为

$$5H_2O_2 + 2MnO_4^- + 6H^+ = 2Mn^{2+} + 5O_2\uparrow + 8H_2O$$

开始反应时速率慢，滴入第 1 滴溶液不易褪色，待 Mn^{2+} 生成后，因 Mn^{2+} 的自动催化作用加快了反应速率，因此能顺利地完成反应。稍过量的滴定剂（$2\times10^{-6}\,mol\cdot L^{-1}$）显示它本身的颜色（自身指示剂），即为终点。

根据等物质的量规则：$n(1/5KMnO_4) = n(1/2H_2O_2)$，由 $KMnO_4$ 标准溶液的浓度和用量，即可计算出 H_2O_2 的含量。

四、仪器与试剂

量筒（10mL），锥形瓶（150mL），移液管（10mL、25mL），容量瓶（100mL、250mL），酸式滴定管（25mL）。

$KMnO_4$ 标准溶液[$c(1/5KMnO_4) = 0.05\,mol\cdot L^{-1}$]，$H_2SO_4$ 溶液（$3\,mol\cdot L^{-1}$），30％ H_2O_2 样品。

五、实验步骤

1. H_2O_2 溶液的配制

用移液管吸取 5.00mL 30% H_2O_2 样品于 250mL 容量瓶中(容量瓶中先装入半瓶蒸馏水),加蒸馏水稀释至刻度,充分摇匀。再用移液管吸取上述溶液 10.00mL 于 100mL 容量瓶中,加蒸馏水稀释至刻度,摇匀。

2. H_2O_2 含量的测定①

用移液管吸取 H_2O_2 稀释液 25.00mL 于锥形瓶中,加 3mol · L^{-1} H_2SO_4 溶液 5mL,用 $KMnO_4$ 标准溶液小心滴定至溶液呈微红色②,半分钟内不褪色即为终点,记录滴定时所消耗 $KMnO_4$ 标准溶液的体积。平行测定 3 次。H_2O_2 的含量按下式计算。

$$\rho(H_2O_2)=\frac{c(1/5KMnO_4)\cdot V(KMnO_4)\cdot M(1/2H_2O_2)}{25.00}\cdot f(g\cdot L^{-1})$$

式中:f——稀释倍数,在本实验中 $f=500$。

六、阅读材料

(1) 鲍升斌,田原. 2012. 对商品双氧水中过氧化氢含量测定实验的改进. 十堰职业技术学院学报,25(4):102-103

(2) 郗伟,李新平. 2008. 3 种 H_2O_2 含量测定方法的对比分析. 纸和造纸,27(2):75-77

(3) 姚成,许艳,胡燕斌,等. 1996. 碘量法测定双氧水的含量. 江苏化工,24(3):51-53

(4) 张文伟,孙联杰. 1997. 对高锰酸钾测定双氧水含量的分析方法的研究和改进. 辽宁师范大学学报(自然科学版),20(3):262-264

七、思考题

(1) 用 $KMnO_4$ 法测定 H_2O_2 时,溶液是否可以加热? 能否用 HNO_3 或 HCl 控制酸度?

(2) 在 $KMnO_4$ 法中,如果 H_2SO_4 用量不足,对结果有何影响?

(3) 测定 H_2O_2 含量时,为什么第 1 滴 $KMnO_4$ 的颜色褪得较慢,以后反而逐渐加快?

实验二十七　化学耗氧量的测定(高锰酸钾法)

一、预习内容

(1) 化学耗氧量(COD)的概念及测定意义。

(2) 化学耗氧量的有关测定方法及其特点,回答思考题。

二、实验目的

(1) 掌握酸性高锰酸钾法测定水中 COD 的原理及方法。

---

① H_2O_2 样品若是工业产品,用 $KMnO_4$ 法测定不合适,因产品中常有少量乙酰苯胺、尿素等有机物作稳定剂,滴定时也要消耗 $KMnO_4$,引起方法误差。若遇此情况,可采用碘量法或铈量法。

② 因 H_2O_2 与 $KMnO_4$ 开始反应速率较慢,所以滴入第 1 滴后,要摇动锥形瓶,待 $KMnO_4$ 的颜色褪去,再继续滴定。也可在滴定前向锥形瓶中加 2～3 滴 1mol · L^{-1} $MnSO_4$ 溶液作催化剂,以加快反应速率。

(2) 了解测定COD的意义。

三、实验原理

化学耗氧量(COD)是指用适量的氧化剂处理水样时,水样中需氧污染物所消耗的氧化剂的量,通常以相应的氧量(单位为 $mg \cdot L^{-1}$)表示。COD是反映水质被还原性物质污染程度的主要指标,是环境保护和水质控制中经常需要测定的项目。还原性物质包括有机物、亚硝酸盐、亚铁盐、硫化物等,但大多数污水受有机物污染比其他污染物严重,因此COD可作为水质被有机物污染程度的指标。COD值越高,水体污染越严重,地表水水质COD分级标准见表4-15。

表 4-15　地表水水质 COD 分级标准

分级	一级	二级	三级	四级	五级	六级
COD/($mg \cdot L^{-1}$)	<2	2～6	6～8	8～15	15～30	>30
表面现象	水面无泡沫、油膜			无大片泡沫、油膜		
生活用水	+	+	±	−	−	−
渔业用水	+	+	+	±	−	−
工农业用水	+	+	+	+	±	−

注:"+"表示可用,"±"表示尚可,"−"表示不可用。

COD的测定分酸性高锰酸钾法、碱性高锰酸钾法①、重铬酸钾法②及碘酸盐法等。本实验采用高锰酸钾法。在酸性条件下,$KMnO_4$ 有很强的氧化性,水溶液中多数的有机物都可以被氧化,但反应过程相当复杂,主要发生以下反应:

$$4KMnO_4 + 6H_2SO_4 + 5C = 2K_2SO_4 + 4MnSO_4 + 6H_2O + 5CO_2\uparrow$$

过量的 $KMnO_4$ 用过量的 $Na_2C_2O_4$ 还原,再用 $KMnO_4$ 标准溶液滴定至微红色即为终点。

当水样中 Cl^- 量较高(大于 $100mg \cdot L^{-1}$)时,会发生以下反应:

$$2MnO_4^- + 16H^+ + 10Cl^- = 2Mn^{2+} + 8H_2O + 5Cl_2\uparrow$$

使结果偏高。为避免这一干扰,可改在碱性溶液中氧化,反应为

$$4MnO_4^- + 3C + H_2O = 4MnO_2 + 3CO_2\uparrow + 4OH^-$$

然后将溶液调成酸性,加入 $Na_2C_2O_4$,把 MnO_2 和过量的 $KMnO_4$ 还原,再利用 $KMnO_4$ 标准溶液滴定水样呈微红色即为终点。

由上述反应可知,在碱性溶液中进行氧化,虽然生成 MnO_2,但最后仍被还原成 Mn^{2+},所以酸性溶液中和碱性溶液中所得的结果相同。

氧化温度与时间会影响结果,本实验用10min煮沸法。

若水样中含有 F^-、H_2S(或S)等还原性物质,也会干扰测定,可在冷的水样中直接用 $KMnO_4$ 滴定至微红色后,再进行COD测定。

四、仪器与试剂

分析天平,托盘天平,水浴锅,电炉,称量瓶,烧杯,锥形瓶(250mL),表面皿,微孔玻璃漏

---

① 高锰酸钾法适用于测定地表水、饮用水和生活污水。

② 重铬酸钾法可以将难氧化的物质在较高温度下彻底氧化。

斗，棕色试剂瓶(500mL)，量筒(10mL)，酸式滴定管(25mL)，移液管(25mL、50mL)，容量瓶(250mL)。

$KMnO_4$ 标准溶液(0.002mol · L^{-1})，$Na_2C_2O_4$ 标准溶液(0.005000mol · L^{-1})，H_2SO_4 溶液(1∶3)，NaOH 溶液(10%)。

五、实验步骤

1. 酸性溶液中 COD 的测定

1) 试样的测定

准确移取 10～100mL 水样(取样量随水体污染程度而定)于 250mL 锥形瓶中，用蒸馏水[①]稀释至 100mL，加入 1∶3 H_2SO_4 溶液 10mL，准确加入 0.002mol · L^{-1} $KMnO_4$ 标准溶液 10.00mL，并加几粒沸石，加热煮沸[②]，若此时红色褪去，说明水样中的有机物含量较高，应补加适量的 $KMnO_4$ 标准溶液至溶液呈稳定的红色，记下 $KMnO_4$ 标准溶液用量 V_1。从冒第一个大泡开始计时，煮沸 10min，氧化需氧污染物。然后稍冷到 80℃左右，加入 10.00mL $Na_2C_2O_4$ 标准溶液，摇匀(此时溶液应为无色，若仍为红色，再补加 5.00mL)，趁热用 $KMnO_4$ 标准溶液滴定至微红色，30s 内不褪色即为终点，记下此步 $KMnO_4$ 标准溶液的用量 V_2。平行测定 2 次。

2) $KMnO_4$ 标准溶液的标定

在锥形瓶中加入蒸馏水 100mL 和 10mL 1∶3 H_2SO_4 溶液，加入 10.00mL 0.005000 mol · L^{-1} $Na_2C_2O_4$ 标准溶液，摇匀，加热至 70～80℃，趁热用 0.002mol · L^{-1} $KMnO_4$ 标准溶液滴定至溶液呈微红色，30s 内不褪色即为终点，记下此步所用 $KMnO_4$ 标准溶液的用量 V_3。平行测定 2 次。

3) 空白实验

在锥形瓶中加入蒸馏水 100mL 和 10mL 1∶3 H_2SO_4 溶液，加热至 70～80℃，趁热用 0.002mol · L^{-1} $KMnO_4$ 标准溶液滴定至溶液呈微红色，30s 内不褪色即为终点，记下此步所用 $KMnO_4$ 标准溶液的用量 V_4。平行测定 2 次。

按下式计算化学耗氧量 COD_{Mn}。

$$COD_{Mn}=\frac{[(V_1+V_2-V_4)\cdot f-10.00]\times c\,(Na_2C_2O_4)\times 16.00\times 1000}{V_s}(mg\cdot L^{-1})$$

式中：$f=10.00/(V_3-V_4)$，即每毫升 $KMnO_4$ 标准溶液相当于 f mL $Na_2C_2O_4$ 标准溶液；

V_s——水样体积，mL；

16.00——氧的相对原子质量。

2. 碱性溶液中测定 COD(适于 Cl^- 大于 100mg · L^{-1} 水样)

准确移取适量水样于 250mL 锥形瓶中，用蒸馏水稀释至 100mL，加入 2mL 10% NaOH 溶液、10.00mL $KMnO_4$ 标准溶液，加热煮沸 10min，然后加入 1∶3 H_2SO_4 溶液 10mL 和 $Na_2C_2O_4$ 标准溶液 10.00mL，用 $KMnO_4$ 标准溶液滴定至微红色，30s 内不褪色即为终点。平

---

① 实验所用的蒸馏水最好是用含酸性高锰酸钾的蒸馏水重新蒸馏所得的二次蒸馏水。

② 本实验在加热氧化有机污染物时，完全敞开，如果废水中易挥发性化合物含量较高时，应使用回流冷凝装置加热，否则测定结果将偏低。

行测定 2 次。

按上述操作用蒸馏水做空白实验，平行测定 2 次。计算公式与实验步骤 3)中相同。

六、阅读材料

(1) 蔡艳荣，黄宏志. 2004. 氯离子对废水化学耗氧量测定的干扰及消除. 化工环保，24(s)：393-394

(2) 李德亮，王新收，常志显，等. 2011. 以硫酸钴或硫酸铁为催化剂快速测定化学耗氧量. 河南大学学报(自然科学版)，41(2)：149-152

(3) 李红. 2006. 高锰酸钾法测定水中化学耗氧量的改进实验. 西部探矿工程，(8)：140-141

(4) 李平，吴连碧，罗敏. 2002. 三种快速测定水中化学耗氧量方法的比较. 环境与健康杂志，19(3)：267-269

(5) 杨玉荣，吴品，郭然，等. 2012. 以硫酸铜为催化剂快速测定化学耗氧量. 广州化工，40(14)：124-125，159

七、思考题

(1) 水样加入 $KMnO_4$ 煮沸后，若红色消失说明什么？应采取什么措施？

(2) 加热煮沸 10min 应如何控制？时间要求严格吗？为什么？

(3) 酸性溶液测定 COD 时，若加热煮沸出现棕色是什么原因？需重做吗？而碱性溶液测定 COD 时，出现绿色或棕色可以吗？为什么？

(4) 哪些因素影响 COD 测定的结果，为什么？

(5) 可以采用哪些方法避免水中 Cl^- 对测定结果的影响？

实验二十八　碘和硫代硫酸钠标准溶液的配制和标定

一、预习内容

(1) 理论教材中碘量法的基本原理、测定条件及主要误差来源。

(2) 碘及硫代硫酸钠标准溶液的配制和标定方法，回答思考题。

二、实验目的

(1)了解碘及硫代硫酸钠标准溶液的配制方法和保存条件。

(2)掌握标定碘及硫代硫酸钠标准溶液浓度的原理和方法。

三、实验原理

用升华法制得的碘可用直接法配制标准溶液，而市售的普通碘因含有杂质，应先配成近似浓度，再标定。I_2 微溶于水而易溶于 KI 溶液，但在稀 KI 溶液中溶解得很慢。I_2 和 KI 间存在下列平衡：

$$I_2 + I^- \rightleftharpoons I_3^-$$

维持适当过量的 I^-，可减少 I_2 的挥发，并提高淀粉指示剂的变色灵敏度。空气中的氧能缓慢氧化 I^-，光、热及酸的作用可加速氧化，所以 I_2 溶液应储于棕色瓶中，冷暗处保存，并避免与橡胶等物质接触。标定 I_2 溶液浓度可用三氧化二砷（俗称砒霜，剧毒!）作基准物质，常用 $Na_2S_2O_3$ 标准溶液标定。

结晶 $Na_2S_2O_3 \cdot 5H_2O$ 一般含有少量杂质，如 S、Na_2SO_3、Na_2SO_4、Na_2CO_3、NaCl 等，同时

还容易风化和潮解，且 $Na_2S_2O_3$ 溶液不稳定，易分解，因此不能用直接法配制标准溶液。标定 $Na_2S_2O_3$ 溶液浓度的基准物质有 $K_2Cr_2O_7$、$KBrO_3$、KIO_3 等。通常用 $K_2Cr_2O_7$ 作基准物质标定 $Na_2S_2O_3$ 溶液。$K_2Cr_2O_7$ 在酸性条件下与KI反应，再用 $Na_2S_2O_3$ 标准溶液滴定生成的 I_2，根据 $K_2Cr_2O_7$ 的质量和消耗的 $Na_2S_2O_3$ 标准溶液的体积，可计算 $Na_2S_2O_3$ 标准溶液的准确浓度。

$$Cr_2O_7^{2-} + 6I^- + 14H^+ \xlongequal{} 2Cr^{3+} + 3I_2 + 7H_2O$$

$$I_2 + S_2O_3^{2-} \xlongequal{} S_4O_6{}^{2-} + 2I^-$$

四、仪器与试剂

分析天平，托盘天平，烧杯，棕色试剂瓶，锥形瓶（150mL），碘量瓶（250mL），量筒（10mL、50mL），容量瓶（500mL），移液管（20mL、25mL），碱式滴定管（25mL）。

I_2（A. R.），$Na_2S_2O_3 \cdot 5H_2O$（A. R.），KI（A. R.），Na_2CO_3（A. R.），$K_2Cr_2O_7$（A. R.），KI溶液（5%），淀粉溶液（0.5%），H_2SO_4 溶液（$1mol \cdot L^{-1}$）。

五、实验步骤

1. $0.02mol \cdot L^{-1}(1/2I_2)$溶液的配制

称取1.3g I_2 和4g KI置于小烧杯中，加蒸馏水少许，搅拌至糊糊状后再加蒸馏水使 I_2 全部溶解，转入棕色试剂瓶中，加蒸馏水稀释至500mL，塞紧，摇匀后放置过夜再标定。

2. $0.02mol \cdot L^{-1} Na_2S_2O_3$ 溶液的配制

称取2.5g $Na_2S_2O_3 \cdot 5H_2O$ 于烧杯中，加入适量刚煮沸并冷却的蒸馏水，溶解完全后加入约0.1g Na_2CO_3，防止 $Na_2S_2O_3$ 分解，再用新煮沸的冷却的蒸馏水稀释至500mL，储于棕色试剂瓶中，放置1～2周后标定。

3. $0.02mol \cdot L^{-1} Na_2S_2O_3$ 标准溶液的标定

准确称取已干燥的 $K_2Cr_2O_7$ 0.2～0.25g于小烧杯中，用适量蒸馏水溶解，定量转入500mL容量瓶中，加蒸馏水稀释至刻度，摇匀。用移液管取25.00mL $K_2Cr_2O_7$ 溶液于碘量瓶中，加入10mL 5% KI溶液和10mL $1mol \cdot L^{-1} H_2SO_4$ 溶液，混匀。在暗处放置5min①，然后加50mL蒸馏水稀释②，用 $Na_2S_2O_3$ 标准溶液滴定至呈浅黄绿色，加入1mL 0.5%淀粉溶液③，继续滴定至蓝色刚好消失（呈 Cr^{3+} 的绿色）即为终点④，记录滴定所消耗的 $Na_2S_2O_3$ 标准溶液的体积。平行测定3次，按下式计算 $Na_2S_2O_3$ 标准溶液的浓度。

$$c(Na_2S_2O_3) = \frac{\frac{1}{20}m(K_2Cr_2O_7)/M(1/6K_2Cr_2O_7)}{V(Na_2S_2O_3)/1000}$$

---

① $K_2Cr_2O_7$ 与KI的反应速率较慢，过量KI与 $K_2Cr_2O_7$ 在上述条件下大约5min才能反应完全。

② 滴定前将溶液稀释，使溶液的酸度降低、减慢 I^- 被空气氧化的速率等，以便适用于 $Na_2S_2O_3$ 滴定 I_2。

③ 淀粉指示剂若加入过早，则大量的 I_2 与淀粉结合成蓝色物质，这一部分 I_2 不易与 $Na_2S_2O_3$ 反应，因而产生误差。

④ 已滴定完全的溶液放置后会变蓝色，若不是很快变蓝（5～10min），则是由空气氧化所致。若很快变蓝，说明 $K_2Cr_2O_7$ 和KI作用不完全，溶液稀释过早，遇此情况，应重做实验。

4. 0.02mol·L^{-1}($1/2I_2$)标准溶液的标定

移取20.00mL($1/2I_2$)标准溶液于锥形瓶中，用$Na_2S_2O_3$标准溶液滴定至浅黄色后，加1mL 0.5% 淀粉溶液，继续滴定至蓝色刚好消失为终点。平行测定3次，按下式计算($1/2I_2$)标准溶液的浓度。

$$c(1/2I_2)=\frac{c(Na_2S_2O_3)\cdot V(Na_2S_2O_3)}{V(I_2)}$$

六、阅读材料

(1) 胡勇. 2006. 碘标准溶液的标定与比较. 氯碱工业，(7)：38

(2) 张爱菊，杨月园，张小林. 2021. 硫代硫酸钠标准溶液配制中标定基准物质的优化选择. 化学教育，42(14)：51-54

(3) 任一艳，彭超英. 2009. 配制和标定硫代硫酸钠标准溶液时应注意的问题. 工业安全与环保，35(7)：26-27

(4) 尚德军，王昭妮，李晓岩. 2009. 用电位滴定法标定硫代硫酸钠标准溶液. 中国卫生检验杂志，19(12)：2995-2996

(5) 孙志凤. 2012. 如何减小硫代硫酸钠标定过程中的误差. 中国石油和化工标准与质量，(6)：45

(6) 王征帆，杨艳丽. 2011. 库仑滴定法标定硫代硫酸钠标准溶液. 当代化工，40(6)：659-660

(7) 杨霞. 2021. 硫代硫酸钠标准溶液标定方法改进. 广州化工，49(15)：131-133

七、思考题

(1) 配制$Na_2S_2O_3$溶液时，为什么要用刚煮沸并已冷却的蒸馏水？为什么要加入Na_2CO_3？配好后为什么不能立即标定，还需放置1～2周才能标定？

(2) 配制I_2溶液时，加KI的目的是什么？

(3) 碘量法的主要误差来源是什么？如何避免？

(4) I_2溶液和$Na_2S_2O_3$溶液应分别装在何种滴定管中？

(5) 用$K_2Cr_2O_7$作基准物质标定$Na_2S_2O_3$溶液时，为什么要加H_2SO_4或HCl溶液和过量的KI？为什么放置一定时间后才加水稀释？

(6) 为什么用I_2溶液滴定$Na_2S_2O_3$溶液时应预先加入淀粉指示剂？而用$Na_2S_2O_3$滴定I_2溶液时必须在接近终点时才能加入淀粉指示剂？

实验二十九　胆矾中铜的测定(碘量法)

一、预习内容

(1) 碘量法的有关应用和碘量法实验操作中的注意事项。

(2) 预习本实验内容，回答思考题。

二、实验目的

(1) 掌握间接碘量法测定胆矾中铜含量的原理和方法。

(2) 熟悉碘量法中淀粉指示剂的使用和滴定终点颜色的正确判断。

三、实验原理

胆矾($CuSO_4\cdot 5H_2O$)中的铜含量常用间接碘量法测定，Cu^{2+}与过量I^-发生以下反应：

$$2Cu^{2+}+4I^- \rightleftharpoons 2CuI\downarrow+I_2$$

$$I_2+I^- \rightleftharpoons I_3^-$$

生成的 I_2 用 $Na_2S_2O_3$ 标准溶液滴定，以淀粉为指示剂，滴定至溶液的蓝色刚好消失即为终点，由此计算出样品中铜的含量。

$$I_2+2S_2O_3^{2-} = 2I^-+S_4O_6^{2-}$$

由于 CuI 沉淀强烈吸附 I_3^-，分析结果偏低。为减少 CuI 沉淀对 I_3^- 的吸附，可在大部分 I_2 被 $Na_2S_2O_3$ 溶液滴定后，再加入 KSCN，使 CuI($K_{sp}^{\ominus}=5.06\times10^{-12}$)转化为溶解度更小的 CuSCN($K_{sp}^{\ominus}=4.8\times10^{-15}$)。

$$CuI+SCN^- = CuSCN\downarrow+I^-$$

CuSCN 对 I_3^- 的吸附较小，因而可提高测定结果的准确度。KSCN 只能在接近终点时加入，否则 SCN^- 可能直接还原 Cu^{2+} 而使结果偏低。

$$6Cu^{2+}+7SCN^-+4H_2O = 6CuSCN\downarrow+SO_4^{2-}+HCN+7H^+$$

为防止 Cu^{2+} 的水解及满足碘量法的要求，反应必须在微酸性介质中进行(pH＝3～4)。控制溶液酸度常用 H_2SO_4 或 HAc，而不用 HCl，因 Cu^{2+} 易与 Cl^- 生成 $CuCl_4^{2-}$ 而不利于测定。

若试样中含有 Fe^{3+}，对测定有干扰，因发生反应：

$$2Fe^{3+}+2I^- = 2Fe^{2+}+I_2$$

使结果偏高，可加入 NaF 或 NH_4F，将 Fe^{3+} 掩蔽为 FeF_6^{3-}。

四、仪器与试剂

分析天平，烧杯，锥形瓶(150mL)，量筒(10mL、20mL)，碱式滴定管(25mL)。

$Na_2S_2O_3$ 标准溶液(0.02mol·L^{-1})，H_2SO_4 溶液(1mol·L^{-1})，饱和 NaF 溶液，KI 溶液(5%)，淀粉溶液(0.5%)，KSCN 溶液(5%)。

五、实验步骤

准确称取胆矾试样 0.1g 左右于锥形瓶中，加入 2mL 1mol·L^{-1} H_2SO_4 溶液及 20mL 蒸馏水，样品溶解后，加入 2mL 饱和 NaF 溶液(若不含 Fe^{3+}，则不加入)和 6mL 5% KI 溶液，摇匀后立即用 $Na_2S_2O_3$ 标准溶液滴定至浅黄色(接近终点)。然后加入 1mL 0.5% 淀粉溶液，继续滴定到呈浅蓝色(更接近终点)，再加入 4mL 5% KSCN 溶液，摇匀，溶液的蓝色转深，再继续用 $Na_2S_2O_3$ 标准溶液滴定至蓝色刚好消失，此时溶液呈米色 CuSCN 悬浮液，记录所耗 $Na_2S_2O_3$ 标准溶液的体积。平行测定 3 次。

按下式计算样品中铜的质量分数。

$$w(Cu)=\frac{c(Na_2S_2O_3)\cdot\dfrac{V(Na_2S_2O_3)}{1000}\cdot M(Cu)}{m_{样}}\times100\%$$

六、阅读材料

(1) 方夏，黄余改，朱琨，等. 2010. 碘量法测定铜盐中铜质量分数实验的改进. 高师理科学刊，30(4):77-79

(2) 郭国平. 2014. 碘量法测定铜合金中铜的含量. 新疆有色金属，(s1):143-144

(3) 李琼芳. 2009. 测定胆矾中铜含量的微型实验研究. 内蒙古民族大学学报，15(4):118-120

(4) 肖玉萍,张旭,曹宏杰. 2011. 碘量法测定铜精矿中的铜. 光谱实验室,28(5):2317-2319
(5) 谢音,陈一先. 2012. 间接碘量法测定胆矾中铜含量的微型化. 数理医药学杂志,20(5):582-584
(6) 赵桦萍,崔樱磊,崔凤娟,等. 2019. 胆矾中铜含量测定条件的实验. 高师理科学刊,39(3):64-65

七、思考题

(1) 硫酸铜易溶于水,溶解时为什么要加硫酸?

(2) 已知 $E^{\ominus}(Cu^{2+}/Cu^{+})=0.159V$,$E^{\ominus}(I_2/I^{-})=0.535V$,但 Cu^{2+} 却能氧化 I^{-},为什么?

(3) 测定铜含量时,加入 KI 为何要过量?此量是否要求很准确?加 KSCN 的作用是什么?为什么只能在临近终点前才能加入 KSCN?

(4) 测定反应为什么一定要在弱酸性溶液中进行?

实验三十　注射液中葡萄糖含量的测定(碘量法)

一、预习内容

(1) 碘量法的有关应用和碘量法实验操作中的注意事项。

(2) 预习本实验内容,回答思考题。

二、实验目的

(1) 掌握间接碘量法测定葡萄糖含量的原理和有关操作方法。

(2) 学习碘价态变化的条件及其应用。

三、实验原理

碘量法是一般医疗单位用于测定葡萄糖注射液中葡萄糖含量的常规分析方法。I_2 与 NaOH 作用可生成 NaIO,葡萄糖能定量地被 NaIO 氧化成葡萄糖酸。过量的 NaIO 被歧化为 $NaIO_3$ 和 NaI,然后在酸性条件下转变成 I_2 析出,用 $Na_2S_2O_3$ 标准溶液滴定析出的 I_2,便可计算出 $C_6H_{12}O_6$ 的含量。有关反应方程式为

$$I_2+2NaOH = NaIO+NaI+H_2O$$

$$CH_2OH(CHOH)_4CHO+NaIO+NaOH = CH_2OH(CHOH)_4COONa+NaI+H_2O$$

$$3NaIO = NaIO_3+2NaI$$

$$NaIO_3+5NaI+6HCl = 3I_2+6NaCl+3H_2O$$

$$I_2+2Na_2S_2O_3 = 2NaI+Na_2S_4O_6$$

按下式计算葡萄糖($C_6H_{12}O_6$)的含量。

$$\rho(C_6H_{12}O_6)=\frac{[c(1/2I_2)\cdot V(I_2)-c(Na_2S_2O_3)\cdot V(Na_2S_2O_3)]\times\frac{180.15}{2}}{V_{样}/10}(g\cdot L^{-1})$$

式中:$c(1/2I_2)$——基本单元为 $1/2I_2$ 标准溶液的浓度,$mol\cdot L^{-1}$;

$V(I_2)$——实验所加 I_2 标准溶液的体积,mL;

$c(Na_2S_2O_3)$——$Na_2S_2O_3$ 标准溶液的浓度,$mol\cdot L^{-1}$;

$V(Na_2S_2O_3)$——滴定所消耗 $Na_2S_2O_3$ 标准溶液的体积,mL;

$V_{样}$——滴定所取葡萄糖样品溶液的体积,mL;

180.15——葡萄糖($C_6H_{12}O_6$)的摩尔质量,$g\cdot mol^{-1}$。

四、仪器与试剂

烧杯，胶头滴管，量筒(10mL)，碘量瓶(100mL)，移液管(5mL)，容量瓶(100mL)，碱式滴定管(25mL)。

$Na_2S_2O_3$ 标准溶液(0.02mol · L^{-1})，碘标准溶液[0.1mol · L^{-1} (1/2I_2)]，淀粉溶液(0.5%)，HCl 溶液(0.5mol · L^{-1})，NaOH 溶液(0.2mol · L^{-1})。所用试剂溶液均用分析纯物质配制。

5%葡萄糖溶液，滴定时稀释 10 倍后使用。

五、实验步骤

准确移取 5.00mL 稀释后的葡萄糖样品溶液于 100mL 碘量瓶中，加入 I_2 标准溶液 5.00mL，在摇动下缓慢逐滴加入 6mL 0.2mol · L^{-1} NaOH 溶液，盖上瓶塞，室温暗处放置 15min，使之完全反应，然后用少量蒸馏水冲洗瓶塞和碘量瓶内壁，加入 3mL 0.5mol · L^{-1} HCl 溶液，立即用 0.02mol · L^{-1} $Na_2S_2O_3$ 标准溶液滴定至呈浅黄色，加 1mL 淀粉指示剂，继续滴定至蓝色刚刚消失为终点。平行测定 3 次，要求相对平均偏差小于 0.2%。

六、阅读材料

(1) 陈晓红. 2006. 碘量法测定葡萄糖含量微型实验研究. 光谱实验室，23(6)：1265-1266

(2) 孔玲，代婷，杜礼霞，等. 2013. 碘量法测定葡萄糖含量的影响因素研究. 西南师范大学学报(自然科学版)，38(7)：163-166

(3) 王志国. 2004. 碘量法测定葡萄糖注射液的含量. 黑龙江医药科学，27(3)：56

(4) 杨丽霞，冯彩婷. 2012. 电导法测定葡萄糖注射液的含量. 周口师范学院学报，29(2)：69-71

(5) 郑师坚. 1997. 葡萄糖注射液的含量测定方法比较. 海峡药学，9(4)：2-3

(6) 钟国清，夏安. 2014. 碘量法测定葡萄糖含量的小量化与绿色化研究与实践. 化学教育，35(22)：26-29

七、思考题

(1) 碘量法测定葡萄糖含量的原理是什么？测定中应注意什么？

(2) 测定过程中若 NaOH 溶液加入速度过快，会产生什么样的影响？

(3) 配制 I_2 溶液时加入过量 KI 的作用是什么？将称得的 I_2 和 KI 一起加水到一定体积是否可以？

(4) 为什么在氧化葡萄糖时滴加 NaOH 的速度要慢，且加完后要放置一段时间？而在酸化后则要立即用 $Na_2S_2O_3$ 标准溶液滴定？

实验三十一　维生素 C 含量的测定

一、预习内容

(1) 理论教材中碘量法的基本原理和有关应用。

(2) 预习本实验内容，回答思考题。

二、实验目的

(1)了解维生素 C 的应用，掌握直接碘量法测定维生素 C 的原理和操作方法。

(2)掌握淀粉指示剂的使用和滴定终点颜色的正确判断。

三、实验原理

维生素 C 又称抗坏血酸，分子式为 $C_6H_8O_6$。分子中的烯二醇基具有还原性，能被 I_2 定量氧化成二酮基。

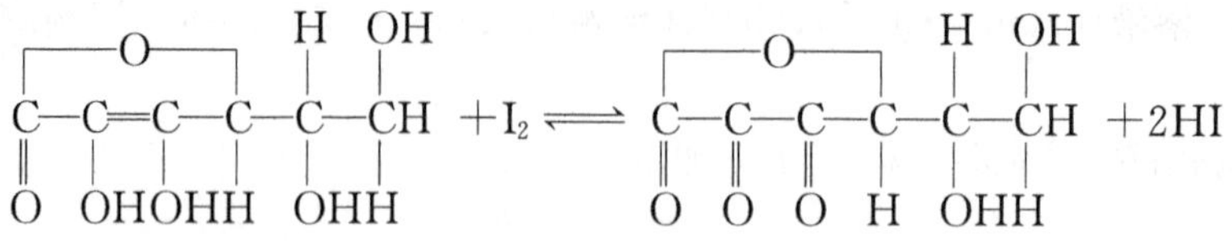

```
 ┌────O────┐  H  OH                 ┌────O────┐  H  OH
 |         |  |   |                 |         |  |   |
 C—C═C—C—C—CH   +I2 ⇌   C—C—C—C—C—CH   +2HI
 ‖  |  |  |  |  |                 ‖  ‖  ‖  |  |  |
 O  OHOHH  OHH                    O  O  O  H  OHH
```

维生素 C 的半反应式为

$$C_6H_8O_6 \xlongequal{} C_6H_6O_6 + 2H^+ + 2e^- \qquad E^{\ominus} \approx +0.18V$$

根据等物质的量规则，有

$$n(1/2I_2) = n(1/2C_6H_8O_6)$$

由于维生素 C 的还原性很强，在空气中极易被氧化，尤其在碱性介质中更甚，因此测定时加入 HAc，使溶液呈弱酸性，以减弱维生素 C 的副反应。

维生素 C 在医药（常见剂型有片剂和注射剂）和化学上应用非常广泛。在分析化学中，常在光度法和配位滴定法中作还原剂，如使 Fe^{3+} 还原为 Fe^{2+}、Cu^{2+} 还原为 Cu^+ 等。

四、仪器与试剂

分析天平，烧杯，锥形瓶（150mL），量筒（10mL、50mL），容量瓶（250mL），移液管（25mL），酸式滴定管（25mL）。

维生素 C 药片，HAc 溶液（$2mol \cdot L^{-1}$），淀粉溶液（0.5%），I_2 标准溶液[$c(1/2I_2) = 0.02mol \cdot L^{-1}$]。

五、实验步骤

在分析天平上准确称取研细的维生素 C 药片 0.4g 左右，置于烧杯中，加入新煮沸冷却的蒸馏水① 50mL 和 25mL HAc 溶液进行溶解，然后定量转入 250mL 容量瓶中，用蒸馏水稀释至刻度，摇匀，备用。

用移液管吸取上述试液 25.00mL，加入 0.5% 淀粉指示剂 1mL，立即用 I_2 标准溶液滴定至呈现稳定的蓝色，即达到滴定终点。平行测定 3 次，计算样品中维生素 C 的质量分数。要求相对平均偏差≤0.5%②。

$$w(C_6H_8O_6) = \frac{c(1/2I_2) \times \frac{V(I_2)}{1000} \times M(1/2C_6H_8O_6)}{m_{样} \times \frac{25.00}{250.00}} \times 100\%$$

六、阅读材料

(1) 布都会，高莉，徐向莉，等. 2004. 碘量法测定维生素 C 的改良. 干旱地区农业研究，22(1)：195-198

(2) 陈晓红. 2007. 碘量法测定维生素 C 含量微型实验研究. 广东微量元素科学，14(3)：61-63

---

① 蒸馏水中含有溶解氧，一定要煮沸除去大部分的氧。因维生素 C 是强还原剂，极易被氧氧化，使结果偏低。

② 能被 I_2 直接氧化的物质均有干扰。此试样平行测定的精密度不高，所以本实验要求适当放宽。

(3) 李瑞国，郑权. 2011. 4种常见蔬菜维生素C含量测定. 西南农业学报，24(1)：198-201
(4) 贺澎，王文丽. 2018. 维生素C片3种含量测定方法的比较. 中国药品标准，19(2)：112-114

七、思考题

(1) 测定维生素C试样为何要在HAc介质中进行？
(2) 溶解试样时，为什么要加入新煮沸的冷蒸馏水？

实验三十二　铁矿石中铁含量的测定(无汞重铬酸钾法)

一、预习内容

(1) 理论教材中$K_2Cr_2O_7$法的原理，氧化还原指示剂变色原理与应用，氧化还原预处理的基本方法。

(2) 预习本实验内容，回答思考题。

二、实验目的

(1) 掌握$K_2Cr_2O_7$标准溶液的配制及使用。
(2) 学习矿样的酸分解方法，了解测定前预处理的意义和掌握预还原的操作。
(3) 掌握无汞$K_2Cr_2O_7$法测定铁矿石中铁含量的原理和操作方法。
(4) 了解二苯胺磺酸钠指示剂指示终点的原理及应用。

三、实验原理

铁矿石中的铁以氧化物形式存在。试样经盐酸分解后，在热的浓盐酸溶液中，以甲基橙为指示剂，用$SnCl_2$将Fe^{3+}还原为Fe^{2+}，并过量1～2滴。经典方法是用$HgCl_2$氧化过量的$SnCl_2$，除去Sn^{2+}的干扰，但$HgCl_2$是剧毒药品，易造成环境污染。本实验采用无汞法，以甲基橙为指示剂，Sn^{2+}将Fe^{3+}还原完全后，过量的Sn^{2+}可将甲基橙还原为氢化甲基橙而褪色，不仅指示了还原的终点，而且Sn^{2+}还能继续使氢化甲基橙还原成*N*,*N*-二甲基对苯二胺和对氨基苯磺酸，从而消除过量Sn^{2+}的影响。甲基橙的还原产物不消耗$K_2Cr_2O_7$，最后以二苯胺磺酸钠作指示剂，用$K_2Cr_2O_7$标准溶液滴至紫色为终点。主要反应式如下：

$$Fe_2O_3 + 6H^+ \xlongequal{} 2Fe^{3+} + 3H_2O$$

$$2Fe^{3+} + Sn^{2+} + 6Cl^- \xlongequal{} 2Fe^{2+} + [SnCl_6]^{2-}$$

$$(CH_3)_2NC_6H_4N{=}NC_6H_4SO_3Na \xrightarrow{H^+} (CH_3)_2NC_6H_4NH{-}NHC_6H_4SO_3Na$$

$$\xrightarrow{H^+} (CH_3)_2NC_6H_4NH_2 + NH_2C_6H_4SO_3Na$$

$$6Fe^{2+} + Cr_2O_7^{2-} + 14H^+ \xlongequal{} 6Fe^{3+} + 2Cr^{3+} + 7H_2O$$

HCl溶液浓度应控制在$4mol \cdot L^{-1}$，若浓度大于$6mol \cdot L^{-1}$，Sn^{2+}会先将甲基橙还原为无色，无法指示Fe^{3+}的还原反应；若浓度低于$2mol \cdot L^{-1}$，则甲基橙褪色缓慢。

滴定过程生成的Fe^{3+}呈黄色，影响终点的判断，可加入H_3PO_4，使之与Fe^{3+}生成无色$[Fe(HPO_4)_2]^-$，减小Fe^{3+}浓度，同时降低Fe^{3+}/Fe^{2+}电对的电极电势，使指示剂变色电势范围(0.82～0.88V)全部落在滴定突跃的电势范围(0.71～1.34V，加H_3PO_4前为0.93～1.34V)，以获得更好的滴定结果。Sb(Ⅲ)、Sb(Ⅴ)干扰本实验，不应存在。

$K_2Cr_2O_7$法是测定铁含量的国家标准方法，在测定合金、矿石、金属盐及硅酸盐等的含铁量时有很大实用价值。

四、仪器与试剂

分析天平，烧杯，锥形瓶（250mL），表面皿，量筒（10mL），容量瓶（250mL），移液管（25mL），滴定管（25mL）。

$K_2Cr_2O_7$（A. R.），浓 HCl，$SnCl_2$ 溶液（$50g \cdot L^{-1}$），H_2SO_4-H_3PO_4 混酸（15mL 浓 H_2SO_4 缓慢加到 75mL 蒸馏水中，冷却后加入 15mL 浓 H_3PO_4 混匀），甲基橙指示剂（0.1%水溶液），二苯胺磺酸钠指示剂（0.5%水溶液）。

五、实验步骤

1. $0.05mol \cdot L^{-1}$（$1/6K_2Cr_2O_7$）标准溶液的配制

准确称取约 0.61g $K_2Cr_2O_7$（应在 140℃干燥 2h，然后在干燥器中冷却备用）于小烧杯中，加入适量的蒸馏水，完全溶解后定量转移至 250mL 容量瓶中，用蒸馏水定容后摇匀，计算其准确浓度。

$$c(1/6K_2Cr_2O_7)=\frac{m(K_2Cr_2O_7)/M(1/6K_2Cr_2O_7)}{V(K_2Cr_2O_7)}\times 1000$$

2. 试液的制备

准确称取铁矿石样品 0.5～0.6g 于小烧杯中，加几滴蒸馏水润湿，加入 10mL 浓 HCl，再加入 20 滴 $50g \cdot L^{-1}$ $SnCl_2$ 溶液，盖上表面皿，在通风橱中于近沸的水浴中加热，直至样品完全分解。试样分解完全时，所有深色颗粒消失，表明样品已分解完全，可能剩有的白色残渣为 SiO_2。用少量蒸馏水吹洗表面皿及烧杯壁，冷却后定量转至 250mL 容量瓶中，用蒸馏水稀释至刻度并摇匀。

3. 预处理①及滴定

移取试样溶液 25.00mL 于锥形瓶中，加 8mL 浓 HCl，将试液加热至近沸，加入 6 滴甲基橙，趁热②边摇动锥形瓶边逐滴加入 $50g \cdot L^{-1}$ $SnCl_2$ 溶液还原 Fe^{3+}，溶液颜色由橙→红→粉色，直到粉色刚好消失③。立即用流动水冷却，加 50mL 蒸馏水、10mL H_2SO_4-H_3PO_4 混酸、2 滴 0.5%二苯胺磺酸钠指示剂，立即用 $K_2Cr_2O_7$ 标准溶液滴定至稳定的紫色即为终点。平行测定 3 次，计算铁矿石中铁的质量分数。

$$w(Fe)=\frac{c(1/6K_2Cr_2O_7)\times\frac{V(K_2Cr_2O_7)}{1000}\times M(Fe)}{m_{样}\times 25.00/250}\times 100\%$$

六、阅读材料

（1）陈杰，金绍祥，何天伦. 2011. 无汞法测定铁矿石中全铁含量的实验研究. 贵州化工，36(1)：38-39

① 滴定前预处理的目的是将试液中的铁全部还原为 Fe^{2+}，再用 $K_2Cr_2O_7$ 标准溶液测定总铁量。无汞重铬酸钾法测铁时，也可采用 $SnCl_2$-$TiCl_3$ 联合预还原法进行预处理。

② 用 $SnCl_2$ 还原 Fe^{3+} 时，溶液温度不能太低，否则反应速率慢，易使 $SnCl_2$ 过量。

③ 若刚加入 $SnCl_2$ 红色立即褪去，说明 $SnCl_2$ 已经过量，可补加 1 滴甲基橙，以除去稍过量的 $SnCl_2$，此时溶液若呈现浅粉色，表明 $SnCl_2$ 不过量。

(2) 李杰阳. 2020. 重铬酸钾滴定法测定低品位多金属矿石中全铁含量. 中国无机分析化学,10(4):45-50

(3) 乔凤霞,康永胜,王孟歌. 2008. 无汞法测定铁矿石中铁含量的实验改进. 保定学院学报,21(4):11-12

(4) 任莹. 2011. 铁矿石全铁含量的测定——三氯化钛还原法. 黑龙江冶金,31(2):20-21

(5) 张洪波,田鹏,秦雨,等. 2011. 滴定分析法测定铁矿石中铁含量. 沈阳师范大学学报(自然科学版),29(4):546-548

(6) 张明,刘子瑜. 2013. 重铬酸钾滴定法测定铁矿石中亚铁含量. 理化检验(化学分册),49(12):1514,1516

七、思考题

(1) 溶解铁矿石时为什么不能加热至沸腾?若出现沸腾对结果有什么影响?

(2) 用 $K_2Cr_2O_7$ 法测铁时,加入 H_2SO_4-H_3PO_4 混酸的目的何在?加入 H_2SO_4-H_3PO_4 后,为什么要立即进行滴定?

(3) 为什么要趁热逐滴加入 $SnCl_2$?

(4) 以 $SnCl_2$ 还原 Fe^{3+} 为 Fe^{2+} 应在什么条件下进行?$SnCl_2$ 加得不足或过量太多,将造成什么后果?

(5) 本实验以甲基橙为指示剂,用 $SnCl_2$ 还原有什么特点?

实验三十三 $AgNO_3$ 和 NH_4SCN 标准溶液的配制和标定

一、预习内容

(1) 理论教材中各种银量法的基本原理、滴定条件及有关应用。

(2) 预习本实验内容,了解 $AgNO_3$ 和 NH_4SCN 标准溶液的配制、标定方法和注意事项,回答思考题。

二、实验目的

(1) 学会 $AgNO_3$ 和 NH_4SCN 标准溶液的配制和标定方法。

(2) 掌握沉淀滴定法中莫尔法和福尔哈德法的原理、方法及应用。

(3) 熟悉沉淀滴定法滴定终点的判断。

三、实验原理

用分析纯 $AgNO_3$ 固体可直接配制 $AgNO_3$ 标准溶液。在准确称量前,应将分析纯$AgNO_3$ 在110℃时烘1~2h。由于 $AgNO_3$ 见光易分解,因此纯净的 $AgNO_3$ 固体或配好的 $AgNO_3$ 标准溶液都应保存在密封的棕色玻璃瓶中。

如果 $AgNO_3$ 试剂纯度不够,可把它配成近似所需浓度的溶液,然后用基准物质 NaCl 标定。NaCl 易潮解,使用前应先将其放入坩埚内于500~600℃高温下灼烧30min,然后将干燥好的 NaCl 放于干燥器中备用。标定时所用的方法(莫尔法或福尔哈德法)应和测定样品时的方法一致,以抵消测定方法所引起的系统误差。

因为 NH_4SCN(或 KSCN)固体易吸湿,所以 NH_4SCN 标准溶液应先配成近似浓度,然后用 $AgNO_3$ 标准溶液进行比较滴定,根据 $AgNO_3$ 标准溶液的浓度计算出 NH_4SCN 标准溶液

的浓度。反应式为

$$Ag^+ + SCN^- \longrightarrow AgSCN\downarrow$$
$$Fe^{3+} + SCN^- \longrightarrow [Fe(SCN)]^{2+}$$

莫尔法标定 $AgNO_3$ 标准溶液的浓度时的反应如下：

$$Ag^+ + Cl^- \longrightarrow AgCl\downarrow$$
$$2Ag^+ + CrO_4^{2-} \longrightarrow Ag_2CrO_4\downarrow$$

因 AgCl 的溶解度比 Ag_2CrO_4 的溶解度小[$K_{sp}^{\ominus}(AgCl)=1.8\times10^{-10}$，$K_{sp}^{\ominus}(Ag_2CrO_4)=1.1\times10^{-12}$]，所以滴定时先析出 AgCl 沉淀。当 AgCl 定量沉淀后，稍过量的 $AgNO_3$ 溶液立即与 CrO_4^{2-} 生成砖红色 Ag_2CrO_4 沉淀，指示终点的到达。滴定必须在中性或弱碱性溶液中进行，最适宜的 pH 为 6.5～10.5。酸度过高，不产生 Ag_2CrO_4 沉淀；酸度过低，则生成 Ag_2O 沉淀。

指示剂 K_2CrO_4 的用量一般控制在 $5\times10^{-3}mol\cdot L^{-1}$ 为宜。浓度过高，Ag_2CrO_4 沉淀出现过早，使终点提前；浓度过低，Ag_2CrO_4 出现偏迟，使终点拖后，造成误差。

四、仪器与试剂

托盘天平，分析天平，烧杯，锥形瓶(150mL)，棕色试剂瓶，量筒(10mL)，容量瓶(100mL)，移液管(20mL、25mL)，酸式滴定管(25mL)。

$AgNO_3$(A. R.)，NaCl(A. R.)，NH_4SCN(A. R.)，K_2CrO_4 溶液(5%)，铁铵矾指示剂(40%)，HNO_3 溶液($6mol\cdot L^{-1}$)。

五、实验步骤

1. $AgNO_3$ 标准溶液的配制和标定

(1) $0.05mol\cdot L^{-1}$ $AgNO_3$ 标准溶液的配制。在托盘天平上称取 $AgNO_3$ 固体 2.1g，溶于 250mL 蒸馏水中，将溶液转入棕色试剂瓶中，放置暗处保存①。

(2) $AgNO_3$ 标准溶液的标定。准确称取 0.20～0.25g NaCl 基准物质于小烧杯中，加少量蒸馏水溶解后，定量转入 100mL 容量瓶中，用蒸馏水稀释至刻度，摇匀。

用移液管取 25.00mL NaCl 标准溶液于锥形瓶中，加入 10 滴 5% K_2CrO_4 溶液，在不断摇动下，用 $AgNO_3$ 标准溶液滴定至出现砖红色沉淀即为终点，记下消耗 $AgNO_3$ 标准溶液的体积。平行标定 3 次，要求结果的相对平均偏差不大于 0.3%。根据 $AgNO_3$ 标准溶液的用量和基准物质的质量，可按下式计算出 $c(AgNO_3)$。

$$c(AgNO_3)=\frac{m(NaCl)\times\frac{25.00}{100.00}}{M(NaCl)\cdot V(AgNO_3)}\times1000$$

2. NH_4SCN 标准溶液的配制和标定

(1) $0.05mol\cdot L^{-1}$ NH_4SCN 标准溶液的配制。在托盘天平上称取固体 NH_4SCN 1.0g，

① $AgNO_3$ 溶液见光易分解，应装在棕色瓶中，置于阴暗处保存。$AgNO_3$ 溶液应避免与皮肤、橡胶等接触，以免发生腐蚀作用。

溶于250mL蒸馏水中，储存于洁净的试剂瓶中。

(2) NH_4SCN标准溶液的标定。用移液管移取20.00mL $AgNO_3$标准溶液于锥形瓶中，加入6mol·L^{-1} HNO_3 3mL和铁铵矾指示剂1mL，在强烈摇动下用NH_4SCN标准溶液滴定。当接近终点时，溶液显浅红色，经用力摇动则浅红色消失。继续滴定到溶液刚显出的浅红色经摇动仍不消失时，即为终点，记录消耗NH_4SCN标准溶液的体积。平行标定3次，计算NH_4SCN标准溶液的浓度，要求结果的相对平均偏差不大于0.3%。

$$c(NH_4SCN)=\frac{c(AgNO_3)\cdot V(AgNO_3)}{V(NH_4SCN)}$$

六、阅读材料

(1) 马玉芬. 2012. 自动电位滴定仪标定硝酸银标准溶液. 全面腐蚀控制，26(8)：32-33，38

(2) 孙美琼. 2014. 硝酸银标准溶液的标定及稳定性探讨. 广州化工，42(9)：128-130

(3) 朱美华. 2016. 两种硝酸银标准溶液标定方法的比较. 山东化工，45(13)：94-95

七、思考题

(1) 以K_2CrO_4作指示剂时，指示剂用量过多或过少对测定有何影响？

(2) $AgNO_3$标准溶液应装在酸式滴定管还是碱式滴定管中，为什么？NH_4SCN标准溶液呢？

(3) 滴定过程中为什么要充分摇动溶液？

实验三十四　粗食盐中NaCl含量的测定

一、预习内容

(1) 莫尔法测定氯离子的原理、条件、方法及有关注意事项。

(2) 预习本实验内容，回答思考题。

二、实验目的

(1) 掌握用莫尔法测定氯离子的原理、条件和方法。

(2) 了解莫尔法的应用，指示剂的选择及滴定终点的正确判断。

三、实验原理

根据所用指示剂的不同，银量法可分为莫尔法、福尔哈德法、法扬斯法等。粗食盐中氯化钠的含量常采用莫尔法测定，即在中性或弱碱性(pH=6.5～10.5)溶液中[①]，以K_2CrO_4为指示剂，用$AgNO_3$标准溶液进行滴定。反应式如下：

$$Ag^+ + Cl^- \longrightarrow AgCl\downarrow(白色) \qquad K_{sp}^\ominus=1.8\times10^{-10}$$

$$2Ag^+ + CrO_4^{2-} \longrightarrow Ag_2CrO_4\downarrow(砖红色) \qquad K_{sp}^\ominus=1.1\times10^{-12}$$

因AgCl的溶解度比Ag_2CrO_4小，所以当AgCl定量沉淀后，微过量的$AgNO_3$即与K_2CrO_4反应生成砖红色的Ag_2CrO_4沉淀，表明滴定达到终点。等物质的量的关系式为

---

① 酸度过低，产生Ag_2O沉淀；酸度过高，CrO_4^{2-}部分转变成$Cr_2O_7^{2-}$，使终点延后。若有NH_4^+存在，为避免生成$[Ag(NH_3)_2]^+$，溶液pH应控制在6.5～7.2滴定。当NH_4^+浓度大于0.1mol·L^{-1}时，便不能直接用莫尔法测定Cl^-。

$$n(\mathrm{NaCl})=n(\mathrm{AgNO_3})$$

四、仪器与试剂

分析天平，烧杯，锥形瓶(150mL)，容量瓶(100mL)，移液管(25mL)，酸式滴定管(25mL)。

K_2CrO_4 溶液(5%)，$AgNO_3$ 标准溶液(0.05mol·L^{-1})。

五、实验步骤

准确称取 0.20～0.25g 粗食盐样品①于小烧杯中，加蒸馏水溶解后定量转入 100mL 容量瓶中，用蒸馏水稀释至刻度，摇匀。

准确移取 25.00mL 试液于锥形瓶中，加入 10 滴 5% K_2CrO_4 指示剂②，在不断摇动下用 $AgNO_3$ 标准溶液滴定至刚呈砖红色，即为终点，记下所耗 $AgNO_3$ 标准溶液的体积。平行测定 3 次，按下式计算 NaCl 的含量。

$$w(\mathrm{NaCl})=\frac{c(\mathrm{AgNO_3})\times\frac{V(\mathrm{AgNO_3})}{1000}\times M(\mathrm{NaCl})}{m_{样}\times\frac{25.00}{100.00}}\times 100\%$$

六、阅读材料

(1) 杜春明，许龙灿. 2003. 氯化钠含量测定的实验改进. 楚雄师范学院学报，18(3):57-58

(2) 万国民. 1997. 电位滴定法测定食盐中 NaCl 含量. 中国井矿盐，(4):39-41

(3) 王霞. 2009. 食盐氯化钠含量测定方法与对比. 牙膏工业，19(3):22-23

(4) 杨耀芳，方学明，沈晓英，等. 1998. 两种指示剂法测定氯化钠含量结果比较. 辽宁药物与临床，1(2):75-76

(5) 周何华，邱燕飞，杜玉辉，等. 2004. 铁铵矾指示剂法测定氯化物. 工业水处理，24(3):47-50

七、思考题

(1) 测定 NH_4Cl 和 NaCl 中 Cl^- 时，溶液 pH 应如何控制？为什么？

(2) 用 K_2CrO_4 作指示剂，能否用 NaCl 标准溶液滴定 $AgNO_3$？为什么？

(3) 莫尔法测定 Cl^- 含量时，为什么溶液 pH 要控制在 6.5～10.5？

实验三十五　碘化钾含量的测定(碘-淀粉指示剂法)

一、预习内容

(1) 碘化钾含量的各种测定方法的原理与特点。

(2) 预习本实验内容，回答思考题。

---

① 能与 Ag^+ 生成难溶化合物或配合物的阴离子均干扰测定，如 PO_4^{3-}、AsO_4^{3-}、SO_3^{2-}、S^{2-}、CO_3^{2-}、$C_2O_4^{2-}$ 等。其中，S^{2-} 可生成 H_2S，经加热煮沸而除去；SO_3^{2-} 可使之氧化为 SO_4^{2-} 而不再干扰。能与 CrO_4^{2-} 生成难溶化合物的阳离子也干扰测定，如 Ba^{2+}、Pb^{2+} 等，Ba^{2+} 的干扰可加入过量 Na_2SO_4 而消除。

② 指示剂的用量对滴定终点的准确判断有影响，一般在 100mL 溶液中加入 1mL 5% K_2CrO_4 较合适。

二、实验目的

(1) 掌握碘-淀粉指示剂法测定碘化钾含量的原理和方法。

(2) 弄清碘遇淀粉变蓝的条件。

三、实验原理

碘化钾含量的测定一般采用法扬斯法。这里介绍一种新方法——碘-淀粉指示剂法。淀粉遇碘变蓝，且碘离子浓度越高，显色灵敏度越高。利用此显色原理，用 $AgNO_3$ 标准溶液测定 KI 的含量时，滴定前加入碘-淀粉指示剂，此时溶液呈蓝色，随后用 $AgNO_3$ 标准溶液滴定。溶液中的游离 I^- 被滴定后，滴入的少量 $AgNO_3$ 标准溶液便与蓝色包合物中的 I^- 作用生成 AgI 沉淀，蓝色随之褪去，从而指示滴定终点。反应式如下：

滴定前 $I^- + I_2\text{-淀粉} \longrightarrow I_3^-\text{-淀粉}$

(无色) (蓝色)

滴定中 $Ag^+ + I^- \xlongequal{} AgI\downarrow$

终点时 $Ag^+ + I_3^-\text{-淀粉} \longrightarrow AgI\downarrow + I_2\text{-淀粉}$

(蓝色) (无色)

滴定一般在中性或弱酸性(pH=2～7)介质中进行。碱性介质中，Ag^+ 会发生水解，I_2 则明显发生歧化反应；溶液的 pH 小于 2 时，淀粉易水解成糊精，遇 I_2 显红色，变色灵敏度降低。对 KI 样品，不需调节酸度即可测定。

CO_3^{2-}、$C_2O_4^{2-}$、CrO_4^{2-}、S^{2-}、SO_3^{2-}、$S_2O_3^{2-}$、PO_4^{3-}、Cl^-、Br^-、SCN^-、CN^- 等均能与 $AgNO_3$ 反应生成沉淀而干扰测定。CO_3^{2-}、S^{2-}、SO_3^{2-}、$S_2O_3^{2-}$ 等在酸性溶液中煮沸即可除去，$C_2O_4^{2-}$、CrO_4^{2-}、PO_4^{3-} 等可适当提高滴定时的酸度(如用 HAc 调节 pH 为 3)来消除干扰。Cl^-、Br^-、SCN^- 等的银盐与 AgI 在溶度积上有相当大的差异，实验表明，6 倍的 Cl^-、0.4 倍的 Br^-、0.5 倍的 SCN^- 不干扰测定。CN^- 存在时将产生严重干扰。

四、仪器与试剂

分析天平，锥形瓶(150mL)，量筒(5mL、50mL)，酸式滴定管(25mL)。

$AgNO_3$ 标准溶液(0.05mol·L^{-1})，饱和碘水(取 100mL 蒸馏水于棕色瓶中，加入适量 I_2 振荡使之达溶解平衡)，淀粉溶液(0.5%)，碘-淀粉溶液(100mL 饱和碘水和 100mL 0.5%淀粉溶液混合，滴加 $AgNO_3$ 溶液至蓝色刚好消失。临用时配制)。

五、实验步骤

用分析天平准确称取 0.15～0.2g KI 样品于锥形瓶中，加入 30mL 蒸馏水溶解，然后加 3mL 碘-淀粉溶液，用 $AgNO_3$ 标准溶液滴定至蓝色刚好消失即为终点，记下所耗 $AgNO_3$ 标准溶液的体积。平行测定 3 次，按下式计算样品中 KI 的质量分数。

$$w(\mathrm{KI})=\frac{c(\mathrm{AgNO_3})\cdot\dfrac{V(\mathrm{AgNO_3})}{1000}\cdot M(\mathrm{KI})}{m_{样}}\times 100\%$$

六、阅读材料

(1) 陈武明. 1983. 碘化钾含量测定方法的比较. 中国药学杂志，18(12)：34-35

（2）李家胜，陈忠明. 1998. 电位滴定法测定饲料添加剂碘化钾含量. 饲料工业，19(8)：31-32

（3）钟国清. 1996. 银量法测定碘化钾含量. 中国饲料，(2)：39-40

（4）钟国清，蒋礼. 1994. 蒸馏法测定碘化钾的主含量. 化学世界，(1)：29-32

七、思考题

（1）将 I_2 溶于水后，加入淀粉溶液，是否会变蓝色？为什么？

（2）碘-淀粉指示剂法测定 KI 含量，溶液 pH 为什么要控制在 2～7？

实验三十六　可溶性硫酸盐中硫含量的测定（微波重量法）

一、预习内容

（1）理论教材中重量法的有关基础知识和基本操作。

（2）玻璃砂芯漏斗及其使用。

（3）预习本实验内容，回答思考题。

二、实验目的

（1）掌握硫酸钡重量法测定可溶性硫酸盐中的硫含量的原理和结果计算。

（2）练习微波重量法的基本操作。

三、实验原理

芒硝（$Na_2SO_4 \cdot 10H_2O$）在工农业生产中应用广泛，其硫酸根可用 $BaCl_2$ 作沉淀剂，以 $BaSO_4$ 为沉淀形式和称量形式进行测定。

试样溶解于水后，用稀盐酸酸化，加热至接近沸腾，在不断搅拌下，缓慢加入热的、稀的 $BaCl_2$ 溶液，使 SO_4^{2-} 与 Ba^{2+} 作用形成 $BaSO_4$ 沉淀。在盐酸介质中进行沉淀是为了防止产生 $BaCO_3$、$BaHPO_4$、$BaHAsO_4$ 沉淀，以及 $Ba(OH)_2$ 等共沉淀。同时，适当提高酸度，增加 $BaSO_4$ 在沉淀过程中的溶解度，以降低其相对过饱和度，有利于获得较好的晶形沉淀。所得沉淀经陈化、过滤、洗涤、烘干、灰化和灼烧，即可得到 $BaSO_4$ 的称量形式。本实验采用玻璃砂芯漏斗抽滤 $BaSO_4$ 沉淀，微波炉干燥恒量。

四、仪器与试剂

分析天平，烧杯，电炉或酒精灯，量筒（10mL、50mL），玻璃棒，表面皿，家用微波炉，G_4 玻璃砂芯漏斗，减压过滤装置。

芒硝样品，HCl 溶液（$2mol \cdot L^{-1}$），$AgNO_3$ 溶液（$0.1mol \cdot L^{-1}$），$BaCl_2$ 溶液（5%）。

五、实验步骤

准确称取研细的芒硝试样 2 份，每份 0.8～1.0g，分别置于 2 个 400mL 烧杯中，各加蒸馏水 25mL，搅拌溶解①，加入 $2mol \cdot L^{-1}$ HCl 溶液 6mL，用蒸馏水稀释至约 200mL，盖上表面

① 若有不溶于水的残渣，应过滤除去，并用稀盐酸洗涤残渣数次，再用水洗至不含 Cl^-。

皿，将溶液加热至沸腾①，在不断搅拌下缓慢滴加 $BaCl_2$ 溶液（20mL 5% $BaCl_2$ 溶液预先加热至微沸），使沉淀完全②。盖上表面皿，微沸 10min，在约 90℃水浴中保温陈化 1h。冷至室温后，用已恒量并称量的 G_4 玻璃砂芯漏斗抽滤，用热蒸馏水洗沉淀至无 Cl^-③。抽干后，放入微波炉中，在 350W 功率下加热 5min，取出于干燥器内冷却，称量④。

根据下式计算芒硝试样中硫的质量分数。

$$w(S)=\frac{m(BaSO_4)\cdot\frac{M(S)}{M(BaSO_4)}}{m_{样}}\times100\%$$

六、阅读材料

(1) 李计涛，崔钦，李风梅. 2008. 芒硝生产中硫酸根测定方法的比较. 中国氯碱，(7)：33-35
(2) 卢立国. 2010. 芒硝矿生产中硫酸根含量的测定分析. 中国高新技术企业，(36)：36-37
(3) 张秋香，赵玉军，宋昕，等. 2012. 芒硝中十水硫酸钠含量的测定方法. 氯碱工业，48(5)：33-35
(4) 钟国清. 2001. 芒硝中硫酸钠含量的快速测定. 无机盐工业，33(4)：43-44

七、思考题

(1) 重量法所称试样质量应根据什么原则计算？沉淀剂用量应该怎样计算？
(2) 为什么沉淀 $BaSO_4$ 要在稀 HCl 介质中进行？不断搅拌的目的何在？
(3) 为什么沉淀 $BaSO_4$ 要在热溶液中进行而冷却后过滤？沉淀后为什么要陈化？
(4) 用 $BaCl_2$ 作沉淀剂测定 SO_4^{2-} 时，用什么作洗涤剂？能用 H_2SO_4 或 $BaCl_2$ 溶液吗？
(5) 用 SO_3 表示芒硝的质量分数，应如何计算？

实验三十七　分光光度法测定微量铁

一、预习内容

(1) 理论教材中分光光度法的基本原理、适用条件及有关应用。
(2) 分光光度法仪器的基本结构与操作程序。
(3) 预习本实验内容，回答思考题。

二、实验目的

(1) 学习如何选择分光光度分析的实验条件。
(2) 掌握分光光度法测定微量铁的原理及方法。
(3) 掌握分光光度计和吸量管的使用方法。

三、实验原理

邻二氮菲（又称邻菲啰啉）是测定微量铁的一种较好的试剂。在 pH 2～9 时，Fe^{2+} 与邻二

---

① 试样中若含有 Fe^{3+} 等干扰离子，在加 $BaCl_2$ 溶液沉淀之前，可加入 1% EDTA 溶液 5mL 加以掩蔽。

② 沉淀是否完全，检查方法如下：静置，待沉淀沉降后，在上面的清液中加 1～2 滴 $BaCl_2$ 溶液，仔细观察，若无浑浊产生，表示沉淀已经完全，否则应再加入沉淀剂，直至沉淀完全。

③ 洗涤时每次用水量以 10mL 左右为宜。检查洗液中有无 Cl^-，是用硝酸酸化的 $AgNO_3$ 溶液，若无白色浑浊产生，表示 Cl^- 已洗尽。

④ 应加热至恒量（两次质量之差小于 0.2mg）。在 350W 微波功率下一般加热 3～4min 可达恒量。

氮菲生成稳定的橘红色配合物，反应式如下：

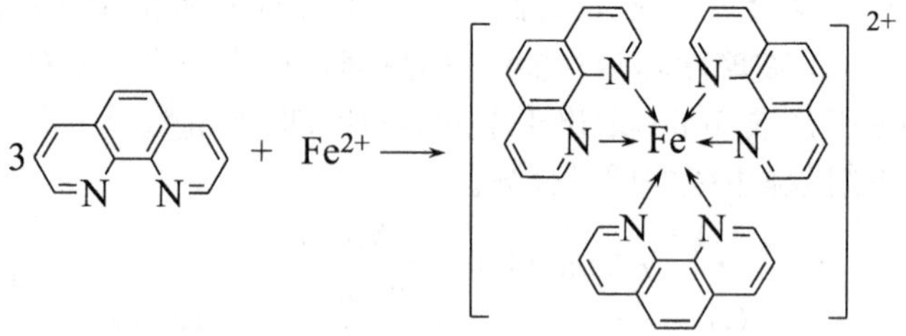

此配合物的 $\lg K_f^{\ominus}=21.3(20℃)$，摩尔吸光系数 $\varepsilon_{510}=1.1\times10^4 L\cdot mol^{-1}\cdot cm^{-1}$。生成的橘红色配合物的最大吸收波长在 510nm 处。本方法的选择性很高，相当于含铁量 40 倍的 Sn^{2+}、Al^{3+}、Ca^{2+}、Mg^{2+}、Zn^{2+}、SiO_3^{2-}，20 倍的 Cr^{3+}、Mn^{2+}、V(Ⅴ)、PO_4^{3-}，5 倍的 Cu^{2+}、Co^{2+} 等均不干扰测定，量大时可用 EDTA 掩蔽或预先分离。

在显色前，先用盐酸羟胺把 Fe^{3+} 还原为 Fe^{2+}，其反应式如下：

$$2Fe^{3+}+2NH_2OH\cdot HCl \longrightarrow 2Fe^{2+}+N_2\uparrow+2H_2O+4H^++2Cl^-$$

测定时，控制溶液酸度在 pH=5 左右较为适宜。酸度过高，反应进行较慢；酸度过低，则 Fe^{2+} 水解，影响显色。

分光光度法的实验条件，如测量波长、溶液酸度、显色剂用量、显色时间、显色温度、溶剂以及共存离子干扰及其消除等，都是通过实验确定的。本实验在测定试样中铁含量之前，先做部分条件实验，以便初学者掌握确定实验条件的方法。条件实验的简单方法是，变动某实验条件，固定其余条件，测得一系列吸光度值，绘制吸光度 A-某实验条件的曲线，根据曲线确定某实验条件的适宜值或适宜范围。

四、仪器与试剂

容量瓶或比色管(50mL)，吸量管(5mL、10mL)，比色皿(1cm)，分光光度计。

$100\mu g\cdot mL^{-1}$ 铁标准溶液：准确称取 0.8634g 分析纯 $NH_4Fe(SO_4)_2\cdot 12H_2O$，置于一烧杯中，以 30mL $2mol\cdot L^{-1}$ HCl 溶液溶解后定量转入 1000mL 容量瓶中，用蒸馏水稀释至刻度，摇匀。

$10\mu g\cdot mL^{-1}$ 铁标准溶液：由 $100\mu g\cdot mL^{-1}$ 铁标准溶液准确稀释 10 倍而成。

盐酸羟胺溶液(10%，因其不稳定，需临用时配制)，邻二氮菲溶液(0.1%，临用时配制)，NaAc 溶液($1mol\cdot L^{-1}$)，NaOH 溶液($1mol\cdot L^{-1}$)，待测液。

五、实验步骤

1. 条件实验

1) 吸收曲线的制作和测量波长的选择

用吸量管吸取 0.00mL 和 1.00mL $100\mu g\cdot mL^{-1}$ 铁标准溶液分别注入 2 个 50mL 容量瓶(或比色管)中，各加入 1.0mL 10%盐酸羟胺溶液，摇匀。再加入 2.0mL 0.1%邻二氮菲溶液、5.0mL $1mol\cdot L^{-1}$ NaAc 溶液，用蒸馏水稀释至刻度，摇匀，放置 10min。用 1cm 比色皿，以试剂空白为参比溶液，在 440～560nm 每隔 10nm 测一次吸光度，在最大吸收峰附近，每隔 5nm 测量一次吸光度。以波长 λ 为横坐标，吸光度 A 为纵坐标，绘制吸收曲线 A-λ 图。从吸收曲线上选择测定 Fe^{2+} 的适宜波长，一般选用最大吸收波长 λ_{max}。

2) 溶液酸度的选择

取 8 个 50mL 容量瓶(或比色管)，用吸量管分别加入 1.00mL $100\mu g\cdot mL^{-1}$ 铁标准溶液、

1.0mL 盐酸羟胺，摇匀。再加入 2.0mL 邻二氮菲溶液，摇匀。用 5.0mL 吸量管分别加入 0.0mL、0.2mL、0.5mL、1.0mL、1.5mL、2.0mL、2.5mL 和 3.0mL 1mol·L^{-1} NaOH 溶液，用蒸馏水稀释至刻度，摇匀，放置 10min。用 1cm 比色皿，以蒸馏水为参比溶液，在选定波长下测定各溶液的吸光度。同时，用 pH 计测量各溶液的 pH。以 pH 为横坐标，吸光度 A 为纵坐标，绘制 A-pH 曲线，得出测定 Fe^{2+} 的适宜酸度范围。

3）显色剂用量的选择

取 7 个 50mL 容量瓶（或比色管），用吸量管各加入 1.00mL 100μg·mL^{-1} 铁标准溶液、1.0mL 盐酸羟胺，摇匀，再分别加入 0.1mL、0.3mL、0.5mL、0.8mL、1.0mL、2.0mL、4.0mL 邻二氮菲溶液和 5.0mL NaAc 溶液，以蒸馏水稀释至刻度，摇匀，放置 10min。用 1cm 比色皿，以蒸馏水为参比溶液，在选定波长下测定各溶液的吸光度。以所取邻二氮菲溶液体积 V 为横坐标，吸光度 A 为纵坐标，绘制 A-V 曲线，得出测定 Fe^{2+} 时显色剂的最适宜用量。

4）显色时间

在一个 50mL 容量瓶（或比色管）中，用吸量管加入 1.00mL 100μg·mL^{-1} 铁标准溶液、1.0mL 盐酸羟胺，摇匀。再加入 2.0mL 邻二氮菲溶液、5.0mL NaAc 溶液，以蒸馏水稀释至刻度，摇匀。立刻用 1cm 比色皿，以蒸馏水为参比溶液，在选定波长下测量吸光度。然后依次测量放置 5min、10min、30min、60min、120min 后的吸光度。以时间 t 为横坐标，吸光度 A 为纵坐标，绘制 A-t 曲线，得出 Fe^{2+} 与邻二氮菲显色反应完全所需要的适宜时间。

2. 铁含量的测定

1）标准曲线的绘制

取 50mL 容量瓶（或比色管），分别移取（务必准确量取，为什么？）10μg·mL^{-1} 铁标准溶液 0.00mL、2.00mL、4.00mL、6.00mL、8.00mL 和 10.00mL 于 6 个容量瓶中，然后各加入 1.0mL 10%盐酸羟胺，摇匀，放置 2min 后，再各加 1mol·L^{-1} NaAc 溶液 5.0mL 及 0.1%邻二氮菲溶液 2.0mL，以蒸馏水稀释至刻度，摇匀。放置 10min，在分光光度计上，用 1cm 比色皿，以试剂空白为参比溶液，在最大吸收波长（510nm）处，测定各溶液的吸光度。以铁含量为横坐标，吸光度 A 为纵坐标，绘制标准曲线。

2）待测液中铁含量的测定

吸取适量待测液代替标准溶液，其他步骤均与标准曲线绘制相同，测定吸光度。由待测液的吸光度在标准曲线上查出待测液中的铁含量，然后以 mg·L^{-1} 表示结果。如果待测液的铁含量过高，可少取待测液或将待测液稀释后再显色。

六、阅读材料

（1）黄志中，罗六保，张世誉，等. 2008. 邻二氮菲分光光度法测定铁条件选择实验的改进. 化工科技，16(6)：50-53

（2）李国强，杨建君，何家洪，等. 2014. 分光光度法测定铁(Ⅲ)的研究进展. 冶金分析，34(1)：33-34

（3）李丝红，郭幼红. 2013. 邻二氮菲分光光度法测定微量铁实验探讨. 海峡药学，25(8)：82-85

（4）秦岩. 2008. 邻二氮菲分光光度法测定微量铁实验的改进. 沈阳医学院学报，10(1)：44-45

（5）徐彦芹，张雪，曹渊，等. 2013. 分光光度法测定全铁和亚铁的改进. 实验室研究与探索，32(5)：29-31

（6）宣亚文，武文. 2011. 分光光度法测定工业废水中的铁. 光谱实验室，28(3)：1560-1563

（7）朱庆珍，夏红. 2009. 分光光度法测定微量铁实验方法的改进. 实验科学与技术，7(6)：25-27

七、思考题

（1）Fe^{3+} 标准溶液在显色前加盐酸羟胺的目的是什么？若测定一般铁盐的总铁，是否需要加盐酸羟胺？

(2) 若用配制已久的盐酸羟胺溶液,对分析结果将带来什么影响?

(3) 为什么在分光光度法中必须使用参比溶液? 如何选择参比溶液?

(4) 显色时,加入还原剂、缓冲溶液、显色剂的顺序可否颠倒? 为什么?

(5) 何谓吸收曲线? 何谓标准曲线? 各有何实际意义?

(6) 吸光度 A 与透光率 T 之间的关系如何? 分光光度法测定时,A 值取什么范围为宜? 为什么? 怎样加以控制? A 为何值时测定误差最小?

实验三十八　紫外分光光度法测定水中的硝酸盐

一、预习内容

(1) 紫外分光光度法测定物质含量的基本原理和有关应用,回答思考题。

(2) 紫外分光光度计的构造和使用方法。

二、实验目的

(1) 掌握紫外分光光度法测定水中的硝酸盐含量的原理和方法。

(2) 了解紫外分光光度计的构造和使用方法。

(3) 了解不同结构的物质在紫外光谱区吸收峰的特点。

三、实验原理

NO_3^- 在 220nm 具有吸收峰①,可用紫外分光光度法进行测定。因为水中溶解的有机物于 220nm 也有吸收,可在 NO_3^- 无吸收的 275nm 处测定有机物的吸光度,然后以其二倍数值从 220nm 的吸光度值中减去,可加以扣除而校正。校正吸光度计算式为

$$A=A_{220}-2A_{275}$$

式中:A——校正吸光度;

A_{220}——220nm 处测得的吸光度;

A_{275}——275nm 处测得的吸光度。

四、仪器与试剂

紫外分光光度计,烧杯,容量瓶(50mL),移液管(1mL、5mL、25mL)。

NO_3^--N 标准溶液:准确称取 0.1804g 已烘干 1h 并冷至室温的 KNO_3(A. R.),溶解后定容为 500mL,即为含 N $50\mu g \cdot mL^{-1}$ NO_3^- 标准溶液。

HCl 溶液($1mol \cdot L^{-1}$)。

五、实验步骤

向 6 个 50mL 容量瓶中分别加入含 N $50\mu g \cdot mL^{-1}$ NO_3^- 标准溶液 0.00mL、0.25mL、0.50mL、1.00mL、3.00mL、5.00mL,各加入 1.0mL $1mol \cdot L^{-1}$ HCl 溶液,加蒸馏水至刻度,摇匀,即得含 N 为 $0\mu g \cdot mL^{-1}$、$0.25\mu g \cdot mL^{-1}$、$0.50\mu g \cdot mL^{-1}$、$1.0\mu g \cdot mL^{-1}$、$3.0\mu g \cdot mL^{-1}$、$5.0\mu g \cdot mL^{-1}$ NO_3^- 系列标准溶液。

---

① NO_2^- 在 220nm 波长处有明显的吸收而严重干扰 NO_3^- 的测定,可加入氨基磺酸作为掩蔽剂消除干扰。

取水样① 25.00mL 于 50mL 容量瓶中，加入 1.0mL 1mol·L^{-1} HCl 溶液，加蒸馏水至刻度，摇匀。若水样中 NO_3^- 浓度较高，可少取一些水样或事先稀释。

以空白溶液作参比液，将标准溶液及待测液分别在 220nm、275nm 处测定其吸光度 A，记录于表 4-16。作 A-c 曲线，从图上求出待测液的浓度，再依稀释倍数计算出水样中 NO_3^--N 的质量浓度。

表 4-16 紫外分光光度法测定硝酸盐含量记录表

溶液种类	标准溶液						待测液
吸取溶液的体积/mL	0.00	0.25	0.50	1.00	3.00	5.00	
NO_3^--N 的含量/(μg·mL^{-1})	0.0	0.25	0.50	1.0	3.0	5.0	
A_{220}							
A_{275}							
$A=A_{220}-2A_{275}$							

NO_3^--N 的含量(μg·mL^{-1})＝从曲线上求出的质量浓度(μg·mL^{-1})×稀释倍数。

六、阅读材料

(1) 包贤艳. 2011. 紫外分光光度法测定饮用水中硝酸盐氮. 中国卫生检验杂志，21(5)：1125-1126

(2) 方力，张燕，丁佳，等. 1999. 紫外分光光度法同时测定硝酸盐氮和亚硝酸盐氮. 分析测试技术与仪器，5(3)：142-146

(3) 王曼，李冬，梁瑜海，等. 2011. 紫外分光光度法测定水中硝酸盐氮的试验研究. 环境科学与技术，34(6G)：231-234

七、思考题

(1) 紫外分光光度法测定物质含量的基本原理是什么？

(2) 测定 NO_3^- 含量时能否使用普通玻璃比色皿？

(3) 测定过程中如何选用参比溶液？

(4) NO_3^- 在 275nm 无吸收，为什么还要测定试剂及试样在 275nm 处的吸光度？

实验三十九 水中微量氟的测定

一、预习内容

(1) 理论教材中电势分析法的基本原理和有关应用。

(2) 离子选择电极及其性能指标。

(3) 预习本实验内容，回答思考题。

二、实验目的

(1) 熟悉用氟离子选择电极测定水中微量氟的原理和方法。

(2) 了解总离子强度调节缓冲溶液的意义和作用。

① 水样采集后应及时进行测定。

(3) 掌握标准曲线法和标准加入法测定水中微量氟离子的方法。

三、实验原理

水中氟含量的高低对人体健康有一定影响,饮用水含氟 0.5mg·L^{-1}左右为宜。氟含量过高易患氟斑牙或发生氟中毒,而过低又会引起龋齿。通常氟含量超过 1.4mg·L^{-1}的水禁止使用。

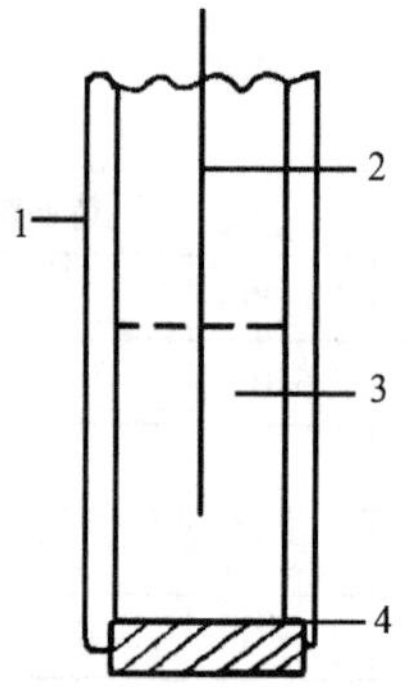

图 4-23 氟电极基本构造示意图

1. 塑料管;2. Ag-AgCl 内参比电极;3. 内参比溶液;4. LaF_3 晶体

离子选择性电极是一种化学传感器,它将溶液中特定离子的活度转换成相应的电势。氟离子选择性电极(简称氟电极)是对溶液中的氟离子有专属性响应的离子选择性电极。氟电极由 LaF_3 单晶敏感电极薄膜、Ag-AgCl 内参比电极和 0.1mol·L^{-1} NaCl-0.1mol·L^{-1}NaF 内参比溶液组成,其基本构造如图 4-23 所示。

测定 F^-浓度的方法与测定 pH 的方法相似。当氟电极(指示电极)与饱和甘汞电极(参比电极)插入被测溶液中组成原电池时,其电池电动势 ε 与 $\lg a(F^-)$呈直线关系,即

$$\varepsilon = K + \frac{2.303RT}{F}\lg a(F^-) \tag{4-15}$$

式中:K——包括内、外参比电极的电势及液接电势等的常数;

$a(F^-)$——F^-的活度,mol·L^{-1}。

通过测量电池电动势可以测定 F^-的活度。当溶液的总离子强度不变时,离子的活度系数为一定值,则

$$\varepsilon = K' + \frac{2.303RT}{F}\lg c(F^-) \tag{4-16}$$

ε 与 $\lg c(F^-)$呈直线关系。因此,为了测定 F^-的浓度,常在标准溶液与试样溶液中同时加入相等的足够量的惰性电解质作总离子强度调节缓冲溶液(TISAB),使它们的总离子强度相同,同时起到控制溶液酸度、掩蔽干扰离子及缩短电极响应时间等作用。

氟电极只对游离的 F^-有响应。在酸性溶液中,H^+与部分 F^-形成 HF 或 HF_2^-,会降低 F^-的浓度。在碱性溶液中,LaF_3 薄膜与 OH^-发生交换作用而使溶液中 F^-浓度增加。因此,溶液的酸度对测定有影响,氟电极适于测定的 pH 范围为 5~7。此外,能与 F^-生成稳定配合物或难溶沉淀的离子,如 Al^{3+}、Fe^{3+}、Ca^{2+}、Mg^{2+}、稀土离子等会干扰测定,通常在测定时加入掩蔽剂(如柠檬酸、EDTA 等)掩蔽。

F^-浓度在 10^{-1}~10^{-6}mol·L^{-1}时,电动势 ε 与 pF(F^-浓度的负对数)呈直线关系,可用标准曲线法进行测定。

标准加入法是先测定试液的电动势 ε_1,然后将一定量标准溶液加入此试液中,再测定其电动势 ε_2,根据式(4-17)计算含氟量:

$$c_x = \frac{\Delta c}{10^{(\varepsilon_2-\varepsilon_1)/S}-1} \tag{4-17}$$

式中:Δc——加入标准溶液后增加的 F^-浓度,mol·L^{-1};

S——电极响应斜率,V。

理论上,$S=2.303RT/nF$(25℃,$n=1$ 时,$S=59$mV)。但实验条件的不确定性使理论值与实际测定值常有出入。电极实际响应斜率可由实验测定,最简单的测定方法是稀释一倍的

方法，即测出 ε_2 后的溶液，用空白溶液稀释一倍，再测定其电动势 ε_3，则可计算出电极在试液中的实际响应斜率 S。

因

$$\varepsilon_2 = K' + S\lg c_2,\quad \varepsilon_3 = K' + S\lg c_3,\quad c_2 = 2c_3$$

则

$$\varepsilon_2 - \varepsilon_3 = S\lg(c_2/c_3) = S\lg 2$$

$$S = (\varepsilon_2 - \varepsilon_3)/\lg 2 \tag{4-18}$$

四、仪器与试剂

酸度计或离子计，PF-1 型氟电极，232 型饱和甘汞电极，电磁搅拌器，塑料烧杯(50mL)，容量瓶(50mL)，吸量管(5mL、10mL)。

0.1mol · L^{-1} NaF 标准溶液：将分析纯 NaF 在 120℃烘干 2h，冷却后准确称取 4.1988g 于小烧杯中，用蒸馏水溶解后定量转移到 1000mL 容量瓶中，定容，摇匀。然后储存于聚乙烯瓶中，备用。

100μg · mL^{-1} 氟标准溶液：将分析纯 NaF 在 120℃烘干 2h，冷却后准确称取 0.2210g 于小烧杯中，用蒸馏水溶解后定量转移到 1000mL 容量瓶中，定容，摇匀。然后储存于聚乙烯瓶中，备用。

总离子强度调节缓冲溶液(TISAB)：在 1000mL 烧杯中，加入 500mL 蒸馏水、57mL 冰醋酸、58g NaCl、12g 柠檬酸钠($Na_3C_6H_5O_7 \cdot 2H_2O$)，搅拌至溶解。将烧杯放在冷水浴中，缓缓加入 6mol · L^{-1} NaOH 溶液，直到 pH 为 5.5～6.5(约加入 NaOH 溶液 125mL)，冷至室温，转入 1000mL 容量瓶中，用蒸馏水稀释至刻度，摇匀。

溴甲酚绿溶液(0.1%)，NaOH 溶液(2mol · L^{-1})，HNO_3 溶液(1mol · L^{-1})。

五、实验步骤

1. 氟电极的准备

氟电极使用前应在蒸馏水中浸泡数小时或过夜，或在 10^{-3}mol · L^{-1}NaF 溶液中浸泡 1～2h，再用蒸馏水洗到空白电势①为 320mV 左右。电极晶片勿与坚硬物碰擦，晶片上若沾有油污，用脱脂棉依次以乙醇、丙酮轻拭，再用蒸馏水洗净。氟电极连续使用期间的间隙内，可浸泡在水中；长期不用，应清洗至空白电势值后，风干，按要求保存。为防止晶片内侧附着气泡而使电路不通，在电极第一次使用前或测量后，可让晶片朝下，轻击电极杆，以排除晶片上可能附着的气泡。

2. 标准曲线法

1) 标准曲线的绘制

取 5 个 50mL 容量瓶并编号，用吸量管取 5.00mL 0.1mol · L^{-1}NaF 标准溶液和 10.0mL TISAB 溶液于第 1 号容量瓶中，用蒸馏水稀释至刻度，摇匀，得 10^{-2}mol · L^{-1}NaF 标准溶液。然后取 5.00mL 10^{-2}mol · L^{-1}NaF 标准溶液于第 2 号容量瓶中，加入 9.0mL TISAB 溶液，用蒸馏水稀释至刻度，摇匀，得 10^{-3}mol · L^{-1}NaF 标准溶液。用类似方法，逐级稀释得到一组浓度为 10^{-2}mol · L^{-1}、10^{-3}mol · L^{-1}、10^{-4}mol · L^{-1}、10^{-5}mol · L^{-1}、10^{-6}mol · L^{-1}NaF 的标准

① 氟电极的空白电势即电极在不含 F^- 的蒸馏水中的电势，约为 320mV。

溶液。

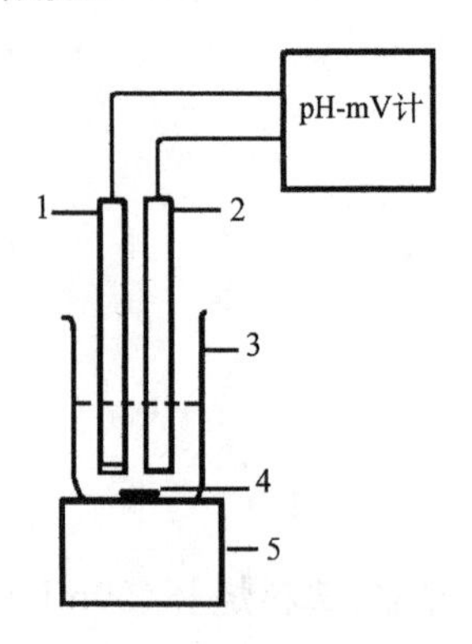

图 4-24　离子选择性电极测量装置示意图

1. 离子电极；2. 参比电极；3. 塑料烧杯；4. 搅拌子；5. 电磁搅拌器

用滤纸吸去悬挂在电极上的水滴，将标准系列溶液由低浓度到高浓度依次转移到 50mL 塑料烧杯中，放入搅拌子，插入氟电极和饱和甘汞电极，并按图 4-24 连接好，用电磁搅拌器搅拌[①] 3min 后，停止搅拌，读取并记录电池电动势，每隔半分钟读取 1 次，直到读数在 3min 内不变[②]。每次更换溶液时，都必须用滤纸吸干电极上吸附着的溶液再进行下一种溶液的测定。在普通坐标纸上绘制 ε-pF 图，即得标准曲线。

2）水样的测定

取水样 25.00mL 于 50mL 容量瓶中，加入 10.0mL TISAB 溶液，用蒸馏水稀释至刻度，摇匀。将氟电极用蒸馏水清洗[③]到与起始空白电势值（约 320mV）相近后，用滤纸吸去电极上的水珠，并把电极插入待测水样中，在与标准曲线相同的条件下测定其电动势 ε 值。从标准曲线上查出所测水样中含 F^- 的浓度 $c(F^-)$，按下式计算水样中的含氟量（$mg \cdot L^{-1}$）。

$$氟含量(mg \cdot L^{-1}) = c(F^-) \times M(F) \times 1000 \times 50/25$$

式中：$M(F)$——F 的摩尔质量，$g \cdot mol^{-1}$；

50/25——稀释倍数。

3. 标准加入法

准确吸取 25.00mL 水样于 50mL 容量瓶中，加 0.1% 溴甲酚绿溶液 1 滴，用 $2mol \cdot L^{-1}$ NaOH 溶液调至溶液由黄变蓝，再用 $1mol \cdot L^{-1}$ HNO_3 溶液调至恰好变黄色（pH=5～6），然后加入 TISAB10.0mL，用蒸馏水稀释至刻度，摇匀。全部转入干塑料烧杯中，测定电动势 ε_1。向被测试液中准确加入 1.00mL $100\mu g \cdot mL^{-1}$ 氟标准溶液，混匀，继续测定其电动势 ε_2。将空白溶液（用蒸馏水代替测定 ε_1 中的水样的溶液）加到上面测定过的 ε_2 的试液中，混匀，测定其电动势 ε_3。计算电极的实际响应斜率和水样中的含氟量。

六、阅读材料

(1) 胡敏. 2006. 水中微量氟测定方法比较. 贵州化工，31(2)：22-24

(2) 霍广进，刘桂英. 2005. 环境水中微量氟的测定. 河北师范大学学报，29(4)：390-394

(3) 支胡钰，温书恒，汪侃. 2003. TISAB 对测定水中微量氟的影响. 江西教育学院学报（综合），24(6)：19-20

(4) 周谷珍，卢基林，唐宏杰，等. 2007. 多次标准加入法测定样品中的微量氟. 湖南文理学院学报（自然科学版），19(1)：47-49

七、思考题

(1) 用氟电极测定 F^- 浓度的原理是什么？

---

① 用电磁搅拌器搅拌时，试样与标准溶液搅拌速度应相等。

② 电势平衡时间随 F^- 浓度减小而延长。在同一数量级内测定水样，一般在几分钟内可达平衡，在测定中，待平衡电势在 3min 内无明显变化即可。达到平衡电势所需时间还与电极状态、溶液温度等有关。

③ 用 pH 为 4.0～4.5 的稀盐酸溶液清洗电极，能快速恢复到最大空白值。

(2) 用氟电极测得的是 F^- 的浓度还是活度？若要测定 F^- 的浓度，应该怎么办？

(3) 氟电极在使用前应该怎样处理？达到什么要求？

(4) 总离子强度调节缓冲溶液应包含哪些组分？各组分的作用如何？

(5) 测量 F^- 标准系列溶液的电势值时，为什么测定顺序要从低含量到高含量？

(6) 盛 NaF 标准溶液为什么最好用聚乙烯塑料烧杯？

(7) 测定 F^- 时，为什么要控制酸度？pH 过高或过低有何影响？

实验四十　pH 的测定及乙酸的电势滴定

一、预习内容

(1) 理论教材中电势分析法的基本原理，电势滴定法的特点与有关应用。

(2) 电势滴定法终点的确定。

二、实验目的

(1) 掌握用酸碱电势滴定法测定乙酸含量的原理和方法。

(2) 学习绘制电势滴定曲线并由曲线确定终点体积，计算被测物质含量及解离常数的原理和方法。

三、实验原理

在用 NaOH 标准溶液滴定 HAc 溶液的酸碱电势滴定中，常用玻璃电极为指示电极，饱和甘汞电极为参比电极，组成原电池，如图 4-25 所示。随着 NaOH 标准溶液的不断加入，溶液的 pH 不断变化，在计量点附近，溶液的 pH 将发生突跃。通过测量溶液 pH 的变化，即可确定滴定终点。以溶液的 pH 为纵坐标，加入 NaOH 溶液的体积为横坐标，绘制 pH-V 曲线，然后作两条与滴定曲线成 45°倾斜的切线，在两切线间作一垂线，垂线的中垂线与曲线的交点即为滴定终点，如图 4-26 所示。

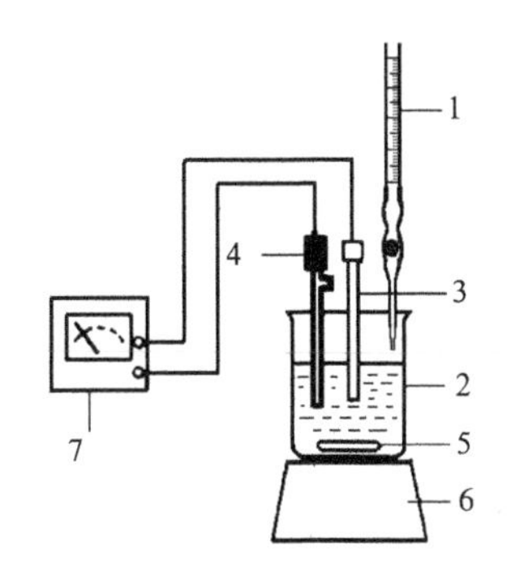

图 4-25　电势滴定的仪器装置

1. 滴定管；2. 滴定池；3. 指示电极；4. 参比电极；5. 搅拌子；6. 电磁搅拌器；7. 酸度计

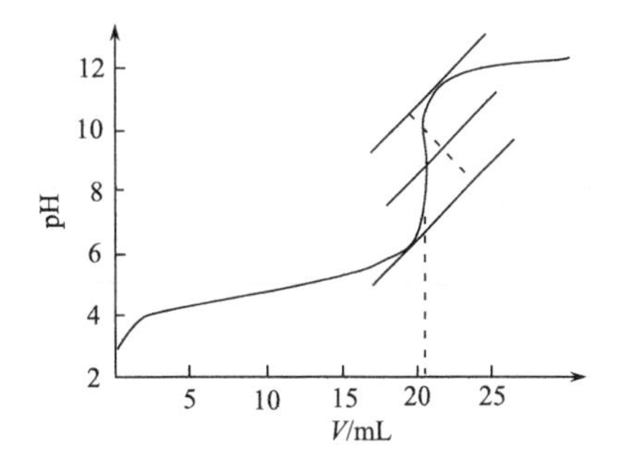

图 4-26　pH-V 曲线

根据滴定终点所对应的 NaOH 标准溶液的体积及浓度，可计算乙酸的含量。同时，根据滴定至终点所用 NaOH 溶液体积的 1/2 时对应的 pH，可求得 HAc 的解离常数 $K_a^\ominus$。因为 HAc 在水溶液中的解离为

$$HAc \rightleftharpoons H^+ + Ac^- \qquad K_a^\ominus = \frac{c(H^+) \cdot c(Ac^-)}{c(HAc)}$$

当 HAc 被中和 1/2 时，溶液中 $c(Ac^-)=c(HAc)$，因此 $K_a^\ominus = c(H^+)$，$pH = pK_a^\ominus$。

四、仪器与试剂

碱式滴定管(25mL)，移液管(10mL)，烧杯(100mL)，酸度计(或自动电势滴定仪)，电磁搅拌器，玻璃电极，饱和甘汞电极。

NaOH 标准溶液($0.05mol \cdot L^{-1}$)，邻苯二甲酸氢钾标准缓冲溶液，HAc 试液。

五、实验步骤

按仪器使用说明安装、标定好仪器，然后将电极用蒸馏水洗净，用滤纸吸干。

用移液管准确移取 10.00mL HAc 试液于 100mL 烧杯中，用蒸馏水稀释至约 50mL，放入搅拌子，安装好玻璃电极和饱和甘汞电极，开动电磁搅拌器，用 NaOH 标准溶液滴定。每加入一定量标准溶液就记录一次相应 pH。滴定开始时，每次可多加些，接近终点时要少加(如 0.10mL)。滴定进行到超过计量点数毫升为止。重复测定一次。

根据所得数据绘制 pH-V 曲线，由曲线确定终点时所耗 NaOH 标准溶液的体积，并计算 HAc 含量和 $K_a^\ominus$(HAc)。

六、阅读材料

(1) 王焕英. 2007. 醋酸的电位滴定. 衡水学院学报，9(1)：99-100

(2) 谢仁德. 2013. 电位滴定法连续测定样品中盐酸和醋酸含量. 中国氯碱，(4)：34-35，48

七、思考题

(1) 缓冲溶液是共轭酸碱对的混合液，为什么酒石酸氢钾和邻苯二甲酸氢钾溶液也可作缓冲溶液？

(2) 用 pH 电势滴定方法能否分别滴定下列混合物中的各组分(假定各组分的浓度相等)？

① $HCl + HAc$　② $H_2SO_4 + HAc$　③ $H_2SO_4 + H_3PO_4$　④ $Na_2CO_3 + NaHCO_3$

实验四十一　碘酸铜溶度积的测定

一、预习内容

(1) 理论教材中溶度积的基本原理。

(2) 分光光度法的原理及分光光度计的使用。

二、实验目的

(1) 了解分光光度法测定碘酸铜溶度积的原理和方法。

(2) 加深对沉淀溶解平衡和配位平衡的理解。

(3) 学习分光光度计的使用，加深对朗伯-比尔定律的理解，学习标准曲线的绘制。

三、实验原理

碘酸铜是难溶强电解质。一定温度下，在碘酸铜饱和溶液中，已溶解的 $Cu(IO_3)_2$ 解离出

的 Cu^{2+} 和 IO_3^- 与未溶解的固体 $Cu(IO_3)_2$ 间存在下列沉淀溶解平衡：

$$Cu(IO_3)_2(s) \rightleftharpoons Cu^{2+}(aq) + 2IO_3^-(aq)$$

在一定温度下，该饱和溶液中有关离子的浓度（更确切地说应该是活度，但由于难溶强电解质的溶解度很小，离子强度也很小，可以用浓度代替活度）的乘积是一个常数。

$$K_{sp}^{\ominus} = c(Cu^{2+}) \cdot c^2(IO_3^-)$$

式中：$K_{sp}^{\ominus}$——碘酸铜的溶度积常数；

$c(Cu^{2+})$、$c(IO_3^-)$——沉淀溶解平衡时 Cu^{2+} 和 IO_3^- 的浓度，$mol \cdot L^{-1}$。

$K_{sp}^{\ominus}$是一个与温度有关的常数，温度恒定时，$K_{sp}^{\ominus}$的数值与 Cu^{2+} 和 IO_3^- 的浓度无关。对于 $Cu(IO_3)_2$ 固体溶于纯水制得的 $Cu(IO_3)_2$ 饱和溶液，溶液中的 $c(IO_3^-) = 2c(Cu^{2+})$，因此只要测出溶液中 Cu^{2+} 或 IO_3^- 的浓度，便可计算出 $Cu(IO_3)_2$ 的溶度积常数 $K_{sp}^{\ominus}$。

$$K_{sp}^{\ominus} = c(Cu^{2+}) \cdot c^2(IO_3^-) = 4c^3(Cu^{2+})$$

测定 $Cu(IO_3)_2$ 溶度积常数的方法有多种，如碘量法、分光光度法、电导法等。本实验采用分光光度法测定溶液中 Cu^{2+} 的浓度。在实验条件下，Cu^{2+} 浓度很小，几乎不吸收可见光，因而直接进行吸光度测定，灵敏度很低。为了提高测定方法的灵敏度，本实验在 Cu^{2+} 溶液中加入氨水，使 Cu^{2+} 变成深蓝色的$[Cu(NH_3)_4]^{2+}$，增大 Cu^{2+} 对可见光的吸收。实验时采用标准曲线法，测定样品前，在与试样测定相同的条件下，测量一系列已知准确浓度的标准溶液的吸光度，绘制标准曲线，再测出饱和溶液的吸光度，根据标准曲线即可得到相应的 $c(Cu^{2+})$。

四、仪器与试剂

磁力加热搅拌器，容量瓶(50mL)，锥形瓶(250mL)，移液管(25mL)，吸量管(5mL、10mL)，比色皿(1cm)，分光光度计。

KIO_3(A. R.)，$CuSO_4 \cdot 5H_2O$(A. R.)，$CuSO_4$ 标准溶液($0.100mol \cdot L^{-1}$)，氨水($1mol \cdot L^{-1}$)。

五、实验步骤

1. 碘酸铜饱和溶液的配制

(1) $Cu(IO_3)_2$ 固体的制备。用 $1mol \cdot L^{-1}$ $CuSO_4$ 溶液、$0.3mol \cdot L^{-1}$ KIO_3 溶液制备 1～2g 干燥的 $Cu(IO_3)_2$ 固体。其中，$CuSO_4$ 溶液稍过量，所得 $Cu(IO_3)_2$ 湿固体用蒸馏水洗涤至无 SO_4^{2-}(怎样检验?)，烘干待用。

(2) 配制 $Cu(IO_3)_2$ 饱和溶液。取上述固体 1.5g 放入 250mL 锥形瓶中，加入 150mL 蒸馏水，在磁力加热搅拌器上边搅拌、边加热至 70～80℃，并维持 15min，冷却，静置 2～3h。

2. 碘酸铜溶度积的测定

(1) 标准曲线的绘制。用吸量管分别移取 0.40mL、0.80mL、1.20mL、1.60mL、2.00mL $0.100mol \cdot L^{-1}$ $CuSO_4$ 标准溶液于 5 个 50mL 容量瓶中，各加入 25.00mL $1mol \cdot L^{-1}$ 氨水，用蒸馏水稀释至刻度，摇匀。以蒸馏水作参比溶液，在 610nm 处测定标准溶液的吸光度 A，绘制标准曲线 A-$c(Cu^{2+})$图。

(2) $Cu(IO_3)_2$ 饱和溶液中 Cu^{2+} 浓度的测定。分别移取 10.00mL $Cu(IO_3)_2$ 饱和溶液两份于 2 个 50mL 容量瓶中，各加入 25.00mL $1mol \cdot L^{-1}$ 氨水，用蒸馏水稀释至刻度，摇匀，在

610nm处测定其吸光度。根据标准曲线求出 $c(Cu^{2+})$ 的浓度。根据 $c(Cu^{2+})$ 的平均值计算 $K_{sp}^{\ominus}$。

六、阅读材料

(1) 陈建. 1997. 碘量法测定碘酸铜的溶度积常数. 淮北煤师院学报(自然科学版),18(1):62-64

(2) 陈建,邓体龙. 1998. 碘量法测定碘酸铜溶度积常数的又一种方法. 淮北煤师院学报(自然科学版),19(4):44-46

(3) 崔书文,李晓东,王敏. 1988. 碘酸铜溶度积测定方法研究. 佳木斯医学院学报,11(4):321-323

(4) 黄方志,沈玉华,谢安建,等. 2007. 碘酸铜溶度积测定实验的探讨与改进. 大学化学,22(5):36-39

(5) 马桂林. 1986. 电导法测定碘酸铜的溶度积. 扬州师院学报(自然科学版),(1):73-76

(6) 张灿久,何红运,欧阳勔. 1984. 关于碘酸铜溶度积测定方法的改进. 湖南师范大学自然科学学报,(4):115-117

(7) 郑道亨,韦翰章. 1982. 关于"碘酸铜溶度积的测定"的讨论. 化学教育,(4):42-44

七、思考题

(1) 除本法外,还有哪些测定碘酸铜溶度积的方法?其原理是什么?

(2) 分光光度法测定碘酸铜溶度积时,应注意什么?

(3) 碘酸铜的制备方法有哪些?本实验采用的是何种方法?实验中有哪些影响因素?

(4) Cu^{2+} 浓度的测定方法有哪些?

实验四十二　电导法测定 $BaSO_4$ 的溶度积

一、预习内容

(1) 电导法测定 $BaSO_4$ 溶度积的原理,电导率仪及使用。

(2) 溶度积原理,难溶电解质饱和溶液的制备方法。

二、实验目的

(1) 熟悉沉淀的生成、陈化、离心分离、洗涤等基本操作。

(2) 了解饱和溶液的制备,了解电导法测定难溶电解质溶度积的原理和方法。

三、实验原理

难溶电解质的溶解度很小,很难直接测定。但是,只要有溶解作用,溶液中就有解离出来的带电离子,就可以通过测定该溶液的电导或电导率,再根据电导与浓度的关系,计算出难溶电解质的溶解度,从而换算出溶度积。

电解质溶液的导电能力可以用电阻 R 或电导 Λ 表示,两者互为倒数,即 $\Lambda=1/R$。在SI单位制中,电导的单位是S。在一定温度下,两电极间溶液的电导 Λ 与两电极间的距离 l 成反比,与电极面积 A 成正比,即 $\Lambda=\kappa A/l$,κ 为电导率,单位为 $S \cdot m^{-1}$。在一定温度下,相距1m、面积为 $1m^2$ 的两个平行电极之间放置含有1mol电解质溶液的电导率,称为摩尔电导率,以 Λ_m 表示,单位为 $S \cdot m^2 \cdot mol^{-1}$。

实验证明,每种电解质的极限摩尔电导率 $\Lambda_{m,\infty}$ 等于其正、负离子的极限摩尔电导率的简单加和。离子的极限摩尔电导率可从有关物理化学手册上查到[25℃时，$\Lambda_{m,\infty}(Ba^{2+}) = 127.8\times10^{-4} S\cdot m^2\cdot mol^{-1}$，$\Lambda_{m,\infty}(SO_4^{2-}) = 160\times10^{-4} S\cdot m^2\cdot mol^{-1}$]。因 $BaSO_4$ 溶解度很小，其饱和溶液可近似地看作无限稀释的溶液，所以 25℃时其极限摩尔电导率 $\Lambda_{m,\infty}(BaSO_4) = \Lambda_{m,\infty}(Ba^{2+}) + \Lambda_{m,\infty}(SO_4^{2-}) = 287.8\times10^{-4} S\cdot m^2\cdot mol^{-1}$。

在 $BaSO_4$ 饱和溶液中，存在以下关系：

$$K_{sp}^{\ominus}(BaSO_4) = c(Ba^{2+})\times c(SO_4^{2-}) = [c(BaSO_4)]^2 \tag{4-19}$$

由式(4-11)得

$$c(BaSO_4) = 10^{-3}\kappa(BaSO_4)/\Lambda_{m,\infty}(BaSO_4) \tag{4-20}$$

实验测得的 $BaSO_4$ 饱和溶液的电导率 κ($BaSO_4$ 溶液)，包括水的电导率 $\kappa(H_2O)$，所以

$$\kappa(BaSO_4) = \kappa(BaSO_4\text{ 溶液}) - \kappa(H_2O) \tag{4-21}$$

由式(4-19)～(4-21)得

$$K_{sp}^{\ominus}(BaSO_4) = \left\{\frac{10^{-3}[\kappa(BaSO_4\text{ 溶液}) - \kappa(H_2O)]}{\Lambda_{m,\infty}(BaSO_4)}\right\}^2 \tag{4-22}$$

四、仪器与试剂

电炉或酒精灯，烧杯，量筒(50mL)，表面皿，电导率仪，离心管，离心机，DJS-1 型铂光亮电极。

H_2SO_4 溶液($0.05mol\cdot L^{-1}$)，$BaCl_2$ 溶液($0.05mol\cdot L^{-1}$)，$AgNO_3$ 溶液($0.1mol\cdot L^{-1}$)。

五、实验步骤

1. $BaSO_4$ 沉淀的制备

在小烧杯中加 $0.05mol\cdot L^{-1}$ H_2SO_4 溶液 30mL，并加热近沸，然后边搅拌边滴加 $BaCl_2$ 溶液 30mL，加完后盖上表面皿。加热 5min，小火保温 10min，搅拌，取下静置、陈化。倾去上层清液。离心，用热的蒸馏水洗涤沉淀至无 Cl^-(怎样检验?)，得纯净 $BaSO_4$ 沉淀。

2. $BaSO_4$ 饱和溶液的制备

在纯 $BaSO_4$ 沉淀中加少量蒸馏水，把沉淀转移到烧杯中，加蒸馏水 60mL，搅拌并加热煮沸 5min，稍冷后置于冷水浴中 5min，换一冷水浴，冷至室温，取上层清液，测定电导率。

3. $BaSO_4$ 饱和溶液电导率的测定

用电导率仪尽快测定 $BaSO_4$ 饱和溶液的电导率 κ($BaSO_4$ 溶液)，同时测定蒸馏水的电导率 $\kappa(H_2O)$。

4. 计算和讨论

(1) 计算 $BaSO_4$ 的溶度积。

(2) 计算实验的相对误差。

(3) 讨论产生误差的原因。

(4) 本实验洗涤液中无 Cl^- 时，Cl^- 的浓度是多少?

六、阅读材料

(1) 解从霞，于莹，张振英，等．2010．基础化学准研究性实验——$BaCl_2 \cdot 2H_2O$中钡的质量分数及硫酸钡溶度积常数的测定．实验技术与管理，27(12)：151-153，157

(2) 周勇，李章文，李伟．2013．电导法测定碘化铅的溶度积．化学教育，(12)：74-75，80

七、思考题

(1) 制备$BaSO_4$时，为什么要洗至无Cl^-？

(2) 制备$BaSO_4$饱和溶液时，溶液底部一定要有沉淀吗？

(3) 在测定$BaSO_4$的电导率时，水的电导率为什么不能忽略？

(4) 在什么条件下可用电导率计算溶液浓度？

第5章　综合实验

实验四十三　过氧化钙的制备及含量测定

一、实验目的

(1) 熟悉制备过氧化钙的原理和方法。

(2) 了解过氧化钙的性质和应用。

(3) 综合练习无机制备及滴定分析的基本操作。

二、实验原理

过氧化钙是一种新型的多功能无机化工产品，常温下为无色或淡黄色粉末，易溶于酸，难溶于水、乙醇、丙酮等溶剂。在潮湿的空气中会缓慢分解，它与稀酸反应生成 H_2O_2。在一定条件下可长期缓慢地释放氧气，提供种子发芽所需要的氧气。因此，它可作为水稻种子粉衣剂，使水稻直播成为现实，从而打破传统的水稻种植模式。复合过氧化钙在水产养殖中可提高溶解氧量，降低化学耗氧量，降低氨氮量，调节 pH 和硬度，并且可以改善水质和环境，是良好的供氧剂；用复合过氧化钙处理大豆、棉花、玉米等农作物的种子，不仅能提高种子发芽率，还可增产，同时具有改良土壤、杀虫灭菌、促进植物新陈代谢等多种功效。用过氧化钙处理含 Cu^{2+}、Mn^{2+}、Cd^{2+} 等重金属离子的工业废水和印染有机废水，方法简单可靠，没有二次污染。除此之外，还可以用于冶金添加剂、橡胶补强剂等领域。

$CaO_2 \cdot 8H_2O$ 是白色结晶粉末，50℃下转化为 $CaO_2 \cdot 2H_2O$，110～150℃可以脱水转化为 CaO_2，室温下较为稳定，加热到 270℃时分解为 CaO 和 O_2。

过氧化钙一般通过钙盐或氢氧化钙与过氧化氢反应制得。过氧化氢分解速度随温度升高而迅速加快，一般在 0～5℃的低温下制备过氧化钙。其制备方法不同，析出的产物结晶水不同，最高含 8 个结晶水，含结晶水的过氧化钙呈白色，在 110℃下脱水生成米黄色的无水过氧化钙。

$$CaCl_2 \cdot 6H_2O + H_2O_2 + 2\,NH_3 \cdot H_2O \xrightleftharpoons{0℃} CaO_2 \cdot 8H_2O + 2NH_4Cl$$

分离出 $CaO_2 \cdot 8H_2O$ 的母液可以循环使用。

CaO_2 含量的测定，可以利用在酸性条件下，CaO_2 与稀酸反应生成过氧化氢，用 $KMnO_4$ 标准溶液滴定来确定其含量。为加快反应，可加入少量的 $MnSO_4$ 作催化剂。

$$5CaO_2 + 2MnO_4^- + 16H^+ = 5Ca^{2+} + 2Mn^{2+} + 5O_2\uparrow + 8H_2O$$

样品中 CaO_2 的质量分数按下式计算。

$$w(CaO_2) = \frac{c(1/5\ KMnO_4) \cdot \dfrac{V(KMnO_4)}{1000} \cdot M(1/2\ CaO_2)}{m_{样}} \times 100\%$$

式中：$c(1/5KMnO_4)$——基本单元为 $1/5KMnO_4$ 标准溶液的浓度，$mol \cdot L^{-1}$；

$V(KMnO_4)$——滴定时消耗 $KMnO_4$ 标准溶液的体积，mL；

$M(1/2CaO_2)$——基本单元为 $1/2CaO_2$ 的摩尔质量，$g \cdot mol^{-1}$；

$m_{样}$——测定时称取的 CaO_2 样品质量，g。

三、仪器与试剂

分析天平，托盘天平，磁力加热搅拌器，冰箱或冰柜，玻璃砂芯漏斗，减压过滤装置，真空干燥箱，称量瓶，试管，烧杯，锥形瓶(150mL)，电炉或酒精灯，量筒(10mL、50mL)，酸式滴定管(25mL)，温度计(−10～100℃)。

$CaCl_2 \cdot 6H_2O$(s)，$Ca(OH)_2$(s)，NH_4Cl(s)，$Ca_3(PO_4)_2$(s)或 NaH_2PO_4(s)，浓 $NH_3 \cdot H_2O$，H_2O_2溶液(30%)，HCl 溶液($2mol \cdot L^{-1}$)，H_2SO_4溶液($2mol \cdot L^{-1}$)，H_3PO_4溶液(1∶3)，$MnSO_4$溶液($0.1mol \cdot L^{-1}$)，$KMnO_4$标准溶液[$c(1/5KMnO_4)$约为 $0.1mol \cdot L^{-1}$]，天然植物油。

四、实验步骤

1. CaO_2 的制备

(1) 氯化钙法。称取 10g $CaCl_2 \cdot 6H_2O$ 置于 250mL 烧杯中，用 10mL 蒸馏水溶解，加入 0.1～0.2g $Ca_3(PO_4)_2$或 NaH_2PO_4作稳定剂，充分搅拌后置于冰柜(0℃)中冷却 30min，于冰水体系中边搅拌边滴加 30% H_2O_2溶液 30mL。然后加入 1mL 乙醇，再边搅拌边滴加 5mL 左右浓氨水，最后加入 25mL 冰水，置于冰柜(0℃)中冷却 30min，用玻璃砂芯漏斗①减压抽滤。用少量冰水洗涤晶体粉末两三次，抽干，在 110℃真空干燥箱中干燥 0.5～1h，称量，计算产率。回收母液。

(2) 氢氧化钙法。在 250mL 烧杯中加入 10g $Ca(OH)_2$固体和 15g NH_4Cl 固体，加入 30mL 蒸馏水和少量的 $Ca_3(PO_4)_2$或 NaH_2PO_4作稳定剂，充分搅拌后置于冰柜中冷却到 0℃左右，边搅拌边滴加 25mL 左右 30% H_2O_2溶液，于冰水体系中搅拌反应 30min，静置 15min，用玻璃砂芯漏斗减压抽滤。用少量蒸馏水洗涤晶体粉末两三次，抽干，将晶体粉末放入 110℃真空干燥箱中干燥 0.5～1h，冷却，称量，计算产率。回收母液。

2. CaO_2的漂白性实验

取未经过处理的天然植物油 2mL 于试管中，加入 1mg CaO_2、1 滴 $MnSO_4$溶液，振荡 10min，静置 10min，与天然的植物油对比色泽。

3. CaO_2含量的测定

准确称取 0.1g 左右 CaO_2产品 3 份，分别置于锥形瓶中，各加入 50mL 蒸馏水和 15mL $2mol \cdot L^{-1}$ HCl 溶液，使其溶解，再加入几滴 $0.1mol \cdot L^{-1}$ $MnSO_4$溶液，用 $0.1mol \cdot L^{-1}$ $(1/5KMnO_4)$标准溶液滴定至溶液呈微红色，30s 内不褪色即为终点，记录消耗 $KMnO_4$标准溶液的体积，计算样品中 CaO_2的质量分数。要求测定值的相对平均偏差低于 0.3%。

五、阅读材料

(1) 戴小敏，伍伟夫，徐海燕. 2000. 过氧化钙制备及过氧化钙含量测定的微型实验. 大连大学学报，21

① 过氧化钙要氧化滤纸，不能用一般陶瓷漏斗抽滤。

(2):58-60

(2) 高誉,马兵,潘易,等. 2011. 过氧化钙含量分析方法的比较研究. 湖北农业科学,50(17):3625-3626

(3) 葛飞,李权,刘海宁,等. 2010. 过氧化钙的制备与应用研究进展. 无机盐工业,42(2):1-4

(4) 蒋军泽,赵鑫,穆瑞珠,等. 2016. 制备过氧化钙的新方法研究. 西南师范大学学报(自然科学版),41(7):177-180

(5) 田从学. 2001. 过氧化钙(CaO_2)的实验室制备研究. 攀枝花大学学报,18(1):76-79

(6) 温普红,赵卫星,韦金元. 2013. 过氧化钙合成工艺条件的优化. 应用化工,42(12):2175-2177

(7) 吴莉莉,赵青,李群芳. 2000. 过氧化钙的碘量分析法. 西南民族学院学报(自然科学版),26(1):105-107

(8) 钟国清. 2000. 饲料级过氧化钙的制备及应用研究. 兽药与饲料添加剂,5(4):5-6

六、思考题

(1) 实验所得 CaO_2 中会含有哪些主要杂质?如何提高产品的纯度?

(2) 氯化钙法制 CaO_2 时为什么用过氧化氢-氨水而不用过氧化氢-氢氧化钠?为什么要在冰浴中进行?

(3) 制备 CaO_2 有哪些方法?每种方法各有什么特点?

(4) 本实验测定 CaO_2 含量时,为什么不用稀硫酸而用稀盐酸,这样对测定结果有无影响?

(5) CaO_2 含量测定中加入 $MnSO_4$ 的作用是什么?可不可以不加?

(6) 测定过氧化钙含量还可用其他什么方法?

实验四十四 三草酸合铁(Ⅲ)酸钾的合成及组成测定与性质

一、实验目的

(1) 学习合成三草酸合铁(Ⅲ)酸钾的方法,用 $KMnO_4$ 法测定 $C_2O_4^{2-}$ 和 Fe^{2+} 的方法,了解配位反应与氧化反应的条件。

(2) 了解三草酸合铁(Ⅲ)酸钾的光化学性质。

(3) 综合训练无机合成及重量分析、滴定分析的基本操作,掌握确定化合物组成和化学式的原理、方法。

(4) 理解化学平衡原理在制备过程中的应用。

二、实验原理

三草酸合铁(Ⅲ)酸钾 $K_3[Fe(C_2O_4)_3]\cdot 3H_2O$ 是一种亮绿色的晶体,易溶于水[0℃,4.7g·(100g H_2O)$^{-1}$;100℃,117.7g·(100g H_2O)$^{-1}$],难溶于有机溶剂,是一些有机反应很好的催化剂,也是制备负载型活性铁催化剂的主要原料。目前,制备该物质的方法很多,本实验利用前面实验七自制的硫酸亚铁铵与草酸反应制备草酸亚铁晶体,并用倾析法洗去杂质,然后在过量草酸根存在下,用过氧化氢氧化草酸亚铁即可制得配合物三草酸合铁(Ⅲ)酸钾。在含三草酸合铁(Ⅲ)酸钾的溶液中加乙醇后,$K_3[Fe(C_2O_4)_3]\cdot 3H_2O$ 晶体便从溶液中析出。三草酸合铁(Ⅲ)酸钾的制备反应式为

$$(NH_4)_2Fe(SO_4)_2\cdot 6H_2O+H_2C_2O_4 \longrightarrow FeC_2O_4\cdot 2H_2O\downarrow+(NH_4)_2SO_4+H_2SO_4+4H_2O$$

$$6FeC_2O_4\cdot 2H_2O+3H_2O_2+6K_2C_2O_4 \longrightarrow 4K_3[Fe(C_2O_4)_3]+2Fe(OH)_3\downarrow+12H_2O$$

$$2Fe(OH)_3+3H_2C_2O_4+3K_2C_2O_4 \longrightarrow 2K_3[Fe(C_2O_4)_3]+6H_2O$$

$$2FeC_2O_4\cdot 2H_2O+H_2O_2+3K_2C_2O_4+H_2C_2O_4 \longrightarrow 2K_3[Fe(C_2O_4)_3]\cdot 3H_2O$$

$K_3[Fe(C_2O_4)_3]\cdot 3H_2O$ 在 0℃左右溶解度很小，析出亮绿色的晶体。该配合物极易感光，室温光照变黄色，发生下列光化学反应：

$$2[Fe(C_2O_4)_3]^{3-} \xrightarrow{h\nu} 2FeC_2O_4 + 3C_2O_4^{2-} + 2CO_2$$

它在日光照射或强光下分解生成草酸亚铁，遇六氰合铁(Ⅲ)酸钾生成滕氏蓝，反应式为

$$3FeC_2O_4 + 2K_3[Fe(CN)_6] \longrightarrow Fe_3[Fe(CN)_6]_2 + 3K_2C_2O_4$$

因此，它可做成感光纸，进行感光实验。另外，由于它的光化学活性，能定量进行光化学反应，常作化学光量计。受热时，在 110℃可失去结晶水，到 230℃即分解。

该配合物的组成可用重量分析法和滴定分析法确定。

(1) 结晶水的测定。将一定量的 $K_3[Fe(C_2O_4)_3]\cdot 3H_2O$ 晶体在 110℃下干燥恒量后称量，便可计算出结晶水的含量。

(2) $C_2O_4^{2-}$ 的测定。草酸根在酸性介质中可被高锰酸钾定量氧化，反应式为

$$5C_2O_4^{2-} + 2MnO_4^- + 16H^+ = 2Mn^{2+} + 10CO_2\uparrow + 8H_2O$$

用已知准确浓度的 $KMnO_4$ 标准溶液滴定，由滴定时消耗 $KMnO_4$ 标准溶液的体积可计算出 $C_2O_4^{2-}$ 的含量。

(3) 铁的测定。先用过量的还原剂锌粉将 Fe^{3+} 还原成 Fe^{2+}，然后将剩余的锌粉过滤掉，用 $KMnO_4$ 标准溶液滴定，反应式为

$$Zn + 2Fe^{3+} = 2Fe^{2+} + Zn^{2+}$$

$$5Fe^{2+} + MnO_4^- + 8H^+ = 5Fe^{3+} + Mn^{2+} + 4H_2O$$

由消耗 $KMnO_4$ 标准溶液的体积计算出铁含量。

(4) 钾的测定。根据配合物中铁、草酸根、结晶水的含量便可计算出钾的含量。

由上述测定结果推断三草酸合铁(Ⅲ)酸钾的化学式：

$$n(K^+) : n(C_2O_4^{2-}) : n(H_2O) : n(Fe^{3+}) = \frac{w(K^+)}{39.10} : \frac{w(C_2O_4^{2-})}{88.02} : \frac{w(H_2O)}{18.02} : \frac{w(Fe^{3+})}{55.85}$$

三、仪器与试剂

托盘天平，分析天平，电炉或酒精灯，称量瓶，烧杯，锥形瓶(250mL)，水浴锅，漏斗，表面皿，减压过滤装置，电热恒温干燥箱，定性滤纸，量筒(10mL、50mL)，酸式滴定管(25mL)。

$(NH_4)_2Fe(SO_4)_2\cdot 6H_2O$(来自实验七)，$H_2C_2O_4$ 饱和溶液，$K_2C_2O_4$ 饱和溶液，H_2SO_4 溶液($3mol\cdot L^{-1}$)，H_2O_2 溶液(3%)，乙醇(95%)，丙酮，$KMnO_4$ 标准溶液[$c(1/5KMnO_4)$约为 $0.1mol\cdot L^{-1}$]，锌粉，六氰合铁(Ⅲ)酸钾(s，3.5%溶液)，pH 试纸。

四、实验步骤

1. 三草酸合铁(Ⅲ)酸钾的制备

在小烧杯中加 15mL 蒸馏水和 10 滴 $3mol\cdot L^{-1}$ H_2SO_4，并加入 $(NH_4)_2Fe(SO_4)_2\cdot 6H_2O$(自制)5g，加热溶解，再加入 $H_2C_2O_4$ 饱和溶液 25mL，继续加热至近沸，将此溶液静置，即有大量黄色 FeC_2O_4 晶体析出，待沉淀析出完全后，用倾析法倒掉上层清液，用热蒸馏水洗涤沉淀 3 次(每次约 20mL)至溶液呈中性(pH 试纸检验)，得 FeC_2O_4。

用 $K_2C_2O_4$ 饱和溶液 10mL 将 FeC_2O_4 溶解，水浴加热到 40℃，然后用滴管向此溶液中缓慢滴加 3% H_2O_2 15mL(过量)，同时不断搅拌且维持在 40℃左右，使 Fe^{2+} 被充分氧化为

Fe^{3+}，此时溶液中有棕红色 $Fe(OH)_3$沉淀产生。滴加完 H_2O_2后将溶液加热至近沸，以除去过量的 H_2O_2(时间不宜过长，至分解基本完全，约 2min)。将溶液置于 20℃的水浴中，在不断搅拌下逐滴交替加入 9mL 饱和 $H_2C_2O_4$溶液和 3mL 饱和 $K_2C_2O_4$溶液(控制溶液 pH 为 3～4)，使沉淀溶解，此时体系呈亮绿色透明溶液。过滤，在滤液中加入 15mL 95％乙醇(若滤液浑浊，可微热使其变清)，将滤液置于暗处结晶，待结晶完全(结晶困难可加大乙醇用量)，抽滤，用少量丙酮洗涤晶体。取下晶体，用滤纸吸干，并在空气中干燥片刻，称量，计算产率。晶体置于干燥器中避光保存。

2. 结晶水的测定

准确称取上述产品 0.5～0.6g，放入已在 110℃恒量的称量瓶中。置入烘箱中，在 110℃烘干 1h，在干燥器中冷至室温，称量。重复干燥、冷却和称量的操作，直至恒量。根据称量结果，计算产品中结晶水的质量分数。

3. $C_2O_4^{2-}$ 含量的测定

准确称取 0.15～0.20g 干燥晶体于 250mL 锥形瓶中，加入 50mL 蒸馏水溶解，再加 $3mol \cdot L^{-1}$ H_2SO_4溶液 12mL，加热至 80℃左右(不要高于 90℃)，用 $KMnO_4$标准溶液趁热滴定至呈浅红色。开始反应很慢，所以第 1 滴滴入后，待红色褪去后，再滴第 2 滴，溶液红色褪去后，由于 Mn^{2+}的催化作用，反应速率加快，但滴定仍需逐滴加入，直至溶液呈浅红色且 30s 内不褪色为终点，平行测定 3 次(要求相对平均偏差小于等于 0.4％)。记下读数，计算结果。滴定完的溶液保留待用。

4. 铁含量的测定

向第三步滴定完 $C_2O_4^{2-}$ 的保留溶液中加入过量的还原剂锌粉，直到黄色消失。加热溶液近沸，使 Fe^{3+}还原为 Fe^{2+}，趁热过滤除去多余的锌粉。滤液用另一干净的锥形瓶盛放，洗涤锌粉，使洗涤液定量转移到滤液中，再用 $KMnO_4$ 标准溶液滴至呈浅红色且 30s 内不褪色为终点，记录所消耗的体积。平行测定 3 次，计算出铁的质量分数。

由测得的 $C_2O_4^{2-}$、H_2O、Fe^{3+}的质量分数可计算出 K^+ 的质量分数，从而确定配合物的组成及化学式。

5. $K_3[Fe(C_2O_4)_3] \cdot 3H_2O$ 的性质

(1) 将少量产品放在表面皿上，在日光下观察晶体颜色变化，与放在暗处的晶体比较。

(2) 制感光纸。按三草酸合铁(Ⅲ)酸钾 0.3g、六氰合铁(Ⅲ)酸钾 0.4g、加蒸馏水 5mL 的比例配成溶液，涂在纸上即成感光纸。附上图案，在日光直射下放置数秒钟，曝光部分呈蓝色，被遮盖的部分显影出图案。

(3) 配感光液。取 0.3～0.5g 三草酸合铁(Ⅲ)酸钾，加蒸馏水 5mL 配成溶液，用滤纸条做成感光纸。附上图案，在日光直射下放置数秒钟，曝光后去掉图案，用约 3.5％六氰合铁(Ⅲ)酸钾溶液润湿或漂洗即显影出图案。

五、阅读材料

(1) 曹小霞，蒋晓瑜. 2012. 三草酸合铁酸钾的合成与表征. 佳木斯大学学报(自然科学版)，30(4)：634-637

(2) 曹小霞,蒋晓瑜. 2012. 三草酸合铁(Ⅲ)酸钾的合成实验优化. 长春师范学院学报,31(9):42-45

(3) 纪永升,吕瑞红,李玉贤,等. 2013. 硫酸亚铁铵制备三草酸合铁(Ⅲ)酸钾的实验探索. 大学化学,28(6):42-45

(4) 姜述芹,陈虹锦,梁竹梅,等. 2006. 三草酸合铁(Ⅲ)酸钾制备实验探索. 实验室研究与探索,25(10):1194-1196

(5) 李芳,陈静芬,李灵丽,等. 2009. 三草酸合铁(Ⅲ)酸钾制备条件的优化. 台州学院学报,31(3):49-51

(6) 凌必文,刁海生. 2001. 三草酸合铁(Ⅲ)酸钾的合成及结构组成测定. 安庆师范学院学报(自然科学版),7(4):13-16

(7) 秦建芳,马会宣. 2011. 三草酸合铁(Ⅲ)酸钾的制备、组成测定和性质研究. 应用化工,40(4):606-608

(8) 钟国清. 2016. 三草酸合铁(Ⅲ)酸钾绿色合成与结构表征. 实验技术与管理,33(9):34-37

(9) 钟国清,臧晴. 2017. 三草酸合铁(Ⅲ)酸钾的室温固相合成与晶体结构表征. 分子科学学报,33(1):77-83

六、思考题

(1) 制备三草酸合铁(Ⅲ)酸钾时,加入 H_2O_2后为什么要煮沸溶液?煮沸时间过长有何影响?

(2) 在制备的最后一步能否用蒸干的办法提高产率?为什么?

(3) 制备反应中,加入乙醇的作用是什么?不加入产量会有所改变吗?

(4) 影响三草酸合铁(Ⅲ)酸钾产率的主要因素有哪些?

实验四十五　硫酸四氨合铜(Ⅱ)的制备及组成分析

一、实验目的

(1) 掌握用粗氧化铜制备硫酸四氨合铜的方法。

(2) 了解无机物或配合物结晶提纯的原理。

(3) 掌握蒸发、结晶、减压过滤等基本操作。

(4) 掌握对产物各组分分析的原理和方法。

二、实验原理

硫酸四氨合铜($[Cu(NH_3)_4]SO_4 \cdot H_2O$)为深蓝色晶体,主要用于印染、纤维、杀虫剂及制备某些含铜的化合物。常温下在空气中硫酸四氨合铜易与水和二氧化碳反应,生成铜的碱式盐,使晶体变成绿色的粉末。本实验利用粗氧化铜溶于适当浓度的硫酸中制得硫酸铜溶液,再加入过量的氨水反应制取$[Cu(NH_3)_4]SO_4 \cdot H_2O$。反应式为

$$CuO + H_2SO_4 = CuSO_4 + H_2O$$

$$CuSO_4 + 4NH_3 + H_2O = [Cu(NH_3)_4]SO_4 \cdot H_2O$$

由于原料不纯,因此所得的 $CuSO_4$ 溶液中常含有不溶性物质和可溶性的 $FeSO_4$ 和 $Fe_2(SO_4)_3$。用 H_2O_2将其中的 Fe^{2+} 氧化成 Fe^{3+},再利用 NaOH 调节溶液 pH=3~4(注意不要使溶液 pH>4,否则将析出碱式硫酸铜沉淀而影响产品的质量和产量),再加热煮沸,使 Fe^{3+} 水解为 $Fe(OH)_3$沉淀,在过滤时和其他不溶性杂质一起被除去。反应如下:

$$2Fe^{2+} + 2H^+ + H_2O_2 = 2Fe^{3+} + 2H_2O$$

$$Fe^{3+} + 3H_2O = Fe(OH)_3 \downarrow + 3H^+$$

可用 KSCN 检验溶液中的 Fe^{3+} 是否除净，反应式为

$$Fe^{3+}+nSCN^{-}=[Fe(SCN)_n]^{3-n}(n=1\sim6，血红色)$$

硫酸四氨合铜在加热时易失氨，并且在乙醇中的溶解度远小于在水中的溶解度，所以其晶体的制备不宜用蒸发浓缩等常规的方法，而是向硫酸铜溶液中加入浓氨水后，再加入乙醇溶液，即可析出 $[Cu(NH_3)_4]SO_4 \cdot H_2O$ 晶体。

$[Cu(NH_3)_4]SO_4 \cdot H_2O$ 晶体中铜的含量可用碘量法测定。在微酸性溶液（pH＝3～4）中，Cu^{2+} 与过量 I^- 作用，生成 CuI 沉淀和 I_2，其反应式为

$$2Cu^{2+}+4I^{-}=2CuI+I_2$$

生成的 I_2 用 $Na_2S_2O_3$ 标准溶液滴定，以淀粉溶液为指示剂，滴定至溶液的蓝色刚好消失即为终点。反应式为

$$I_2+2S_2O_3^{2-}=2I^{-}+S_4O_6^{2-}$$

因 CuI 沉淀表面吸附 I_2 致使分析结果偏低，可在大部分 I_2 被 $Na_2S_2O_3$ 标准溶液滴定后，加入 KSCN 溶液，使 CuI 沉淀转化为溶解度更小的 CuSCN 沉淀，把吸附的 I_2 释放出来，从而提高测定结果的准确度。根据 $Na_2S_2O_3$ 标准溶液的浓度及消耗的体积，可计算出试样中铜的含量，即

$$w(Cu)=\frac{c(Na_2S_2O_3) \cdot V(Na_2S_2O_3) \cdot M(Cu)}{m_{样}}\times100\%$$

为防止 I^- 的氧化（Cu^{2+} 催化此反应），反应不能在强酸性溶液中进行。因 Cu^{2+} 的水解及 I_2 易被碱分解，因此反应也不能在碱性溶液中进行。一般控制反应在 pH 为 3～4 的弱酸性介质中进行。

产物中 NH_3 含量的测定可采用酸碱滴定方法，即先将其蒸馏出来后用过量的 HCl 标准溶液吸收，剩余的 HCl 用 NaOH 标准溶液滴定，根据消耗的 NaOH 及 HCl 标准溶液的体积，可计算出 NH_3 的含量。反应如下：

$$[Cu(NH_3)_4]SO_4+2NaOH=CuO\downarrow+4NH_3\uparrow+Na_2SO_4+H_2O$$

$$NH_3+HCl(过量)=NH_4Cl$$

$$HCl(剩余量)+NaOH=NaCl+H_2O$$

产物中 SO_4^{2-} 含量采用 $BaSO_4$ 重量法测定。

三、仪器与试剂

分析天平，托盘天平，烧杯，玻璃棒，电炉或酒精灯，恒温水浴锅，石棉网，点滴板，表面皿，蒸发皿，减压过滤装置，坩埚，定性滤纸，慢速定量滤纸，马弗炉，量筒（10mL、50mL），锥形瓶（250mL），酸式和碱式滴定管（25mL），容量瓶（100mL），移液管（25mL）。

CuO 粉，H_2SO_4 溶液（$3mol \cdot L^{-1}$），氨水溶液（1∶1），乙醇（95％），$K_2Cr_2O_7$（A. R.），HCl 标准溶液（$0.1mol \cdot L^{-1}$），NaOH 标准溶液（$0.05mol \cdot L^{-1}$），$Na_2S_2O_3$ 标准溶液（$0.05mol \cdot L^{-1}$），KI 溶液（5％），KSCN 溶液（5％），淀粉溶液（0.5％），NaOH 溶液（10％），溴甲酚绿-甲基红指示剂，$AgNO_3$ 溶液（$0.1mol \cdot L^{-1}$），$BaCl_2$ 溶液（$0.1mol \cdot L^{-1}$），精密 pH 试纸。

四、实验步骤

1. 粗 $CuSO_4$ 溶液的制备

称取 2.0g 粗 CuO 倒入 100mL 烧杯中，加入 10mL $3mol \cdot L^{-1}$ H_2SO_4，微热使黑色 CuO

溶解，加入 15mL 蒸馏水，溶液为蓝色。

2. $CuSO_4$溶液的精制

在粗 $CuSO_4$溶液中滴加 1mL 3mol·L^{-1} H_2SO_4，将溶液加热至沸腾，搅拌 2～3min，边搅拌边逐滴加入 10% NaOH 溶液至 pH＝3.5 左右(用精密 pH 试纸检验)，使 Fe^{3+} 生成沉淀。用玻璃棒蘸取数滴溶液于点滴板上，加入 1 滴 5% KSCN 溶液，若呈现红色，说明 Fe^{3+} 未沉淀完全，需继续向烧杯中滴加 NaOH 溶液。Fe^{3+} 沉淀完全后，继续加热溶液片刻，趁热减压过滤，滤液转移至干净的蒸发皿中。

3. $[Cu(NH_3)_4]SO_4 \cdot H_2O$ 晶体的制备

将滤液水浴加热，蒸发浓缩至 10～15mL，冷却至室温。用 1∶1 氨水溶液调 $CuSO_4$溶液至 pH 为 6～8，然后加 1∶1 氨水溶液 15mL，溶液成深蓝色。缓慢加入 10mL 95%乙醇，即有深蓝色晶体析出。盖上表面皿，静置约 15min，抽滤，用 20mL 乙醇和 1∶1 氨水的混合液(10mL 乙醇与 10mL 1∶1 氨水混合)洗涤$[Cu(NH_3)_4]SO_4 \cdot H_2O$ 晶体 4 次，产品抽干后称量，计算产率。产品保存于干燥器中。

4. $[Cu(NH_3)_4]SO_4 \cdot H_2O$ 晶体中铜含量的测定

准确称取$[Cu(NH_3)_4]SO_4 \cdot H_2O$ 晶体试样 0.8～0.9g 于 100mL 烧杯中，加入 6mL 3mol·L^{-1} H_2SO_4、20mL 蒸馏水使之溶解，定量转移至 100mL 容量瓶中，用蒸馏水稀释至刻度，摇匀。

移取上述试液 25.00mL 于 250mL 锥形瓶中，加入 10mL 5% KI 溶液，用 $Na_2S_2O_3$标准溶液滴定至淡黄色，然后加入 0.5%淀粉溶液 1mL，继续滴定至溶液呈浅蓝色，再加入 5% KSCN 溶液 10mL，用 $Na_2S_2O_3$标准溶液滴定至蓝色刚好消失即为终点。平行滴定 3 次，记下每次消耗的 $Na_2S_2O_3$标准溶液的体积，计算$[Cu(NH_3)_4]SO_4 \cdot H_2O$ 晶体中的铜含量。

5. $[Cu(NH_3)_4]SO_4 \cdot H_2O$ 晶体中 NH_3的测定

准确称取 0.10g 左右样品于 250mL 锥形瓶中，加 80mL 蒸馏水溶解，再加入 10mL 10% NaOH 溶液。在另一锥形瓶中，准确加入 25.00mL 0.1mol·L^{-1} HCl 标准溶液，放入冰浴中冷却。按图 5-1 装配好仪器，从漏斗中加入 3～5mL 10% NaOH 溶液于小试管中，漏斗下端插入液面下 2～3cm。先用大火加热，当溶液接近沸腾时改用小火，保持微沸状态，蒸馏 1h 左右，即可将氨全部蒸出。蒸馏完毕后，取出插入 HCl 溶液中的导管，用蒸馏水冲洗导管内外，洗涤液收集在氨吸收瓶中，从冰浴中取出吸收瓶，加 2 滴溴甲酚绿-甲基红指示剂，用 0.05mol·L^{-1} NaOH 标准溶液滴定剩余的 HCl 溶液。

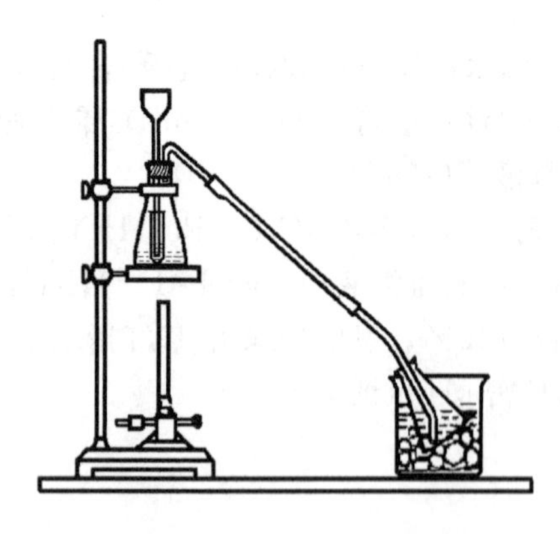

图 5-1　氨的测定装置

6. $[Cu(NH_3)_4]SO_4 \cdot H_2O$ 晶体中 SO_4^{2-} 的测定

准确称取试样约 0.65g(含硫量约 90mg)于 400mL

烧杯中，加25mL蒸馏水使其溶解，稀释至200mL。在此溶液中加入2mL 6mol·L^{-1} HCl溶液，盖上表面皿，加热至近沸。取30～35mL 0.1mol·L^{-1} $BaCl_2$溶液于小烧杯中，加热至近沸，然后用滴管将热$BaCl_2$溶液逐滴加入样品溶液中，同时不断搅拌溶液。当$BaCl_2$溶液即将加完时，静置几分钟，沿烧杯壁向$BaSO_4$沉淀的上清液中加入1～2滴$BaCl_2$溶液，观察是否有白色浑浊出现，用以检验沉淀是否已完全。盖上表面皿，置于90℃水浴保温陈化约1h，然后冷却至室温。

将上清液用倾析法倒入漏斗中的定量滤纸上，用一洁净烧杯收集滤液(检查有无沉淀穿滤现象。若有，应重新换滤纸)。用少量热蒸馏水洗涤沉淀三四次，然后将沉淀小心地全部转移至滤纸上。用洗瓶吹洗烧杯内壁，洗涤液并入漏斗中，并用事先撕下的滤纸角擦拭玻璃棒和烧杯内壁，将滤纸角放入漏斗中，再用少量蒸馏水洗涤滤纸上的沉淀(约10次)至滤液无Cl^-。

取下滤纸，将沉淀包好，置于已恒量的坩埚中，先用小火烘干炭化，再用大火灼烧至滤纸灰化。然后将坩埚转入马弗炉中，在800～850℃灼烧约30min。取出坩埚，待红热退去，置于干燥器中冷却至室温后称量。再重复灼烧20min，冷却，称量，直至恒量。计算试样中SO_4^{2-}的含量。

五、阅读材料

(1) 陈玲. 2011. 硫酸四氨合铜的制备及成分测定. 广东化工，38(11)：124-125

(2) 黄中强，蒋毅民. 1999. 硫酸四氨合铜制备工艺研究. 广西师范大学学报(自然科学版)，17(3)：69-71

(3) 刘志红，吕佳. 2016. 硫酸四氨合铜制备实验的改进与探究. 化学教育，37(4)：29-31

(4) 王方阔，周贤亚，聂丽，等. 2013. 硫酸四氨合铜组成测定的方法改进. 广东化工，40(1)：103

(5) 张楠，冯璐璐，柳沛宏. 2014. 硫酸四氨合铜结晶过程的粒度控制技术. 化工技术与开发，43(7)：15-18

六、思考题

(1) 加NaOH除Fe^{3+}时为什么溶液pH要调到3.5左右？pH太大或太小有何影响？

(2) 测定铜的实验过程中颜色的变化分别意味着什么？

(3) 测定铜时体系的酸度对测定结果有何影响？什么酸度最合适？还可采取其他方法测定吗？

(4) 硫酸四氨合铜在农业生产中有什么作用？

(5) 能否用很稀的氨水制备硫酸四氨合铜，为什么？

(6) 在洗涤$[Cu(NH_3)_4]SO_4 \cdot H_2O$晶体时为什么要用醇和氨水的混合液？

实验四十六 乙酰水杨酸铜配合物的制备与表征

一、实验目的

(1) 了解酯化反应的基本原理及其在乙酰水杨酸制备中的应用。

(2) 掌握乙酰水杨酸铜配合物的制备与表征方法。

(3) 掌握减压过滤、重结晶等基本操作。

二、实验原理

乙酰水杨酸是常用解热镇痛药、抗风湿类药，近年来它的新用途不断被发现，作为治疗和预防心脑血管疾病的药物已广泛应用于临床。但它对消化道有毒副作用，常引起胃肠道的溃疡和出血。铜、锌等是人体必需的微量元素，在人体的生理代谢中起着重要作用。乙酰水杨酸和金属离子形成配合物后，可降低其毒副作用，改进和修缮或增加乙酰水杨酸的作用及用途，提高其药效和生理功能，是值得深入研究和开发的一类新型化合物。乙酰水杨酸铜具有比乙酰水杨酸更好的消炎、镇痛、抗风湿、抗癫痫、抗血小板聚集、防止血栓形成和保护心、脑组织缺血再灌损伤、防癌抗癌、抗糖尿病和抗辐射活性等作用，且毒副作用小，胃肠不良反应较轻，是一种有广泛应用前景的新药。

乙酰水杨酸俗名阿司匹林，为白色针状或片状结晶，熔点为135～140℃，易溶于乙醇，可溶于氯仿、乙醚，微溶于水。通常由水杨酸和乙酸酐在浓硫酸或浓磷酸[①]催化下合成乙酰水杨酸，也可使用固体强酸（如 $NaHSO_4$、氨基磺酸、磷钨酸、对甲苯磺酸、强酸性离子交换树脂等）或碱（如 NaOH、碳酸氢钠、吡啶等）作催化剂。本实验用无水碳酸钠作催化剂，反应方程式为

$$C_6H_4(OH)COOH + (CH_3CO)_2O \xrightarrow{Na_2CO_3} C_6H_4(OCOCH_3)COOH + CH_3COOH$$

水杨酸有酚羟基，能与三氯化铁试剂发生颜色反应，此性质可用于乙酰水杨酸纯度的检验。

乙酰水杨酸铜是亮蓝色结晶性粉末，无吸湿、风化、挥发性，不溶于水、醇、醚及氯仿等溶剂，微溶于二甲亚砜。将乙酰水杨酸和 NaOH 按 1∶1 的物质的量比反应制成乙酰水杨酸钠，然后将乙酰水杨酸钠与 $CuSO_4 \cdot 5H_2O$ 按 2∶1 的物质的量比反应可制得乙酰水杨酸铜。本实验把硫酸铜中的 Cu^{2+} 转化成 $Cu_2(OH)_2CO_3$ 沉淀，再与乙酰水杨酸进行反应制得乙酰水杨酸铜。

通过金属元素及 C、H、O 元素测定，可以确定配合物的组成。通过测定乙酰水杨酸铜的红外光谱，可以了解其配位情况。

三、仪器与试剂

分析天平，托盘天平，微波炉，集热式磁力加热搅拌器，锥形瓶（150mL），吸量管（10mL），量筒（10mL、50mL），碱式滴定管（25mL），减压过滤装置，水浴锅，电热恒温干燥箱，马弗炉，温度计，元素分析仪，红外光谱仪。

水杨酸（A. R.），$CuSO_4 \cdot 5H_2O$（A. R.），无水碳酸钠（A. R.），乙酸酐（A. R.，密度为 $1.08g \cdot mL^{-1}$），乙醇（95%），中性乙醇（95%乙醇中加2滴酚酞指示剂，用 NaOH 溶液中和至刚变为浅红色），$FeCl_3$ 溶液（1%），HCl 溶液（$1mol \cdot L^{-1}$），NaOH 标准溶液（$0.05mol \cdot L^{-1}$），酚酞指示剂（0.2%乙醇溶液）。

四、实验步骤

1. 乙酰水杨酸的制备

称取4.0g 水杨酸[②]和0.1g 无水碳酸钠放入100mL 干燥锥形瓶中，然后用吸量管加入6.0mL 乙酸酐[③]，摇匀，将一放有玻璃珠的小漏斗置于锥形瓶口。把微波炉调到微波输出功率约450W，将混合好的反应物放进微波炉辐射60s，取出冷却2min，加入约40mL 蒸馏水并搅

---

① 水杨酸存在分子内氢键，阻碍酚羟基的酰化作用。水杨酸与酸酐直接作用必须加热至150～160℃才能生成乙酰水杨酸，如果加入浓硫酸（或浓磷酸），氢键被破坏，酰化作用可在较低温度下进行，同时副产物大大减少。

② 水杨酸应当是完全干燥的，可在电热恒温干燥箱中105℃下干燥1h。

③ 乙酸酐应重新蒸馏，收集139～140℃馏分。

拌，在冰浴中充分冷却，使结晶完全。用布氏漏斗抽滤，用少量蒸馏水洗涤3次，抽干，得乙酰水杨酸粗品。

将制得的乙酰水杨酸粗品转入小烧杯中，加95%乙醇5mL左右，于水浴上加热片刻①，若仍未溶解完全，可补加适量乙醇使其溶解②，用折叠滤纸趁热过滤，在滤液中加入约15mL热蒸馏水，冷却后析出白色结晶。减压过滤，用冷蒸馏水洗涤晶体。将晶体转移到表面皿上，干燥后称量，计算产率。

2. 乙酰水杨酸的纯度检验与含量测定

取几粒晶粒加入盛有1mL 95%乙醇的试管中，加入1～2滴1% $FeCl_3$溶液，观察有无颜色反应。

准确称取0.15～0.20g乙酰水杨酸晶体于锥形瓶中，加20mL中性乙醇，溶解后加2滴酚酞指示剂，用0.05mol·L^{-1} NaOH标准溶液滴定至呈粉红色，且30s不褪色即为终点，平行测定3次，计算乙酰水杨酸的含量。

3. 乙酰水杨酸铜的制备

称取1.3g $CuSO_4 \cdot 5H_2O$和0.7g无水碳酸钠分别溶解于蒸馏水中，在冰水环境下混合反应，得到蓝色$Cu_2(OH)_2CO_3$沉淀，用蒸馏水洗涤沉淀至无SO_4^{2-}。然后将沉淀转入小烧杯中，加30mL蒸馏水、2.0g乙酰水杨酸，80℃水浴加热，并用磁力加热搅拌器搅拌，得到与碱式碳酸铜不同的亮蓝色沉淀。抽滤，先用蒸馏水洗涤(向洗涤后的沉淀中滴加1～2滴稀盐酸，应无气泡产生。若有气泡，则要加入乙酰水杨酸让其充分反应)，然后用乙醇洗涤，最后再用蒸馏水洗涤。干燥得到产品，称量，计算产率。

4. 乙酰水杨酸及其铜配合物的表征

用元素分析仪测定乙酰水杨酸及其铜配合物中C、H的含量。配合物中铜含量的测定，可准确称取一定量的产品于干净坩埚中，在600℃左右的马弗炉中灼烧1h，得到CuO，用稀硫酸溶解后采用碘量法测定。根据元素分析测定结果，推断其组成。

用KBr压片法在400～4000cm^{-1}分别测定乙酰水杨酸及其铜配合物的红外光谱，并对主要特征吸收峰进行确认。

五、阅读材料

(1) 黄雅丽，娄本勇. 2011. 阿司匹林铜配合物的制备与表征的探索与研究. 实验室科学，14(4)：118-120
(2) 孔祥平. 2009. 阿司匹林铜的合成及结构表征. 应用化工，38(9)：1297-1299
(3) 刘涛，魏冬，姜波，等. 2014. 阿司匹林铜(Ⅱ)配合物的合成、晶体结构和抗肿瘤活性. 应用化学，31(3)：296-302
(4) 沈志强，陈植和. 1999. 阿司匹林铜的研究现状及其应用前景. 昆明医学院学报，20(4)：65-68
(5) 田喜强. 2013. 阿司匹林铜的合成及红外光谱分析. 绥化学院学报，33(2)：151-153
(6) 王鹏，王一雯，纪超男，等. 2011. 电化学沉积法制备阿司匹林铜. 北京建筑工程学院学报，27(3)：28-31
(7) 张敬东，王思宏，张小勇，等. 2010. 阿司匹林铜的一步法合成及表征. 化学试剂，33(2)：269-270

① 重结晶时不宜长时间加热，因为在此条件下乙酰水杨酸容易水解。
② 加入乙醇的量应恰好使晶体溶解，若乙醇过量，则很难析出结晶。

(8) 张友智．2007．阿司匹林铜的合成与质量控制研究．中南药学，5(1)：38-39

六、思考题

(1) 进行酯化反应时所用的水杨酸和玻璃器皿都必须是干燥的，为什么？
(2) 制备乙酰水杨酸时能否用稀硫酸作催化剂？为什么？
(3) 通过查阅文献，了解用于制备乙酰水杨酸的催化剂有哪些？各有何特点？
(4) 在乙酰水杨酸重结晶时，滴加水的标准是什么？为什么这样做？
(5) 如何根据元素分析及其他表征结果推断乙酰水杨酸铜配合物的组成和结构？

实验四十七　葡萄糖酸锌的制备与表征

一、实验目的

(1) 了解锌的生物意义和葡萄糖酸锌的制备方法。
(2) 熟练掌握蒸发、浓缩、过滤、重结晶、滴定等操作。
(3) 了解葡萄糖酸锌的质量分析方法。

二、实验原理

锌存在于众多的酶系中，如碳酸酐酶、呼吸酶、乳酸脱氢酸、超氧化物歧化酶、碱性磷酸酶、DNA 和 RNA 聚中酶等，是核酸、蛋白质、碳水化合物的合成和维生素 A 的利用所必需的。锌具有促进生长发育，改善味觉的作用。缺乏锌时会出现味觉、嗅觉差，厌食，生长与智力发育低于正常。葡萄糖酸锌为补锌药，具有见效快、吸收率高、副作用小等优点，主要用于儿童、老年及妊娠妇女因缺锌引起的生长发育迟缓、营养不良、厌食症、复发性口腔溃疡、皮肤痤疮等症。

葡萄糖酸锌可由葡萄糖酸直接与锌的氧化物或盐制得。本实验采用葡萄糖酸钙与硫酸锌直接反应，反应方程式如下：

$$[CH_2OH(CHOH)_4COO]_2Ca + ZnSO_4 \xlongequal{} [CH_2OH(CHOH)_4COO]_2Zn + CaSO_4 \downarrow$$

过滤除去 $CaSO_4$ 沉淀，滤液经浓缩可得无色或白色葡萄糖酸锌结晶。相对分子质量为 455.68，熔点为 172℃，无味，易溶于水，极难溶于乙醇。

葡萄糖酸锌在制作药物前，要经过多个项目的检测。本次实验只是对产品质量进行初步分析，分别用 EDTA 配位滴定法和比浊法检测所制产物的锌和硫酸根含量。《中华人民共和国药典》(2010 版)规定葡萄糖酸锌含量应为 93%～107%。

三、仪器与试剂

托盘天平，分析天平，烧杯，锥形瓶(150mL)，蒸发皿，减压过滤装置，量筒(10mL、50mL)，酸式滴定管(25mL)，移液管(25mL)，吸量管(5mL)，比色管(25mL)。

葡萄糖酸钙(A. R.)，硫酸锌(A. R.)，活性炭，无水乙醇，HCl 溶液($3mol \cdot L^{-1}$)，$BaCl_2$ 溶液(25%)，K_2SO_4 标准溶液(硫酸根含量 $100mg \cdot L^{-1}$)，NH_3-NH_4Cl 缓冲溶液(pH=10)，EDTA标准溶液($0.005mol \cdot L^{-1}$)，铬黑 T 指示剂(配制方法见附录 12)。

四、实验步骤

1. 葡萄糖酸锌的制备

取 40mL 蒸馏水于烧杯中，加热至 80～90℃，加入 6.7g $ZnSO_4 \cdot 7H_2O$ 使其完全溶解，将

烧杯放在90℃恒温水浴中，再逐渐加入葡萄糖酸钙10g，并不断搅拌。在90℃[①]水浴上保温20min[②]，趁热抽滤[③]（滤渣为$CaSO_4$，弃去），滤液移至蒸发皿中，在沸水浴上浓缩至黏稠状（体积约为20mL，若浓缩液有沉淀，需过滤掉）。滤液冷至室温，加95%乙醇20mL并不断搅拌，此时有大量的胶状葡萄糖酸锌析出。充分搅拌后，用倾析法去除乙醇溶液。再在沉淀上加95%乙醇20mL，充分搅拌后，沉淀慢慢转变成晶体状，抽滤至干，即得粗品（母液回收）。再向粗品中加蒸馏水20mL，加热至溶解，趁热抽滤，滤液冷至室温，加95%乙醇20mL充分搅拌，结晶析出后，抽滤至干，即得精品，在50℃烘干，称量并计算产率。

2. 硫酸盐的检查

取本品0.5g，加蒸馏水20mL溶解（溶液若显碱性，可滴加盐酸使其呈中性）。溶液若不澄清，应过滤。将溶液置于25mL比色管中，加HCl溶液2.0mL，摇匀，即得供试溶液。另取K_2SO_4标准溶液2.50mL，置于25mL比色管中，加蒸馏水使其约20mL，加HCl溶液2.0mL，摇匀，即得对照溶液。在供试溶液与对照溶液中，分别加入25% $BaCl_2$溶液2.0mL，用蒸馏水稀释至25mL，充分摇匀，放置10min，同置黑色背景上，从比色管上方向下观察、比较，若发生浑浊，与K_2SO_4标准溶液制成的对照溶液比较，不得更浓。

3. 锌含量的测定

准确称取0.15～0.20g葡萄糖酸锌，加蒸馏水30mL，微热使其溶解，定量转移到100mL容量瓶中，冷却后稀释到刻度。移取25.00mL样品溶液于锥形瓶中，加NH_3-NH_4Cl缓冲溶液5mL、铬黑T指示剂少许，用0.005mol·L^{-1} EDTA标准溶液滴定至溶液自紫红色突变为纯蓝色，记录所消耗EDTA标准溶液的体积。平行测定3次，计算样品中葡萄糖酸锌的质量分数。

4. 红外光谱表征

用KBr压片法在400～4000cm^{-1}测定本法制得的葡萄糖酸锌的红外光谱，并对主要吸收峰进行指认。

五、阅读材料

(1) 高明丽，李光水，李婉，等. 2019. 无机化学综合实验：葡萄糖酸锌的制备与成分分析. 化学教育，40(10)：63-66

(2) 韩秀丽，李红萍，王晓松. 2000. 一步法合成葡萄糖酸锌的研究. 河南科学，18(3)：256-258

(3) 解从霞. 1997. 葡萄糖酸锌合成新工艺. 大连轻工业学院学报，16(3)：84-87

(4) 王芳斌. 1999. 葡萄糖酸锌合成的新方法与结构分析. 常德师范学院学报（自然科学版），11(3)：60-61

(5) 王海棠，周红. 2001. 葡萄糖酸锌的合成. 武汉化工学院学报，23(1)：25-27

(6) 魏巍，王学东，崔玉民. 2006. 间接法合成葡萄糖酸锌及其表征. 阜阳师范学院学报（自然科学版），23(4)：43-45

(7) 张华彬. 2011. 葡萄糖酸锌的制备工艺研究. 化学工程与装备，(11)：34-35

---

① 反应需要在90℃水浴中恒温加热，温度太高，葡萄糖酸锌会分解；温度太低，葡萄糖酸锌的溶解度降低。

② 葡萄糖酸钙与硫酸锌反应时间不可过短，保证充分生成硫酸钙沉淀。

③ 抽滤除去硫酸钙后的滤液如果无色，可以不用脱色处理。如果脱色处理，一定要趁热过滤，防止产物过早冷却而析出。

(8) 张坤,王志才,胡文丽,等. 2008. 直接复分解法合成葡萄糖酸锌及其表征. 阜阳师范学院学报(自然科学版),25(2):70-72

六、思考题

(1) 如果选用葡萄糖酸为原料,以下四种含锌化合物应选择哪种?为什么?

① ZnO ② $ZnCl_2$ ③ $ZnCO_3$ ④ $Zn(CH_3COO)_2$

(2) 葡萄糖酸锌含量测定结果若不符合规定,可能由哪些原因引起?

(3) 葡萄糖酸锌可用哪些方法进行重结晶?

(4) 查阅有关文献,比较各种制备葡萄糖酸锌工艺方法的优缺点。

实验四十八 过氧乙酸的制备及其含量测定

一、实验目的

(1) 了解过氧乙酸的性质和有关用途。

(2) 学习过氧乙酸制备方法和产品的分析方法。

二、实验原理

过氧乙酸是一种广谱、高效消毒剂,广泛用于医疗卫生及其他多种行业的消毒。过氧乙酸是过氧化氢的酰基取代衍生物,具有非常广泛的氧化用途,可用作纺织品、纸张、油脂、石蜡和淀粉等的漂白剂,有机合成上多用于药物合成中的氮氧化、硫氧化、烯烃环氧化及羰基氧化等,还可用作杀虫剂、杀菌消毒剂、聚合促进剂等。过氧乙酸具有很强的氧化性,作为一种快速、高效的消毒灭菌剂广泛应用于各类场所的消毒灭菌。它和大多数化学消毒剂一样,消毒作用受浓度、作用时间、温度、有机物、相对湿度、化学物质等因素影响,常用的消毒方法主要有浸泡、擦拭、喷洒、熏蒸等。过氧乙酸对细菌繁殖体、真菌、病毒和芽孢等都有高效的杀灭作用,杀灭细菌繁殖体只需0.01%~0.1%过氧乙酸作用10min,病毒需要0.25%过氧乙酸作用5min,结核杆菌需要0.5%过氧乙酸作用5min;对真菌的杀灭作用大多数情况下可以与细菌繁殖体相同,但有时则需与病毒或结核杆菌相同,对细菌芽孢需要0.5%过氧乙酸作用10min。在医疗方面,过氧乙酸主要用于有真菌或病毒感染的皮肤病治疗。低浓度过氧乙酸是角质松解剂,又是广谱消毒防腐药,不但能使角化过度的角层细胞松软解离,促进其脱落,而且还对各种皮肤癣菌有强大的杀灭作用。用0.5%过氧乙酸浸泡可以治疗手足癣、进行性指掌角皮症;用高浓度过氧乙酸强大的氧化作用,可将患处的坏死组织烧灼氧化,起到较彻底的清创作用,并促进创面愈合,可以治疗足部跖疣、寻常疣。此外,过氧乙酸还可以用来治疗口腔溃疡、瑞安组织感染等;用来预防肉仔鸡氨中毒、作为预防鸡病的药物、用于纸浆的漂白、在无土栽培中提高萌芽率、药物合成中的化学氧化剂、化工合成中的中间体等。

过氧乙酸是一种弱酸性氧化剂,分子式为$C_2H_4O_3$,结构式为CH_3COOOH,相对分子质量为76.05,为无色透明液体,有刺激性酸味,溶于水和有机溶剂。过氧乙酸不稳定,在常温下易分解,高温时甚至引起爆炸。影响过氧乙酸稳定性的因素很多,有产品浓度、微量金属离子、各种杂质、光和温度等。产品中加入0.1% 8-羟基喹啉或磷酸,可明显提高过氧乙酸的稳定性。本实验用冰醋酸与27%过氧化氢进行过氧乙酸的合成实验,反应机理如下:

$$CH_3COOH + H^+ \longrightarrow CH_3-\overset{\overset{OH}{|}}{C^+}-OH \xrightarrow{H_2O_2} CH_3-\overset{\overset{OH}{|}}{\underset{\underset{H-O^+-OH}{|}}{C}}-OH \longrightarrow CH_3COOOH + H_2O + H^+$$

从反应机理可以看出，该反应为酸催化的离子反应。反应的平衡常数较小，一般 $K^{\ominus}$ 值为 2～3，转化率较低。

其他制备方法有：乙酸酐和过氧化氢反应；改变乙醛氧化的条件，降低反应温度可得到过氧乙酸；利用四乙酰乙二胺和碳酸钠在水溶液中反应，可以生成过氧乙酸，且四乙酰乙二胺和碳酸钠是固体，储存和运输较方便而受到欢迎；乙酰水杨酸和过碳酸钠反应也可以生成过氧乙酸。

测定 CH_3COOOH 的含量，必须排除过氧化氢的干扰。作为 CH_3COOOH 的酰基取代衍生物，乙酰基的引入使 CH_3COOOH 的稳定性增大，且在有机酸中它是最高氧化态，所以 $KMnO_4$ 不与 CH_3COOOH 作用。在酸性溶液中，用 $KMnO_4$ 将混于 CH_3COOOH 溶液中的过氧化氢氧化分解，随后 CH_3COOOH 与 KI 作用生成 I_2，用 $Na_2S_2O_3$ 滴定 I_2，指示剂为淀粉溶液，即可测定溶液中 CH_3COOOH 的含量。有关反应方程式如下：

$$2KMnO_4 + 5H_2O_2 + 3H_2SO_4 = 2MnSO_4 + K_2SO_4 + 8H_2O + 5O_2\uparrow$$

$$2KI + 2H_2SO_4 + CH_3COOOH = 2KHSO_4 + CH_3COOH + H_2O + I_2$$

$$I_2 + 2Na_2S_2O_3 = 2NaI + Na_2S_4O_6$$

三、仪器与试剂

电磁搅拌器，烧杯，量筒，碘量瓶(100mL)，吸量管(5mL)，容量瓶(100mL)，酸式和碱式滴定管(25mL)。

27%过氧化氢(工业品)，冰醋酸(工业品)，硫酸(A. R.)，$KMnO_4$ 标准溶液[$c(1/5KMnO_4)$ 约 $0.05mol\cdot L^{-1}$]，$Na_2S_2O_3$ 标准溶液($0.02mol\cdot L^{-1}$)，钼酸铵溶液(3%)，淀粉溶液(0.5%)，KI 溶液(10%)，$MnSO_4$ 溶液(10%)。

四、实验步骤

1. 过氧乙酸的制备

按体积比 1∶1 取用冰醋酸与 27%过氧化氢于烧杯中，加入反应物总体积 5%的浓硫酸作为催化剂，用电磁搅拌器在室温下搅拌反应 30min，静置 4～6h，即可制得含量为 16%～20%的过氧乙酸溶液。

2. 过氧乙酸含量测定

用吸量管准确吸取 1.00mL 过氧乙酸样品溶液，定容于 100mL 容量瓶中，备用。向 100mL 碘量瓶中加 $2mol\cdot L^{-1}$ H_2SO_4 溶液 5mL，3 滴 10% $MnSO_4$ 溶液，取稀释后的过氧乙酸试液 5.00mL，用 $KMnO_4$ 标准溶液滴定至粉红色。随即加入 10% KI 溶液 5mL 与 3 滴 3%钼酸铵溶液，摇匀，暗处放置 5min，用 $0.02mol\cdot L^{-1}$ $Na_2S_2O_3$ 标准溶液滴定至淡黄色，加入 0.5%淀粉溶液 1mL，溶液呈蓝色，继续用 $Na_2S_2O_3$ 标准溶液滴定至蓝色刚好消失为终点，记录消耗的 $Na_2S_2O_3$ 标准溶液的体积。平行测定 3 次，相对平均偏差<0.3%。

$$\rho(CH_3COOOH)=\frac{c(Na_2S_2O_3)\times V(Na_2S_2O_3)\times 76.05/2}{V_{样}\times\frac{5.00}{100}}(g\cdot L^{-1})$$

五、阅读材料

(1) 胡长诚. 2003. 国外过氧乙酸制备方法研究进展. 化工进展,22(12):1284-1286

(2) 刘吉起,李书建,王竫. 2004. 过氧乙酸的性质、制备和应用. 河南预防医学杂志,15(3):171-173

(3) 王传虎,方荣生. 2006. 过氧乙酸制备及稳定性研究. 化学推进剂与高分子材料,4(1):55-57

(4) 王传虎,方荣生. 2006. 过氧乙酸制备条件的选择及其稳定性的研究. 中国消毒学杂志,23(2):100-102

(5) 王东升,卓超,吴达俊. 2000. 过氧乙酸的制备及其在药物合成中的应用. 合成化学,8(1):22-28

(6) 杨惠森,卢樱,孟庆华,等. 2004. 过氧乙酸的制备及其含量测定. 青海大学学报(自然科学版),22(1):68-70

(7) 姚菊英,吴玉萍,夏克坚. 2007. 实验室高浓度过氧乙酸的制备. 江西教育学院学报,28(3):26-28

(8) 于国庆. 2012. 高浓度过氧乙酸的实验室制备方法. 天津化工,26(4):41-43

六、思考题

(1) 本制备实验中,影响产品中过氧乙酸含量的因素有哪些?

(2) 影响过氧乙酸稳定性的因素有哪些?

(3) 过氧乙酸含量测定中,用 $KMnO_4$ 标准溶液滴定的目的是什么? 消耗的体积需要记录吗? 为什么?

(4) 根据滴定消耗 $KMnO_4$ 标准溶液的体积,如何计算出过氧乙酸溶液中过氧化氢的含量?

(5) 查阅文献比较制备过氧乙酸的其他方法及其特点。

实验四十九　明矾的制备及其单晶的培养

一、实验目的

(1) 学会利用身边易得的材料废铝制备明矾的方法。

(2) 巩固溶解度概念及其应用。

(3) 学习从溶液中培养晶体的原理和方法。

(4) 学习 EDTA 返滴定法测定 Al^{3+} 含量的方法。

二、实验原理

明矾即十二水合硫酸铝钾[$KAl(SO_4)_2\cdot 12H_2O$],又称白矾、钾矾、钾铝矾、钾明矾,是含有结晶水的硫酸钾和硫酸铝的复盐,为无色立方晶体,外表常呈八面体,有玻璃光泽,密度为 $1.757g\cdot cm^{-3}$,熔点为 92.5℃。64.5℃时失去 9 个分子结晶水,200℃时失去 12 个分子结晶水,溶于水,不溶于乙醇。明矾有抗菌、收敛等作用,可用作中药。明矾还可用于制备铝盐、发酵粉、油漆、鞣料、澄清剂、媒染剂、造纸、防水剂等。

1. 明矾的制备

将铝溶于稀氢氧化钾溶液制得偏铝酸钾,反应式为

$$2Al+2KOH+2H_2O=\!=\!=2KAlO_2+3H_2\uparrow$$

向偏铝酸钾溶液中加入一定量的硫酸，能生成溶解度较小的 $KAl(SO_4)_2 \cdot 12H_2O$，反应式为

$$KAlO_2 + 2H_2SO_4 + 10H_2O = KAl(SO_4)_2 \cdot 12H_2O$$

不同温度下明矾、硫酸铝、硫酸钾的溶解度见表5-1。制备工艺路线为

$$\text{废铝} \rightarrow \text{溶解}(\downarrow KOH) \rightarrow \text{过滤} \rightarrow \text{酸化}(\downarrow H_2SO_4) \rightarrow \text{浓缩} \rightarrow \text{结晶} \rightarrow \text{分离} \xrightarrow{\text{明矾}} \text{单晶培养} \rightarrow \text{明矾单晶}$$

表5-1 明矾、硫酸铝、硫酸钾的溶解度[$g \cdot (100g\ H_2O)^{-1}$]

温度 T/K	273	283	293	303	313	333	353	363
$KAl(SO_4)_2 \cdot 12H_2O$	3.0	4.0	5.9	8.4	11.7	24.8	71.0	109
$Al_2(SO_4)_3$	31.2	33.5	36.4	40.4	45.8	59.2	73.0	80.8
K_2SO_4	7.4	9.3	11.1	13.0	14.8	18.2	21.4	22.9

2. 单晶的培养

培养单晶的方法很多：缓慢蒸发溶剂长单晶，冷却结晶，用混合溶剂或气相溶剂培养单晶，溶剂分层培养单晶，通过毛细管和凝胶扩散培养单晶，熔化培养单晶，升华培养单晶，水热或溶剂热法培养单晶。明矾单晶一般采用缓慢蒸发溶剂长单晶。为获得棱角完整、透明的单晶，应让籽晶（晶种）有足够的时间长大，而籽晶能够成长的前提是溶液的浓度处于适当过饱和的准稳定区（图5-2的 $C'B'BC$ 区）。

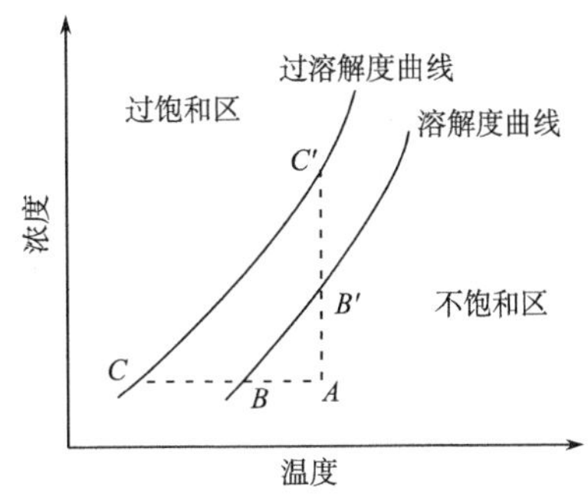

图5-2 溶液的准稳定区

要使晶体从溶液中析出，从原理上说有两种方法。以图5-2为例，BB' 为溶解度曲线，曲线的下方为不饱和区。若从处于不饱和区的 A 点状态的溶液出发，要使晶体析出，其中一种方法是采用 $A \rightarrow B$ 的过程，即保持浓度一定，降低温度的冷却法；另一种办法是采用 $A \rightarrow B'$ 的过程，即保持温度一定，增加浓度的蒸发法。用这样的方法使溶液的状态进入到 BB' 线上方区域，一进到这个区域一般就有晶核产生和成长。但有些物质，在一定条件下，虽处于这个区域，溶液中并不析出晶体，成为过饱和溶液。可是过饱和度是有界限的，一旦达到某种界限，稍加振动就会有新的、较多的晶体析出（在图5-2中，$C \sim C'$ 表示过饱和的界限，此曲线称为过溶解度曲线）。在 $C \sim C'$ 和 $B \sim B'$ 的区域为准稳定区。要使晶体能较大地成长，就应当使溶液处于准稳定区，让它慢慢地成长，而不使细小的晶体析出。

3. Al^{3+} 的测定

明矾中 Al^{3+} 的测定用EDTA返滴定法，即先加入过量EDTA标准溶液与其反应，剩余的EDTA用 Zn^{2+} 标准溶液进行返滴定，根据消耗 Zn^{2+} 和EDTA的量，可计算出 Al^{3+} 的含量。

三、仪器与试剂

托盘天平，分析天平，减压过滤装置，水浴锅，电加热套，温度计，烧杯，锥形瓶（150mL），漏

斗，漏斗架，蒸发皿，表面皿，玻璃棒，试管，量筒（10mL、50mL），移液管（25mL），酸式滴定管（25mL），容量瓶（250mL），pH 试纸。

废铝（可用铝质牙膏壳、铝合金罐头盒、易拉罐、铝导线等），H_2SO_4 溶液（$6mol \cdot L^{-1}$），KOH 溶液（$1.5mol \cdot L^{-1}$），$NH_3 \cdot H_2O$ 溶液（$6mol \cdot L^{-1}$），HAc 溶液（$6mol \cdot L^{-1}$），HCl 溶液（$2mol \cdot L^{-1}$），$Na_3[Co(NO_2)_6]$溶液（$0.1mol \cdot L^{-1}$），铝试剂，$KAl(SO_4)_2 \cdot 12H_2O$ 晶种，涤纶线，EDTA 标准溶液（$0.005mol \cdot L^{-1}$），锌标准溶液（$0.005mol \cdot L^{-1}$），二甲酚橙指示剂（0.2%水溶液），六亚甲基四胺溶液（20%）。

四、实验步骤

1. $KAl(SO_4)_2 \cdot 12H_2O$ 的制备

取 50mL $1.5mol \cdot L^{-1}$ KOH 溶液，分多次加入 2g 废铝（反应剧烈，防止溅入眼内），反应完毕用布氏漏斗抽滤。将滤液稀释到 100mL，在不断搅拌下，滴加 $6mol \cdot L^{-1}$ H_2SO_4（按化学反应式计量）。加热至沉淀完全溶解，并适当浓缩溶液，然后用自来水冷却结晶，抽滤，所得晶体即为 $KAl(SO_4)_2 \cdot 12H_2O$。

2. 产品的定性检测

取少量产品溶于水，加入 $6mol \cdot L^{-1}$ HAc 溶液呈微酸性（pH=6～7），分成两份。一份加入几滴 $Na_3[Co(NO_2)_6]$溶液，若试管中有黄色沉淀，表示有 K^+ 存在；另一份加入几滴铝试剂，摇荡后放置片刻，再加 $6mol \cdot L^{-1}$ $NH_3 \cdot H_2O$ 溶液碱化，置于水浴上加热，若沉淀为红色，表示有 Al^{3+} 存在。

3. 产品中 Al^{3+} 含量的测定

准确称取 0.2～0.3g 明矾试样于小烧杯中，加入 3mL $2mol \cdot L^{-1}$ HCl 溶液，加蒸馏水溶解，将溶液定量转移至 250mL 容量瓶中，加蒸馏水稀释至刻度，摇匀。

移取 3 份上述溶液 25.00mL，分别置于 3 个锥形瓶中，准确加入 25.00mL $0.005mol \cdot L^{-1}$ EDTA 标准溶液及 2 滴二甲酚橙指示剂，小心滴加 $6mol \cdot L^{-1} NH_3 \cdot H_2O$，调至溶液恰呈紫红色，然后滴加 4 滴 $2mol \cdot L^{-1}$ HCl 溶液。将溶液煮沸 3min，冷却，加入 10mL 20% 六亚甲基四胺溶液，此时溶液应呈黄色，否则用 HCl 溶液调节。再补加 2 滴二甲酚橙指示剂，用锌标准溶液滴定至溶液由黄色突变为紫红色即为终点。并以同样的步骤进行空白实验。根据所消耗锌标准溶液的体积，计算明矾中 Al 的质量分数。

4. 明矾单晶的培养

$KAl(SO_4)_2 \cdot 12H_2O$ 为正八面体晶形。本实验通过将室温下的饱和溶液在室温下静置，靠溶剂的自然挥发来创造溶液的准稳定状态，人工投放晶种使之逐渐长成单晶。

1）籽晶的生长和选择

根据 $KAl(SO_4)_2 \cdot 12H_2O$ 的溶解度，称取 10g 明矾，加入适量的蒸馏水，加热溶解。然后放在不易震动的地方，烧杯口上架一玻璃棒，并盖一块滤纸，以免灰尘落下。放置一天，杯底会有小晶体析出，从中挑选出晶形完善的籽晶待用，同时过滤溶液，留待后用。

2) 晶体的生长(本实验可课下操作)

以缝纫用的涤纶线把籽晶系好,剪去余头,缠在玻璃棒上悬吊在已过滤的饱和溶液中,观察晶体的缓慢生长。数天后,可得到棱角完整齐全、晶莹透明的大块晶体。在晶体生长过程中,应经常观察,若发现籽晶上又长出小晶体,应及时去掉。若杯底有晶体析出也应及时滤去,以免影响晶体生长。

五、阅读材料

(1) 陈双莉,车金龙,白光辉. 2011. 废铝制备明矾单晶. 应用化工,40(6):1052-1054,1058

(2) 陆建刚,丁雅萍. 2002. 可控结晶法生产粒状食品级硫酸铝钾工艺. 无机盐工业,34(3):28-29

(3) 王红云,钟四姣. 2009. 硫酸铝钾制备实验的改进研究. 化工设计通讯,35(2):56-57

(4) 燕翔,杨泽望. 2006. 制备明矾沉底单晶的实验探究及其工艺品制作. 甘肃高师学报,11(5):16-18

六、思考题

(1) 复盐和简单盐及配合物的性质有什么不同?

(2) 如何把籽晶植入饱和溶液?

(3) 若在饱和溶液中,籽晶长出一些小晶体或烧杯底部出现少量晶体时,对大晶体的培养有何影响? 应如何处理?

(4) 铝的测定为什么不采用 EDTA 标准溶液直接滴定方式,而采用返滴定和置换滴定方式?

实验五十 纳米氧化锌的制备与分析

一、实验目的

(1) 了解纳米氧化锌的制备方法。

(2) 熟悉纳米氧化锌产品的分析方法。

(3) 通过对纳米氧化锌的表征,了解 X 射线粉末衍射仪和透射电镜的使用。

二、实验原理

纳米氧化锌是一种新型多功能精细无机材料,其粒径介于 1～100nm。颗粒尺寸微细化,使纳米氧化锌产生了其本体块状材料所不具备的表面效应、小尺寸效应、量子效应和宏观量子隧道效应等,因而使纳米氧化锌在磁、光、电等方面具有一些特殊的性能。纳米氧化锌主要用于制造气体传感器、荧光体、紫外线遮蔽材料(在 200～400nm 紫外光区有很强的吸光能力)、变阻器、图像记录材料、压电材料、高效催化剂、磁性材料和塑料薄膜等,也可用作天然橡胶、合成橡胶及胶乳的硫化活化剂和补强剂,还广泛用于涂料、医药、油墨、造纸、搪瓷、玻璃、火柴、化妆品等行业。

纳米氧化锌的制备方法很多,按研究的学科可分为物理法、化学法和物理化学法。按照物质的原始状态又可分为固相法、液相法和气相法。其中,化学法可对各组分的含量精确控制,并可实现分子、原子水平上的均匀混合,通过工艺条件的控制可获得粒径分布均匀、形状可控的纳米材料。因此,它是目前采用最多的一种方法,纳米氧化锌的制备也不例外。化学法又可分为化学沉淀法、化学气相沉积法、水解法、热分解法、微乳液法、溶胶凝胶法、溶剂蒸发法等多种方法。本实验以 $ZnCl_2$ 和 $H_2C_2O_4$ 为原料,$ZnCl_2$ 和 $H_2C_2O_4$ 反应生成 $ZnC_2O_4 \cdot 2H_2O$ 沉淀,经焙烧后得纳米氧化锌粉体。反应式如下:

$$ZnCl_2+2H_2O+H_2C_2O_4 \longrightarrow ZnC_2O_4 \cdot 2H_2O+2HCl$$

$$ZnC_2O_4 \cdot 2H_2O+\frac{1}{2}O_2 \xrightarrow{\triangle} ZnO+2CO_2\uparrow+2H_2O\uparrow$$

纳米材料的物相及形貌表征主要考虑颗粒的粒径以及表面特性，常用的仪器主要是X射线粉末衍射仪(XRD)和透射电子显微镜(透射电镜，TEM)。

X射线粉末衍射仪的工作原理是，当高速电子撞击靶原子时，电子能将原子核内K层上一个电子击出并产生空穴，此时具有较高能量的外层电子跃迁到K层，其释放的能量以X射线的形式(K系射线，电子从L层跃迁到K层称为K_α)发射出去。X射线是一种波长很短的电磁波，波长为0.05～0.25nm。常用铜靶的波长为0.152nm，它具有很强的穿透力。X射线衍射仪主要由X光管、样品台、测角仪和检测器等部件组成。

物相定性分析的目的是利用XRD衍射角位置及强度，鉴定未知样品是由哪些物相组成。它的原理是，由各衍射峰的角度位置所确定的晶面间距d以及它们的相对强度I/I_0是物质的固有特性。每种物质都有其特定的晶体结构和晶胞尺寸，而这些又与衍射角和衍射强度有对应关系，因此可以根据衍射数据鉴别物质结构。通过将未知物相的衍射图谱与已知物质的衍射图谱相比较，逐一鉴定出样品中的各种物相。目前，可以利用粉末衍射卡片进行直接比对，也可以利用计算机数据库直接进行检索。

纳米材料的晶粒尺寸大小直接影响材料的性能，XRD可以很方便地提供纳米材料晶粒大小的数据，其测定原理是基于样品衍射线的宽度和材料晶粒大小有关这一现象。当晶粒粒径小于100nm时，其衍射峰随晶粒尺寸的变小而宽化；当晶粒粒径大于100nm时，宽化效应不明显。晶粒大小可采用Scherrel公式进行计算：

$$D=K\lambda/B_{1/2}\cos\theta$$

式中：D——沿晶面垂直方向的厚度，也可以认为是晶粒的大小；

K——衍射峰Scherrel常数，一般取0.89；

λ——X射线的波长，nm；

$B_{1/2}$——最强衍射峰的半高宽，rad；

θ——布拉格衍射角，rad。

此外，根据晶粒大小还可以计算晶胞的堆垛层数和纳米粉体的比表面积：

$$N=D_{hkl}/d_{hkl}$$

$$s=\frac{6}{\rho D}$$

式中：N为堆垛层数；D_{hkl}为垂直于晶面($h\ k\ l$)的厚度；d_{hkl}为晶面间距；s为比表面积；ρ为纳米材料的晶体密度。

透射电镜主要由三部分组成：电子光学部分、真空部分和电子部分。其成像原理是阿贝提出的相干成像，即当一束平行光束照射到具有周期性结构特征的物体时，便产生衍射现象。除零级衍射束外，还有各级衍射束，经过透镜的聚焦作用，在其后焦面上形成衍射振幅的极大值，每一个振幅的极大值又可看作次级相干源，由它们发出次级波在像平面上相干成像。在透射电镜中，用电子束代替平行入射光束，用薄膜状的样品代替周期性结构物体，就可重复以上衍射成像过程。对于透射电镜，改变中间镜的电流，使中间镜的物平面从一次像平面移向物镜的后焦面，可得到衍射谱。反之，让中间镜的物平面从后焦面向下移到一次像平面，就可看到像。这就是透射电镜既能看到衍射谱又能观察像的原因。

三、仪器与试剂

分析天平，托盘天平，电磁搅拌器，真空干燥箱，减压过滤装置，马弗炉，X射线粉末衍射仪，透射电镜，烧杯，锥形瓶(150mL)，量筒(10mL、50mL)，滴定管(25mL)，容量瓶(250mL)，移液管(10mL)。

$ZnCl_2$(s)，$H_2C_2O_4$(s)，$NH_3 \cdot H_2O$溶液(1∶1)，NH_3-NH_4Cl缓冲溶液(pH=10)，HCl溶液(6mol·L^{-1})，EDTA标准溶液(0.005mol·L^{-1})，铬黑T指示剂(配制方法见附录12)。

四、实验步骤

1. 纳米氧化锌的制备

用托盘天平称取1.0g $ZnCl_2$于100mL烧杯中，加50mL蒸馏水溶解，配制成约1.5mol·L^{-1} $ZnCl_2$溶液。用托盘天平称取9.0g $H_2C_2O_4$于50mL烧杯中，加40mL蒸馏水溶解，配制成约2.5mol·L^{-1} $H_2C_2O_4$溶液。

将上述两种溶液加到250mL烧杯中，在电磁搅拌器上搅拌反应，常温下反应2h，生成白色$ZnC_2O_4 \cdot 2H_2O$沉淀。过滤，滤渣用蒸馏水洗涤干净，然后在真空干燥箱中于110℃下干燥。干燥后的沉淀置于马弗炉中，在氧气气氛中①于350～450℃下焙烧0.5～2h，得到白色(或淡黄色)纳米氧化锌粉体。

2. 产品质量分析

(1) 氧化锌含量的测定。用分析天平准确称取0.13～0.15g干燥试样置于小烧杯中，用少量蒸馏水润湿，加入5mL 6mol·L^{-1} HCl溶液，加热溶解后，定量转移到250mL容量瓶中，加蒸馏水稀释至刻度，摇匀。用移液管取10.00mL试液于锥形瓶中，滴加1∶1 $NH_3 \cdot H_2O$至刚产生沉淀，然后加入10mL NH_3-NH_4Cl缓冲溶液、少许铬黑T指示剂，用0.005mol·L^{-1} EDTA标准溶液滴定至溶液由酒红色突变为纯蓝色，即为终点。平行测定3次，计算氧化锌的含量。

(2) 粒径的测定。利用透射电镜进行观测，确定粒径、粒径分布等。

(3) 晶体结构的测定。利用X射线粉末衍射仪检测产品的XRD图谱，对照标准图谱，说明所得产物属于何种晶系，并计算晶粒的平均大小。

五、阅读材料

(1) 曹俊，周继承，吴建懿. 2004. 微波煅烧制备纳米氧化锌. 无机盐工业，36(5)：31-33

(2) 陈春燕，南海，李昆，等. 2014. 可控形貌纳米氧化锌的制备及光学性能研究. 人工晶体学报，43(2)：404-408

(3) 刘超峰，胡行方，祖庸. 1999. 以尿素为沉淀剂制备纳米氧化锌粉体. 无机材料学报，14(3)：391-396

(4) 田静博，刘琳，钱建华，等. 2008. 纳米氧化锌的制备技术与应用研究进展. 化学工业与工程技术，29(2)：46-49

(5) 王国平，石晓波，汪德先. 2002. 室温固相反应制备纳米氧化锌. 合肥工业大学学报(自然科学版)，25(1)：32-35

① 为使ZnC_2O_4氧化完全，在马弗炉中焙烧时应经常开启炉门，以保证充足的氧气。

(6) 王久亮. 2012. 纳米氧化锌的制备、表征和光催化性能分析. 材料导报,26(s1):59-62

(7) 张启卫,钟建生,廖雪华. 2003. 纳米氧化锌三种制备方法的比较. 三明高等专科学校学报,20(4):82-85

(8) 赵志雄,唐有根,包巨南,等. 2014. 微波水热法用于制备纳米氧化锌粉体的研究. 无机盐工业,46(6):31-34

六、思考题

(1) 如何检查 $ZnC_2O_4 \cdot 2H_2O$ 沉淀是否洗涤干净?

(2) $ZnCO_3$ 分解也能得到 ZnO,试讨论本实验为何用 ZnC_2O_4 而不用 $ZnCO_3$。

(3) ZnC_2O_4 焙烧时为什么需要 O_2?

实验五十一　十二钨磷酸的制备与表征

一、实验目的

(1) 了解杂多酸及其应用,掌握乙醚萃取法制备十二钨磷酸的方法。

(2) 练习萃取分离操作。

(3) 通过十二钨磷酸的表征,了解热分析仪、红外光谱仪、紫外分光光度计的使用。

二、实验原理

钨在一定条件下易自聚或与其他元素聚合,形成多酸或多酸盐。由同种含氧酸根离子缩合形成同多阴离子,如$[W_7O_{24}]^{6-}$,其酸称同多酸。由不同种类的含氧酸根离子缩合形成杂多阴离子,如$[PW_{12}O_{40}]^{3-}$,其酸称杂多酸。目前为止,人们已发现元素周期表中半数以上的元素都可以参与多酸化合物的组成。多酸化合物的主要用途除传统的用作分析试剂外,在催化、材料化学、药物化学和电子学等领域也备受瞩目。

1862 年,Berzerious 合成了第一个杂多酸盐$(NH_4)_3PMo_{12}O_{40} \cdot nH_2O$(十二钼磷酸铵)。1934 年,英国化学家 Keggin 采用 X 射线衍射的方法,成功测定了十二钼磷酸的分子结构,其中有四种不同配位环境的氧原子。$[PW_{12}O_{40}]^{3-}$结构是一类具有 Keggin 结构的杂多化合物的典型代表之一,如图 5-3 所示,12 个 MO_6 八面体围绕着中心 XO_4 四面体,3 个 MO_6 八面体相互共用边形成 M_3O_{13} 三金属簇,4 个 M_3O_{13} 相互间以及与中心四面体间共角相连形成笼形结构。Keggin 结构的杂多阴离子中氧有以下 4 种:

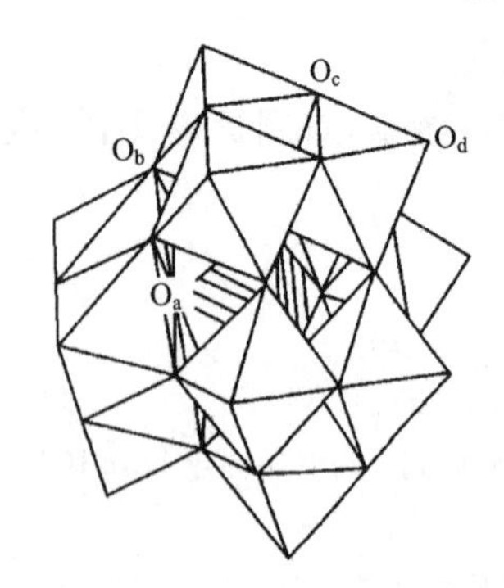

图 5-3　Keggin 结构示意图

O_a:XO_4,即四面体氧 $X—O_a$　　共 4 个

O_b:$M—O_b$,即桥氧 O_b,属不同三金属簇角顶共用氧　　共 12 个

O_c:$M—O_c$,即桥氧 O_c,属相同三金属簇共用氧　　共 12 个

O_d:$M=O_d$,即端氧,每个八面体的非共用氧　　共 12 个

钨酸盐与磷酸盐在溶液中经过酸化缩合,可生成相应的十二钨磷酸根离子:

$$12WO_4^{2-}+HPO_4^{2-}+23H^+ = [PW_{12}O_{40}]^{3-}+12H_2O$$

在这个过程中,H^+与 WO_4^{2-} 中的氧结合形成 H_2O 分子,使钨原子之间通过共享氧原子的配位形成多核簇状结构的杂多阴离子。该阴离子与抗衡阳离子 H^+ 结合,则得到相应的杂多酸

$H_3PW_{12}O_{40} \cdot xH_2O$。

用乙醚萃取制备十二钨磷酸是一种经典的方法。向反应体系中加入乙醚并酸化，经乙醚萃取后液体分三层，上层是溶有少量杂多酸的醚，中间层是氯化钠、盐酸和其他物质的水溶液，下层是油状的杂多酸醚合物。收集下层，将醚进行蒸发，即析出杂多酸晶体。

杂多酸化合物的红外光谱是由处于电子基态的分子中两个振动能级间的跃迁而产生的，杂多化合物内不同类型氧键的振动反映了键的电性质和力性质的变化，并分别对应一定的特征频率。具有Keggin结构的十二钨磷酸特征峰出现在IR的指纹区700～1100cm^{-1}，一般认为各键的反对称伸缩振动频率为：$\nu_{as}(P-O_a)$约1080cm^{-1}，$\nu_{as}(W=O_d)$约990cm^{-1}，$\nu_{as}(W-O_b-W)$约890cm^{-1}，$\nu_{as}(W-O_c-W)$约800cm^{-1}。

十二钨磷酸在紫外光作用下，可以发生单电子或多电子还原反应，得到相应的"杂多蓝"物种，并能可逆地氧化为原来的氧化型。杂多配合物由于存在金属-氧键的pπ-dπ跃迁，因此在紫外区大多具有较强的吸收峰。12-系列Keggin结构杂多阴离子有两个特征强吸收谱带，其中能量较高的一个(～200nm)是端基氧原子$O_d \rightarrow W$的荷移跃迁产生的；能量较低的(～260nm)是桥氧$O_b/O_c \rightarrow W$的荷移跃迁产生的。而溶剂的种类、溶剂的pH、反荷离子及取代元素对杂多配合物的紫外光谱都有影响。

热稳定性是杂多酸的一种重要表征手段。常以热分析中差热分析(DTA)曲线上的放热峰作为杂多配合物热稳定性的判据。钨磷酸水合物在空气中易风化，也易潮解。对水合物晶体作热谱分析，从热重(TG)曲线看出钨磷酸水合物的失重包括三步：第一步，失去其结晶水，相应DTA曲线上有一明显的吸热峰；第二步，失去其质子化水，相应DTA曲线上也有一明显的吸热峰；第三步，失去其结构水，对应DTA曲线上无变化。DTA曲线上高温处有一明显放热峰，表明在该温度下，钨磷酸丧失结构水的同时，Keggin结构遭到破坏，发生了不可逆分解。

三、仪器与试剂

托盘天平，烧杯，酒精灯，磁力加热搅拌器，蒸发皿，量筒(10mL)，分液漏斗(60mL)，移液管(5mL)，红外光谱仪，紫外分光光度计，热分析仪。

钨酸钠($Na_2WO_4 \cdot 2H_2O$)，磷酸氢二钠($Na_2HPO_4 \cdot 12H_2O$)，H_2O_2溶液(3%)，盐酸(浓，6mol · L^{-1})，乙醚。

四、实验步骤

1. 十二钨磷酸溶液的制备

取5.0g钨酸钠和0.8g磷酸氢二钠溶于20mL热蒸馏水(60～70℃)中，溶液稍浑浊。继续加热，同时边搅拌边用移液管向溶液中以1～2滴 · s^{-1}滴加5mL浓盐酸，溶液澄清，继续加热30s，此时溶液呈淡黄色。若溶液呈蓝色，是由于钨(Ⅵ)还原的结果，需向溶液中滴加3% H_2O_2至蓝色褪去。冷至40℃。

2. 十二钨磷酸的乙醚萃取分离

将上述烧杯中的溶液转移到分液漏斗中，待溶液温度降到室温后①，向分液漏斗中加7mL

① 若冷却溶液至室温，有时会有十二钨磷酸钠固体析出，这样转移到分液漏斗时操作较困难。

乙醚(通风橱内操作),再加 2mL 6mol · L^{-1} HCl 溶液①,振荡,及时排气(将分液漏斗倾斜60°,打开分液漏斗旋塞即可),注意防止气流将液体带出。静置后液体分三层,上层是醚,中间层是氯化钠、盐酸和其他物质的水溶液,下层是油状的十二钨磷酸醚合物。分出下层溶液,置于蒸发皿中。将蒸发皿放在装有沸水浴的烧杯上,水浴蒸发乙醚②,直至液体表面出现晶膜停止蒸发。若在蒸发过程中液体变蓝,则需滴加少许 3% H_2O_2 至蓝色褪去。将蒸发皿放在通风处(注意防止落入灰尘),使醚在空气中逐渐挥发,得到白色或浅黄色十二钨磷酸固体③。称量,计算产率。产品保存于干燥器中备用。

3. 十二钨磷酸的表征

在热分析仪上,取少量未经风化的样品,测定室温到 650℃的 TG-DTA 曲线。分析并计算样品的含水量,以确定水合物中结晶水的数目。

配制 5×10^{-5}mol · L^{-1}十二钨磷酸溶液,用 1cm 比色皿,以蒸馏水为参比溶液,在紫外分光光度计上测定波长为 200～400nm 的吸收曲线,并对吸收峰进行分析。

用 KBr 压片法测定样品在 400～4000cm^{-1}的红外光谱,并标识其主要特征吸收峰。

五、阅读材料

(1) 李江,陈志敏. 2006. 十二钨磷酸($H_3[W_{12}PO_{40}]$)的制备及催化性能研究. 河北化工,(1):30-31

(2) 姚志强. 1999. 十二钨磷酸制备方法的改进. 光谱实验室,16(4):432-433

(3) 姚志强,乔葆阶. 1996. 利用微型实验进行十二钨磷酸的制备. 辽宁师范大学学报(自然科学版),19(1):78-80

六、思考题

(1) 十二钨磷酸具有较强氧化性,与橡胶、塑料等有机物质接触,甚至与空气中灰尘接触时,均易被还原为“杂多蓝”。在制备过程中,要注意哪些问题?

(2) 影响十二钨磷酸产率的因素有哪些?

(3) 萃取操作中应注意些什么?

(4) 在$[PW_{12}O_{40}]^{3-}$中有几种不同结构的氧原子?每种结构氧原子各有多少个?

(5) 为什么钼、钨等元素易形成同多酸和杂多酸?杂多酸有哪些性质?

实验五十二　碱式碳酸铜的制备及铜含量的测定

一、实验目的

(1) 了解碱式碳酸铜的制备方法。

(2) 通过碱式碳酸铜制备条件的探索和生成物颜色、状态的分析,研究反应物的配料比,并确定制备反应的温度条件。

(3) 学习碱式碳酸铜中铜含量的测定方法。

---

① 在滴加盐酸酸化的过程中,若滴加过急会出现黄色沉淀,摇匀后变成白色浑浊溶液。这可能是由于盐酸局部浓度过大造成的,因此必须控制滴加速度。

② 乙醚沸点低,挥发性强,易燃,易爆,因此使用时一定要小心。

③ 由水浴加热得到的十二钨磷酸为白色或浅黄色粉末,若想得到无色透明大晶体,需将加水后的醚合物溶液静置一周以上。

二、实验原理

碱式碳酸铜是一种具有广泛用途的化工产品，主要用于固体荧光粉激活剂和铜盐制造，油漆、颜料和烟火的配制，也可用作木材防腐剂、水体杀藻剂、农作物杀菌剂、饲料添加剂等。碱式碳酸铜 $Cu_2(OH)_2CO_3$ 为暗绿色或淡蓝绿色结晶物，属单斜晶系，是自然界中孔雀石的主要成分，易溶于酸和氨水，不溶于水，加热至200℃时分解，在100℃的水中易分解。

由于 CO_3^{2-} 的水解作用，Na_2CO_3 溶液呈碱性，且碳酸铜与氢氧化铜的溶解度相近，所以碳酸钠溶液与硫酸铜溶液反应时，其产物为碱式碳酸铜。碱式碳酸铜的制备方法可以采用固相和液相反应法。

$$2CuSO_4 + 2Na_2CO_3 + H_2O = Cu_2(OH)_2CO_3\downarrow + 2Na_2SO_4 + CO_2\uparrow$$

$$2CuSO_4 + 4NaHCO_3 = Cu_2(OH)_2CO_3\downarrow + 2Na_2SO_4 + 3CO_2\uparrow + H_2O$$

(1) 固相法制备。将计量比例的 $CuSO_4 \cdot 5H_2O$ 和 $Na_2CO_3 \cdot 10H_2O$ 用研钵分别研细，再混合研磨，然后将混合物迅速投入一定量沸水中，快速搅拌并撤离热源，抽滤，用蒸馏水洗涤沉淀至洗液中不含 SO_4^{2-} 为止。取出沉淀，风干，得到蓝绿色晶体，其主要成分是 $Cu_2(OH)_2CO_3$。

由 $NaHCO_3$ 与 $CuSO_4 \cdot 5H_2O$ 反应制备。将计量比例的 $NaHCO_3$ 和 $CuSO_4 \cdot 5H_2O$ 固体混合(不研磨)后，投入100mL沸水中，搅拌，并撤离热源，有草绿色沉淀生成，抽滤、洗涤、风干，得到草绿色晶体，该晶体的主要成分为 $CuCO_3 \cdot Cu(OH)_2 \cdot H_2O$。

(2) 液相法制备。可用 Na_2CO_3 溶液与 $CuSO_4$ 溶液或 $Cu(NO_3)_2$ 溶液反应制备。碱式碳酸铜制备过程中，反应条件控制不好，生成沉淀颜色会逐渐加深而变成黑色 CuO，主要影响因素有加料顺序、反应物配料比、反应温度、反应体系 pH、反应过程中的搅拌速度等。本实验通过改变反应物配料比、反应温度等条件，测定不同条件下所得产物中的 Cu^{2+} 含量，找出制备碱式碳酸铜的较优条件。

碱式碳酸铜中铜含量可采用配位滴定法和碘量法测定。本实验用间接碘量法，其基本原理参看实验二十九胆矾中铜的测定。

三、仪器与试剂

托盘天平或电子台秤，研钵，试管，烧杯，减压过滤装置，锥形瓶，量筒(10mL、50mL)，容量瓶(250mL)，碱式滴定管(25mL)，移液管(25mL)，电热恒温水浴锅，干燥箱，秒表，电子天平。

$CuSO_4 \cdot 5H_2O$，$Na_2CO_3 \cdot 10H_2O$，$NaHCO_3$，氢氧化钠。以上试剂均为分析纯。

$CuSO_4$ 溶液(0.5mol·L^{-1})，Na_2CO_3 溶液(0.5mol·L^{-1})，$BaCl_2$ 溶液(0.1mol·L^{-1})，$Na_2S_2O_3$ 标准溶液(0.02mol·L^{-1})，H_2SO_4 溶液(1mol·L^{-1})，KI 溶液(5%)，淀粉溶液(0.5%)，KSCN 溶液(5%)。

四、实验步骤

1. 碱式碳酸铜的固相法制备

(1) 由 $Na_2CO_3 \cdot 10H_2O$ 与 $CuSO_4 \cdot 5H_2O$ 反应制备。分别称取7.0g $CuSO_4 \cdot 5H_2O$ 和8.0g $Na_2CO_3 \cdot 10H_2O$，用研钵分别研细后再混合研磨，混合物吸湿很严重，很快成为“粘胶状”。然后将混合物迅速投入一定量沸水中，快速搅拌并撤离热源，抽滤，用蒸馏水洗涤沉淀至

洗涤液中不含 SO_4^{2-} 为止。取出沉淀，风干，得到蓝绿色晶体①。称量，并计算产率。

(2) 由 $NaHCO_3$ 与 $CuSO_4 \cdot 5H_2O$ 反应制备。称取 4.2g $NaHCO_3$ 和 6.2g $CuSO_4 \cdot 5H_2O$，将固体混合(不研磨)后，投入 100mL 沸水中，搅拌，并撤离热源，有草绿色沉淀生成，抽滤、洗涤、风干，得到草绿色晶体，该晶体的主要成分为 $CuCO_3 \cdot Cu(OH)_2 \cdot H_2O$。称量，并计算产率。

2. 碱式碳酸铜的液相法制备

1) 液相法制备条件的探索

(1) $CuSO_4$ 和 Na_2CO_3 溶液的合适配比。

四支试管各盛 2.5mL 0.5mol · L^{-1} $CuSO_4$ 溶液，另四支试管分别盛 2.0mL、2.5mL、3.0mL、3.5mL 0.5mol · L^{-1} Na_2CO_3 溶液，将其放入 75℃ 的水浴预热 5min，然后依次将 $CuSO_4$ 溶液倒入每支盛 Na_2CO_3 溶液的试管中，振荡试管，观察生成沉淀的速度、沉淀的数量、颜色，确定反应物溶液的最佳比例。

反应编号	1	2	3	4
$CuSO_4$溶液/mL	2.5	2.5	2.5	2.5
Na_2CO_3溶液/mL	2.0	2.5	3.0	3.5
沉淀速度				
沉淀数量				
沉淀颜色				

(2) 反应温度的探索。

四支试管各盛 2.5mL 0.5mol · L^{-1} $CuSO_4$ 溶液，另四支试管分别加入上述实验确定的最佳配比的 0.5mol · L^{-1} Na_2CO_3 溶液，从两组溶液中各取一支试管，将它们分别置于室温、50℃、75℃、100℃的恒温水浴中预热 5min，然后将 $CuSO_4$ 溶液倒入 Na_2CO_3 溶液中，振荡试管，观察生成沉淀的速度、沉淀的数量、颜色，确定最佳反应温度。

反应温度	室温	50℃	75℃	100℃
$CuSO_4$溶液/mL	2.5	2.5	2.5	2.5
Na_2CO_3溶液/mL				
沉淀速度				
沉淀数量				
沉淀颜色				

2) 碱式碳酸铜的制备

依据上述最佳实验条件制备碱式碳酸铜。将 50mL 0.5mol · L^{-1} $CuSO_4$ 溶液和最佳配比的 0.5mol · L^{-1} Na_2CO_3 溶液置于最佳反应温度的水浴中恒温 15min，然后将 $CuSO_4$ 溶液加入 Na_2CO_3 溶液中，振荡并观察现象。所得沉淀用蒸馏水洗涤至不含 SO_4^{2-}(用 $BaCl_2$ 溶液检验)，抽滤，在 85℃烘箱中烘干，冷至室温，称量，计算产率。

---

① 由于反应产物与温度、溶液的酸碱性等因素有关，因而可能同时有蓝色的 $2CuCO_3 \cdot Cu(OH)_2$、$2CuCO_3 \cdot 3Cu(OH)_2$ 和 $2CuCO_3 \cdot 5Cu(OH)_2$ 等生成，使晶体带有蓝色。如果把两种反应物分别研细后再混合(不研磨)，采用同样的操作方法，也可得到蓝绿色晶体。

3. 碱式碳酸铜中铜含量的测定

准确称取碱式碳酸铜样品 0.4g 左右于 100mL 烧杯中，加入 20mL 1mol · L^{-1} H_2SO_4 溶液使其完全溶解，然后定量转入 250mL 容量瓶中，并用蒸馏水稀释至刻度，混匀。用移液管取 25.00mL 样品溶液于锥形瓶中，加入 6mL 5%KI 溶液，摇匀后立即用 $Na_2S_2O_3$ 标准溶液滴定至浅黄色(接近终点)。然后加入 1mL 0.5%淀粉溶液，继续滴定到浅蓝色，再加入 4mL 5% KSCN 溶液，摇匀，溶液的蓝色转深，再继续用 $Na_2S_2O_3$ 标准溶液滴定至蓝色刚好消失，此时溶液呈米色 CuSCN 悬浮液，记录消耗 $Na_2S_2O_3$ 标准溶液的体积。平行滴定 3 次，计算碱式碳酸铜样品中铜的质量分数。

五、阅读材料

(1) 陈静，石晓波，龚丽维，等. 2012. 碱式碳酸铜的制备. 大学化学，27(5)：78-82

(2) 管春平，韦薇，杨晓莹，等. 2007. 大学无机化学实验中碱式碳酸铜制备方法探讨. 大学化学，22(6)：42-45

(3) 石少明，梁宇宁，梁敏. 2011. 无机化学实验中碱式碳酸铜的制备方法探讨. 实验技术与管理，28(9)：39-40

(4) 张万强，陈新华，宋伟玲，等. 2015.《碱式碳酸铜的制备》学生实验方案的改进研究. 许昌学院学报，34(5)：97-101

(5) 钟莲云，蒯洪湘，马少妹，等. 2019. 大学无机化学实验碱式碳酸铜制备方法的优化. 化学教育，40(4)：50-54

六、思考题

(1) 可用哪些原料制备碱式碳酸铜？

(2) 在制备碱式碳酸铜过程中，若反应温度太高，对产物有何影响？

(3) 固液分离时，什么情况下用倾析法，什么情况下用常压过滤或减压过滤？

(4) 影响碱式碳酸铜制备的因素有哪些？如何确定较优的反应条件？确定较优反应条件的依据是什么？

(5) 与液相法相比，采用固相法制备碱式碳酸铜有哪些特点？

(6) 液相法制备时配比的影响：①各试管中沉淀的颜色为何有差别？估计何种颜色产物的碱式碳酸铜含量最高？②若将 Na_2CO_3 溶液倒入 $CuSO_4$ 溶液，其结果有何影响？

(7) 液相法制备时温度的影响：①温度对本实验有何影响？②反应在何种温度条件下进行会出现褐色产物？这种褐色物质是什么？

(8) 碱式碳酸铜中铜含量的测定有哪些方法？

实验五十三 由菱锌矿制备硫酸锌

一、实验目的

(1) 了解菱锌矿制备硫酸锌的原理和方法。

(2) 了解无机盐制备过程中净制除杂的原理和方法。

二、实验原理

硫酸锌用途广泛，在工业上主要用于制造各种锌盐，木材防火、防腐剂；可作为生产立德粉、媒染剂、粘胶纤维的重要辅料，以及皮革保存剂、电镀锌件、电解金属锌的原料等；医学上用作收敛剂等；农业上用作微量元素肥料、饲料添加剂等。我国四川、云南、广西、湖南等地有丰富的菱锌矿资源，用菱锌矿作原料，一般经焙烧、硫酸浸取、净制除杂等工艺，得到硫酸锌溶液，再经蒸发、浓缩、结晶、分离，便可制得硫酸锌产品。

菱锌矿的主要成分是 $ZnCO_3$，一般含量相对较多的组分有硅酸盐及镁、铁、铅、钙等化合物，此外还含有少量的锰、镉、铜、砷、铝等元素，用硫酸溶液浸取矿粉时发生如下主反应：

$$ZnCO_3 + H_2SO_4 = ZnSO_4 + CO_2\uparrow + H_2O$$

矿粉中的 Ca、Mg、Al、Fe、Mn、Cu、Cd、Pb 等也有类似反应，矿石中含量较多的硅为不溶性硅酸盐或多硅酸盐，生成物中 $PbSO_4$ 不溶于水，$CaSO_4$ 微溶于水。在溶液 pH＝5.0 时，Fe^{3+}、Al^{3+} 完全水解为 $Fe(OH)_3$ 和 $Al(OH)_3$ 沉淀，而 Zn^{2+} 在 pH＝5.5 开始水解，故控制浸取 pH＝5.0，过滤便可以除去 Si、Fe^{3+}、Al^{3+}，基本可以除去 Pb^{2+}、Ca^{2+}，通过氧化法除去 Fe^{2+}、Mn^{2+}，采用锌粉置换法可以除去 Cu^{2+}、Cd^{2+}、Pb^{2+} 等重金属元素，用氟化物沉淀法除去 Mg^{2+}、Ca^{2+}，得精制 $ZnSO_4$ 溶液，再经过蒸发、浓缩、结晶，制得产品硫酸锌。

产品硫酸锌含量可以采用配位滴定法测定，具体操作可以参看实验七十三硫酸锌样品中锌和镁含量的测定。

三、仪器与试剂

台秤，烧杯，量筒(10mL、50mL)，玻璃棒，电炉或电热板。

菱锌矿(60～80 目)，ZnO 或 $ZnCO_3$，锌粉(＞100 目)，H_2SO_4 溶液($3mol \cdot L^{-1}$)，$(NH_4)_2SO_4$ 溶液($1mol \cdot L^{-1}$)，H_2O_2(30％)，$KMnO_4$ 溶液($0.5mol \cdot L^{-1}$)，NaF 溶液($0.5mol \cdot L^{-1}$)。

四、实验步骤

1. 酸浸溶矿

(1) 中性浸取。取 20g 菱锌矿粉于 250mL 烧杯中，用少量水润湿，搅拌下慢慢加入 40mL 硫酸溶液①，加酸速度以反应产生的 CO_2 不致使料浆外溢为限。因浸取过程溶解放热，反应初期不需另外加热。中性浸取反应在 60～70℃下进行，反应约 1h，当反应至 pH 约 4.0 时，加入 ZnO 或 $ZnCO_3$，控制终点 pH 为 5.0 左右，过滤，得中性浸取滤液。

(2) 酸性浸取。中性浸取得到的滤渣转入 100mL 烧杯中，加入 10～20mL 硫酸溶液进行酸性浸取，反应温度约 90℃，浸取时间 30min，浸取液 pH 控制在 1.5～2.0。过滤，滤渣洗涤后弃去，滤液在 80℃左右加入适量 $(NH_4)_2SO_4$ 溶液，生成黄铵铁矾沉淀②而使 Fe^{3+} 除去。然后过滤，滤液并入中性浸取液。

2. 净制除杂

(1) 一次氧化除铁锰。浸取溶液用双氧水作氧化剂③，可将溶液中 Fe^{2+}、Mn^{2+} 氧化并水

---

① 不同品位的菱锌矿其组成成分和含量有所差异，硫酸溶液等的加入量和反应条件会略有差异，依据具体情况进行相关调整。

② 生成黄铵铁矾沉淀的反应方程式为 $3Fe_2(SO_4)_3 + (NH_4)_2SO_4 + 12H_2O = (NH_4)_2Fe_6(SO_4)_4(OH)_{12}\downarrow + 6H_2SO_4$。

③ 可选择的氧化剂有漂白粉、次氯酸钠、双氧水、液氯、氧气、高锰酸钾、过硫酸盐等，工业上通常采用高锰酸钾或漂白粉作氧化剂。用双氧水作氧化剂的有关反应方程式为 $2Fe^{2+} + H_2O_2 + 2H^+ = 2Fe^{3+} + 2H_2O$，$Fe^{3+} + 3H_2O = Fe(OH)_3\downarrow + 3H^+$；$2Mn^{2+} + 2H_2O_2 + 2H_2O = 2MnO(OH)_2\downarrow + 4H^+$。

解生成 $Fe(OH)_3$ 和 $MnO(OH)_2$ 沉淀。在氧化剂存在下，砷以 AsO_4^{3-} 形式存在，净化过程中形成 $FeAsO_4$($K_{sp}^{\ominus}=5.7\times10^{-21}$)、$Cd_3(AsO_4)_2$($K_{sp}^{\ominus}=2.2\times10^{-33}$)等沉淀而除去。在上述所得浸取液中，逐滴加入适量 H_2O_2 溶液，搅拌反应 10min，温度控制在 80℃左右。反应过程中有酸游离出，注意控制溶液 pH 在 5.0 左右，可加 ZnO 或 $ZnCO_3$ 调节，此过程中应检查 Fe^{2+}、Mn^{2+} 是否除尽(如何检查?)。然后陈化约 30min，过滤，滤液进行置换除铜镉。

(2) 置换法除重金属。物料中的 Cu^{2+}、Cd^{2+}、Pb^{2+}，因其标准电极电势的差异，可加入锌粉置换而除去①。在上述滤液中加入锌粉并不断搅拌溶液，锌粉应适当多于理论用量，以确保置换反应完全，反应温度控制在 50℃左右，时间约 1h，然后过滤，滤液进行二次氧化，滤渣含有 Cu、Cd、Zn 等金属，应集中回收处理。

(3) 二次氧化除铁锰。置换法除去重金属后的溶液中仍残留有微量的 Fe^{2+}、Mn^{2+}，进行二次氧化以彻底除去。将除重金属后的滤液加热至 80～90℃，搅拌下间断加入少量 $KMnO_4$ 溶液，10min 后若反应液呈浅红色，便停止加 $KMnO_4$ 溶液②，陈化、过滤，滤液为含有 Mg^{2+} 及少量 Ca^{2+} 的 $ZnSO_4$ 溶液。

(4) 镁的去除。镁是影响产品纯度的主要因素，可加入氟化物使 Mg^{2+} 及少量 Ca^{2+} 生成溶解度较小的 MgF_2($K_{sp}^{\ominus}=6.5\times10^{-9}$)和 CaF_2($K_{sp}^{\ominus}=2.7\times10^{-11}$)沉淀③而除去。室温搅拌下，在二次氧化除铁锰所得滤液中逐滴加入 NaF 溶液，使 Mg^{2+}、Ca^{2+} 生成溶解度较小的 MgF_2 和 CaF_2 沉淀，过滤，滤液为精制的 $ZnSO_4$ 溶液。

3. 制硫酸锌

将精制 $ZnSO_4$ 溶液进行蒸发、浓缩、结晶、分离，制得产品硫酸锌。控制结晶时的温度，可得到七水合硫酸锌($ZnSO_4\cdot7H_2O$)和一水合硫酸锌($ZnSO_4\cdot H_2O$)产品。

五、阅读材料

(1) 黄勋，刘彤. 2014. 菱锌矿硫酸浸出工艺条件的研究. 广东化工，41(1)：17-18

(2) 石晓安. 2006. 利用菱锌矿生产七水硫酸锌. 新疆有色金属，29(4)：32-33

(3) 姚福琪，邸金海，安一平. 2002. 由菱锌矿生产七水硫酸锌的研究. 保定师专学报，(2)：14-16

(4) 郑若锋. 1994. 高镁菱锌矿制硫酸锌和氧化镁工艺研究. 无机盐工业，26(4)：10-13

(5) 钟国清. 1995. 菱锌矿湿法制活性氧化锌的研究. 无机盐工业，27(3)：12-16

(6) 钟国清. 1996. 利用菱锌矿制取硫酸锌. 云南化工，23(1)：25-27

六、思考题

(1) 在酸浸溶矿过程中，如何控制反应温度？若反应温度太高或太低有何影响？

(2) 中性浸取时应控制浸取 pH 为 5.0 左右，此时 Fe^{3+}、Al^{3+} 以何种形式存在？

(3) 除去浸取液中的铁、锰时，用双氧水作氧化剂有什么特点？为什么工业上常用漂白粉或高锰酸钾作

---

① 有关电对的标准电极电势：$E^{\ominus}(Zn^{2+}/Zn)=-0.763V$，$E^{\ominus}(Cu^{2+}/Cu)=0.337V$，$E^{\ominus}(Cd^{2+}/Cd)=-0.403V$，$E^{\ominus}(Pb^{2+}/Pb)=-0.126V$。置换反应方程式：$Zn+Cu^{2+}(Cd^{2+}、Pb^{2+})=Zn^{2+}+Cu(Cd、Pb)$。

② 高锰酸钾除 Fe^{2+}、Mn^{2+} 的反应式：$3Fe^{2+}+MnO_4^-+8H_2O=3Fe(OH)_3\downarrow+MnO(OH)_2\downarrow+5H^+$；$3Mn^{2+}+2MnO_4^-+7H_2O=5MnO(OH)_2\downarrow+4H^+$。

③ 在工业生产中，可将得到的 MgF_2 和 CaF_2 沉淀与浓硫酸反应，产生的氟化氢通入除镁的溶液中，这样氟化物得到循环使用，还可制得副产品 $MgSO_4$，进一步降低生产成本。

氧化剂?

(4) 一次氧化除铁锰过程中,如何判断 Fe^{2+}、Mn^{2+} 是否除尽?

(5) 二次氧化除铁锰过程中,$KMnO_4$ 溶液应如何加入?怎么才能防止其过量?

(6) 什么是陈化?本实验过程中有多步实验在过滤前进行陈化,其目的是什么?

(7) 如何检查溶液中的 Mg^{2+} 是否完全生成 MgF_2 沉淀?

(8) 在 $ZnSO_4$ 和 $MgSO_4$ 的溶液中,能利用二者溶解度的差异使 Mg^{2+} 彻底除去吗?

实验五十四　用硫铁矿烧渣制备七水硫酸亚铁

一、实验目的

(1) 掌握用硫铁矿烧渣制备七水硫酸亚铁的原理及方法。

(2) 掌握七水硫酸亚铁的质量检验方法。

(3) 了解硫铁矿烧渣中铁的浸出条件。

二、实验原理

1. 制备原理

用硫铁矿制取硫酸后的烧渣中一般含有 30%～60%铁,是一种可以二次开发的资源。利用该废渣制备高纯硫酸亚铁,可以使废弃资源充分利用,同时防止环境污染。烧渣中的 FeO 和 Fe_2O_3 在硫酸介质条件下反应如下:

$$FeO + H_2SO_4 + 6H_2O = FeSO_4 \cdot 7H_2O$$

$$Fe_2O_3 + 3H_2SO_4 = Fe_2(SO_4)_3 + 3H_2O$$

$$Fe_2(SO_4)_3 + Fe + 21H_2O = 3FeSO_4 \cdot 7H_2O$$

2. 产品质量分析原理

用 $K_2Cr_2O_7$ 法测定亚铁盐的反应为

$$6Fe^{2+} + Cr_2O_7^{2-} + 14H^+ = 6Fe^{3+} + 2Cr^{3+} + 7H_2O$$

滴定应在 H_2SO_4-H_3PO_4 介质中进行。用二苯胺磺酸钠为指示剂,终点时溶液由绿色(Cr^{3+})变为蓝紫色。

三、仪器与试剂

分析天平,托盘天平,烘箱,磁铁,带柄瓷坩埚,电炉或电热板,量筒(10mL、50mL),烧杯,锥形瓶(150mL),酸式滴定管(25mL)。

烧渣粉,铁屑,浓 H_2SO_4(98%,相对密度为 1.84),H_2SO_4 溶液($1mol \cdot L^{-1}$),二苯胺磺酸钠水溶液(0.2%),重铬酸钾标准溶液[$c(1/6K_2Cr_2O_7) = 0.05mol \cdot L^{-1}$],硫酸-磷酸混酸(冷却条件下向 140mL 水中加入 30mL 硫酸,再加入 30mL 磷酸)。

四、实验步骤

1. 七水硫酸亚铁的制备

(1) 称取烘干后的烧渣粉 20g 用磁铁磁选,分离出烧渣中的非磁性物质(如钙、镁、硅等)。

(2) 称取一定量磁选后的烧渣,放入 100mL 带柄瓷坩埚内。按磁选后的 m(烧渣):

$m(H_2SO_4)=1:1.5$ 比例计算所需 H_2SO_4 用量。再按 98% 浓 H_2SO_4 稀释成 70% 的 H_2SO_4 计算所需水量，此水量用于润湿瓷坩埚内的烧渣。

(3) 用量筒量取所需量的 98% 浓 H_2SO_4。把装有润湿烧渣的带柄瓷坩埚放入通风橱中，在玻璃棒搅拌下缓慢加入取好的浓 H_2SO_4，搅拌均匀，放入已升温到 180～200℃的烘箱中熟化 1h。

(4) 将熟化后的烧渣用 80℃左右的热蒸馏水浸取(控制水量为 80～100mL)，将浸出液和沉淀物全部转移到 250mL 烧杯中，搅拌加热至沸，反应 30min。过滤，收集滤液。

(5) 用 $1.0mol\cdot L^{-1}$ H_2SO_4 调节滤液 pH＝0.5～1.0，逐步加入适量废铁屑使溶液中的 Fe^{3+} 全部还原成 Fe^{2+}，观察溶液颜色的变化(由棕红色逐步转化成浅绿色)，当溶液全部呈浅绿色时，停止还原反应。趁热过滤，用少量热蒸馏水洗涤滤渣，所有滤液收集于蒸发皿中，然后用 $1.0mol\cdot L^{-1}$ H_2SO_4 调节滤液 pH＝0.5～1.0，加热浓缩滤液，注意观察当液体表面出现晶膜时，停止加热，并使其尽快冷却到 40℃以下。因为硫酸亚铁在不同温度下可以与水结合成几种水合物，各种水合物的形成与结晶温度有关。一般当温度低于 40℃时，特别是在 20℃左右时，几乎全部形成七水合物。待晶体析出完全后抽滤，用少量乙醇洗涤，称量并计算产率。

2. 产品质量分析

用差减称量法准确称取 0.25～0.30g 产品于锥形瓶中，加入硫酸-磷酸混酸 10mL 及蒸馏水 20mL、二苯胺磺酸钠溶液 3 滴，用重铬酸钾标准溶液滴定至溶液呈稳定蓝紫色，即为终点。平行测定 3 次，以 $FeSO_4\cdot 7H_2O$ 的质量分数表示分析结果。

$$w(FeSO_4\cdot 7H_2O)=\frac{c(1/6K_2Cr_2O_7)\times\dfrac{V(K_2Cr_2O_7)}{1000}\times M(FeSO_4\cdot 7H_2O)}{m_{样}}\times 100\%$$

五、阅读材料

(1) 龚竹青，郑雅杰，陈白珍，等. 2000. 硫铁矿烧渣制备硫酸亚铁及效益估算. 环境保护，(8):44-46

(2) 舒均杰，田伟军. 2009. 由钛白废酸和硫铁矿烧渣制备饲料级硫酸亚铁. 无机盐工业，41(2):50-52

(3) 郑雅杰，龚竹青，易丹青，等. 2005. 以硫铁矿烧渣为原料制备绿矾新技术. 化学工程，33(4):51-55

六、思考题

(1) 本实验对烧渣粉磁选的意义和目的是什么?

(2) 烧渣为何要使用浓硫酸和在较高温度下熟化?

(3) 用 $K_2Cr_2O_7$ 法测定七水硫酸亚铁含量时，为什么用硫酸-磷酸混酸，而不是只用其中一种酸?

(4) 能否用 $KMnO_4$ 法测定七水硫酸亚铁含量?

实验五十五　从含碘废液中回收碘

一、实验目的

(1) 学习从含碘废液中提取单质碘的原理和方法。

(2) 从含碘废液中回收碘，进行废物回收利用。

(3) 综合训练运用无机及分析化学基本知识和操作的能力。

二、实验原理

资源问题是当今世界共同关注的重大课题，开展废弃物资源化研究可使有限资源得到充分利用，并减少环境污染。碘及碘化钾是实验室中常用的化学试剂，用途广泛，消耗量较大，但价格较贵。从含碘废液中回收碘，充分利用二次资源是非常重要的。

化学实验室含碘废液中的碘主要是以 I^- 存在，此外还可能含有部分 I_2，铜盐测定中还存在 CuI 沉淀，利用还原剂(如硫代硫酸钠或亚硫酸钠)将含碘废液中的 I_2 还原为 I^-，并加入硫酸铜作沉淀剂，在有还原剂存在下使 I^- 全部转化成 CuI 沉淀，分离出沉淀，加浓硝酸使之氧化生成单质碘，经分离、升华，即可制得高纯度碘。选用硫代硫酸钠作还原剂，有关反应方程式如下：

$$I_2 + 2S_2O_3^{2-} = 2I^- + S_4O_6^{2-}$$

$$2I^- + 2Cu^{2+} + 2S_2O_3^{2-} = 2CuI\downarrow + S_4O_6^{2-}$$

$$2CuI + 8HNO_3 = 2Cu(NO_3)_2 + 4NO_2\uparrow + 4H_2O + I_2\downarrow$$

三、仪器与试剂

烧杯，表面皿，圆底烧瓶，托盘天平，酒精灯或电炉，量筒(10mL、100mL)，锥形瓶(250mL)，移液管(10mL、25mL)，酸式滴定管(25mL)。

$CuSO_4 \cdot 5H_2O(s)$，$Na_2S_2O_3 \cdot 5H_2O(s)$，浓硝酸，KI 溶液(5%)，$H_2SO_4$ 溶液($1mol \cdot L^{-1}$)，$Na_2S_2O_3$ 标准溶液($0.05mol \cdot L^{-1}$)，KIO_3 标准溶液($0.05mol \cdot L^{-1}$)，淀粉溶液(0.5%)。

四、实验步骤

1. 含碘废液中碘含量的测定

准确移取一定量的含碘废液置于锥形瓶中，用 $1mol \cdot L^{-1}$ H_2SO_4 酸化后再过量 5mL，加 20mL 蒸馏水，加热煮沸。稍冷，准确加入 KIO_3 标准溶液 10.00mL，小火加热煮沸，以除去释放出的 I_2，冷却后加入 5% KI 溶液 10mL，使 KI 与剩余 KIO_3 反应①，再次释放的 I_2 用 $Na_2S_2O_3$ 标准溶液滴定，滴定至溶液呈浅黄色时，加入 1mL 淀粉溶液②，继续用 $Na_2S_2O_3$ 标准溶液滴定至蓝色恰好消失为终点，计算含碘废液中 I^- 的含量。

2. 碘的沉淀

根据含碘废液中 I^- 含量，计算出处理一定量废液(如 300mL)使 I^- 沉淀为 CuI 所需的 $Na_2S_2O_3 \cdot 5H_2O$ 和 $CuSO_4 \cdot 5H_2O$ 理论量。

将 1.1 倍理论量的粉状 $CuSO_4 \cdot 5H_2O$ 加到上述含碘废液中，充分搅拌下加入理论量的固体 $Na_2S_2O_3 \cdot 5H_2O$，在 30～40℃下搅拌 15min，室温陈化 3～4h，虹吸法弃去上层清液，得 CuI 沉淀。在烧杯上盖上表面皿，于通风橱内搅拌下逐滴加入计算量的浓硝酸，静置，沉降，倾出上层溶液，用少量水洗涤，得碘的粗产品。

---

① 因 IO_3^- 的氧化能力较强，过量的 IO_3^- 将部分 $S_2O_3^{2-}$ 氧化为 SO_4^{2-}，因此要先加入 KI 与其反应完，析出的 I_2 再用 $Na_2S_2O_3$ 标准溶液滴定，否则会使反应无法按照确定的方程式进行。

② 淀粉指示剂应在临近终点时加入，而不能过早加入。否则将有较多的 I_2 与淀粉指示剂结合，而这部分 I_2 在终点时解吸出来较慢，造成终点滞后。

碘化亚铜与硝酸反应后的上层清液及洗涤液经蒸发浓缩结晶，可回收硝酸铜，并可以代替硫酸铜，在实验中循环使用。

3. 碘的回收

碘的升华可用图5-4所示装置，将装有冷水的圆底烧瓶置于烧杯上，烧杯放在砂盘上缓慢加热至100℃左右，在烧瓶底部就会析出碘晶体。升华结束后，可收集碘并称量，计算碘的回收率。

五、阅读材料

(1) 陈清艳. 2003. 含碘废液的回收利用. 江西化工，(2)：79-81

(2) 胡其图，郭士成. 2005. 利用含碘废液提取碘的实验研究. 化学教育，(10)：54

(3) 吕俊芳，刘启瑞，郑国柱，等. 2000. 含碘废液中碘的含量测定与回收. 延安大学学报(自然科学版)，19(1)：57-60

(4) 孟春霞，高先池，孙婧. 2014. 利用含碘废液制备碘化钾的实验研究. 实验室科学，17(5)：6-9

(5) 魏剑英，许炎妹，韩周祥，等. 2007. 含碘废液中碘的回收. 无机盐工业，39(9)：47-49

(6) 钟国清，曾仁权. 1995. 含碘废液回收碘的研究. 广西化工，24(1)：37-39

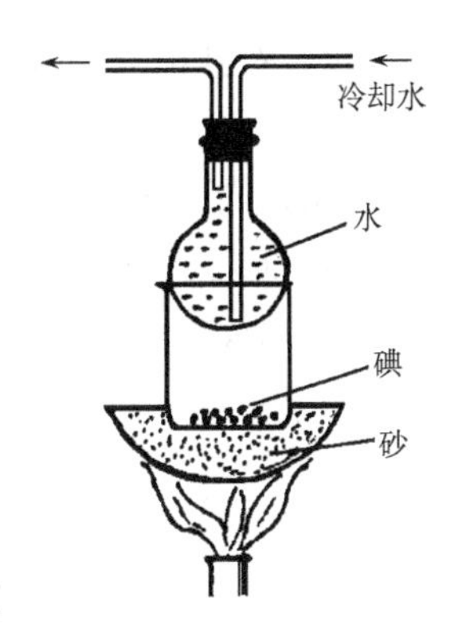

图5-4 碘的升华装置

六、思考题

(1) 若用 Na_2SO_3 作还原剂，请写出有关反应式。

(2) 碘化亚铜与浓硝酸反应生成碘和硝酸铜，能否用硝酸铜代替硫酸铜作沉淀剂，使之在反应中循环使用？

(3) 碘沉淀时为什么加入 $CuSO_4 \cdot 5H_2O$ 的量为理论用量的1.1倍，而 $Na_2S_2O_3 \cdot 5H_2O$ 却只需要理论用量即可？

(4) 碘沉淀时 $CuSO_4 \cdot 5H_2O$ 和 $Na_2S_2O_3 \cdot 5H_2O$ 的加入顺序可否改变？为什么？

实验五十六 水泥熟料中 SiO_2、Al_2O_3、Fe_2O_3、CaO 和 MgO 的测定

一、实验目的

(1) 熟悉重量法测定水泥熟料中 SiO_2 含量的原理和方法。

(2) 掌握配位滴定中的直接滴定法和返滴定法，以及对测定结果的计算。

(3) 进一步学习掌握水浴加热、沉淀、过滤、洗涤、灰化、灼烧等操作技术。

(4) 掌握配位滴定法的基本原理，通过控制试液的酸度、温度及选择适当掩蔽剂和指示剂等，在铁、铝、钙、镁共存时直接分别测定其含量的方法。

二、实验原理

水泥熟料是调和生料经1400℃以上的高温煅烧而成的。通过熟料分析，可以检验熟料质量和煅烧情况的好坏，根据分析结果可及时调整原料的配比以控制生产。普通水泥熟料的主

要化学成分及控制范围大致如下：

化学成分	质量分数/%	一般控制范围(质量分数)/%
SiO_2	18～24	20～24
Fe_2O_3	2.0～5.5	3～5
Al_2O_3	4.0～9.5	5～7
CaO	60～68	63～68

同时，对几种成分限制如下：

$$w(MgO)<4.5\% \quad w(SO_3)<3.0\%$$

水泥熟料中碱性氧化物占60%以上，主要组分为硅酸三钙($3CaO \cdot SiO_2$)①、硅酸二钙($2CaO \cdot SiO_2$)、铝酸三钙($3CaO \cdot Al_2O_3$)和铁铝酸四钙($4CaO \cdot Al_2O_3 \cdot Fe_2O_3$)等。因此，水泥熟料宜用酸分解，与盐酸作用时生成硅酸和可溶性氯化物，反应式如下：

$$2CaO \cdot SiO_2 + 4HCl \longrightarrow 2CaCl_2 + H_2SiO_3 + H_2O$$

$$3CaO \cdot SiO_2 + 6HCl \longrightarrow 3CaCl_2 + H_2SiO_3 + 2H_2O$$

$$3CaO \cdot Al_2O_3 + 12HCl \longrightarrow 3CaCl_2 + 2AlCl_3 + 6H_2O$$

$$4CaO \cdot Al_2O_3 \cdot Fe_2O_3 + 20HCl \longrightarrow 4CaCl_2 + 2AlCl_3 + 2FeCl_3 + 10H_2O$$

硅酸是一种很弱的无机酸，水溶液中大部分以溶胶状态存在，其化学式以 $SiO_2 \cdot nH_2O$ 表示。在用浓酸和加热蒸干等方法处理后，能使绝大部分硅胶脱水成水凝胶析出，因此可用沉淀分离的方法把硅酸与水泥中的铁、铝、钙、镁等其他组分分开。

(1) SiO_2的测定。其测定方法可分为容量法、重量法和示差分光光度法等，本实验采用重量法测定其含量。重量法又因使硅酸凝聚所用物质的不同分为盐酸干固法、动物胶法、氯化铵法等，本实验采用氯化铵法。在水泥经酸分解后的溶液中，采用加热蒸干和加固体氯化铵两种措施，使水溶性胶状硅酸尽可能全部脱水析出。加热蒸干是将溶液控制在100℃左右进行。由于HCl的蒸发，硅酸中所含的水分大部分被带走，硅酸水溶胶即成为水凝胶析出。由于溶液中的Fe^{3+}、Al^{3+}等在温度超过110℃时易水解生成难溶性的碱式盐而混在硅酸凝胶中，使SiO_2的含量偏高，而Fe_2O_3、Al_2O_3等的含量偏低，所以加热蒸干宜用水浴以严格控制温度。

加入固体氯化铵后，由于氯化铵易解离生成 $NH_3 \cdot H_2O$ 和 HCl，加热时它们易挥发逸去而消耗水，因此能促进硅酸水溶胶的脱水作用。反应式如下：

$$NH_4Cl + H_2O \longrightarrow NH_3 \cdot H_2O + HCl$$

含水硅酸的组成不固定，所以沉淀经过过滤、洗涤、烘干后，还需经950～1000℃高温灼烧成固体成分SiO_2，然后称量，根据沉淀的质量计算SiO_2的质量分数。

灼烧时，硅酸凝胶失去吸附水，并进一步失去结合水，脱水过程的变化如下：

$$H_2SiO_3 \cdot nH_2O \xrightarrow{110℃} H_2SiO_3 \xrightarrow{950\sim1000℃} SiO_2$$

灼烧所得的SiO_2沉淀是雪白而又疏松的粉末。若所得沉淀呈灰色、黄色或红棕色，说明沉淀不纯。

水泥中的铁、铝、钙、镁等组分以Fe^{3+}、Al^{3+}、Ca^{2+}、Mg^{2+}形式存在于过滤SiO_2沉淀后的滤

---

① $3CaO \cdot SiO_2$是指3分子CaO与1分子SiO_2，不是3分子$CaO \cdot SiO_2$。其他化学式(如$4CaO \cdot Al_2O_3 \cdot Fe_2O_3$)的含义均相同。

液中，它们都能与 EDTA 形成稳定的配离子。这些配离子的稳定性有显著的差别，因此只要控制适当的酸度，就可用 EDTA 标准溶液分别滴定它们的含量。

(2) 铁的测定。测定 Fe^{3+}，一般控制溶液酸度为 pH＝2～2.5。实验表明，若溶液酸度控制不当，对测定铁的结果影响很大。pH＝1.5 时，结果偏低；pH＞3 时，Fe^{3+} 开始形成红棕色氢氧化物，往往无滴定终点，共存的 Ti^{4+} 和 Al^{3+} 的影响也显著增加。

滴定时以磺基水杨酸为指示剂，它与 Fe^{3+} 形成的配合物的颜色与溶液酸度有关，pH＝1.2～2.5 时，配合物呈红紫色。因 Fe-磺基水杨酸配合物不及 Fe-EDTA 配合物稳定，所以临近终点时加入的 EDTA 便会夺取 Fe-磺基水杨酸配合物中的 Fe^{3+}，使磺基水杨酸游离出来，因而溶液由红紫色变为微黄色，即为终点。磺基水杨酸在水溶液中是无色的，但由于 Fe-EDTA配合物是黄色的，因此终点时由红紫色变为黄色。

测定时溶液的温度以 60～75℃为宜，当温度高于 75℃并有 Al^{3+} 存在时，Al^{3+} 可能与 EDTA配位，使 Fe_2O_3的测定结果偏高，而 Al_2O_3的结果偏低。当温度低于 50℃时，则反应速率缓慢，不易得出准确的终点(适用于 Fe_2O_3含量不超过 30mg)。计算公式如下：

$$w(Fe_2O_3)=\frac{c(EDTA)\cdot V_1\cdot M(1/2\ Fe_2O_3)}{m}\times 100\%$$

(3) 铝的测定。以 PAN 为指示剂的铜盐返滴定法是普遍采用的一种测定 Al^{3+} 含量的方法。Al^{3+} 与 EDTA 配位反应较慢，一般先加入过量的 EDTA 标准溶液，并加热煮沸，使 Al^{3+} 与 EDTA 充分配位，然后用 $CuSO_4$标准溶液返滴定过量的 EDTA。

Al-EDTA 配合物无色，PAN 指示剂在 pH 为 4.3 时为黄色，所以滴定开始前溶液呈黄色。随着 $CuSO_4$标准溶液的加入，Cu^{2+}不断与过量的 EDTA 配位，由于 Cu-EDTA 是蓝色的，因此溶液逐渐由黄色变绿色。在过量的 EDTA 与 Cu^{2+}完全配位后，继续加入 $CuSO_4$，过量的 Cu^{2+} 即与 PAN 配位成深红色配合物，由于蓝色的 Cu-EDTA 的存在，因此终点呈紫色。滴定过程中的主要反应如下：

$$Al^{3+}+H_2Y^{2-}\longrightarrow AlY^{-}(\text{无色})+2H^{+}$$

$$H_2Y^{2-}+Cu^{2+}\longrightarrow CuY^{2-}(\text{蓝色})+2H^{+}$$

$$Cu^{2+}+PAN(\text{黄色})\longrightarrow Cu^{2+}\text{-}PAN(\text{深红色})$$

需要注意的是，溶液中存在三种有色物质，而它们的含量又在不断变化，因此溶液的颜色特别是终点时的变化较复杂，取决于 Cu-EDTA、PAN 和 Cu^{2+}-PAN 的相对含量和浓度。滴定终点是否敏锐的关键是蓝色的 Cu-EDTA 浓度的大小，终点时 Cu-EDTA 的量等于加入的过量 EDTA 的量。计算公式如下：

$$w(Al_2O_3)=\frac{[c(EDTA)\cdot V_2-c(CuSO_4)\cdot V(CuSO_4)]\cdot M(1/2\ Al_2O_3)}{m}\times 100\%$$

(4) 钙、镁的测定。钙、镁的测定原理见实验二十二，即水的总硬度及钙、镁含量测定。其计算公式如下：

$$w(CaO)=\frac{c(EDTA)\cdot V_3\cdot M(CaO)}{m}\times 100\%$$

$$w(MgO)=\frac{c(EDTA)\cdot (V_4-V_3)\cdot M(MgO)}{m}\times 100\%$$

以上各离子的测定，在滤液多余的情况下尽可能平行测定 3 次，求其平均值。

三、仪器与试剂

电炉，托盘天平，分析天平，水浴锅，高温炉，长颈漏斗，蒸发皿，表面皿，烧杯，锥形瓶（250mL），坩埚，滴定管（25mL），容量瓶（250mL），量筒（10mL、50mL），移液管（5mL、25mL、50mL），精密 pH 试纸（0.5～5.5），定量滤纸（中速），广泛 pH 试纸。

浓盐酸，HCl 溶液（6mol · L^{-1}，3∶97），浓硝酸，氨水溶液（1∶1），NaOH 溶液（10%），NH_4Cl(s)，NH_4SCN 溶液（10%），三乙醇胺溶液（1∶1），EDTA 标准溶液（0.005mol · L^{-1}），$CuSO_4$标准溶液（0.005mol · L^{-1}），HAc-NaAc 缓冲溶液（pH＝4.3），$NH_3 \cdot H_2O$-NH_4Cl 缓冲溶液（pH＝10），溴甲酚绿指示剂（0.05%），磺基水杨酸指示剂（10%），PAN 指示剂（0.2%），铬黑 T 指示剂，钙指示剂，水泥熟料。

四、实验步骤

1. SiO_2的测定

准确称取试样 0.4～0.5g 置于干燥的 50mL 烧杯（或 100～150mL 蒸发皿）中，加 2g 固体氯化铵，用平头玻璃棒混合均匀。盖上表面皿，沿杯口滴加 3mL 浓盐酸和 1 滴浓硝酸①，仔细搅匀，使试样充分分解。将烧杯置于沸水浴上，杯上盖上表面皿，蒸发至近干（10～15min）取下，加 10mL 热的稀 HCl(3∶97)，搅拌，使可溶性盐类溶解，然后以中速定量滤纸过滤②，用胶头淀帚蘸热的稀 HCl(3∶97)擦洗玻璃棒及烧杯，并用热的 3∶97 稀 HCl③ 洗涤沉淀至洗涤液中不含 Fe^{3+}。Fe^{3+} 可用 NH_4SCN 溶液检验，一般来说，洗涤 10 次即可达不含 Fe^{3+} 的要求④。滤液及洗涤液保存在 250mL 容量瓶中，并用蒸馏水稀释至刻度，摇匀，供测定 Fe^{3+}、Al^{3+}、Mg^{2+}、Ca^{2+} 等用。

将沉淀和滤纸移至已称至恒量的瓷坩埚中，先在电炉上低温烘干，再升高温度使滤纸充分炭化。然后在 950～1000℃的高温炉内灼烧 30min。取出，稍冷，再移到干燥器中冷却至室温（需 15～40min），称量。如此反复灼烧，直至恒量。

2. Fe^{3+} 的测定

准确吸取分离 SiO_2后的滤液 50.00mL⑤ 于 250mL 锥形瓶中，加 2 滴 0.05%溴甲酚绿指示剂。逐滴加入 1∶1 氨水，使之成绿色。然后用 6mol · L^{-1} HCl 溶液调节溶液酸度至黄色后再过量 3 滴，此时溶液 pH 约为 2。加热至 70℃，取下，加 6～8 滴 10%磺基水杨酸指示剂，用 0.005mol · L^{-1} EDTA 标准溶液滴定。滴定开始时溶液呈红紫色，此时滴定速度宜稍快些。当溶液开始呈淡红紫色，滴定速度放慢，一定要每加一滴充分振摇并注意观察溶液颜色变化，然后再加一滴（最好同时再加热），直至滴到溶液突变为黄色，即为终点⑥，记录消耗EDTA 标准溶液的体积 V_1。滴得太快，EDTA 易多加，不仅会使 Fe^{3+} 的含量偏高，同时会使 Al^{3+} 的

① 加入浓硝酸的目的是使铁全部以 Fe^{3+} 状态存在。

② 过滤前一定要做好长颈漏斗中的水柱，否则过滤速度很慢。

③ 防止 Fe^{3+} 和 Al^{3+} 水解。洗涤沉淀时，每次加入近沸的 3∶97 稀 HCl，以 3～5mL 为宜。

④ 滤纸上无黄色，滤液无色时才用表面皿从漏斗下接 1 滴滤液加 1 滴 NH_4SCN 溶液检验。注意洗涤液不要超过 250mL。

⑤ 节约用滤液，可采用干燥的移液管移取滤液。

⑥ 整个滴定过程温度维持在 70℃左右，太低，终点延后，太高，Fe^{3+} 水解，同时 Al^{3+} 存在，使结果偏高。

含量偏低。测定完 Fe^{3+} 的试液待用。

3. Al^{3+} 的测定

在滴定 Fe^{3+} 后的溶液中，加入 0.005mol · L^{-1} EDTA 标准溶液 25.00mL①，记为 V_2，摇匀。再加入 15mL pH 为 4.3 的 HAc-NaAc 缓冲溶液，以精密 pH 试纸检查②。煮沸 1～2min，取下，冷至 90℃左右，加入 4 滴 0.2% PAN 指示剂，以 0.005mol · L^{-1} $CuSO_4$ 标准溶液滴定。开始溶液呈黄色，随着 $CuSO_4$ 的加入，颜色逐渐变绿并加深，直至再加入一滴突变为紫色，即为终点。在变紫色之前，曾有由蓝绿色变灰绿色的过程，在灰绿色溶液中再加 1 滴 $CuSO_4$ 溶液，即变紫色③。

4. Ca^{2+} 的测定

准确吸取分离 SiO_2 后的滤液 5.00mL 于锥形瓶中，加蒸馏水稀释至约 50mL，加 1∶1 三乙醇胺溶液 2mL，摇匀后再加 10% NaOH 溶液 3mL，再摇匀，加少许钙指示剂，此时溶液呈酒红色。以 0.005mol · L^{-1} EDTA 标准溶液滴定至溶液突变为纯蓝色，即为终点④，记录消耗 EDTA 标准溶液的体积 V_3。

5. Mg^{2+} 的测定

准确吸取分离 SiO_2 后的滤液 5.00mL 于锥形瓶中，加蒸馏水稀释至约 50mL，加 1∶1 三乙醇胺溶液 2mL，摇匀后加 pH=10 的 $NH_3 \cdot H_2O$-NH_4Cl 缓冲溶液 5mL，再摇匀，加入适量铬黑 T 指示剂，以 0.005mol · L^{-1} EDTA 标准溶液滴至纯蓝色，即为终点，记录消耗 EDTA 标准溶液的体积 V_4。根据此结果计算所得的是钙、镁总含量，由此减去钙量即为镁量。

五、阅读材料

(1) 李玉梅. 2006. 使用 EDTA 配位滴定法快速测定水泥生料中三氧化二铁的含量. 河南建材，(4)：38

(2) 潘臻荣. 2012. EDTA 测定水泥熟料中含量常见问题及对策探讨. 技术与市场，19(6)：81，83

(3) 任树林，刘成雄. 2003. 水泥中 Al_2O_3 和 Fe_2O_3 含量的快速测定. 延安教育学院学报，17(4)：72-73

(4) 任树林，乔延兰. 2003. 水泥中 SiO_2 含量的快速测定. 延安大学学报(自然科学版)，22(3)：60-61

(5) 孙有娥. 2013. 测定水泥中氧化镁含量时 K-B 指示剂的影响. 池州学院学报，27(3)：47-48

(6) 汤家华，赵敏. 2011. 水泥中 Fe_2O_3 含量的测定. 水泥，(10)：47-48

(7) 王嘉霖. 1982. 水泥中 SiO_2、Fe_2O_3、Al_2O_3、CaO 和 MgO 的测定. 固原师专学报(综合版)，(s1)：101-106

(8) 吴振奎. 1996. 水泥中氧化钙、氧化镁的快速测定. 福建建材，(4)：43-44

(9) 徐惠. 2007. 如何提高配位滴定法测定水泥中氧化镁含量的准确性. 内蒙古石油化工，(3)：91

六、思考题

(1) 如何分解水泥熟料试样？请写出分解时的化学反应。

---

① Al^{3+} 在 pH=4.3 时生成沉淀，因此先加入 EDTA 标准溶液，再加入缓冲溶液。

② 溶液 pH 维持在 4.3，Cu^{2+} 与 EDTA 配位。

③ 整个过程温度都应维持在 90℃左右，如果滴定过程中温度降低较多，终点延后，且现象不明显。

④ 步骤 4 和 5 中应特别注意药品的加入顺序不要弄错。

(2) 本实验测定 SiO_2 含量的原理是什么? SiO_2 沉淀灼烧前为什么需经干燥、炭化?

(3) 试样分解后加热蒸发的目的是什么? 操作中应注意什么?

(4) 洗涤沉淀的操作中应注意些什么? 怎样提高洗涤效果?

(5) 在 Fe^{3+}、Al^{3+}、Mg^{2+}、Ca^{2+} 等共存的溶液中,以 EDTA 标准溶液分别滴定各自含量时,怎样消除其他共存离子的干扰? 溶液酸度如何控制?

(6) 滴定 Fe^{3+}、Al^{3+} 时为什么要控制溶液的温度? 如何控制?

(7) 根据原理中介绍的水泥熟料中 Al_2O_3 含量的控制范围及试样称取量,如何粗略计算 EDTA 标准溶液的加入量?

实验五十七 含铬废水测定及处理(铁氧体法)

一、实验目的

(1) 了解用铁氧体法处理含铬废水的基本原理,学习水样中铬的处理方法。

(2) 综合学习加热、溶液配制、酸碱滴定和固液分离及分光光度法测六价铬的方法。

二、实验原理

含铬的工业废水,其铬的存在形式多为 Cr(Ⅵ)及 Cr(Ⅲ)。Cr(Ⅵ)的毒性比 Cr(Ⅲ)大 100 倍,它能诱发皮肤溃疡、贫血、肾炎及神经炎等。工业废水排放时,要求 Cr(Ⅵ)含量不超过 $0.3mg \cdot L^{-1}$,而生活饮用水和地表水,则要求 Cr(Ⅵ)含量不超过 $0.05mg \cdot L^{-1}$。Cr(Ⅵ)的去除方法很多,本实验采用铁氧体法。铁氧体是指铁离子被其他+2 价或+3 价金属离子(如 Mn^{2+}、Cr^{3+} 等)取代,而形成以铁为主体的化合物,化学式可用 $M_xFe_{3-x}O_4$ 表示。铁氧体法是指含铬废水中的 $Cr_2O_7^{2-}$ 或 CrO_4^{2-} 在酸性条件下与过量的硫酸亚铁溶液发生氧化还原反应,使 Cr(Ⅵ)还原为 Cr(Ⅲ),而 Fe^{2+} 则被氧化为 Fe^{3+},加入适量碱液,调节溶液的 pH,使 Cr(Ⅲ)、Fe^{3+} 和 Fe^{2+} 转化为氢氧化物沉淀,组成类似 $Fe_3O_4 \cdot xH_2O$ 的磁性氧化物。含铬的铁氧体是一种磁性材料,可以应用在电子工业上。铁氧体法处理含铬废水不仅效果好、投资少、设备简单、沉渣量少、化学性质稳定,还具有废物利用的意义。其反应方程式为

$$Cr_2O_7^{2-} + 6Fe^{2+} + 14H^+ \xlongequal{\quad} 2Cr^{3+} + 6Fe^{3+} + 7H_2O$$

$$Fe^{2+} + (2-x)Fe^{3+} + xCr^{3+} + 8OH^- \longrightarrow Fe^{3+}[Fe^{2+}Fe_{1-x}^{3+}Cr_x^{3+}]O_4 + 4H_2O$$

(铁氧体,$x=0\sim1$)

为检查含铬废水处理的结果,必须测定废水样品和经处理后的试液中 Cr(Ⅵ)含量。测定 Cr(Ⅵ)的方法很多,本实验采用分光光度法。在酸性介质中,Cr(Ⅵ)可与二苯酰肼(二苯碳酰二肼,DPCI)作用生成红紫色配合物。该配合物的最大吸收波长为 540nm 左右,摩尔吸光系数为 $2.6\times10^4 \sim 4.2\times10^4 L \cdot mol^{-1} \cdot cm^{-1}$。显色温度以 15℃为宜,温度过低显色速度慢,温度过高配合物稳定性差;显色时间为 2~3min,配合物在 1.5h 内稳定。显色反应式可表示为

$$2HCrO_4^- + 3H_4R + 6H^+ \longrightarrow Cr(HR)_2^+ + H_2R + Cr^{3+} + 8H_2O$$

式中:H_4R——DPCI;

H_2R——DPO(二苯偶氮碳酰二肼)。

本法灵敏高,最低含铬检出的质量浓度可达 $0.01mg \cdot L^{-1}$。Hg_2^{2+} 和 Hg^{2+} 可与 DPCI 作用生成蓝(紫)色化合物,对 Cr(Ⅵ)的测定产生干扰,但在本实验所控制的酸度下,反应不是很灵敏;Fe^{3+} 与 DPCI 作用生成黄色化合物,其干扰可通过加铁的配位剂 H_3PO_4 消除;V(Ⅴ)与

DPCI作用生成的棕黄色化合物，因不稳定而很快褪色（约20min），可不予考虑；少量的Cu^{2+}、Ag^{+}、Au^{3+}在一定程度上有干扰；钼低于100μg·mL^{-1}时不干扰测定。

三、仪器与试剂

分析天平，分光光度计，托盘天平，烧杯，锥形瓶（150mL），蒸发皿，电磁铁，电炉或酒精灯，漏斗，量筒（10mL、100mL），滴定管（25mL），容量瓶（50mL），移液管（10mL、25mL），pH试纸，定性滤纸。

$K_2Cr_2O_7$标准溶液（0.01mol·L^{-1}），H_2SO_4溶液（3mol·L^{-1}），硫酸-磷酸混酸（冷却条件下向140mL蒸馏水中加入30mL浓硫酸，再加入30mL浓磷酸），H_2O_2溶液（3%），NaOH溶液（6mol·L^{-1}），$FeSO_4 \cdot 7H_2O$(s)，二苯胺磺酸钠指示剂（0.5%水溶液），含铬废水（～1.5g·L^{-1}）。

100mg·L^{-1}含Cr(Ⅵ)标准储备液：准确称取于140℃下干燥的$K_2Cr_2O_7$ 0.2829g于小烧杯中，溶解后转入1000mL容量瓶中，用蒸馏水稀释至刻度，摇匀。

1.0mg·L^{-1}含Cr(Ⅵ)标准溶液：准确移取5.00mL储备液于500mL容量瓶中，用蒸馏水稀释至刻度，摇匀即成。

0.05mol·L^{-1}硫酸亚铁铵标准溶液[$(NH_4)_2Fe(SO_4)_2$]：用0.01mol·L^{-1} $K_2Cr_2O_7$标准溶液标定，标定方法与实验步骤1相同。

二苯碳酰二肼[$(C_6H_5NHNH)_2CO$]：0.5g二苯碳酰二肼加入50mL 95%乙醇溶液。待溶解后再加入200mL 10% H_2SO_4溶液，摇匀。该物质不稳定，见光易分解，应储于棕色瓶中（不用时置于冰箱中。溶液应为无色，若溶液已是红色，则不应再使用。最好现用现配）。

四、实验步骤

1. 含铬废水中铬的测定

用移液管取10.00mL含铬废水于锥形瓶中，依次加入10mL硫酸-磷酸混酸、30mL蒸馏水和4滴二苯胺磺酸钠指示剂，摇匀。用0.05mol·L^{-1}硫酸亚铁铵标准溶液滴定至溶液由红色突变为绿色，即为终点。平行测定3次。求出废水中Cr(Ⅵ)的质量浓度。

2. 含铬废水的处理

取100mL含铬废水于250mL烧杯中，根据上面测定的铬量，换算成CrO_3的质量，再按$m(CrO_3):m(FeSO_4 \cdot 7H_2O)=1:16$[①]的质量比算出所需$FeSO_4 \cdot 7H_2O$的质量。用托盘天平称取所需$FeSO_4 \cdot 7H_2O$的质量，加到含铬废水中，不断搅拌，待晶体溶解后，再逐滴加入3mol·L^{-1} H_2SO_4溶液，并不断搅拌，直至溶液pH约为1（如何得知?），此时溶液显亮绿色（是什么物质？为什么?）。

将6mol·L^{-1} NaOH溶液逐滴加入上述溶液，调节溶液pH为8～9，然后将溶液加热至70℃左右，使Fe^{3+}、Cr^{3+}、Fe^{2+}形成氢氧化物沉淀，沉淀应为墨绿色。在不断搅拌下滴加

---

① $FeSO_4 \cdot 7H_2O$加入量的一部分是用来将废水中$Cr_2O_7^{2-}$或CrO_4^{2-}完全还原，根据$Cr_2O_7^{2-}$与Fe^{2+}的化学计量比，$FeSO_4 \cdot 7H_2O$与CrO_3间质量比为8.34；$FeSO_4 \cdot 7H_2O$加入量的另一部分是用来提供形成铁氧体所需要的Fe^{2+}。根据铁氧体组成可知，$n(M^{2+}):n(M^{3+})=1:2$，从形成的M^{3+}(Fe^{3+}、Cr^{3+})与形成铁氧体组成所需Fe^{2+}的相应物质的量的关系可得$FeSO_4 \cdot 7H_2O$与CrO_3间质量比为5.56。另外考虑与H_2O_2反应的Fe^{2+}以及硫酸亚铁的纯度，因此$FeSO_4 \cdot 7H_2O$与溶液Cr(Ⅵ)以CrO_3形式表示的总质量比为16。

3% H_2O_2溶液 8～10 滴，使沉淀刚好呈现棕色，再充分搅拌后冷却静置，使所形成的氢氧化物沉淀沉降。

用倾析法对上面的溶液进行过滤，滤液进入干净干燥的烧杯中，沉淀用蒸馏水洗涤数次，以除去 Na^+、K^+、SO_4^{2-}等。然后将沉淀物转移到蒸发皿中，用小火加热，蒸发至干。待冷却后，将沉淀均匀地摊在干净的白纸上，另外用纸将磁铁紧紧裹住，然后与沉淀物接触，检验沉淀物的磁性。

3. 处理后水质的检验

(1) 标准曲线的绘制。用移液管取 1.0mg · L^{-1}含 Cr(Ⅵ)标准溶液 0.00mL、0.50mL、1.00mL、2.00mL、4.00mL、7.00mL 和 10.00mL 分别置于 7 个 50mL 容量瓶中，然后分别加入 0.5mL 硫酸-磷酸混酸和 2.5mL 二苯碳酰二肼溶液，用蒸馏水稀释到刻度，摇匀，静置 10min。以试剂空白为参比溶液，在 540nm 波长处测量溶液的吸光度 A，绘制标准曲线。

(2) 处理后水样中 Cr(Ⅵ)的含量测定。取上面处理后的滤液 25.00mL 加入 50mL 容量瓶中，再加入 0.5mL 硫酸-磷酸混酸和 2.5mL 二苯碳酰二肼溶液，用蒸馏水稀释到刻度，摇匀，静置 10min。用同样的方法在 540nm 处测出其吸光度。然后根据测定的吸光度，在标准曲线上查出相对应的 Cr(Ⅵ)的质量(mg)，算出每升废水试样中的 Cr(Ⅵ)含量(mg · L^{-1})。

五、阅读材料

(1) 胡美珍，李喆. 2003. 含铬废水的处理和试纸法测定——介绍一个环境化学实验. 化学教育，(2)：37-38

(2) 李燕灵，王海峰. 2013. 铁氧体法处理含铬废水及铬回收实验研究. 广州化工，41(14)：101-103

(3) 刘霞，胡应喜，李燕芸，等. 2001. 含铬废水的测定与处理. 中国科学院研究生院学报，18(1)：37-42

(4) 孙英，杨建男，方云如. 2000. 氧体法处理含铬和镉废水及其含量测定. 实验技术与管理，17(4)：75-79

(5) 吴成宝，胡小芳，罗韦因，等. 2006. 浅谈铁氧体法处理电镀含铬废水. 电镀与涂饰，25(5)：51-55

(6) 周青龄，桂双林，吴菲. 2010. 含铬废水处理技术现状及展望. 能源研究与管理，(2)：29-33

六、思考题

(1) 处理废水中，为什么加 $FeSO_4 \cdot 7H_2O$ 前要加酸调节 pH 为 1，而后为什么又要加碱调 pH＝8 左右，如果 pH 控制不好，会有什么不良影响？

(2) 如果加入 $FeSO_4 \cdot 7H_2O$ 的量不够，会产生什么效果？

(3) 本实验中，分光光度法测定所用的各种玻璃器皿能否用铬酸洗液洗涤？如何洗涤可保证实验结果的准确性？

实验五十八　土壤中腐殖质含量的测定(重铬酸钾法)

一、实验目的

(1) 掌握重铬酸钾法测定土壤腐殖质含量的原理和方法。

(2) 了解测定土壤中腐殖质含量的意义。

二、实验原理

腐殖质是土壤中结构复杂的有机物质，其含量与土壤的肥力有密切关系。此外，它还影响土壤的物理性质和耕作性能等。因此，测定土壤中腐殖质的含量对农业科学有重要的意义。

土壤中腐殖质的含量是通过测定土壤中碳的含量而换算的。重铬酸钾法测定腐殖质是先在浓 H_2SO_4 介质中，170～180℃的温度条件下，以 Ag_2SO_4 作催化剂，用已知过量的 $K_2Cr_2O_7$ 溶液与土壤共热，将土壤中的有机碳氧化成 CO_2，而剩余 $K_2Cr_2O_7$ 以邻二氮菲为指示剂，用 $(NH_4)_2Fe(SO_4)_2$ 标准溶液滴定，以所消耗的 $K_2Cr_2O_7$ 计算有机碳含量，再换算成腐殖质含量。其反应式如下：

$$2Cr_2O_7^{2-}+3C+16H^+ = 4Cr^{3+}+3CO_2\uparrow+8H_2O$$

$$Cr_2O_7^{2-}+6Fe^{2+}+14H^+ = 2Cr^{3+}+6Fe^{3+}+7H_2O$$

从上述反应式可以看出：

$$n(Fe^{2+})=n(1/4C)$$

同时做空白实验，根据样品测定和空白实验中所消耗 $(NH_4)_2Fe(SO_4)_2$ 标准溶液的量，即可算出腐殖质的含量。

三、仪器与试剂

托盘天平，分析天平，样品筛，硬质试管，烧杯，锥形瓶（250mL），小漏斗，油浴锅，容量瓶（250mL），滴定管（25mL），移液管（5mL、20mL）。

$K_2Cr_2O_7$-H_2SO_4 混合溶液（称取 9.0g 研细的分析纯 $K_2Cr_2O_7$，溶于 100mL 蒸馏水，加热至溶解，冷却后稀释至 250mL，再缓慢加入 250mL 浓 H_2SO_4，不断搅拌，冷却后装入试剂瓶中），铁-邻二氮菲溶液[称取 7g $(NH_4)_2Fe(SO_4)_2\cdot 6H_2O$ 和 1.49g 邻二氮菲，溶于 100mL 蒸馏水，储于棕色瓶中]，$(NH_4)_2Fe(SO_4)_2\cdot 6H_2O$（A. R.），$K_2Cr_2O_7$（A. R.），$Ag_2SO_4$（A. R.），$H_2SO_4$ 溶液（$3mol\cdot L^{-1}$），土壤样品。

四、实验步骤

1. 标准溶液的配制和标定

1）配制 $0.05mol\cdot L^{-1}$ $(NH_4)_2Fe(SO_4)_2$ 标准溶液

用托盘天平称取 10g $(NH_4)_2Fe(SO_4)_2\cdot 6H_2O$ 溶于 60mL $3mol\cdot L^{-1}$ H_2SO_4 中，加蒸馏水稀释至 500mL。

2）配制 $0.05mol\cdot L^{-1}$ $(1/6K_2Cr_2O_7)$ 标准溶液

准确称取 0.20～0.25g 在 140℃下烘干的分析纯 $K_2Cr_2O_7$ 于小烧杯中，用少量蒸馏水溶解后定量转入 100mL 容量瓶中，用蒸馏水稀释至标线，摇匀，备用。计算其准确浓度。

3）$(NH_4)_2Fe(SO_4)_2$ 标准溶液的标定

用移液管移取 20.00mL $K_2Cr_2O_7$ 标准溶液于锥形瓶中，加 5mL $3mol\cdot L^{-1}$ H_2SO_4、3 滴邻二氮菲指示剂，用 $0.05mol\cdot L^{-1}$ $(NH_4)_2Fe(SO_4)_2$ 标准溶液滴定至绿色恰变成砖红色即为终点。平行测定 3 次，计算其准确浓度。

2. 试样的测定[①]

准确称取通过 100 目筛子的风干土样 0.1～0.5g（视土壤中腐殖质的质量分数而定，

---

① 由于整个反应为氧化还原反应，因此样品中有还原性物质存在会影响结果，应当除去。例如，水稻土由于长期处于淹水状态，形成 Fe^{2+} 较多，应在研碎后摊放数天，使 Fe^{2+} 充分氧化。

7%～15%称 0.1g，2%～4%称 0.3g，少于 2%称 0.5g)，放入一硬质试管中，加样时勿使试样黏附在试管壁上。加 Ag_2SO_4 约 0.1g[①]，用移液管准确加入 5.00mL $K_2Cr_2O_7$-H_2SO_4 混合溶液。在试管口加一小漏斗，以冷凝煮沸时蒸出的水汽。将试管放在 170～180℃的油浴中加热，使溶液沸腾 5min。取出试管，拭净管外油质，加少量水稀释，将管内物质彻底转入 250mL 锥形瓶中。反复用蒸馏水洗涤试管和漏斗数次(控制溶液总量不超过 70mL，以保持溶液的酸度)。加入 3 滴邻二氮菲指示剂，用 0.05mol · L^{-1} $(NH_4)_2Fe(SO_4)_2$ 标准溶液滴定至绿色恰变为砖红色即为终点。平行测定 3 次，同时做空白实验测定。

空白实验是用纯砂或灼烧过的土壤代替土样，其步骤与土样测定相同。

土样腐殖质的质量分数按下式计算[②]：

$$w_{腐殖质}=\frac{c\cdot\frac{(V_0-V)}{1000}\cdot M(1/4\mathrm{C})}{m_{样}}\times 1.724\times 1.04\times 100\%$$

式中：V_0——空白实验消耗 $(NH_4)_2Fe(SO_4)_2$ 标准溶液的体积，mL；

V——试样消耗 $(NH_4)_2Fe(SO_4)_2$ 标准溶液的体积，mL；

c——$(NH_4)_2Fe(SO_4)_2$ 标准溶液的浓度，mol · L^{-1}；

$M(1/4C)$—基本单元为 1/4C 的摩尔质量，g · mol^{-1}；

1.724——转换系数，因一般土壤中腐殖质的含碳量平均为 58%，所以将有机碳换算为腐殖质要乘以 1.724；

1.04——氧化校正系数，因为本法只能将 96%的腐殖质氧化，所以腐殖质的氧化校正系数为 100/96=1.04；

$m_{样}$——试样质量，g。

五、阅读材料

(1) 郝国辉，邵劲松. 2014. 土壤有机质含量测定方法的改进研究. 农业资源与环境学报，31(2)：202-204

(2) 郎松岩，张福金，李秀萍，等. 2009. 容量法测定土壤有机质不同消解方式的比较. 内蒙古农业科技，(1)：57-58

(3) 李婧. 2008. 土壤有机质测定方法综述. 分析试验室，27(s)：154-156

(4) 李静. 2012. 土壤有机质测定方法比对分析. 绿色科技，(5)：203-204

(5) 李优琴，吕康. 2013. 土壤有机质测定方法中消解条件的优化. 江苏农业科学，41(9)：291-292

(6) 钱宝，刘凌，肖潇. 2011. 土壤有机质测定方法对比分析. 河海大学学报(自然科学版)，39(1)：34-38

(7) 夏清华，黄永东，黄永川，等. 2014. 土壤有机质重铬酸钾容量法最佳测定条件的探索. 南方农业，8(16)：35-37

(8) 张景东，李俊伟，邢宇，等. 2006. 微波加热法测定土壤中有机质含量. 化学工程师，(10)：28-29，56

六、思考题

(1) 本实验所用的 $K_2Cr_2O_7$-H_2SO_4 混合溶液，其浓度为什么不需要很准确，而标定用的 0.05mol · L^{-1} $(1/6K_2Cr_2O_7)$ 溶液，其浓度却要求很准确？

(2) 氧化有机质时，为什么要加入 Ag_2SO_4？

---

① Ag_2SO_4 一方面作为催化剂，同时也可以与土壤中的 Cl^- 反应生成 AgCl 沉淀，从而排除 Cl^- 的干扰。

② 由于本法大约有百分之几的误差，因此计算结果只需保留三位有效数字。

实验五十九 银氨配离子配位数和稳定常数的测定

一、实验目的

(1) 熟悉银氨配离子的配位数和稳定常数的测定原理和方法。

(2) 加强学生用作图法处理实验数据的能力。

二、实验原理

在 KBr 和 NH_3 的水溶液中，逐滴加入 $AgNO_3$ 溶液至刚开始析出 AgBr 沉淀(溶液浑浊)，此混合溶液中同时存在配位平衡和沉淀溶解平衡：

$$Ag^+ + nNH_3 \rightleftharpoons [Ag(NH_3)_n]^+$$

$$Ag^+ + Br^- \rightleftharpoons AgBr\downarrow$$

作为配位剂的 NH_3 和沉淀剂 Br^- 同时争夺溶液中的 Ag^+，在一定条件下，建立配位平衡与沉淀溶解平衡的竞争平衡：

$$AgBr(s) + nNH_3 \rightleftharpoons [Ag(NH_3)_n]^+ + Br^-$$

$$K_j^\ominus = \frac{c\,[Ag(NH_3)_n^+]\cdot c\,(Br^-)}{c^n\,(NH_3)} = K_f^\ominus \cdot K_{sp}^\ominus$$

$$c\,[Ag(NH_3)_n^+]\cdot c\,(Br^-) = K_j^\ominus \cdot c^n\,(NH_3)$$

两端取对数，即得直线方程如下：

$$\lg\{c\,[Ag(NH_3)_n^+]\cdot c\,(Br^-)\} = n\lg c\,(NH_3) + \lg K_j^\ominus$$

将 $\lg\{c\,[Ag(NH_3)_n^+]\cdot c\,(Br^-)\}$ 对 $\lg c(NH_3)$ 作图可得到一条直线，其斜率 n 即为 $[Ag(NH_3)_n]^+$ 的配位数。由截距 $\lg K_j^\ominus$ 求得竞争平衡常数 $K_j^\ominus$ 后，根据 AgBr 溶度积 $K_{sp}^\ominus$ 的数值，可计算出 $[Ag(NH_3)_n]^+$ 的稳定常数 $K_f^\ominus$。

各物质的平衡浓度可近似地以其在混合溶液中的初始浓度代替。设所取 $NH_3\cdot H_2O$、KBr 溶液体积分别为 $V(NH_3)$、$V(Br^-)$，浓度分别为 $c_0(NH_3)$、$c_0(Br^-)$，滴入 $AgNO_3$ 溶液的体积为 $V(Ag^+)$、浓度为 $c_0(Ag^+)$，混合溶液总体积为 V，则

$$V = V(NH_3) + V(Br^-) + V(Ag^+)$$

$$c(NH_3) = c_0(NH_3)\cdot V(NH_3)/V$$

$$c(Br^-) = c_0(Br^-)\cdot V(Br^-)/V$$

$$c\,[Ag(NH_3)_n^+] = c_0(Ag^+)\cdot V(Ag^+)/V$$

三、仪器与试剂

锥形瓶(250mL)，移液管(25mL)，酸式滴定管，碱式滴定管。

KBr 溶液($0.0080mol\cdot L^{-1}$)、$NH_3\cdot H_2O$ 溶液($2.00mol\cdot L^{-1}$)、$AgNO_3$ 溶液($0.010\ mol\cdot L^{-1}$)。

四、实验步骤

在酸式滴定管中装入 $0.010mol\cdot L^{-1}$ $AgNO_3$ 溶液，碱式滴定管中装入 $2.00mol\cdot L^{-1}$ $NH_3\cdot H_2O$，排气泡、调整液面并读取初读数。

用移液管移取已知准确浓度的 KBr 溶液 25.00mL 于洗净烘干的锥形瓶中，由碱式滴定

管加入 12.00mL $NH_3 \cdot H_2O$，摇匀，再从酸式滴定管中滴入 0.010mol·L^{-1} $AgNO_3$溶液，不断振荡锥形瓶，刚开始出现不消失的浑浊时，停止滴定。记录所用 $AgNO_3$ 溶液的体积 $V_1(Ag^+)$，加入的 $V(Br^-)$=25.00mL，$V_1(NH_3)$=12.00mL。这是第一次滴定。

继续在此锥形瓶中加入 3.00mL $NH_3 \cdot H_2O$，使两次加入 $NH_3 \cdot H_2O$ 的体积累计为 $V(NH_3)$=15.00mL。然后继续滴入 $AgNO_3$溶液至刚开始出现不消失的浑浊。记录两次累计用去 $AgNO_3$溶液的体积 $V_2(Ag^+)$，$V(Br^-)$=25.00mL，$V_2(NH_3)$=15.00mL。这是第二次滴定。

再继续滴定 4 次，记录加入 $NH_3 \cdot H_2O$ 的累计体积分别为 19.00mL、24.00mL、31.00mL、45.00mL 时，滴入 $AgNO_3$溶液的各次累计体积 $V_3(Ag^+)$、$V_4(Ag^+)$、$V_5(Ag^+)$、$V_6(Ag^+)$。

计算各次滴定中的 $c(Br^-)$、$c(NH_3)$、$c[Ag(NH_3)_n^+]$、$\lg\{c[Ag(NH_3)_n^+] \cdot c(Br^-)\}$及 $\lg c(NH_3)$，计算结果填入表 5-2。以 $\lg\{c[Ag(NH_3)_n^+] \cdot c(Br^-)\}$为纵坐标，$\lg c(NH_3)$为横坐标作图。分别求出配位数 n、竞争平衡常数 $K_j^\ominus$ 和稳定常数 $K_f^\ominus$。

表 5-2　银氨配离子实验数据记录与计算

滴定序号	1	2	3	4	5	6
$V(Br^-)$/mL						
$V(NH_3)$/mL						
$V(Ag^+)$/mL						
V/mL						
$c[Ag(NH_3)_n^+]$/(mol·L^{-1})						
$c(NH_3)$/(mol·L^{-1})						
$c(Br^-)$/(mol·L^{-1})						
$\lg\{c[Ag(NH_3)_n^+] \cdot c(Br^-)\}$						
$\lg c(NH_3)$						

五、阅读材料

(1) 安红钢. 1988. 银氨配离子配位数测定实验的改进. 张掖师专学报(综合版)，(2)：133-138

(2) 梁艳，周长江，林美玉. 2011. 银氨配离子配位数和稳定常数测定实验的改进. 科教文汇(下旬刊)，(11)：142，152

(3) 林彬，李秀玉，吴衍逊. 1993. “银氨配离子配位数的测定”实验的改进. 实验技术与管理，10(1)：76-78

(4) 刘纯，王丽君，石莉萍. 2000. 银氨配离子配位数和稳定常数测定实验的改进. 沈阳教育学院学报，2(4)：112-113

(5) 刘万兰. 2002. 微型化实验测定$[Ag(NH_3)_n]^+$的配位数和稳定常数. 南阳师范学院学报(自然科学版)，1(6)：43-46

(6) 铁丽云，王成刚. 2000. “银氨配合物配位数测定”实验的讨论. 高等函授学报(自然科学版)，13(4)：43-45

六、思考题

(1) 实验中所用锥形瓶为什么必须取用干燥的，并且滴定过程中也不能用水冲洗瓶壁？

(2) 滴定时，若加入的 $AgNO_3$溶液过量，有无必要弃去瓶中溶液，重新进行滴定？

(3) 6 次滴定，如果分别在 6 个瓶中进行，是否可以，为什么？

(4) 本实验可否用 KI 溶液代替 KBr 溶液，测定反应 $AgI(s)+nNH_3 \rightleftharpoons [Ag(NH_3)_n]^+ + I^-$ 的 $K_j^{\ominus}$ 值，以计算配离子的配位数 n？为什么？

实验六十 磺基水杨酸铜的组成和稳定常数的测定

一、实验目的

(1) 了解分光光度法测定配合物的组成和稳定常数的原理。

(2) 学会用分光光度法测定配合物组成和稳定常数的方法。

(3) 进一步学习分光光度计的使用方法。

二、实验原理

根据朗伯-比尔定律，溶液中有色物质对光的吸收程度 A 与液层的厚度 b 及有色物质的浓度 c 的乘积成正比，即

$$A=\varepsilon bc \tag{5-1}$$

ε 为摩尔吸光系数，它是有色物质的特征常数。从式(5-1)可知，如果液层的厚度 b 不变，吸光度 A 便只与有色物质的浓度 c 成正比。

如果被研究的配合物 ML_n(省去电荷)的中心离子 M 与配体 L 在溶液中都是无色的，或者对所选定的波长的光不吸收，而所形成的配合物是有色的，且在一定条件下只生成这一种配合物，那么溶液的吸光度就与该配合物的浓度成正比。在此前提条件下，便可从测得的吸光度求出该配合物的组成和稳定常数。本实验用等摩尔系列法进行测定。对于配位反应

$$M+nL \rightleftharpoons ML_n$$

为了测定配合物 ML_n 的组成，可用其物质的量浓度相等的 M 溶液和 L 溶液配成一系列溶液，其中 M 和 L 的总物质的量不变，但两者的摩尔分数连续变化，测定它们的吸光度，作吸光度-组成图，如图 5-5 所示。与吸光度极大值相对应的溶液的组成便是配合物的组成。例如，如果在系列混合溶液中，其配体的摩尔分数 x_L 为 0.5 的溶液的吸光度最大，那么在此溶液中 L 与 M 的物质的量之比为 1∶1，因而配合物的组成也就是 1∶1，即形成 ML 配合物。

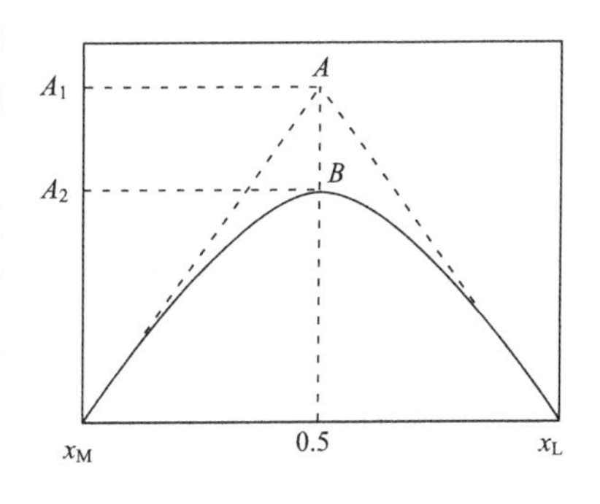

图 5-5 吸光度-组成图

从图 5-5 可以看出，在极大值 B 左边的所有溶液中，对于形成 ML 配合物，M 离子是过量的，配合物的浓度由 L 决定。这些溶液中 x_L 都小于 0.5，它们形成的配合物 ML 的浓度也都小于与极大值 B 相对应的溶液，因而其吸光度也都小于 B。处于极大值 B 右边的所有溶液中，L 是过量的，配合物的浓度由 M 决定，而这些溶液的 x_M 也都小于 0.5，因而形成的 ML 的浓度也都小于与极大值 B 相对应的溶液。只有在 $x_L=x_M=0.5$ 的溶液中，也就是其组成(M∶L)与配合物组成一致的溶液中，配合物浓度最大，因而吸光度也最大。

用等摩尔系列法还可求算配合物的稳定常数。在吸光度-组成图中，在极大值两侧其中 M 或 L 过量较多的溶液，配合物的解离度都很小(为什么?)，所以吸光度与溶液组成(或配合物浓度)几乎呈直线关系。但是，当 x_M 和 x_L 之比接近于配合物组成时，也就是当两者过量都不多时，形成的配合物的解离度相对来说比较大，在此区域内曲线出现了明显弯曲。吸光度-组成图中的 A 为曲线两侧直线部分的延长线交点，它相当于假定配合物完全不解离时的吸光度

的极大值 A_1，而 B 则为实验测得的吸光度的极大值 A_2。显然配合物的解离度越大，A_1-A_2 差值越大，所以对于配位平衡

$$M+L \rightleftharpoons ML$$

其解离度 α 为

$$\alpha=\frac{A_1-A_2}{A_1} \tag{5-2}$$

配合物的稳定常数 $K_f^\ominus$ 为

$$K_f^\ominus=\frac{c(ML)}{c(M)\cdot c(L)}=\frac{c-c\alpha}{c\alpha\cdot c\alpha}=\frac{1-\alpha}{\alpha^2 c} \tag{5-3}$$

式(5-3)中，c 为与 A（或 B）点相对应的溶液中 M 离子的总物质的量浓度。将 α 值代入式(5-3)，便可求得配合物的稳定常数 $K_f^\ominus$ 值。

三、仪器与试剂

分光光度计，酸度计，电磁搅拌器，温度计，容量瓶（50mL），烧杯（50mL），酸式滴定管（25mL）。

$Cu(NO_3)_2$ 溶液（0.05mol · L^{-1}）①，磺基水杨酸溶液（0.05mol · L^{-1}），NaOH 溶液（0.1 mol · L^{-1}、1mol · L^{-1}），KNO_3 溶液（0.1mol · L^{-1}），HNO_3 溶液（0.01mol · L^{-1}）。

四、实验步骤

(1) 按等摩尔系列法，用 0.05mol · L^{-1} $Cu(NO_3)_2$ 溶液和 0.05mol · L^{-1} 磺基水杨酸溶液在 13 个 50mL 烧杯中依表 5-3 所列体积配制混合溶液（用滴定管量取溶液）。

表 5-3 磺基水杨酸铜的组成测定记录表（室温 T=____ K）

溶液编号	1	2	3	4	5	6	7	8	9	10	11	12	13
磺基水杨酸溶液体积 V_L/mL	0	2	4	6	8	10	12	14	16	18	20	22	24
硝酸铜溶液体积 V_M/mL	24	22	20	18	16	14	12	10	8	6	4	2	0
$x_L=\frac{V_L}{V_L+V_M}$													
溶液吸光度 A													

(2) 依次在每一混合液中插入电极，并与酸度计连接。在电磁搅拌器搅拌下，慢慢滴加 1mol · L^{-1} NaOH 溶液，调节 pH 为 4 左右，然后改用 0.1mol · L^{-1} NaOH 溶液调节 pH 为 4.5～5（此时溶液的颜色为黄绿色，不应有沉淀产生，若有沉淀产生，说明 pH 过高，Cu^{2+} 已水解）。若 pH 超过 5，可用 0.01mol · L^{-1} HNO_3 溶液调回，各编号溶液均应在 pH= 4.5～5 有统一的确定值②。溶液的总体积不得超过 50mL。

将调好 pH 的溶液分别转移到预先编号并洗净的 50mL 容量瓶中，用 pH 为 5 的 0.1mol · L^{-1}

---

① 硝酸铜和磺基水杨酸均用 0.1mol · L^{-1} KNO_3 配制，事先由实验室工作人员进行标定。

② 本实验是测 Cu^{2+} 与磺基水杨酸[$HO_3SC_6H_3(OH)COOH$，以 H_3R 代表]形成的配合物的组成和稳定常数。Cu^{2+} 与磺基水杨酸在 pH=5 左右形成 1∶1 配合物，溶液显亮绿色；pH=8.5 以上形成 1∶2 配合物，溶液显深绿色。本实验是在 pH=4.5～5 溶液中选用波长为 440nm 的单色光进行测定，在此实验条件下，磺基水杨酸不吸收，Cu^{2+} 也几乎不吸收，形成的配合物则有一定的吸收。

KNO_3溶液稀释至刻度，摇匀。

(3) 在波长为440nm条件下，以蒸馏水为参比溶液，用分光光度计分别测定每一混合溶液的吸光度A，记录于表5-3中。以吸光度A为纵坐标，配体的摩尔分数x_L为横坐标，作A-x_L图，求CuL_n的配体数目n和配合物的稳定常数$K_f^{\ominus}$。

五、阅读材料

(1) 彭敏，石建新，王周，等. 2021. 摩尔比法测定磺基水杨酸铜组成与稳定常数的研究. 大学化学，36(8)：99-103

(2) 陶果，曾琪. 2006. 磺基水杨酸铜络离子稳定常数的测定. 四川职业技术学院学报，16(4)：118-119

(3) 王鸿显，马淮凌，李贯良. 1992. 磺基水杨酸铜配离子稳定常数测定的实验改进. 黄淮学刊(自然科学版)，18(2)：68-71

(4) 张卫华，李国屏. 1989. 磺基水杨酸铜(Ⅱ)络合物组成及稳定常数测定实验数据的计算机处理. 湖北师范学院学报(自然科学版)，8(2)：72-78

六、思考题

(1) 若溶液中同时有几种不同组成的有色配合物存在，能否用本实验方法测定其组成和稳定常数？

(2) 使用分光光度计应注意的事项有哪些？

实验六十一　柚皮中总黄酮的提取及含量测定

一、实验目的

(1) 熟悉回流提取法提取黄酮类化合物的原理和方法。

(2) 掌握总黄酮含量的测定方法。

(3) 巩固分光光度计的使用。

二、实验原理

黄酮类化合物(总黄酮)是泛指2个苯环通过中央3碳链相互连接而成的一系列化合物。可分为黄酮类和黄酮醇类、二氢黄酮类和二氢黄酮醇类、查尔酮类、双黄酮类及其他黄酮类等，它们以苷类形式广泛存在于植物界，为黄酮苷。黄酮类化合物具有抗癌、抗肿瘤、抗心脑血管疾病、抗炎、抗氧化、抗衰老等功效。柚子是芸香科柑橘属水果，柚皮中黄酮类化合物含量为1%～6%，主要是二氢黄酮类化合物。

本实验以柚皮为原料，对其中的总黄酮进行提取和含量测定。根据黄酮类化合物易溶于热的乙醇的特点，以体积分数为70%的乙醇为溶剂回流提取柚皮中的总黄酮。利用黄酮在碱性条件下与Al^{3+}形成稳定的红色配合物，以芦丁为对照品，用分光光度法在波长510nm处测定柚皮总黄酮含量。

三、仪器与试剂

托盘天平，分析天平，分光光度计，回流提取装置，恒温水浴锅，减压过滤装置，烧杯，容量瓶(25mL、100mL)，移液管(10mL)。

乙醇溶液(70%),芦丁,$Al(NO_3)_3$溶液(10%),$NaNO_2$溶液(5%),NaOH 溶液($1mol \cdot L^{-1}$)。

柚子皮(沙田柚、蜜柚等的果皮):将柚子皮切成小块,粉碎成粉末,干燥备用。

四、实验步骤

1. 总黄酮的提取

称取 15g 柚皮粉末,加入 8 倍(体积)70%乙醇,在 70℃水浴中回流提取 90min,趁热抽滤,滤渣进行二次回流提取,合并两次的滤液,浓缩至近干。用 3 倍质量的 60℃热水溶解,过滤,滤液冷却后在 1~5℃静置 24h,析出结晶,过滤,干燥得固体总黄酮产品,称量,计算提取率。然后用 70%乙醇溶解,并定容到 200mL,得待测液。

2. 绘制标准曲线

准确称取 20.0mg 芦丁标准品,用 70%乙醇溶解并定容至 100mL,摇匀,得质量浓度为 $200\mu g \cdot mL^{-1}$ 芦丁标准溶液。吸取芦丁标准溶液 0.00mL、1.00mL、2.00mL、3.00mL、4.00mL、5.00mL,分别置于 25mL 容量瓶中,用 70%乙醇稀释至 12.5mL,加 0.7mL 5% $NaNO_2$溶液,摇匀后放置 5min;加入 0.7mL 10% $Al(NO_3)_3$溶液,摇匀后静置 6min;再加 5.0mL $1mol \cdot L^{-1}$ NaOH 溶液混匀,用 70%乙醇溶液定容。10min 后,以试剂空白为参比溶液,在 510nm 波长处测定吸光度。绘制吸光度-芦丁浓度标准曲线。

3. 总黄酮含量的测定

吸取待测液 1.00mL,按步骤 2 同样的方法配制溶液和测定吸光度,从标准曲线查得样品中总黄酮含量,然后计算出每克柚皮中总黄酮的含量。

五、阅读材料

(1) 仇燕,仇彦博. 2010. 柚皮总黄酮超声波辅助提取工艺的研究. 河北科技大学学报,31(4):330-333

(2) 戴玉锦,卢明,冯玲. 2006. 微波法从柚皮中提取黄酮类化合物的工艺研究. 江苏农业科学,(1):121-123

(3) 何晋浙,汪钊,金再宿. 2002. 柚皮中生物类黄酮提取优化工艺研究. 食品工业科技,23(3):39-40

(4) 王志丹,尚庆坤,王元鸿,等. 2010. 快速溶剂萃取柚皮中的黄酮类化合物. 分子科学学报,26(5):343-346

(5) 杨洋,余炼,邓立高,等. 2001. 柚皮黄酮的提取工艺及其含量测定. 广西轻工业,(4):47-50

(6) 钟世安,李维,乔蓉,等. 2007. 分光光度法测定柚皮中黄酮类化合物. 光谱实验室,24(4):597-601

(7) 朱远平. 2009. 金柚皮总黄酮的微波辅助提取工艺研究. 食品科学,30(12):73-77

(8) 朱远平. 2007. 微波萃取-紫外分光光度法测定柚皮中黄酮含量的研究. 广东化工,34(8):95-97

六、思考题

(1) 查阅文献,总结总黄酮还有哪些提取方法。

(2) 查阅文献,了解测定总黄酮含量的方法还有哪些。

第6章 设计实验

实验六十二 常见阴、阳离子的分离和鉴别

一、实验目的

(1) 熟悉常见阴、阳离子的基本性质,分离与鉴定方法。

(2) 学习实验方案的设计,分别对已知阴、阳离子的混合液进行分离与鉴定。

(3) 培养综合应用基础知识的能力。

二、实验背景

对于无机化合物的离子鉴定,首先要分离或掩蔽干扰离子,然后进行待分析离子的鉴定,其化学反应必须完全、迅速,操作简便,并且要有明显的外部特征,如沉淀的形成或溶解、溶液颜色的改变、气体的生成等,否则就无法判断某些离子是否存在。

在离子鉴定中,对试剂的选择较为重要。一种试剂与极少数离子发生反应,则这种反应称为选择性反应。与离子发生反应的试剂数量越少,试剂的选择性越高。在离子分析中,无论是排除干扰离子还是鉴定个别离子,试剂与离子的化学反应选择性尤为重要。若试剂只与一种离子起反应,则称为该离子的特效反应,所用试剂称为特效试剂。例如,用 NaOH 鉴定 NH_4^+ 的反应,不受其他共有成分的干扰,所以该反应是鉴定 NH_4^+ 的特效反应,NaOH 即是鉴定 NH_4^+ 的特效试剂。特效反应是选择性反应的一种极端形式,然而在实际离子分析中,真正的特效反应并不多,所以特效反应是相对的、有条件的。但在离子鉴定中,如果适当控制反应条件,如溶液的酸度、掩蔽或分离干扰离子等,也可在一定程度上提高反应的选择性,甚至使之成为特效反应。

离子定性分析反应和其他反应一样,只有在一定条件下才能进行,否则反应将不能发生,或者得不到预期的效果。反应条件主要有反应物的浓度、反应温度、溶剂的性质和干扰物质的影响等。例如,用 $Na_3[Co(NO_2)_6]$ 鉴定 K^+ 时,必须在弱酸条件下进行,否则不能生成 $K_2Na[Co(NO_2)_6]$ 黄色沉淀。因此,必须掌握好反应条件,才能获得正确的结论。

在无机化合物中,非金属元素通常以阴离子的形式存在,虽然构成阴离子的元素数目并不多,但同一种元素可以形成多种不同形式的阴离子,所以阴离子的数目是相当大的。例如,由 S 元素可以构成 S^{2-}、SO_4^{2-}、SO_3^{2-} 等,由 N 元素可以构成 NO_3^-、NO_2^- 等。因此,对阴离子的分析,不仅要鉴定样品中是否存在非金属元素,而且还要指出其形态。阴离子除具有一般离子鉴定的通性外,还有其自身的特点。由于酸碱性、氧化还原性等的限制,氧化性的阴离子与还原性的阴离子在一定条件下可以相互反应,不能共存。而能够共存的阴离子混合液,在鉴定时相互之间干扰的情况较少,因此阴离子多用于个别鉴定。常见阴离子与一些试剂的反应情况见表 6-1。若某些离子在鉴定时发生相互干扰,应先分离,后鉴定。例如,S^{2-} 的存在将干扰 SO_3^{2-} 和 $S_2O_3^{2-}$ 的鉴定,应先将 S^{2-} 除去。方法是在含有 S^{2-}、SO_3^{2-} 和 $S_2O_3^{2-}$ 的混合溶液中,加入 $PbCO_3$ 或 $CdCO_3$ 固体,使它们转化为溶解度更小的硫化物而将 S^{2-} 分离,在清液中分别鉴定 SO_3^{2-} 和 $S_2O_3^{2-}$ 即可。

表 6-1　阴离子与几种试剂反应的现象

试剂	稀 H_2SO_4	$BaCl_2$（中性或弱碱性）	$AgNO_3$（稀 HNO_3）	I_2-淀粉（稀 H_2SO_4）	$KMnO_4$（稀 H_2SO_4）	KI-淀粉（稀 H_2SO_4）
Cl^-			白色沉淀		褪色①	
Br^-			淡黄色沉淀		褪色	
I^-			黄色沉淀		褪色	
NO_3^-						
NO_2^-	气体				褪色	变蓝
SO_4^{2-}		白色沉淀				
SO_3^{2-}	气体	白色沉淀		褪色	褪色	
$S_2O_3^{2-}$	气体	白色沉淀②	溶液或沉淀③	褪色	褪色	
S^{2-}	气体		黑色沉淀	褪色	褪色	
PO_4^{3-}		白色沉淀				
CO_3^{2-}	气体	白色沉淀				

注：① 当溶液中 Cl^- 浓度大时，酸性强的 $KMnO_4$ 溶液才褪色。

② $S_2O_3^{2-}$ 的量大时生成 BaS_2O_3 白色沉淀。

③ $S_2O_3^{2-}$ 的量大时生成 $[Ag(S_2O_3)_2]^{3-}$ 无色溶液；$S_2O_3^{2-}$ 与 Ag^+ 的量适中时生成 $Ag_2S_2O_3$ 白色沉淀，并很快分解，颜色由白→黄→棕→黑，最后产物为 Ag_2S。

为了提高分析结果的准确性，应进行空白实验和对照实验。空白实验是以蒸馏水代替试液，而对照实验是用已知含有被检验离子的溶液代替试液。

金属元素在无机化合物中通常以阳离子的形式存在，通过离子的鉴定，可以判断样品中是否含有某种金属元素。金属元素可以形成多种无机盐类，许多金属离子可以共存于同一溶液中，对它们进行个别鉴定时容易发生相互干扰。因此，除阳离子的个别鉴定外，也常进行多种离子混合液的分析。常见阳离子有 20 多种，这些离子包括周期表中常见的金属元素。将常见的 23 种阳离子 Ag^+、Hg_2^{2+}、Hg^{2+}、Pb^{2+}、Bi^{3+}、Cu^{2+}、Cd^{2+}、$As^{Ⅲ、Ⅴ}$、$Sn^{Ⅱ、Ⅳ}$、Al^{3+}、Cr^{3+}、Fe^{3+}、Fe^{2+}、Mn^{2+}、Zn^{2+}、Co^{2+}、Ni^{2+}、Ba^{2+}、Ca^{2+}、Mg^{2+}、K^+、Na^+、NH_4^+ 分为六组，再根据各组离子的特性，加以分离和鉴定，其分离方法如图 6-1 所示。

易溶组阳离子包括 NH_4^+、K^+、Na^+、Mg^{2+}，它们的盐大多数可溶于水，可用个别鉴定的方法将它们检出。盐酸组阳离子包括 Ag^+、Hg_2^{2+}、Pb^{2+}，它们的氯化物不溶于水，其中 $PbCl_2$ 可溶于 NH_4Ac 和热水中，AgCl 可溶于 $NH_3 \cdot H_2O$ 中，检出这三种离子时，可先把这些离子沉淀为氯化物，再分别鉴定。硫酸盐组阳离子包括 Ba^{2+}、Ca^{2+}、Pb^{2+}，其硫酸盐都不溶于水，但在水中的溶解度差异较大，Ba^{2+} 能立即析出 $BaSO_4$ 沉淀，Pb^{2+} 比较缓慢地生成 $PbSO_4$ 沉淀并能溶于 NH_4Ac 溶液中，$CaSO_4$ 溶解度稍大，Ca^{2+} 只有在浓的 Na_2SO_4 中生成 $CaSO_4$ 沉淀。氨合物组阳离子包括 Cu^{2+}、Cd^{2+}、Zn^{2+}、Co^{2+}、Ni^{2+}，它们与过量的氨水都能生成相应的氨合物。两性组阳离子包括 Al^{3+}、Cr^{3+}、$Sb^{Ⅴ}$、$Sn^{Ⅳ}$。氢氧化物组阳离子包括 Mn^{2+}、Bi^{3+}、Hg^{2+}、Fe^{3+}，本组阳离子主要存在于分离氨合物组后的沉淀中，利用 Al、Cr、Sb、Sn 氢氧化物的两性，用过量碱可将两性组元素的离子与氢氧化物组离子分离。

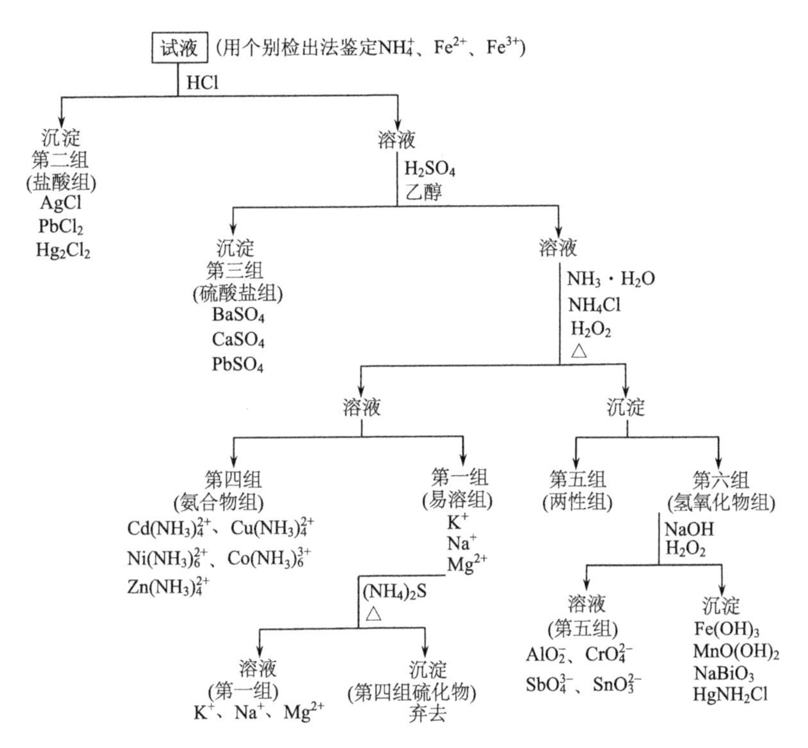

图 6-1　阳离子系统分析方案

三、主要仪器与试剂

试管,离心管,点滴板,离心机,加热装置,胶头滴管,药匙等。

分离鉴定有关阴、阳离子所需的试剂。Cl^-、Br^-、I^-混合液,S^{2-}、Cl^-、NO_3^-、CO_3^{2-}混合液,NO_3^-、CO_3^{2-}、SO_4^{2-}、HPO_4^{2-}混合液,Ag^+、Cu^{2+}、Al^{3+}、Zn^{2+}混合液,Al^{3+}、Fe^{3+}、Mn^{2+}、K^+混合液,NH_4^+、Fe^{3+}、Al^{3+}、Cu^{2+}混合液。

四、实验要求

(1) 对已知阴离子混合液进行分离与鉴定(任意选择两组混合液进行分离与鉴定)。

a. S^{2-}、Cl^-、NO_3^-、CO_3^{2-}混合液

b. Cl^-、Br^-、I^-混合液

c. NO_3^-、CO_3^{2-}、SO_4^{2-}、HPO_4^{2-}混合液

(2) 对已知阳离子混合液进行分离与鉴定(任意选择两组混合液进行分离与鉴定)。

a. Ag^+、Cu^{2+}、Al^{3+}、Zn^{2+}混合液

b. Al^{3+}、Fe^{3+}、Mn^{2+}、K^+混合液

c. NH_4^+、Fe^{3+}、Al^{3+}、Cu^{2+}混合液

(3) 设计详细的实验方案,分析鉴定试液中所含离子,给出鉴定结果,并写出鉴定步骤和有关反应方程式。

五、思考题

(1) 鉴定NO_3^-时,怎样除去NO_2^-、Br^-、I^-的干扰?

(2) 鉴定 SO_4^{2-} 时，怎样除去 SO_3^{2-}、$S_2O_3^{2-}$、CO_3^{2-} 的干扰？

(3) 若未知试液呈碱性，哪些阳离子可能不存在？

(4) 某碱性无色未知液，用 HCl 溶液酸化后变浑浊，此未知液中可能有哪些阴离子？

(5) 选用一种试剂区别以下 5 种溶液：$NaNO_3$、Na_2S、NaCl、$Na_2S_2O_3$、Na_2HPO_4。

六、参考文献

崔爱莉. 2007. 基础无机化学实验. 北京：高等教育出版社

李铭铀. 2002. 无机化学实验. 北京：北京理工大学出版社

马亚鲁，马媛媛，贾佩楠，等. 2012. Fe^{3+}、Co^{2+}、Ni^{2+} 混合离子鉴定分离的两种设计方案. 大学化学，27(5)：90-92

倪静安，高世萍，李运涛，等. 2007. 无机及分析化学实验. 北京：高等教育出版社

王晏婷. 1985. Cl^-、Br^-、I^- 混合离子的分离与鉴定. 化学教育，(2)：35-38

孟长功，辛剑. 2009. 基础化学实验. 2 版. 北京：高等教育出版社

徐家宁，门瑞芝，张寒琦. 2006. 基础化学实验. 上册. 北京：高等教育出版社

钟国清. 2021. 无机及分析化学. 3 版. 北京：科学出版社

庄京，林金明. 2007. 基础分析化学实验. 北京：高等教育出版社

实验六十三　植物中某些元素的分离和鉴定

一、实验目的

(1) 了解植物样品的灰化与浸溶方法。

(2) 掌握植物样品中 Ca^{2+}、Mg^{2+}、Al^{3+}、Fe^{3+}、PO_4^{3-}、I^- 的鉴定方法。

二、实验背景

植物是有机体，主要由 C、H、O、N 等元素组成，此外，还含有 P、I 和某些金属元素，如 Ca、Mg、Al、Fe 等。把植物烧成灰烬，除几种主要元素形成易挥发物质逸出外，其他元素留在灰粉中，用酸浸取便进入溶液中，可从浸取液中分离和鉴定某些元素。磷可用钼酸铵试剂单独鉴定，其他几种金属元素需先分离后再鉴定。

可利用 Fe^{3+}、Al^{3+}、Mg^{2+}、Ca^{2+} 等氢氧化物完全沉淀的 pH(见附录 10)，设计分离方案。

三、主要仪器与试剂

托盘天平，烧杯，量筒，试管，离心机，蒸发皿，酒精灯等。

HCl 溶液(2mol · L^{-1})，HAc 溶液(1mol · L^{-1})，NaOH 溶液(2mol · L^{-1})，HNO_3(浓)，pH 试纸，鉴定 Ca^{2+}、Mg^{2+}、Al^{3+}、Fe^{3+}、PO_4^{3-}、I^- 所用的试剂。

四、实验要求

(1) 从松枝、柏枝、茶叶等植物中任选一种鉴定 Ca^{2+}、Mg^{2+}、Al^{3+}、Fe^{3+}。

取约 5g 已洗净且干燥的植物枝叶(青叶用量适当增加)，放在蒸发皿中，在通风橱内用煤气灯加热灰化，然后用研钵将植物灰研细。取一勺灰粉(约 0.5g)于烧杯中，加入 10mL 2mol · L^{-1} HCl 溶液，加热并搅拌促使其溶解，过滤。

自拟方案鉴定滤液中含有 Ca^{2+}、Mg^{2+}、Al^{3+}、Fe^{3+}。

(2) 从松枝、柏枝、茶叶等植物中任选一种鉴定PO_4^{3-}。

用与上面相同的方法制得植物灰粉，取一勺溶于2mL浓HNO_3中，温热并搅拌促使其溶解，然后加30mL水稀释、过滤。

自拟方案鉴定滤液中含有PO_4^{3-}。

(3) 海带中碘的鉴定。

将海带用上述方法灰化，取一勺溶于10mL 1mol · L^{-1} HAc中，温热并搅拌促使其溶解，过滤。

自拟方案鉴定滤液中含有I^-。

五、思考题

(1) 植物中可能含有哪些元素？

(2) 如何用控制酸度的方法分离Ca^{2+}、Mg^{2+}、Al^{3+}、Fe^{3+}？

(3) 为了鉴定溶液中的Mg^{2+}，某学生进行如下实验：植物灰用较浓的盐酸浸溶后，过滤，滤液用氨水中和至中性，过滤，在所得的滤液中加几滴NaOH溶液和镁试剂，发现得不到蓝色沉淀。试解释实验失败的原因。

六、参考文献

大学化学实验改革课题组. 1990. 大学化学实验. 杭州：浙江大学出版社

南京大学《无机及分析化学实验》编写组. 2006. 无机及分析化学实验. 4版. 北京：高等教育出版社

周宁怀. 2000. 微型无机化学实验. 北京：科学出版社

宗汉兴，毛红雪. 2007. 基础化学实验. 杭州：浙江大学出版社

实验六十四　二草酸合铜(Ⅱ)酸钾的制备与组成分析

一、实验目的

(1) 掌握二草酸合铜(Ⅱ)酸钾的制备原理与方法。

(2) 熟悉二草酸合铜(Ⅱ)酸钾的组成分析与表征方法。

二、实验背景

二草酸合铜(Ⅱ)酸钾微溶于水，水溶液呈蓝色，在水中易分解出草酸铜沉淀，室温干燥时较稳定，150℃失水，260℃分解。二草酸合铜(Ⅱ)酸钾的制备方法很多，可用铜盐与草酸或草酸钾等通过溶液反应、固液反应及固固反应制得，如可用硫酸铜与草酸钾直接混合制备、氢氧化铜或氧化铜与草酸氢钾反应制备等。$K_2[Cu(C_2O_4)_2] \cdot 2H_2O$为天蓝色的片状晶体，在空气中能够稳定存在；$K_2[Cu(C_2O_4)_2] \cdot 4H_2O$为蓝紫色的针状晶体，在空气中极易风化。

铜含量常用EDTA配位滴定法测定，也可用碘量法测定；$C_2O_4^{2-}$含量一般用$KMnO_4$法测定；H_2O的含量采用重量分析法测定。

三、主要仪器与试剂

托盘天平，分析天平，烧杯，量筒，减压过滤装置，容量瓶，蒸发皿，移液管，酸式滴定管，锥形瓶。

NaOH，HCl，H_2SO_4，氨水，H_2O_2，$KMnO_4$标准溶液，EDTA标准溶液，PAR指示剂，

$CuSO_4 \cdot 5H_2O$ 或其他铜盐，$H_2C_2O_4 \cdot 2H_2O$ 或草酸盐，K_2CO_3 或 KOH。

四、实验要求

(1) 查阅有关文献，设计制备二草酸合铜(Ⅱ)酸钾的一种实验方案，合成出二草酸合铜(Ⅱ)酸钾产品。

(2) 用化学分析及重量分析法测定 $C_2O_4^{2-}$、Cu^{2+} 及 H_2O 的含量，确定化合物的组成。

(3) 用红外光谱、X 射线粉末衍射和热分析等方法对二草酸合铜(Ⅱ)酸钾进行表征。

(4) 根据实验方法和实验结果，进行分析讨论，完成一篇科技小论文。

五、思考题

(1) 测定 $C_2O_4^{2-}$ 和 Cu^{2+} 含量分别可用什么分析方法？其原理是什么？

(2) 以 EDTA 配位滴定法测定铜，可以选用哪些指示剂？如何控制溶液的 pH？

(3) 以 PAR 为指示剂测定铜，滴定终点前后的颜色是怎么变化的？

(4) 测定 $C_2O_4^{2-}$ 含量时，对溶液的酸度、温度有何要求？为什么？

六、参考文献

欧阳宇，米冉. 2012. 水合二草酸合铜(Ⅱ)酸钾的控制制备. 湖北师范学院学报(自然科学版)，32(1)：80-84

秦剑. 2008. 二水合二草酸合铜(Ⅱ)酸钾的制备和组成测定. 辽宁师专学报(自然科学版)，10(4)：103-104

魏士刚，门瑞芝，程新民，等. 2003. 二草酸合铜酸钾中草酸根和铜离子测定方法的探讨. 广西师范大学学报(自然科学版)，21(4)：316-317

颜小敏. 2002. 二水合二草酸根络铜(Ⅱ)酸钾的制取及其组成测定. 西南民族学院学报(自然科学版)，28(1)：80-83

袁秋萍，张丽霞. 2017. 探究两种水合草酸合铜(Ⅱ)酸钾晶体的合成. 大学教育，(3)：82-84

钟国清，王一安. 2017. 二草酸合铜(Ⅱ)酸钾的固相合成、晶体结构与表征. 湖南师范大学自然科学学报，40(6)：49-54

实验六十五　甘氨酸锌螯合物的制备与表征

一、实验目的

(1) 查阅文献，综述氨基酸微量元素螯合物的制备方法。

(2) 掌握甘氨酸锌螯合物的合成方法，巩固有关分离提纯方法。

(3) 熟悉配合物的组成测定和结构表征方法。

二、实验背景

氨基酸和微量元素都是生物体必需的营养素。氨基酸是构成蛋白质的基本结构单元，如甘氨酸、甲硫氨酸、天冬氨酸和赖氨酸等都属于组成生命体的天然氨基酸。微量元素直接或间接地参与机体几乎所有的生理和生化功能，对生命活动起着极为重要的作用。氨基酸微量元素螯合物是新一代营养制剂，既能充分满足生命体对微量元素的需要，又能达到补充氨基酸的双重功效。

锌是人和动物必需的微量元素，具有加速生长发育、改善味觉、调节肌体免疫、防止感染和促进伤口愈合等功能，是生物体内多种酶的活性组分，在核酸、蛋白质、糖、脂质代谢及 DNA、RNA 的合成中发挥着重要作用，缺锌会产生多种疾病。由于氨基酸所特有的生理功能，氨基酸与锌的螯合物可直接由肠道消化吸收，具有吸收快、利用率高等优点，还具有双重营养性和治疗作用，是一种理想的补锌制剂。

氨基酸锌可通过锌的无机物与氨基酸在一定条件下反应制得，锌的无机物可以是硫酸锌、乙酸锌、氯化锌、氧化锌、碳酸锌、碱式碳酸锌、氢氧化锌等。其合成方法有：水体系合成法、非水体系合成法、固相合成法、固液相合成法、电解合成法、相平衡合成法等，不同方法各有其特点。甘氨酸锌螯合物为白色针状晶体，熔点为 282～284℃，易溶于水，不溶于醇、醚等有机溶剂，水溶液呈微碱性。对合成产物用元素分析、FTIR、TG-DTA、XRD 等方法进行表征，可以确定其组成和结构。甘氨酸上的氨基和羧基参与配位，导致其在红外光谱上的特征吸收峰发生移动，因此比较甘氨酸和甘氨酸锌螯合物的红外光谱变化，可确证螯合物的生成。通过热分析仪测定配合物的 TG-DTA 曲线，可以了解配合物的热稳定性及其热分解过程与配位情况。测定配合物的 X 射线粉末衍射图谱，可以了解其物相组成，分析其晶体结构。

三、主要仪器与试剂

分析天平，托盘天平，烧杯，量筒，电炉或酒精灯，减压过滤装置，蒸发皿，水浴锅，恒温磁力搅拌器，移液管，容量瓶，滴定管，元素分析仪，X 射线粉末衍射仪，傅立叶变换红外光谱仪，热分析仪。

甘氨酸，锌盐，无水乙醇，EDTA 标准溶液。

四、实验要求

（1）甘氨酸锌的制备。查阅有关文献，比较甘氨酸锌的各种合成方法的特点。设计一种以甘氨酸和某种锌盐为主要原料制备甘氨酸锌的详细实验方案，制备出甘氨酸锌螯合物产品，称量，并计算产率。

（2）甘氨酸锌的表征。将样品于 500℃灰化后用 EDTA 配位滴定法测定螯合物中锌的含量，用元素分析仪测定 C、H、N 含量。根据元素分析结果，推断配合物的组成。用 KBr 压片法测定甘氨酸锌在 400～4000cm^{-1}的红外光谱，对主要吸收峰进行指认。在热分析仪上测定配合物的 TG-DTA 曲线，并分析其热分解过程。测定该配合物的 X 射线粉末衍射图谱，并进行物相分析。

（3）根据实验方法和实验结果写一篇科技论文。

五、思考题

（1）若用固相合成法制备甘氨酸锌，选择何种锌盐为原料比较好，为什么？

（2）你设计的实验方案是根据甘氨酸的用量还是锌盐的用量计算甘氨酸锌产率？为什么？影响甘氨酸锌产率的因素主要有哪些？

（3）如何根据元素分析及其他表征结果推断甘氨酸锌的组成和结构？

六、参考文献

管海跃，崔艳丽，毛建．2008．一水合甘氨酸锌螯合物的合成及其表征．浙江大学学报(理学版)，35(4)：

442-447

蒋才武，陈超球，陈灵. 1999. 微波辐射下苯氧乙酸锌、甘氨酸锌的固相合成及表征. 广西科学，6(3)：193-196

李大光，林娜妹，舒绪刚. 2009. 甘氨酸锌的室温固相合成及表征. 精细化工，26(6)：585-588

舒绪刚，张敏，樊明智，等. 2014. 2种甘氨酸锌络合物的晶体结构研究. 饲料研究，(13)：75-79

张大飞，照日格图，乌云，等. 2005. 熔融法合成甘氨酸锌配合物及表征. 化学世界，46(9)：547-550

钟国清. 2001. 甘氨酸锌螯合物的合成与结构表征. 精细化工，18(7)：391-393

实验六十六　甘氨酸钠碳酸盐的合成与表征

一、实验目的

(1) 掌握甘氨酸钠碳酸盐的合成原理与方法。

(2) 熟悉甘氨酸钠碳酸盐的红外光谱、X射线粉末衍射分析。

二、实验背景

甘氨酸钠碳酸盐是一种甘氨酸的衍生物，是一种新型的食品添加剂，其化学式为$(NH_2CH_2COONa)CO_2$，相对分子质量为238.1，不带结晶水，为白色粉末，暴露于空气中十分稳定，流动性好，无吸湿性，热稳定性好。它极易溶于水，25℃时溶解度为$70g\cdot(100mL\ H_2O)^{-1}$左右，5%甘氨酸钠碳酸盐水溶液的pH约为8.4。遇酸迅速分解并放出二氧化碳，几乎不溶于醇和醚。

甘氨酸钠碳酸盐在泡腾饮料、面食和膨化食品等中可作为极佳的二氧化碳的来源，发生中和反应时不产生水，由于其高抗菌性、低成本等，甘氨酸钠碳酸盐是最有前途的。过去用$NaHCO_3$，现在用甘氨酸钠碳酸盐来替代，效果十分理想。作为食品添加剂，甘氨酸钠碳酸盐具有比碳酸氢钠更优异的理化特性和应用范围。甘氨酸钠碳酸盐也是良好的缓冲剂、中和剂和碱性剂。

甘氨酸钠碳酸盐的合成方法大致有湿法合成、超声波合成和微波合成等，超声波和微波合成方法可以加快反应速率。

三、主要仪器与试剂

托盘天平，微波炉，分析天平，红外光谱仪，X射线粉末衍射仪，热分析仪。

甘氨酸，碳酸钠，浓硫酸，氯化钡，盐酸，氢氧化钠，甲醇，甲醛。

四、实验要求

(1) 查阅有关文献，设计合成甘氨酸钠碳酸盐的实验方案，合成出甘氨酸钠碳酸盐产品，并测定其纯度。

(2) 用红外光谱、X射线粉末衍射和热分析等方法对甘氨酸钠碳酸盐进行表征与分析。

(3) 根据实验方法和实验结果写一篇科技论文。

五、思考题

(1) 湿法、超声波法和微波法合成甘氨酸钠碳酸盐各有什么特点？

(2) 作为食品添加剂，甘氨酸钠碳酸盐与碳酸氢钠相比有何优点？

六、参考文献

高明丽,黄微,郑媛,等. 2015. 综合设计性实验:食品添加剂甘氨酸钠碳酸盐的合成及性质初探. 化学教育,36(20):17-20

金钦汉. 1999. 微波化学. 北京:科学出版社

毛建卫,崔艳丽. 1999. 甘氨酸钠碳酸盐的制备、特性和应用. 食品科学,20(9):30-31

牟元华,吴珧萍,陈天朗,等. 2003. 甘氨酸钠碳酸盐的合成及表征. 化学研究与应用,15(2):262-264

牟元华. 2003. 食品添加剂甘氨酸钠碳酸盐的合成表征及性质研究. 成都:四川大学硕士学位论文

实验六十七 室温固相法制备纳米氧化铋

一、实验目的

(1) 了解纳米氧化铋的有关应用。

(2) 熟悉纳米氧化铋的制备与分析表征方法。

二、实验背景

氧化铋作为一种重要的功能材料,有广泛的用途,它是新型无机黄色颜料铋黄的重要原料。氧化铋可用作化学试剂、光电材料、高温超导材料、催化剂、药用收敛剂、塑料阻燃剂、玻璃陶瓷着色剂、电子半导体元件、高折射光玻璃和核工程玻璃制造以及核反应的原料。近年来,纳米氧化铋还被用于光降解印染废水、含亚硫酸根的有毒废水。此外,纳米氧化铋还可作为氧化铅的取代物,用作双基系固体推进剂的燃速催化剂。

氧化铋的传统生产方法是火法和氧化法,工艺复杂,且难以得到纳米级的氧化铋,很难满足高性能新型材料的要求。室温固相法作为合成纳米级粉体材料的有效手段,工艺简单,操作方便,是近年来研究的热点。反应过程中,由于机械力的作用,反应粒子之间剧烈碰撞,发生变形、碎裂、熔合。塑性变形首先在反应粒子的接触面上发生,随着粒子间剪切力的增加,反应粒子连续碎裂成次粒子,次粒子的粒径不断变小到纳米尺寸范围,表面能量不断升高,继而次粒子间克服势能垒,急剧成核生成产物粒子。反应过程中成核速度相当快,有效地控制了晶核的进一步长大,从而得到纳米级的产物粒子。固相反应的一个重要特征是反应快速,且条件温和。纳米尺寸次粒子表面的存在,大大增加了反应的动力,使很多高温下才能发生的反应常温下就能迅速完成。例如,以 NaOH 和 $Bi(NO_3)_3 \cdot 5H_2O$ 为原料,采用室温固相法容易制得纳米 Bi_2O_3,其反应式如下:

$$2Bi(NO_3)_3 \cdot 5H_2O + 6NaOH = Bi_2O_3 + 6NaNO_3 + 8H_2O$$

三、主要仪器与试剂

分析天平,托盘天平,电磁搅拌器,真空干燥箱,减压过滤装置,X 射线粉末衍射仪,激光粒度分析仪,透射电子显微镜。

NaOH(A. R.),$Bi(NO_3)_3 \cdot 5H_2O$(A. R.),聚乙二醇(A. R.),柠檬酸(A. R.),$NH_3 \cdot H_2O$ 溶液(1∶1),NH_3-NH_4Cl 缓冲溶液(pH=10),铬黑 T 指示剂,EDTA 标准溶液($0.01mol \cdot L^{-1}$)。

四、实验要求

(1) 查阅相关文献,选择一种可行的室温固相化学反应方法制备纳米氧化铋,设计详细实验方案，并制备出纳米氧化铋。

（2）了解纳米氧化铋的分析表征方法、可采用的仪器，如激光粒度分析仪、X射线粉末衍射仪、透射电子显微镜等，并进行表征测试与分析。

（3）根据实验方法及表征结果写一篇科技小论文。

五、思考题

（1）查阅文献，比较有关纳米氧化铋的制备方法各有什么特点。

（2）室温固相法制备纳米氧化铋有什么优点？

（3）如何测定纳米氧化铋中金属铋的含量？

六、参考文献

陈建龙，罗元香，刘孝恒，等. 2003. 室温固相法制备纳米氧化铋. 材料导报，17(7)：82-83

冯刚，周慧，沈明，等. 2015. 类片状纳米氧化铋的制备及其光催化性能研究. 西北师范大学学报（自然科学版），51(5)：64-69

李清文，李娟，夏熙，等. 1999. 纳米 Bi_2O_3 微粒的固相合成及其电化学性能的研究. 化学学报，57(5)：491-495

李卫. 2005. 单分散纳米氧化铋的制备. 中南大学学报（自然科学版），36(2)：175-178

武志富，石云峰，吴汉夔，等. 2014. 纳米氧化铋的研究进展. 应用化学，31(12)：1359-1367

夏纪勇，唐谟堂. 2008. 纳米超细氧化铋的制备及其在阻燃剂方面的应用前景. 现代化工，28(6)：89-91

实验六十八　固相法制备非晶态金属硼化物纳米材料

一、实验目的

（1）了解非晶态金属硼化物纳米合金材料的制备原理和方法。

（2）熟悉非晶态金属硼化物纳米材料的有关应用。

二、实验背景

非晶态合金纳米颗粒作为一类新型功能材料，由于其组成原子的排列具有长程无序、短程有序的结构特点，它由有序结构的原子簇混乱堆积而成，在热力学上属于亚稳态，因而具备一些晶态合金所没有的化学性能、磁性能、机械性能、电性能、耐腐蚀性能以及优异的催化性能。非晶态合金可以在组成变化很宽的范围内制成各种样品，从而在较大范围内调变其电子性质，以此来制备合适的催化活性中心。这些特点使非晶态合金催化剂具有较高的表面活性和不同的选择性，在催化领域内的应用也日益受到重视。非晶态合金催化剂将是有望开发的一种高效、环境友好的新型催化剂。由于非晶态合金纳米颗粒具有一些特殊的物理化学性质，近年来在很多催化加氢合成反应中得到了应用。非晶态的金属硼化物纳米颗粒可用于烯烃、二烯烃的选择性催化加氢，甲苯、硝基苯的催化加氢，羰基加氢，葡萄糖加氢制山梨醇等，其催化效率比常用的雷尼镍催化活性高5～10倍。例如，用纳米铂黑催化剂，乙烯氢化反应温度将从600℃降至室温；纳米级Co-B非晶态合金是一种有良好应用前景的高效和环境友好催化剂，在乙腈加氢反应中具有较高的催化活性和较长的使用寿命，有望代替雷尼镍而成为腈类加氢反应的新一代催化剂。

非晶态金属硼化物纳米合金材料的制备方法有机械合金化法、溶液还原法、超声波法、脉冲电沉积法、静高压合成法、激光气化器控制浓度法、氢等离子体-金属反应法、溶剂热还原法等。溶液还原法是一种简单的合成方法，可在室温下进行，对合成的要求也不高，用这种方法可以合成一些非晶态纳米金属硼化物，所得颗粒较小，且分散性好；但产率不高，且反应温度、反应物的浓度、反应物添加方式和速度、还原剂的选择以及修饰剂的用量、溶液 pH、反应时间等因素，均对产物的组成和结构产生较大的影响。此外，通过用金属无机盐和硼氢化钾粉末直接在室温下进行固相反应，很容易制备出一些非晶态金属硼化物纳米合金粉体。

三、主要仪器与试剂

托盘天平，分析天平，玛瑙研钵，真空干燥箱，容量瓶，滴定管，等离子体发射光谱，激光粒度分析仪，X 射线粉末衍射仪，透射电子显微镜。

KBH_4，氯化钴或氯化镍等，乙醇，浓 HNO_3，EDTA。

四、实验要求

(1) 查阅相关文献，选择一种可行的室温固相化学反应方法制备非晶态金属硼化物纳米材料，并设计详细实验方案。

(2) 根据实验方案进行实验，用室温固相法制备一种非晶态金属硼化物纳米材料。

(3) 了解非晶态合金纳米材料的分析表征方法，分析时可采用的仪器，如激光粒度分析仪、X 射线粉末衍射仪、透射电子显微镜等，并进行有关表征测试。

(4) 根据实验方法及表征结果写一篇小论文。

五、思考题

(1) 查阅文献资料，比较有关非晶态金属硼化物纳米粉体的制备方法各有何特点？

(2) 室温固相化学反应法制备非晶态金属硼化物纳米材料有哪些优点？

(3) 非晶态合金纳米材料的分析表征方法有哪些？各有什么作用？

六、参考文献

钟国清，蒋琪英. 2005. 室温固相反应制备非晶态 Co-B 纳米合金. 现代化工，25(7)：44-46

Li H X, Chen X F, Wang M H, et al. 2002. Selective hydrogenation of cinnamaldehyde to cinnamyl alcohol over an ultrafine Co-B amorphous alloy catalyst. Applied Catalysis A, 225(1-2)：117-130

Liu M L, Zhou H L, Chen Y R, et al. 2005. Room temperature solid-solid reaction preparation of iron-boron alloy nanoparticles and Mössbauer spectra. Materials Chemistry and Physics, 89(2-3)：289-294

Yuan Z Z, Chen J M, Lu Y, et al. 2008. Preparation and magnetic properties of amorphous Co-Zr-B alloy nano-powders. Journal of Alloys and Compounds, 450(1-2)：245-251

Zhong G Q, Zhong Q. 2013. Preparation of soft magnetic Fe-Ni-Pb-B alloy nanoparticles by room temperature solid-solid reaction. The Scientific World Journal, Article ID 946897

Zhong G Q, Zhou H L, Jia Y Q. 2008. Preparation of amorphous Ni-B alloys nanoparticles by room temperature solid-solid reaction. Journal of Alloys and Compounds, 465(1-2)：L1-L3

实验六十九　水热法制备纳米氧化铁材料

一、实验目的

(1) 了解水热法制备纳米材料的原理和方法。

(2) 熟悉分光光度计、离心机、酸度计的使用。

二、实验背景

纳米材料是指晶粒和晶界等显微结构能达到纳米级尺度水平的材料，是材料科学的一个重要发展方向。纳米材料由于粒径很小，比表面积很大，表面原子数会超过体原子数，因此常表现出与本体材料不同的性质。在保持原有物质化学性质的基础上，纳米材料呈现出热力学上的不稳定性。例如，纳米材料可大大降低陶瓷烧结及反应的温度，明显提高催化剂的催化活性、气敏材料的气敏活性和磁记录材料的信息存储量。纳米材料在发光材料、生物材料方面也有重要的应用。

纳米氧化铁材料成本低廉，环境污染小，抗腐蚀性和稳定性强，具有良好的耐候性、耐光性、磁性，并且对紫外线有良好的吸收和屏蔽作用，可广泛应用于闪光涂料、颜料、油墨、塑料、皮革、汽车面漆、电子、高磁记录材料、磁流体、催化剂、气体传感器以及生物医学工程等方面。目前，常用的制备纳米氧化铁的方法总体上可分为干法和湿法。湿法包括水热法、溶剂热法、强迫水解法、凝胶-溶胶法、微乳液法、沉淀法、胶体化学法等。干法包括固相反应法、微波法、火焰热分解法、气相沉积法、低温等离子体化学气相沉积法、激光热分解法等。湿法具有原料易得，且可直接使用(仅需适当净化处理)、操作简便、粒子可控等特点，因而普遍受到重视，尤其在工业生产中多用此法。干法具有工艺流程短，操作环境好，产品质量高，粒子超细、均匀、分散性好等特点，但其技术难度大，对设备的结构及材质要求高。

水解反应是中和反应的逆反应，是吸热反应。升温使水解反应的速率加快，反应程度增加；浓度增大对反应程度无影响，但可使反应速率加快。对金属离子的强酸盐来说，pH 增大，水解程度与速率都增大。在科研中经常利用水解反应进行物质的分离、鉴定和提纯，许多高纯度的金属氧化物(如 Bi_2O_3、Al_2O_3、Fe_2O_3等)都是通过水解沉淀提纯的。

水热法是较新的制备方法，它通过控制一定的温度和 pH 条件，使一定浓度的金属盐水解，生成氢氧化物或氧化物沉淀。若条件控制适当，可得到颗粒均匀的多晶态溶胶，其颗粒尺寸为纳米级，对提高气敏材料的灵敏度和稳定性有利。为得到稳定的多晶态溶胶，可降低金属离子的浓度，也可用配位剂控制金属离子的浓度，如加入 EDTA。若水解后生成沉淀，说明成核不同步，可能是玻璃仪器未清洗干净，或者是水解液浓度过大，或者是水解时间太长。此时沉淀颗粒尺寸不均匀，粒径也比较大。

$FeCl_3$水解过程中，由于 Fe^{3+}转化为 Fe_2O_3，溶液的颜色发生变化，随着时间增加，Fe^{3+}量逐渐减小，Fe_2O_3粒径也逐渐增大，溶液颜色也趋于一个稳定值，可用分光光度计进行动态监测。

三、主要仪器与试剂

烘箱，聚四氟乙烯内衬的高压釜，分光光度计，高速离心机，酸度计，滴管，具塞锥形瓶(20mL)，容量瓶(50mL)，离心管，吸量管(5mL)。

$FeCl_3$，NaOH，乙醇，HCl，EDTA，$(NH_4)_2SO_4$。

四、实验要求

(1) 查阅文献，以 $FeCl_3$为原料，设计用水热法制备纳米 Fe_2O_3的实验方案，包括 $FeCl_3$的浓度、溶液的温度、反应时间与 pH 等对水解反应的影响等，制备出纳米 Fe_2O_3产品，并利用 X

射线粉末衍射仪、透射电子显微镜或扫描电子显微镜等进行表征。

(2) 根据实验方法和实验结果进行分析讨论，完成一篇科技小论文。

五、思考题

(1) 查阅文献资料，比较有关纳米氧化铁的制备方法各有何特点？

(2) 影响水解的因素有哪些？如何影响？

(3) 氧化铁溶胶的分离有哪些方法？哪种效果较好？

(4) 水热法制备无机材料有哪些特点？

(5) 水热法制备纳米氧化物时，对物质本身有什么要求？

六、参考文献

曹人玻，陈小泉，沈文浩. 2011. 纳米氧化铁的制备进展. 无机盐工业，43(8)：6-8

陈洁，王象，戚红玲，等. 2009. A simple solvothermal method to synthesize α-Fe_2O_3 nanostructures. 安徽师范大学学报(自然科学版)，32(5)：452-455

胡静，白红娟. 2010. 纳米氧化铁的制备方法及其应用. 化工技术与开发，39(12)：34-36

鲁秀国，黄林长，杨凌焱，等. 2017. 纳米氧化铁制备方法的研究进展. 应用化工，46(4)：741-743

孙天昊，郝素菊，蒋武锋，等. 2021. 纳米氧化铁的制备及形貌分析. 粉末冶金技术，39(1)：76-80

王冬华，付新. 2019. 不同形貌纳米氧化铁的制备及性能研究. 无机盐工业，51(9)：21-23

杨旭，胡波，胡玲. 2010. 水热法制备纳米氧化铁的研究. 山东化工，(6)：17-19

周宁怀. 2000. 微型无机化学实验. 北京：科学出版社

实验七十 废锌锰干电池的综合利用

一、实验目的

(1) 了解废锌锰干电池综合利用的意义和有效成分的回收利用方法。

(2) 掌握无机物的提取、制备、提纯、分析等方法和技能。

二、实验背景

电池是一种通过电化学反应获得能量的电源。我国电池种类主要包括普通锌锰电池、碱性锌锰电池、镍镉电池、铅蓄电池、镍氢电池、锂电池等。电池中含有的主要污染物质包括重金属以及酸、碱等电解质溶液，其中重金属主要有汞、镉、铅、镍、锌等。汞、镉、铅是对环境和人体健康有较大危害的物质；镍、锌等在一定浓度范围内是有益物质，但在环境中超过一定量时将对人体造成危害；废酸、废碱等电解质溶液可能使土壤酸化或碱化。废电池会引起环境污染，因而回收处理废电池对于环境保护和资源综合利用具有重大意义。

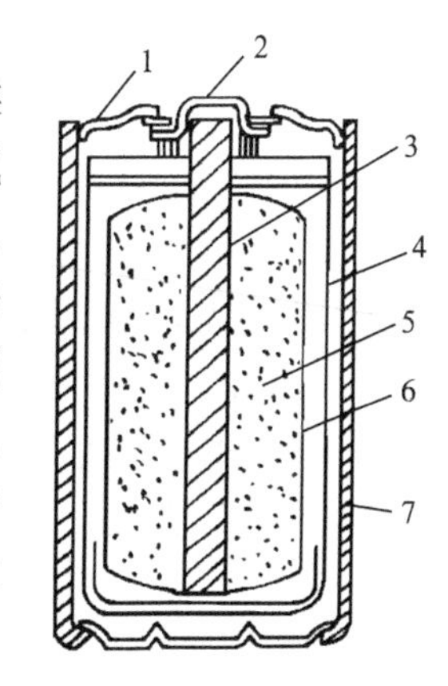

图 6-2 锌锰干电池构造图
1. 火漆；2. 黄铜帽；3. 石墨棒；4. 锌筒；5. 去极剂；6. 电解液+炭粉；7. 厚纸壳

日常生活中用的干电池为锌锰干电池。其负极为电池壳体的锌电极，正极是被 MnO_2(为增强导电能力，填充有炭粉)包围着的石墨电极，电解质是氯化锌及氯化铵的糊状物，结构如图 6-2所示。其电池反应为

$$Zn + 2NH_4Cl + 2MnO_2 = Zn(NH_3)_2Cl_2 + 2MnOOH$$

在使用过程中，锌皮消耗最多，二氧化锰只起氧化作用，氯化铵作为电解质没有消耗，炭粉是填料。因而回收处理废干电池可以获得多种物质，如锌、二氧化锰、氯化铵和石墨棒等，实为变废为宝的一种可利用资源。

回收利用废旧锌锰干电池的主要方法有干法、湿法和生物法。实验室多采用湿法进行研究，回收时，将电池中的黑色混合物溶于水，过滤，滤液为含氯化铵和氯化锌的混合液，滤渣含二氧化锰、炭粉和有机物等。氯化铵的提取可根据它与氯化锌溶解度的不同来分离(表 6-2)，氯化铵在 100℃时开始显著挥发，在 338℃时分解。滤渣可通过加热脱去炭粉和有机物，得到二氧化锰。锌皮可以用于制取锌及锌盐。

表 6-2　NH_4Cl 和 $ZnCl_2$ 的溶解度[g·(100g H_2O)$^{-1}$]

温度/℃	0	20	40	60	80	100
NH_4Cl 的溶解度	29.7	37.2	45.8	55.3	65.6	77.3
$ZnCl_2$ 的溶解度	389	446	591	618	645	672

三、主要仪器与试剂

电炉，漏斗，蒸发皿，减压过滤装置，托盘天平。

废干电池，甲醛，NaOH 标准溶液，浓 HCl，浓 H_2SO_4，$Na_2C_2O_4$，$KMnO_4$，H_2O_2，$BaCl_2$，KSCN，EDTA 标准溶液，pH 试纸。

四、实验要求

(1) 查阅文献，了解废锌锰干电池的综合利用现状。

(2) 从黑色混合物的滤液中提取氯化铵，要求：

a. 设计实验方案，提取并提纯氯化铵。

b. 产品定性检验：证实其为铵盐，证实其为氯化物，判断是否有杂质存在。

c. 用甲醛法测定产品中 NH_4Cl 的含量。

(3) 从黑色混合物的滤渣中提取 MnO_2，要求：

a. 设计实验方案，精制二氧化锰。

b. 设计实验方案，验证二氧化锰的催化作用，并实验 MnO_2 与盐酸、MnO_2 与 $KMnO_4$ 的反应。

c. 用氧化还原滴定法测定产品中 MnO_2 的含量。

(4) 用锌壳制备 $ZnSO_4 \cdot 7H_2O$，要求：

a. 设计实验方案，以锌单质制备七水硫酸锌。

b. 产品定性检验：证实为硫酸盐，证实为锌盐，证实不含 Fe^{3+}、Cu^{2+}。

c. 用 EDTA 配位滴定法测定产品中 $ZnSO_4 \cdot 7H_2O$ 的含量。

(5) 根据实验方法和实验结果进行分析讨论，完成一篇科技论文。

五、思考题

(1) 查阅有关文献，比较干法、湿法和生物法回收利用废旧锌锰干电池各有何特点？

(2) 从废电池中可以回收哪些有用物质？

(3) 如何提纯氯化铵?

(4) 用锌壳制备硫酸锌时,如何除去其中的 Fe^{3+} 、Cu^{2+} 等杂质?

六、参考文献

韩杰,汪仕佐,雷立旭. 2007. 用废旧锌锰干电池制取软磁铁氧体. 化工时刊,21(2):1-2

韩小云,盖利刚,陈鑫成. 2010. 湿化学方法回收利用废旧锌锰干电池. 山东轻工业学院学报,24(4):62-65

孔祥平. 2009. 废旧锌锰干电池中锰的回收条件研究. 应用化工,38(7):990-993

李金惠. 2005. 废电池管理与回收. 北京:化学工业出版社

刘磊,张静文,赵刚,等. 2021. 废旧锌锰干电池回收利用研究. 广州化工,49(16):89-91

罗志刚,罗妍菲,霍思琦. 2013. 废旧锌锰干电池的回收利用. 广东化工,40(17):153-154

赵玲,杨栋,朱南文. 2007. 废旧干电池的生物法资源回收技术. 有色冶金设计与研究,28(2-3):98-102

周锦兰,张开成. 2005. 实验化学. 武汉:华中科技大学出版社

实验七十一 酸奶总酸度的测定

一、实验目的

(1) 掌握酸碱滴定法测定酸奶总酸度的方法。

(2) 掌握乳浊液样品滴定终点的观察方法。

(3) 了解实际样品的处理程序和分析方法。

二、实验背景

酸奶中的酸由大量乳酸、氨基酸和其他有机酸等组成,这些有机酸是优质鲜牛奶消毒后接种乳酸链球菌经保温发酵而成的,可用酸碱滴定法测定其总酸度,以检测酸奶的发酵程度。常用乳酸的含量表示乳品的总酸度,酸奶总酸度可用 NaOH 标准溶液滴定,以酚酞指示剂指示滴定终点,根据消耗 NaOH 标准溶液的体积计算酸奶的总酸度。

除用酸碱滴定法外,还可采用电势滴定法、电导滴定法测定酸奶的总酸度。

三、主要仪器与试剂

电子天平,碱式滴定管,锥形瓶,小烧杯,洗瓶。

NaOH 标准溶液,酚酞指示剂,市售酸奶(盛于试剂瓶中)。

四、实验要求

(1) 设计一种酸碱滴定方法测定酸奶总酸度的实验方案,包括测定原理、指示剂选择、滴定条件和方法、计算公式、详细的操作步骤、注意事项、数据处理(表格式)等。

(2) 根据可行的实验方案进行实验,以 100g 酸奶消耗 NaOH 的质量(g)表示酸奶的总酸度。

(3) 根据实验方法和实验结果写一篇小论文,对实验结果及误差来源进行分析讨论,并总结设计实验的体会。

五、思考题

(1) 酸奶中的总酸度测定方法有哪些? 各有何特点?

(2) 你设计的酸奶中总酸度测定方法有何优点？

(3) 为减小滴定终点误差，应选择何种指示剂？为什么？

六、参考文献

陈晓红. 2007. 微型滴定法测定饮品中的总酸度. 内蒙古民族大学学报(自然科学版)，22(1)：38-39

吕健全，王志坤. 2008. 化学实验——无机及分析化学实验(上). 成都：电子科技大学出版社

阮长青，王德利，厉夏，等. 2000. 电导滴定法测定乳品总酸度的研究. 黑龙江八一农垦大学学报，12(1)：106-109

实验七十二 蛋壳中钙、镁含量的测定

一、实验目的

(1) 学习固体试样的酸溶方法。

(2) 掌握滴定分析法测定蛋壳中钙、镁含量的方法原理。

(3) 了解滴定分析中指示剂的选用原则和应用范围。

二、实验背景

鸡蛋壳的主要成分为$CaCO_3$，其次为$MgCO_3$、蛋白质、色素以及少量Fe和Al的化合物等。由于试样中含酸不溶物较少，可用盐酸将其溶解制成试液。

试样溶解后，Ca^{2+}、Mg^{2+}共存于溶液中，Fe^{3+}、Al^{3+}等干扰离子可用三乙醇胺或酒石酸钾钠掩蔽。调节溶液pH至12～13，使Mg^{2+}生成氢氧化物沉淀，加入钙指示剂，用EDTA标准溶液滴定，测出钙的含量。另取一份试样，调节其pH＝10，用铬黑T作指示剂，用EDTA标准溶液测定溶液中钙和镁的总量。由总量减去钙量即得镁量。采用配位滴定法测定钙、镁含量，特点是快速、简便。

除配位滴定法外，还可以采用酸碱滴定法、氧化还原滴定法测定钙的含量。

三、主要仪器与试剂

分析天平，小型台式破碎机，标准筛(80目)，烧杯，表面皿，广口瓶，称量瓶，锥形瓶，酸式滴定管(25mL)，移液管(25mL)，容量瓶(250mL)。

EDTA标准溶液(0. 005mol · L^{-1})，HCl溶液(6mol · L^{-1})，NaOH溶液(10%)，钙指示剂，铬黑T指示剂，$NH_3 \cdot H_2O\text{-}NH_4Cl$缓冲溶液(pH＝10)，三乙醇胺水溶液(1∶2)。

四、实验要求

(1) 设计报告内容：实验目的、原理(标定和测定原理、指示剂选择、滴定条件和方法、计算公式等)、内容、注意事项、仪器(写明规格型号)、试剂(具体浓度、用量以及具体的配制方法、基准物质的处理)、详细的操作步骤(溶样、预处理、标定、测定等)、数据处理(表格式)等。

(2) 根据可行的实验设计方案进行实验，用w(CaO)表示Ca、Mg总量。

(3) 根据实验方法和实验结果写一篇科技小论文。

五、思考题

(1) 如何确定蛋壳粉末的称量范围？溶解蛋壳时应注意什么？

(2) 蛋壳中钙含量很高,而镁含量很低,用铬黑 T 作指示剂时,往往得不到敏锐的终点,应如何解决此问题?

(3) 查阅资料说明测定蛋壳中钙、镁含量的方法有哪些,试比较各种方法的优缺点。

六、参考文献

程春萍,张丽娜. 2010. 连续滴定法测定蛋壳中钙、镁离子的含量. 内蒙古石油化工,(8):35-36

胡庆兰. 2014. 三种测定蛋壳中钙含量方法的比较. 湖北第二师范学院学报,31(8):4-7

梁信源,蔡卓,黄小凤. 2012. 酸碱滴定法测定蛋壳中钙镁总量的改进. 实验技术与管理,29(6):45-47

张金艳,腾占才. 2006. 大学基础化学实验. 2 版. 北京:中国农业大学出版社

张振英,解从霞. 2006. 蛋壳中钙镁含量的测定. 内蒙古石油化工,(11):15-16

周井炎. 2008. 基础化学实验(上册). 2 版. 武汉:华中科技大学出版社

实验七十三　硫酸锌样品中锌和镁含量的测定

一、实验目的

(1) 掌握配位滴定法测定硫酸锌样品中锌和镁含量的原理和方法。

(2) 巩固配位滴定中指示剂的选用原则和应用范围。

二、实验背景

硫酸锌和硫酸镁在水中的溶解度相差不大,用含镁较多的锌矿生产硫酸锌时,产品中便含有较多的硫酸镁。锌、镁离子含量的测定,常掩蔽锌或沉淀除去锌等重金属离子后对镁离子进行测定。由于 EDTA 配位滴定法测定锌离子、镁离子的最低 pH 不同,可在同一介质的不同酸度条件下,加入掩蔽剂掩蔽干扰离子后,先后加入两种不同的指示剂,进行连续配位滴定测定硫酸锌中锌和镁的含量;也可利用掩蔽与解蔽作用,使用同一种指示剂测定硫酸锌中锌和镁的含量。

三、主要仪器与试剂

分析天平,称量瓶,烧杯,锥形瓶,容量瓶(250mL),移液管(25mL),酸式滴定管(25mL)。

EDTA 标准溶液($0.005mol \cdot L^{-1}$),HCl 溶液($6mol \cdot L^{-1}$),六亚甲基四胺溶液(20%),二甲酚橙指示剂,铬黑 T 指示剂,$NH_3 \cdot H_2O$-NH_4Cl 缓冲溶液(pH=10),草酸溶液(10%),$Na_2S_2O_3$溶液(10%),抗坏血酸,碘化钾。

四、实验要求

(1) 设计一种用化学分析方法测定硫酸锌样品中锌和镁含量的实验方案,包括测定原理、指示剂选择、滴定条件和方法、计算公式、详细操作步骤、注意事项、数据处理(表格式)等。

(2) 以科技小论文形式完成实验报告,要求分析实验结果、误差的来源、实验中是否出现意外以及解决办法、设计实验的体会等。

五、思考题

(1) 如何确定本实验中待测样品的称量范围?

(2) 若实验室只有铬黑 T 指示剂,如何设计实验方案来测定硫酸锌样品中锌和镁含量?

六、参考文献

胡珊玲，宋瑞平，林燕，等. 2010. EDTA滴定法测定镁-锌-钇三元合金成分. 冶金分析，30(4)：69-72

乐薇，尹权. 2010. 铜离子选择电极络合滴定法分步滴定锌和镁. 中南民族大学学报(自然科学版)，29(1)：32-35

李志宏，宋学兰，李艳. 2013. 含锌硝酸铵钙中锌、镁含量测定方法探讨. 中氮肥，(2)：59-62

王永刚，齐承刚，朱亚玲，等. 2006. 学生设计实验"锌镁混合溶液中 Zn^{2+}、Mg^{2+} 离子测定"的研究. 高师理科学刊，26(3)：52

赵刚，周为民，凤举. 2009. 镁钙锌铝四元类水滑石金属含量的测定研究. 无机盐工业，41(11)：55-58

钟国清. 2021. 无机及分析化学. 3版. 北京：科学出版社

钟国清，陈阳. 2005. 饲料级硫酸锌中锌、镁的连续测定. 广东饲料，14(4)：41-42

实验七十四　加碘食盐中碘含量的测定

一、实验目的

(1) 了解食盐加碘的种类及意义。

(2) 了解有关加碘食盐中碘含量的测定原理、方法及特点。

二、实验背景

据统计，在我国一千多万智力残疾人中，80%的人为缺碘所致。由于食用加碘食盐，每年有94万新生儿免受碘缺乏症的危害。碘缺乏会引起甲状腺肿大，儿童缺碘会导致智商低下。食用加碘食盐防治碘缺乏病是目前世界上公认的一种好方法。而食用加碘食盐大于适宜量，对碘敏感的人群存在碘甲亢的危险性。

目前我国在食盐中加碘主要使用碘酸钾，而过去则是碘化钾。碘化钾的优点是含碘量高(76.4%)，缺点是容易被氧化、稳定性差，使用时需在食盐中同时加稳定剂。碘酸钾稳定性高，不需要稳定剂，但含碘量较低(59.3%)。相比之下，使用碘酸钾优点还是较大的。因此，20世纪90年代开始我国规定民用食盐的碘的添加剂为碘酸钾。

全民食盐加碘之后，各地甲状腺疾病(如甲亢)的发病率反而增加了。监测结果也表明，1999年我国居民尿液中的碘含量已达到 $306\mu g \cdot L^{-1}$，超过了国际标准 $300\mu g \cdot L^{-1}$ 的"警戒线"。碘过量导致"甲状腺功能减退症"，患者代谢减缓，怕冷，脱发，引起甲减性心脏病。目前，大多数中国人不是缺碘，而是碘过量，而且由此引发甲状腺疾病增加。

碘酸钾在酸性介质中是较强的氧化剂，遇到还原剂发生氧化还原反应，产生游离碘。碘盐中碘含量的测定方法较多。例如，以碘化钾作还原剂、淀粉作显色剂，在酸性介质中可用分光光度法测定食盐中的碘含量。

三、主要仪器与试剂

分析天平，称量瓶，移液管，容量瓶，烧杯。

碘盐，淀粉，碘化钾。

四、实验要求

(1) 设计一种测定加碘食盐中碘含量的实验方案，包括测定原理、测定方法和条件、计算公式、详细的操作步骤、注意事项、数据处理等。

(2) 以科技小论文形式完成实验报告,要求分析实验结果、误差的来源、实验中是否出现意外以及解决办法、设计实验的体会等。

五、思考题

(1) 加碘食盐中碘含量的测定方法有哪些? 各有何特点?

(2) 你设计的加碘食盐中碘含量测定方法有何优缺点?

六、参考文献

侯冬岩,回瑞华,杨梅,等. 2003. 加碘食盐中碘含量的光谱分析. 食品科学,24(8):114-116

康红钰,张静. 2005. 对市售加碘食盐在不同条件下碘含量的分析讨论. 卫生职业教育,23(16):129-130

刘葵,孙衍华,汪建民. 2006. 加碘食盐中微量碘的离子选择性电极测定. 分析试验室,25(6):46-48

吕小艇,黄本芬. 2013. 氧化还原法测定加碘盐中碘含量试验方法探讨. 食品与发酵科技,49(4):84-86

王燕. 1997. 加碘食盐中碘的含量测定. 南京医科大学学报(中文版),17(6):634-635

实验七十五 茶叶中微量元素的鉴定与定量测定

一、实验目的

(1) 了解茶叶中 Fe、Al、Ca、Mg 等元素的定性鉴定和定量测定方法。

(2) 掌握配位滴定法测茶叶中钙、镁含量的原理和方法。

(3) 掌握分光光度法测茶叶中微量铁的方法。

二、实验背景

茶叶为山茶科植物的叶芽,茶叶中含有多种有机物成分和微量元素,经分析鉴定含有 500 多种化合物和人体所必需的 14 种微量元素,其中 Ca、Mg 和 Fe 三种微量元素对人体起着十分重要的生理作用。Ca 元素在人体内有降低血压和减少中风的作用,脑血管病患者体内 Ca 明显降低。Mg 元素被称为人体健康催化剂,参与人体内有机转化的重要环节——三羧酸循环,缺 Mg 会使人产生疲劳,易激动,心跳加快,Mg 元素还可以刺激抗生素生成。Fe 在体内参与造血,并参与合成血红蛋白和肌红蛋白,发挥氧的转运和储存功能,Fe 还能影响多种代谢过程和 DNA 的合成。

测定茶叶中的微量元素可分为两大步骤:

(1) 从茶叶中提取无机离子。其方法有干法和湿法。干法操作简便,但有些元素在高温灰化时易挥发或与容器反应。湿法消解茶叶的关键之处在于如何从茶叶中最大限度地提取无机离子,影响提取的因素较多,如消解液的配比、用量、消解时间等,并且这些因素还会相互影响。

(2) 采用合适的分析方法测定无机离子含量。分析茶叶中微量元素的方法较多,如原子吸收光谱法、混合胶束 PNA 水相光度法、离子选择电极法和伏安法等仪器分析方法。

茶叶主要由 C、H、N 和 O 等元素组成,其中含有 Fe、Al、Ca、Mg 等微量金属元素。茶叶需先进行“干灰化”。“干灰化”即试样在空气中置于敞口的坩埚中加热,把有机物氧化分解而烧成灰烬。灰化后,经酸溶解,即可逐级进行分析。

铁、铝混合液中 Fe^{3+} 对 Al^{3+} 的鉴定有干扰。利用 Al^{3+} 的两性，加入过量的碱，使 Al^{3+} 转化为 AlO_2^- 留在溶液中，Fe^{3+} 则生成 $Fe(OH)_3$ 沉淀，经分离去除后，消除干扰。钙、镁混合液中，Ca^{2+} 和 Mg^{2+} 的鉴定互不干扰，可直接鉴定，不必分离。Fe^{3+} 与硫氰酸盐形成血红色配合物，Al^{3+} 与铝试剂反应可产生红色絮状沉淀，Mg^{2+} 与镁试剂可形成天蓝色沉淀，Ca^{2+} 与草酸盐则形成白色沉淀。根据此特征反应，可分别鉴定 Fe、Al、Ca、Mg 元素。

钙、镁含量的测定可用配位滴定法。在 pH=10 的条件下，以铬黑 T 为指示剂，EDTA 为标准溶液，直接滴定测得 Ca、Mg 总量。在 pH=12～13，使 Mg^{2+} 生成氢氧化物沉淀，加入钙指示剂，用 EDTA 标准溶液滴定，测得钙的含量。Fe^{3+}、Al^{3+} 的存在会干扰 Ca^{2+}、Mg^{2+} 的测定，测定时可用三乙醇胺掩蔽。

茶叶中铁含量较低，可用分光光度法测定。在 pH=2～9 的条件下，Fe^{2+} 与邻二氮菲能生成稳定的橙红色配合物。当铁为+3 价时，可用盐酸羟胺还原。显色时，溶液的酸度过高，反应进行较慢；若酸度太低，则 Fe^{2+} 水解，影响显色。

三、主要仪器与试剂

研钵，蒸发皿，称量瓶，托盘天平，分析天平，中速定量滤纸，长颈漏斗，容量瓶，吸量管，锥形瓶，酸式滴定管，比色皿，分光光度计。

铬黑 T，HCl，HAc，NaOH，$(NH_4)_2C_2O_4$，EDTA，KSCN，Fe 标准溶液，铝试剂，镁试剂，三乙醇胺，氨性缓冲溶液(pH=10)，HAc-NaAc 缓冲溶液(pH=4.6)，邻二氮菲，盐酸羟胺。

四、实验要求

1. 设计内容

(1) 茶叶的灰化和试样的制备。
(2) Fe、Al、Ca、Mg 元素的鉴定。
(3) 茶叶中 Ca、Mg 总量的测定。
(4) 茶叶中 Fe 含量的测定。

2. 设计要求

(1) 设计出详细可操作的实验方案，包括测定原理、仪器试剂、详细的操作步骤、注意事项、数据处理等。

(2) 以科技小论文形式完成实验报告，要求对实验结果进行分析讨论，包括实验中的有关问题及解决办法、误差的来源等。

五、思考题

(1) 茶叶中微量元素的测定方法有哪些？各有何特点？
(2) 你设计的茶叶中 Fe、Ca、Mg 含量测定方法有何优缺点？

六、参考文献

陈文生，李蓉. 2010. 正交试验法测定茶叶中的微量元素. 湖北第二师范学院学报，27(8)：17-19
陈宇鸿，沈仁富. 2005. 茶叶中的微量元素分析. 微量元素与健康研究，22(5)：65-66
董宏博，崔桂花，赵文秀. 2012. 茶叶中锰、铁、锌、铬等 10 种微量元素的快速测定. 广东微量元素科学，19

(8):34-37

梅光泉. 2004. 茶叶中的微量元素化学. 微量元素与健康研究,21(1):49-52

文君,高舸. 2002. 茶叶中微量元素分析进展. 中国卫生检验杂志,12(3):381-384

许秋梅,王林霞,李秀东,等. 2012. 茶叶中微量元素的检测与分析. 绍兴文理学院学报(自然科学),32(7): 67-69

主要参考文献

北京师范大学，华中师范大学，东北师范大学，等. 2004. 化学基础实验. 北京：高等教育出版社

崔爱莉. 2007. 基础无机化学实验. 北京：高等教育出版社

杜志强. 2005. 综合化学实验. 北京：科学出版社

高丽华. 2009. 基础化学实验. 北京：化学工业出版社

龚跃法. 2020. 基础化学实验：无机与分析化学实验分册. 北京：高等教育出版社

华中师范大学，东北师范大学，陕西师范大学，等. 2010. 分析化学实验. 4版. 北京：高等教育出版社

黄少云. 2008. 无机及分析化学实验. 北京：化学工业出版社

霍冀川. 2020. 化学综合设计实验. 2版. 北京：化学工业出版社

李大枝，李红，张长花，等. 2016. 无机化学与化学分析实验. 北京：科学出版社

李铭岫. 2002. 无机化学实验. 北京：北京理工大学出版社

林宝凤. 2003. 基础化学实验技术绿色化教程. 北京：科学出版社

林深，王世铭. 2014. 化学实验教程(上册). 北京：高等教育出版社

刘永红. 2019. 无机及分析化学实验. 2版. 北京：科学出版社

吕苏琴，张春荣，揭念芹. 2000. 基础化学实验Ⅰ. 北京：科学出版社

罗志刚. 2002. 基础化学实验技术. 广州：华南理工大学出版社

南京大学《无机及分析化学实验》编写组. 2015. 无机及分析化学实验. 5版. 北京：高等教育出版社

倪静安，高世萍，李运涛，等. 2007. 无机及分析化学实验. 北京：高等教育出版社

四川大学化工学院，浙江大学化学系. 2003. 分析化学实验. 3版. 北京：高等教育出版社

魏琴，盛永丽. 2018. 无机及分析化学实验. 2版. 北京：科学出版社

武汉大学. 2021. 分析化学实验(上册). 6版. 北京：高等教育出版社

辛剑，孟长功. 2007. 基础化学实验. 北京：高等教育出版社

徐家宁，门瑞芝，张寒琦. 2006. 基础化学实验(上册). 北京：高等教育出版社

张金艳，滕占才. 2006. 大学基础化学实验. 2版. 北京：中国农业大学出版社

张勇. 2010. 现代化学基础实验. 3版. 北京：科学出版社

浙江大学普通化学教研组. 1996. 普通化学实验. 3版. 北京：高等教育出版社

郑豪，方文军. 2005. 新编普通化学实验. 北京：科学出版社

钟国清. 1998. 基础化学实验. 成都：四川科学技术出版社

周锦兰，张开诚. 2005. 实验化学. 武汉：华中科技大学出版社

周井炎. 2008. 基础化学实验(上册). 2版. 武汉：华中科技大学出版社

周宁怀. 2000. 微型无机化学实验. 北京：科学出版社

庄京，林金明. 2007. 基础分析化学实验. 北京：高等教育出版社

宗汉兴，毛红雷. 2007. 基础化学实验. 杭州：浙江大学出版社

附　　录

附录1　常见元素的相对原子质量

元素名称	符号	相对原子质量	元素名称	符号	相对原子质量
氢	H	1.008	砷	As	74.92
氦	He	4.003	硒	Se	78.96
锂	Li	6.941	溴	Br	79.90
铍	Be	9.012	氪	Kr	83.80
硼	B	10.81	铷	Rb	85.47
碳	C	12.01	锶	Sr	87.62
氮	N	14.01	钇	Y	88.91
氧	O	16.00	锆	Zr	91.22
氟	F	19.00	铌	Nb	92.91
氖	Ne	20.18	钼	Mo	95.94
钠	Na	22.99	钌	Ru	101.1
镁	Mg	24.31	铑	Rh	102.9
铝	Al	26.98	钯	Pd	106.4
硅	Si	28.09	银	Ag	107.9
磷	P	30.97	镉	Cd	112.4
硫	S	32.07	铟	In	114.8
氯	Cl	35.45	锡	Sn	118.7
氩	Ar	39.95	锑	Sb	121.8
钾	K	39.10	碲	Te	127.6
钙	Ca	40.08	碘	I	126.9
钪	Sc	44.96	氙	Xe	131.3
钛	Ti	47.88	铯	Cs	132.9
钒	V	50.94	钡	Ba	137.3
铬	Cr	52.00	铈	Ce	140.1
锰	Mn	54.94	钨	W	183.9
铁	Fe	55.85	铂	Pt	195.1
钴	Co	58.93	金	Au	197.0
镍	Ni	58.69	汞	Hg	200.6
铜	Cu	63.55	铊	Tl	204.4
锌	Zn	65.39	铅	Pb	207.2
镓	Ga	69.72	铋	Bi	209.0
锗	Ge	72.61	镭	Ra	226.0

附录 2　常见化合物的相对分子质量

化学式	相对分子质量	化学式	相对分子质量
Ag_3AsO_4	462.52	$Ce(SO_4)_2$	332.24
$AgBr$	187.77	$Ce(SO_4)_2 \cdot 4H_2O$	404.30
$AgCl$	143.32	$CoCl_2$	129.84
$AgCN$	133.89	$CoCl_2 \cdot 6H_2O$	237.93
$AgSCN$	165.95	$Co(NO_3)_2$	182.94
Ag_2CrO_4	331.73	$Co(NO_3)_2 \cdot 6H_2O$	291.03
AgI	234.77	CoS	90.99
$AgNO_3$	169.87	$CoSO_4$	154.99
$AlCl_3$	133.34	$CoSO_4 \cdot 7H_2O$	281.10
$AlCl_3 \cdot 6H_2O$	241.43	$CO(NH_2)_2$	60.06
$Al(NO_3)_3$	213.00	$CrCl_3$	158.36
$Al(NO_3)_3 \cdot 9H_2O$	375.13	$CrCl_3 \cdot 6H_2O$	266.45
Al_2O_3	101.96	$Cr(NO_3)_3$	238.01
$Al(OH)_3$	78.00	Cr_2O_3	151.99
$Al_2(SO_4)_3$	342.14	$CuCl$	99.00
$Al_2(SO_4)_3 \cdot 18H_2O$	666.41	$CuCl_2$	134.45
As_2O_3	197.84	$CuCl_2 \cdot 2H_2O$	170.48
As_2S_3	246.02	$CuSCN$	121.62
$BaCO_3$	197.34	CuI	190.45
BaC_2O_4	225.35	$Cu(NO_3)_2$	187.56
$BaCl_2$	208.24	$Cu(NO_3)_2 \cdot 3H_2O$	241.60
$BaCl_2 \cdot 2H_2O$	244.27	CuO	79.55
$BaCrO_4$	253.32	Cu_2O	143.09
BaO	153.33	CuS	95.61
$Ba(OH)_2$	171.34	$CuSO_4$	159.60
$BaSO_4$	233.39	$CuSO_4 \cdot 5H_2O$	249.68
$BiCl_3$	315.34	$FeCl_2$	126.75
CO_2	44.01	$FeCl_2 \cdot 4H_2O$	198.81
CaO	56.08	$FeCl_3$	162.21
$CaCO_3$	100.09	$FeCl_3 \cdot 6H_2O$	270.30
CaC_2O_4	128.10	$FeNH_4(SO_4)_2 \cdot 12H_2O$	482.18
$CaCl_2$	110.99	$Fe(NO_3)_3$	241.86
$CaCl_2 \cdot 6H_2O$	219.08	$Fe(NO_3)_3 \cdot 9H_2O$	404.00
$Ca(NO_3)_2 \cdot 4H_2O$	236.15	FeO	71.85
$Ca(OH)_2$	74.10	Fe_2O_3	159.69
$Ca_3(PO_4)_2$	310.18	Fe_3O_4	231.54
$CaSO_4$	136.14	$Fe(OH)_3$	106.87
$CdCO_3$	172.42	FeS	87.91
$CdCl_2$	183.32	Fe_2S_3	207.87
CdS	144.47	$FeSO_4$	151.91

续表

化学式	相对分子质量	化学式	相对分子质量
$FeSO_4 \cdot 7H_2O$	278.01	K_2CO_3	138.21
$FeSO_4 \cdot (NH_4)_2SO_4 \cdot 6H_2O$	392.13	K_2CrO_4	194.19
$HAc(CH_3COOH)$	60.05	$K_2Cr_2O_7$	294.18
H_3AsO_3	125.94	$K_3Fe(CN)_6$	329.25
H_3AsO_4	141.94	$K_4Fe(CN)_6$	368.35
H_3BO_3	61.83	$KFe(SO_4)_2 \cdot 12H_2O$	503.24
HBr	80.91	$KHC_2O_4 \cdot H_2O$	146.14
HCN	27.03	$KHC_4H_4O_6$	188.18
HCOOH	46.03	$KHC_8H_4O_4$	204.22
H_2CO_3	62.03	KI	166.00
$H_2C_2O_4$	90.04	KIO_3	214.00
$H_2C_2O_4 \cdot 2H_2O$	126.07	$KMnO_4$	158.03
HCl	36.46	$KNaC_4H_4O_6 \cdot 4H_2O$	282.22
HF	20.01	KNO_2	85.10
HI	127.91	KNO_3	101.10
HIO_3	175.91	K_2O	94.20
HNO_2	47.01	KOH	56.11
HNO_3	63.01	K_2SO_4	174.25
H_2O	18.02	$MgCO_3$	84.31
H_2O_2	34.02	$MgCl_2$	95.21
H_3PO_4	98.00	$MgCl_2 \cdot 6H_2O$	203.30
H_2S	34.08	MgC_2O_4	112.33
H_2SO_3	82.07	$Mg(NO_3)_2 \cdot 6H_2O$	256.41
H_2SO_4	98.07	$MgNH_4PO_4$	137.32
$HgCl_2$	271.50	MgO	40.30
Hg_2Cl_2	472.09	$Mg(OH)_2$	58.32
HgI_2	454.40	$Mg_2P_2O_7$	222.55
$Hg_2(NO_3)_2$	525.19	$MgSO_4 \cdot 7H_2O$	246.47
$Hg_2(NO_3)_2 \cdot 2H_2O$	561.22	$MnCO_3$	114.95
$Hg(NO_3)_2$	324.60	$MnCl_2 \cdot 4H_2O$	197.91
HgO	216.59	$Mn(NO_3)_2 \cdot 6H_2O$	287.04
HgS	232.65	MnO	70.94
$HgSO_4$	296.65	MnO_2	86.94
Hg_2SO_4	497.24	MnS	87.00
$KAl(SO_4)_2 \cdot 12H_2O$	474.38	$MnSO_4$	151.00
KBr	119.00	NO	30.01
$KBrO_3$	167.00	NO_2	46.01
KCl	74.55	NH_3	17.03
$KClO_3$	122.55	$NH_4Ac\ (CH_3COONH_4)$	77.08
$KClO_4$	138.55	NH_4Cl	53.49
KCN	65.12	$(NH_4)_2CO_3$	96.09
KSCN	97.18	$(NH_4)_2C_2O_4$	124.10

续表

化学式	相对分子质量	化学式	相对分子质量
NH_4HCO_3	79.06	PbC_2O_4	295.22
$(NH_4)_2HPO_4$	132.06	$PbCl_2$	278.11
$(NH_4)_2MoO_4$	196.01	$PbCrO_4$	323.19
NH_4NO_3	80.04	$Pb(Ac)_2$	325.29
$(NH_4)_2S$	68.14	$Pb(Ac)_2 \cdot 3H_2O$	379.34
NH_4SCN	76.12	PbI_2	461.01
$(NH_4)_2SO_4$	132.13	$Pb(NO_3)_2$	331.21
NaAc	82.03	PbO	223.20
$NaAc \cdot 3H_2O$	136.08	PbO_2	239.20
Na_3AsO_3	191.89	PbS	239.26
$Na_2B_4O_7$	201.22	$PbSO_4$	303.26
$Na_2B_4O_7 \cdot 10H_2O$	381.37	SO_2	64.06
$NaBiO_3$	297.97	SO_3	80.06
NaCN	49.01	$SbCl_3$	228.11
Na_2CO_3	105.99	$SbCl_5$	299.02
$Na_2CO_3 \cdot 10H_2O$	286.14	Sb_2O_3	291.50
$Na_2C_2O_4$	134.00	Sb_2S_3	339.68
NaCl	58.44	SiF_4	104.08
NaClO	74.44	SiO_2	60.08
$NaHCO_3$	84.01	$SnCl_2$	189.60
$Na_2HPO_4 \cdot 12H_2O$	358.14	$SnCl_2 \cdot 2H_2O$	225.63
$Na_2H_2Y \cdot 2H_2O$	372.24	$SnCl_4$	260.50
$NaNO_2$	69.00	$SnCl_4 \cdot 5H_2O$	350.58
$NaNO_3$	85.00	SnO_2	150.71
Na_2O	61.98	SnS	150.78
Na_2O_2	77.98	$SrCO_3$	147.63
NaOH	40.00	SrC_2O_4	175.64
Na_3PO_4	163.94	$SrCrO_4$	203.61
Na_2S	78.04	$Sr(NO_3)_2$	211.63
$Na_2S \cdot 9H_2O$	240.18	$SrSO_4$	183.68
Na_2SO_3	126.04	$UO_2(Ac)_2 \cdot 2H_2O$	424.15
Na_2SO_4	142.04	$ZnCO_3$	125.39
$Na_2S_2O_3$	158.10	ZnC_2O_4	153.40
$Na_2S_2O_3 \cdot 5H_2O$	248.17	$ZnCl_2$	136.29
$NiCl_2 \cdot 6H_2O$	237.69	$Zn(Ac)_2$	183.47
NiO	74.69	$Zn(Ac)_2 \cdot 2H_2O$	219.50
$Ni(NO_3)_2 \cdot 6H_2O$	290.79	$Zn(NO_3)_2$	189.39
NiS	90.76	ZnO	81.39
$NiSO_4 \cdot 7H_2O$	280.85	ZnS	97.44
P_2O_5	141.95	$ZnSO_4$	161.44
$PbCO_3$	267.21	$ZnSO_4 \cdot 7H_2O$	287.55

附录 3　不同温度下水的饱和蒸气压(kPa)

温度/℃	0.0	0.2	0.4	0.6	0.8
0	0.6103	0.6194	0.6285	0.6378	0.6472
1	0.6566	0.6662	0.6758	0.6875	0.6957
2	0.7056	0.7158	0.7261	0.7365	0.7471
3	0.7578	0.7686	0.7795	0.7906	0.8018
4	0.8132	0.8247	0.8363	0.8482	0.8602
5	0.8721	0.8844	0.8968	0.9094	0.9220
6	0.9348	0.9478	0.9610	0.9743	0.9879
7	1.001	1.015	1.029	1.043	1.058
8	1.072	1.087	1.102	1.117	1.132
9	1.147	1.163	1.179	1.195	1.211
10	1.227	1.244	1.261	1.278	1.295
11	1.312	1.329	1.348	1.366	1.384
12	1.402	1.420	1.440	1.458	1.478
13	1.479	1.516	1.537	1.557	1.577
14	1.597	1.618	1.640	1.661	1.683
15	1.704	1.726	1.749	1.772	1.794
16	1.817	1.840	1.864	1.888	1.912
17	1.936	1.961	1.987	2.012	2.037
18	2.063	2.089	2.116	2.142	2.169
19	2.196	2.224	2.252	2.280	2.309
20	2.337	2.366	2.394	2.426	2.456
21	2.486	2.516	2.548	2.579	2.611
22	2.642	2.675	2.708	2.741	2.775
23	2.808	2.842	2.877	2.912	2.947
24	2.982	3.018	3.056	3.092	3.129
25	3.166	3.204	3.243	3.281	3.321

温度/℃	0.0	0.2	0.4	0.6	0.8
26	3.360	3.400	3.441	3.481	3.523
27	3.564	3.606	3.649	3.692	3.735
28	3.778	3.823	3.868	3.913	3.959
29	4.004	4.051	4.098	4.146	4.194
30	4.242	4.291	4.340	4.390	4.440
31	4.491	4.543	4.595	4.647	4.700
32	4.753	4.807	4.862	4.918	4.973
33	5.029	5.068	5.143	5.209	5.260
34	5.318	5.377	5.438	5.499	5.560
35	5.621	5.684	5.747	5.811	5.876
36	5.940	6.005	6.072	6.138	6.206
37	6.274	6.342	6.412	6.482	6.553
38	6.623	6.695	6.768	6.841	6.915
39	6.990	7.066	7.142	7.219	7.296
40	7.374	7.452	7.533	7.613	7.694
41	7.776	7.859	7.942	8.027	8.113
42	8.197	8.283	8.371	8.459	8.547
43	8.637	8.728	8.819	8.912	9.006
44	9.099	9.193	9.290	9.386	9.483
45	9.581	9.680	9.779	9.880	9.928
46	10.08	10.18	10.29	10.40	10.50
47	10.61	10.71	10.83	10.94	11.05
48	11.15	11.27	11.39	11.50	11.62
49	11.73	11.85	11.97	12.09	12.21
50	12.33	12.46	12.58	12.70	12.84

附录 4 不同温度下常见无机物的溶解度[g·(100g H_2O)$^{-1}$]

物质	固相	0℃	10℃	20℃	30℃	40℃	50℃	60℃	70℃	80℃	90℃	100℃
$AgNO_3$	—	122	170	222	300	376	455	525	—	669	—	952
$AlCl_3$	$6H_2O$	—	—	69.86	—	—	—	—	—	—	—	—
$Al_2(SO_4)_3$	$18H_2O$	31.2	33.5	36.4	40.4	46.1	52.2	59.2	66.1	73.0	80.8	89.0
$BaCl_2$	$2H_2O$	31.6	33.3	35.7	38.2	40.7	43.6	46.4	49.4	52.4	—	58.8
$Ba(OH)_2$	$8H_2O$	1.67	2.48	3.89	5.59	8.22	13.12	20.94	—	101.4	—	—
$CaCl_2$	$6H_2O$	59.5	65.0	74.5	102	—	—	—	—	—	—	—
$CaCl_2$	$2H_2O$	—	—	—	—	—	—	136.8	141.7	147.0	152.7	159
$Ca(HCO_3)_2$	—	16.15	—	16.60	—	17.05	—	17.50	—	17.95	—	18.40
$Ca(OH)_2$	—	0.185	0.176	0.165	0.153	0.141	0.128	0.116	0.106	0.094	0.085	0.077
$CoCl_2$	$6H_2O$	41.6	46.0	50.4	53.5	—	—	—	—	—	—	—
$CoCl_2$	$1H_2O$	—	—	—	—	69.5	88.7	90.5	—	98.0	—	104.1
$CoSO_4$	$7H_2O$	25.55	30.55	36.21	42.26	48.85	55.2	60.4	65.7	70	—	83
CuI_2	—	—	—	1.107	—	—	—	—	—	—	—	—
$Cu(NO_3)_2$	$6H_2O$	81.8	95.28	125.1	—	—	—	—	—	—	—	—
$Cu(NO_3)_2$	$3H_2O$	—	—	—	—	159.8	—	178.8	—	207.8	—	—
$CuSO_4$	$5H_2O$	14.3	17.4	20.7	25	28.5	33.3	40	—	55	—	75.4
$FeCl_2$	$4H_2O$	—	64.5	—	73.0	77.3	82.5	88.7	—	100	—	—
$FeCl_2$	—	—	—	—	—	—	—	—	—	—	105.3	105.8
$FeCl_3$	—	74.4	81.9	91.8	—	—	315.1	—	—	525.8	—	535.7
$Fe(NO_3)_2$	$6H_2O$	71.02	—	83.8	—	—	—	165.6	—	—	—	—
$FeSO_4$	$7H_2O$	15.65	20.51	26.5	32.9	40.2	48.6	—	—	—	—	—
$FeSO_4$	$1H_2O$	—	—	—	—	—	—	—	50.9	43.6	37.3	—
H_3BO_3	—	2.66	3.57	5.04	6.60	8.72	11.54	14.81	18.62	23.75	30.38	40.25
KBr	—	53.5	59.5	65.2	70.6	75.5	80.2	85.5	90.0	95.0	99.2	104.0
$KBrO_3$	—	3.1	4.8	6.9	9.5	13.2	17.5	22.7	—	34.0	—	50.0
KCl	—	27.6	31.0	34.0	37.0	40.0	42.6	45.5	48.3	51.1	54.0	56.7
$KClO_3$	—	3.3	5	7.4	10.5	14	19.3	24.5	—	38.5	—	57
KSCN	—	177.0	—	217.5	—	—	—	—	—	—	—	—
K_2CO_3	$2H_2O$	105.5	108	110.5	113.7	116.9	121.2	126.8	133.1	139.8	147.5	155.7
K_2CrO_4	—	58.2	60.0	61.7	63.4	65.2	66.8	68.6	70.4	72.1	73.9	75.6
$K_2Cr_2O_7$	—	5	7	12	20	26	34	43	52	61	70	80
KI	—	127.5	136	144	152	160	168	176	184	192	200	208

续表

物质	固相	0℃	10℃	20℃	30℃	40℃	50℃	60℃	70℃	80℃	90℃	100℃
KIO_3	—	4.73	—	8.13	11.73	12.8	—	18.5	—	24.8	—	32.2
$KMnO_4$	—	2.83	4.4	6.4	9.0	12.56	16.89	22.2	—	—	—	—
KNO_3	—	13.3	20.9	31.6	45.8	63.9	85.5	110.0	138	169	202	246
KOH	$2H_2O$	97	103	112	126	—	—	—	—	—	—	—
K_2SO_4	—	7.35	9.22	11.11	12.97	14.76	16.50	18.17	19.75	21.4	22.8	24.1
$MgCl_2$	$6H_2O$	52.8	53.5	54.5	—	57.5	—	61.0	—	66.0	—	73.0
$Mg(NO_3)_2$	$6H_2O$	66.55	—	—	—	84.74	—	—	—	—	137.0	—
$MgSO_4$	$7H_2O$	—	30.9	35.5	40.8	45.6	—	—	—	—	—	—
$MgSO_4$	$6H_2O$	40.8	42.2	44.5	45.3	—	50.4	53.5	59.5	64.2	69.0	74.0
$MgSO_4$	$1H_2O$	—	—	—	—	—	—	—	—	62.9	—	68.3
$MnCl_2$	$4H_2O$	63.4	68.1	73.9	80.71	88.59	98.15	—	—	—	—	—
$MnCl_2$	$2H_2O$	—	—	—	—	—	—	108.6	110.6	112.7	114.1	115.3
$MnSO_4$	$7H_2O$	53.23	60.01	—	—	—	—	—	—	—	—	—
$MnSO_4$	$5H_2O$	—	59.5	62.9	67.76	—	—	—	—	—	—	—
$MnSO_4$	$4H_2O$	—	—	64.5	66.44	68.8	72.6	—	—	—	—	—
$MnSO_4$	$1H_2O$	—	—	—	—	—	58.17	55.0	52.0	48.0	42.5	34.0
NH_4SCN	—	119.8	144	170	207.7	—	—	—	—	—	—	—
$(NH_4)_2C_2O_4$	$1H_2O$	2.2	3.1	4.4	5.9	8.0	10.3	—	—	—	—	—
NH_4Cl	—	29.4	33.3	37.2	41.4	45.8	50.4	55.2	60.2	65.6	71.3	77.3
$(NH_4)_2Fe(SO_4)_2$	$6H_2O$	12.5	17.2	—	—	33	40	—	52	—	—	—
$NH_4Fe(SO_4)_2$	$12H_2O$	—	—	—	$124^{25℃}$	—	—	—	—	—	—	—
NH_4HCO_3	—	11.9	15.8	21	27	—	—	—	—	—	—	—
NH_4NO_3	—	118.3	—	192	241.8	297.0	344.0	421.0	499.0	580.0	740.0	871.0
$(NH_4)_2SO_4$	—	70.6	73.0	75.4	78.0	81.0	—	88.0	—	95.3	—	103.3
$Na_2B_4O_7$	$10H_2O$	1.3	1.6	2.7	3.9	—	10.5	20.3	—	—	—	—
$Na_2B_4O_7$	$5H_2O$	—	—	—	—	—	—	—	24.4	31.5	41	52.5
$Na_2C_2O_4$	—	—	—	3.7	—	—	—	—	—	—	—	6.33
NaCl	—	35.7	35.8	36.0	36.3	36.6	37.0	37.3	37.8	38.4	39.0	39.8
Na_2CO_3	$10H_2O$	7	12.5	21.5	38.8	—	—	—	—	—	—	—
Na_2CO_3	$1H_2O$	—	—	—	50.5	48.5	—	46.4	—	45.8	—	45.5
$NaHCO_3$	—	6.9	8.15	9.6	11.1	12.7	14.45	16.4	—	—	—	—
$NaNO_2$	—	72.1	78.0	84.5	91.6	98.4	104.1	—	—	132.6	—	163.2
$NaNO_3$	—	73	80	88	96	104	114	124	—	148	—	180

续表

物质	固相	0℃	10℃	20℃	30℃	40℃	50℃	60℃	70℃	80℃	90℃	100℃
Na_3PO_4	$12H_2O$	1.5	4.1	11	20	31	43	55	—	81	—	108
Na_2SO_3	$7H_2O$	13.9	20	26.9	36	—	—	—	—	—	—	—
Na_2SO_3	—	—	—	—	—	28	28.2	28.8	—	28.3	—	—
Na_2SO_4	$10H_2O$	5.0	9.0	19.4	40.8	—	—	—	—	—	—	—
Na_2SO_4	$7H_2O$	19.5	30	44	—	—	—	—	—	—	—	—
Na_2SO_4	—	—	—	—	—	48.0	46.7	45.3	—	43.7	—	42.5
$Na_2S_2O_3$	—	52.5	61.0	70.0	84.7	102.6	169.7	206.7	—	248.8	254.2	266.0
$PbCl_2$	—	0.6728	—	0.99	1.20	1.45	1.70	1.98	—	2.62	—	3.34
$Pb(NO_3)_2$	—	38.8	48.3	56.5	66	75	85	95	—	115	—	138.8
$SnCl_2$	—	83.9	—	269.8	—	—	—	—	—	—	—	—
$SrCl_2$	$6H_2O$	43.5	47.7	52.9	58.7	65.3	72.4	81.8	—	—	—	—
$ZnSO_4$	$7H_2O$	41.9	47	54.4	—	—	—	—	—	—	—	—
$ZnSO_4$	$6H_2O$	—	—	—	—	70.1	76.8	—	—	—	—	—
$ZnSO_4$	$1H_2O$	—	—	—	—	—	—	—	—	86.6	83.7	80.8

注:表中“固相”一栏指与该饱和溶液平衡的固相的结晶水分子数。

附录5 常用酸碱的密度和浓度

试剂名称	密度/($g \cdot cm^{-3}$)	质量分数/%	浓度/($mol \cdot L^{-1}$)
浓盐酸 HCl	1.18～1.19	36～38	11.6～12.4
浓硝酸 HNO_3	1.39～1.40	65.0～68.0	14.4～15.2
浓硫酸 H_2SO_4	1.83～1.84	95～98	17.8～18.4
浓磷酸 H_3PO_4	1.69	85	14.6
高氯酸 $HClO_4$	1.68	70.0～72.0	11.7～12.0
冰醋酸 CH_3COOH	1.05	99.8(优级纯) 99.0(分析纯)	17.4
乙酸 CH_3COOH	1.04	36.0～37.0	6.2～6.4
氢氟酸 HF	1.13	40	22.5
氢溴酸 HBr	1.49	47	8.6
氢碘酸 HI	1.70	57	7.5
浓氨水 $NH_3 \cdot H_2O$	0.88～0.90	25.0～28.0	13.3～14.8

附录 6　弱酸、弱碱在水溶液中的解离常数

电解质	解离方程式	温度/℃	$K_a^\ominus$或$K_b^\ominus$	$pK_a^\ominus$或$pK_b^\ominus$
CH_3COOH	$CH_3COOH \rightleftharpoons H^+ + CH_3COO^-$	25	1.76×10^{-5}	4.75
H_3BO_3	$B(OH)_3 + H_2O \rightleftharpoons B(OH)_4^- + H^+$	20	7.3×10^{-10}	9.14
H_2CO_3	$H_2CO_3 \rightleftharpoons H^+ + HCO_3^-$	25	$K_{a1}^\ominus = 4.2\times10^{-7}$	6.38
	$HCO_3^- \rightleftharpoons H^+ + CO_3^{2-}$	25	$K_{a2}^\ominus = 5.6\times10^{-11}$	10.25
HCN	$HCN \rightleftharpoons H^+ + CN^-$	25	4.93×10^{-10}	9.31
H_2S	$H_2S \rightleftharpoons H^+ + HS^-$	18	$K_{a1}^\ominus = 1.1\times10^{-7}$	6.97
	$HS^- \rightleftharpoons H^+ + S^{2-}$	18	$K_{a2}^\ominus = 1.3\times10^{-13}$	12.90
$H_2C_2O_4$	$H_2C_2O_4 \rightleftharpoons H^+ + HC_2O_4^-$	25	$K_{a1}^\ominus = 5.9\times10^{-2}$	1.23
	$HC_2O_4^- \rightleftharpoons H^+ + C_2O_4^{2-}$	25	$K_{a2}^\ominus = 6.4\times10^{-5}$	4.19
H_3PO_4	$H_3PO_4 \rightleftharpoons H^+ + H_2PO_4^-$	25	$K_{a1}^\ominus = 7.52\times10^{-3}$	2.12
	$H_2PO_4^- \rightleftharpoons H^+ + HPO_4^{2-}$	25	$K_{a2}^\ominus = 6.23\times10^{-8}$	7.21
	$HPO_4^{2-} \rightleftharpoons H^+ + PO_4^{3-}$	25	$K_{a3}^\ominus = 2.2\times10^{-13}$	12.66
H_2PO_3	$H_2PO_3 \rightleftharpoons H^+ + HPO_3^-$	25	$K_{a1}^\ominus = 5.0\times10^{-2}$	1.30
	$HPO_3^- \rightleftharpoons H^+ + PO_3^{2-}$	25	$K_{a2}^\ominus = 2.5\times10^{-7}$	6.60
$ClCH_2COOH$	$ClCH_2COOH \rightleftharpoons H^+ + ClCH_2COO^-$	25	1.6×10^{-3}	2.85
HCOOH	$HCOOH \rightleftharpoons H^+ + HCOO^-$	20	1.77×10^{-4}	3.75
H_2SO_3	$H_2SO_3 \rightleftharpoons H^+ + HSO_3^-$	18	$K_{a1}^\ominus = 1.54\times10^{-2}$	1.81
	$HSO_3^- \rightleftharpoons H^+ + SO_3^{2-}$	18	$K_{a2}^\ominus = 1.02\times10^{-7}$	6.99
HNO_2	$HNO_2 \rightleftharpoons H^+ + NO_2^-$	12.5	4.6×10^{-4}	3.34
HF	$HF \rightleftharpoons H^+ + F^-$	25	3.53×10^{-4}	3.45
H_2SiO_3	$H_2SiO_3 \rightleftharpoons H^+ + HSiO_3^-$	25	$K_{a1}^\ominus = 1.7\times10^{-10}$	9.77
	$HSiO_3^- \rightleftharpoons H^+ + SiO_3^{2-}$	25	$K_{a2}^\ominus = 1.6\times10^{-12}$	11.80
HClO	$HClO \rightleftharpoons H^+ + ClO^-$	18	2.95×10^{-8}	7.53
HBrO	$HBrO \rightleftharpoons H^+ + BrO^-$	25	2.06×10^{-9}	8.69
HIO	$HIO \rightleftharpoons H^+ + IO^-$	25	2.3×10^{-11}	10.64
H_3AsO_4	$H_3AsO_4 \rightleftharpoons H^+ + H_2AsO_4^-$	18	$K_{a1}^\ominus = 5.62\times10^{-3}$	2.25
	$H_2AsO_4^- \rightleftharpoons H^+ + HAsO_4^{2-}$	18	$K_{a2}^\ominus = 1.70\times10^{-7}$	6.77
	$HAsO_4^{2-} \rightleftharpoons H^+ + AsO_4^{3-}$	18	$K_{a3}^\ominus = 2.95\times10^{-12}$	11.53
H_3AsO_3	$H_3AsO_3 \rightleftharpoons H^+ + H_2AsO_3^-$	25	6.0×10^{-10}	9.22
C_6H_5COOH	$C_6H_5COOH \rightleftharpoons H^+ + C_6H_5COO^-$	25	6.2×10^{-5}	4.21
NH_2OH	$NH_2OH + H_2O \rightleftharpoons NH_3OH^+ + OH^-$	25	1.07×10^{-8}	7.97
$(CH_2)_6N_4$	$(CH_2)_6N_4 + H_2O \rightleftharpoons (CH_2)_6N_4H^+ + OH^-$	25	1.4×10^{-9}	8.85
$NH_3 \cdot H_2O$	$NH_3 \cdot H_2O \rightleftharpoons NH_4^+ + OH^-$	25	1.76×10^{-5}	4.75

附录 7　常见电对的标准电极电势(298.15K)

(一) 在酸性溶液中

电对	电极反应	$E^{\ominus}$/V
K^+/K	$K^+ + e^- \rightleftharpoons K$	−2.924
Na^+/Na	$Na^+ + e^- \rightleftharpoons Na$	−2.714
Mg^{2+}/Mg	$Mg^{2+} + 2e^- \rightleftharpoons Mg$	−2.375
Al^{3+}/Al	$Al^{3+} + 3e^- \rightleftharpoons Al$	−1.66
Mn^{2+}/Mn	$Mn^{2+} + 2e^- \rightleftharpoons Mn$	−1.182
Zn^{2+}/Zn	$Zn^{2+} + 2e^- \rightleftharpoons Zn$	−0.763
Cr^{3+}/Cr	$Cr^{3+} + 3e^- \rightleftharpoons Cr$	−0.74
$CO_2/H_2C_2O_4$	$2CO_2 + 2H^+ + 2e^- \rightleftharpoons H_2C_2O_4$	−0.49
Fe^{2+}/Fe	$Fe^{2+} + 2e^- \rightleftharpoons Fe$	−0.44
Co^{2+}/Co	$Co^{2+} + 2e^- \rightleftharpoons Co$	−0.277
Ni^{2+}/Ni	$Ni^{2+} + 2e^- \rightleftharpoons Ni$	−0.246
AgI/Ag	$AgI + e^- \rightleftharpoons Ag + I^-$	−0.152
Sn^{2+}/Sn	$Sn^{2+} + 2e^- \rightleftharpoons Sn$	−0.136
Pb^{2+}/Pb	$Pb^{2+} + 2e^- \rightleftharpoons Pb$	−0.126
H^+/H_2	$2H^+ + 2e^- \rightleftharpoons H_2$	0.000
$AgBr/Ag$	$AgBr + e^- \rightleftharpoons Ag + Br^-$	+0.071
S/H_2S	$S + 2H^+ + 2e^- \rightleftharpoons H_2S(aq)$	+0.141
Sn^{4+}/Sn^{2+}	$Sn^{4+} + 2e^- \rightleftharpoons Sn^{2+}$	+0.154
Cu^{2+}/Cu^+	$Cu^{2+} + e^- \rightleftharpoons Cu^+$	+0.159
SO_4^{2-}/SO_2	$SO_4^{2-} + 4H^+ + 2e^- \rightleftharpoons SO_2(aq) + 2H_2O$	+0.17
$AgCl/Ag$	$AgCl + e^- \rightleftharpoons Ag + Cl^-$	+0.2223
Hg_2Cl_2/Hg	$Hg_2Cl_2 + 2e^- \rightleftharpoons 2Hg + 2Cl^-$	+0.2676
Cu^{2+}/Cu	$Cu^{2+} + 2e^- \rightleftharpoons Cu$	+0.337
H_2SO_3/S	$H_2SO_3 + 4H^+ + 4e^- \rightleftharpoons S + 3H_2O$	+0.45
Cu^+/Cu	$Cu^+ + e^- \rightleftharpoons Cu$	+0.52
I_2/I^-	$I_2 + 2e^- \rightleftharpoons 2I^-$	+0.535
$H_3AsO_4/HAsO_2$	$H_3AsO_4 + 2H^+ + 2e^- \rightleftharpoons HAsO_2 + 2H_2O$	+0.559
O_2/H_2O_2	$O_2 + 2H^+ + 2e^- \rightleftharpoons H_2O_2$	+0.682
Fe^{3+}/Fe^{2+}	$Fe^{3+} + e^- \rightleftharpoons Fe^{2+}$	+0.771
Hg_2^{2+}/Hg	$Hg_2^{2+} + 2e^- \rightleftharpoons 2Hg$	+0.793
Ag^+/Ag	$Ag^+ + e^- \rightleftharpoons Ag$	+0.7995
Hg^{2+}/Hg	$Hg^{2+} + 2e^- \rightleftharpoons Hg$	+0.854
Cu^{2+}/Cu_2I_2	$2Cu^{2+} + 2I^- + 2e^- \rightleftharpoons Cu_2I_2$	+0.86
Hg^{2+}/Hg_2^{2+}	$2Hg^{2+} + 2e^- \rightleftharpoons Hg_2^{2+}$	+0.920

续表

电对	电极反应	$E^{\ominus}$/V
HNO_2/NO	$HNO_2+H^++e^- \rightleftharpoons NO+H_2O$	+0.99
Br_2/Br^-	$Br_2(l)+2e^- \rightleftharpoons 2Br^-$	+1.065
IO_3^-/I_2	$2IO_3^-+12H^++10e^- \rightleftharpoons I_2+6H_2O$	+1.20
O_2/H_2O	$O_2+4H^++4e^- \rightleftharpoons 2H_2O$	+1.229
MnO_2/Mn^{2+}	$MnO_2+4H^++2e^- \rightleftharpoons Mn^{2+}+2H_2O$	+1.23
$Cr_2O_7^{2-}/Cr^{3+}$	$Cr_2O_7^{2-}+14H^++6e^- \rightleftharpoons 2Cr^{3+}+7H_2O$	+1.33
Cl_2/Cl^-	$Cl_2+2e^- \rightleftharpoons 2Cl^-$	+1.36
BrO_3^-/Br^-	$BrO_3^-+6H^++6e^- \rightleftharpoons Br^-+3H_2O$	+1.44
ClO_3^-/Cl^-	$ClO_3^-+6H^++6e^- \rightleftharpoons Cl^-+3H_2O$	+1.45
PbO_2/Pb^{2+}	$PbO_2+4H^++2e^- \rightleftharpoons Pb^{2+}+2H_2O$	+1.455
ClO_3^-/Cl_2	$2ClO_3^-+12H^++10e^- \rightleftharpoons Cl_2+6H_2O$	+1.47
MnO_4^-/Mn^{2+}	$MnO_4^-+8H^++5e^- \rightleftharpoons Mn^{2+}+4H_2O$	+1.51
Ce^{4+}/Ce^{3+}	$Ce^{4+}+e^- \rightleftharpoons Ce^{3+}$	+1.61
H_2O_2/H_2O	$H_2O_2+2H^++2e^- \rightleftharpoons 2H_2O$	+1.776
$S_2O_8^{2-}/SO_4^{2-}$	$S_2O_8^{2-}+2e^- \rightleftharpoons 2SO_4^{2-}$	+2.01
O_3/O_2	$O_3+2H^++2e^- \rightleftharpoons O_2+H_2O$	+2.07
F_2/F^-	$F_2+2e^- \rightleftharpoons 2F^-$	+2.87

（二）在碱性溶液中

电对	电极反应	$E^{\ominus}$/V
H_2O/H_2	$2H_2O+2e^- \rightleftharpoons H_2+2OH^-$	−0.8277
AsO_4^{3-}/AsO_2^-	$AsO_4^{3-}+2H_2O+2e^- \rightleftharpoons AsO_2^-+4OH^-$	−0.67
Ag_2S/Ag	$Ag_2S+2e^- \rightleftharpoons 2Ag+S^{2-}$	−0.66
S/S^{2-}	$S+2e^- \rightleftharpoons S^{2-}$	−0.447
$Cu(OH)_2/Cu$	$Cu(OH)_2+2e^- \rightleftharpoons Cu+2OH^-$	−0.224
$Cu(OH)_2/Cu_2O$	$2Cu(OH)_2+2e^- \rightleftharpoons Cu_2O+2OH^-+H_2O$	−0.09
O_2/HO_2^-	$O_2+H_2O+2e^- \rightleftharpoons HO_2^-+OH^-$	−0.076
$MnO_2/Mn(OH)_2$	$MnO_2+2H_2O+2e^- \rightleftharpoons Mn(OH)_2+2OH^-$	−0.05
$S_4O_6^{2-}/S_2O_3^{2-}$	$S_4O_6^{2-}+2e^- \rightleftharpoons 2S_2O_3^{2-}$	+0.09
$[Ag(NH_3)_2]^+/Ag$	$[Ag(NH_3)_2]^++e^- \rightleftharpoons Ag+2NH_3$	+0.373
O_2/OH^-	$O_2+2H_2O+4e^- \rightleftharpoons 4OH^-$	+0.41
MnO_4^-/MnO_4^{2-}	$MnO_4^-+e^- \rightleftharpoons MnO_4^{2-}$	+0.564
MnO_4^-/MnO_2	$MnO_4^-+2H_2O+3e^- \rightleftharpoons MnO_2+4OH^-$	+0.588
O_3/OH^-	$O_3+H_2O+2e^- \rightleftharpoons O_2+2OH^-$	+1.24

附录 8 常见配离子的稳定常数

配离子	$K_f^{\ominus}$	$\lg K_f^{\ominus}$	配离子	$K_f^{\ominus}$	$\lg K_f^{\ominus}$
$[AgCl_2]^-$	1.74×10^{5}	5.24	$[Fe(CN)_6]^{3-}$	1.0×10^{42}	42.00
$[Ag(SCN)_2]^-$	3.72×10^{7}	7.57	$[FeF_6]^{3-}$	1.0×10^{16}	16.00
$[Ag(CN)_2]^-$	1.26×10^{21}	21.10	$[Fe(C_2O_4)_3]^{4-}$	1.66×10^{5}	5.22
$[Ag(S_2O_3)_2]^{3-}$	2.88×10^{13}	13.46	$[Fe(C_2O_4)_3]^{3-}$	1.59×10^{20}	20.20
$[Ag(NH_3)_2]^+$	1.6×10^{7}	7.20	$[Fe(SCN)_6]^{3-}$	1.5×10^{3}	3.18
$[AgI_2]^-$	5.5×10^{11}	11.70	$[FeY]^{2-}$	2.09×10^{14}	14.32
$[AgY]^{3-}$	2.09×10^{7}	7.32	$[FeY]^-$	1.26×10^{25}	25.10
$[AlF_6]^{3-}$	6.9×10^{19}	19.84	$[HgCl_4]^{2-}$	1.2×10^{15}	15.08
$[Al(C_2O_4)_3]^{3-}$	2.0×10^{16}	16.30	$[Hg(CN)_4]^{2-}$	3.3×10^{41}	41.52
$[Au(CN)_2]^-$	2.0×10^{38}	38.30	$[HgI_4]^{2-}$	6.8×10^{29}	29.83
$[AlY]^-$	2.0×10^{16}	16.30	$[Hg(SCN)_4]^{2-}$	7.75×10^{21}	21.89
$[BaY]^{2-}$	7.24×10^{7}	7.86	$[HgY]^{2-}$	5.01×10^{21}	21.70
$[BiY]^-$	8.71×10^{27}	27.94	$[MgY]^{2-}$	5.0×10^{8}	8.70
$[CaY]^{2-}$	4.9×10^{10}	10.69	$[MnY]^{2-}$	7.41×10^{13}	13.87
$[CdCl_4]^{2-}$	3.47×10^{2}	2.54	$[Ni(CN)_4]^{2-}$	1.0×10^{22}	22.00
$[Cd(CN)_4]^{2-}$	1.1×10^{16}	16.04	$[Ni(NH_3)_6]^{2+}$	5.5×10^{8}	8.74
$[Cd(NH_3)_4]^{2+}$	1.3×10^{7}	7.11	$[Ni(en)_3]^{2+}$	1.15×10^{18}	18.06
$[Cd(NH_3)_6]^{2+}$	1.4×10^{5}	5.15	$[NiY]^{2-}$	4.17×10^{18}	18.62
$[CdI_4]^{2-}$	1.26×10^{6}	6.10	$[PbCl_3]^-$	25	1.40
$[CdY]^{2-}$	2.88×10^{16}	16.46	$[Pb(Ac)_3]^-$	2.46×10^{3}	3.39
$[CrY]^-$	2.5×10^{23}	23.40	$[PbY]^{2-}$	1.10×10^{18}	18.04
$[Co(SCN)_4]^{2-}$	1.0×10^{3}	3.00	$[PdY]^{2-}$	3.16×10^{18}	18.50
$[Co(NH_3)_6]^{2+}$	1.29×10^{5}	5.11	$[SrY]^{2-}$	5.37×10^{8}	8.73
$[Co(NH_3)_6]^{3+}$	1.58×10^{35}	35.20	$[SnCl_4]^{2-}$	30.2	1.48
$[CoY]^{2-}$	2.04×10^{16}	16.31	$[SnCl_6]^{2-}$	6.6	0.82
$[CoY]^-$	1.0×10^{36}	36.00	$[SnY]^{2-}$	1.29×10^{22}	22.11
$[CuI_2]^-$	5.7×10^{8}	8.76	$[Zn(CN)_4]^{2-}$	5.0×10^{16}	16.70
$[CuCl_4]^{2-}$	4.17×10^{5}	5.62	$[Zn(NH_3)_4]^{2+}$	2.88×10^{9}	9.46
$[Cu(CN)_4]^{2-}$	2.0×10^{27}	27.30	$[Zn(OH)_4]^{2-}$	1.4×10^{15}	15.15
$[Cu(NH_3)_4]^{2+}$	2.08×10^{13}	13.32	$[Zn(SCN)_4]^{2-}$	20	1.30
$[Cu(en)_2]^{2+}$	1.0×10^{20}	20.00	$[Zn(C_2O_4)_3]^{4-}$	1.4×10^{8}	8.15
$[CuY]^{2-}$	6.33×10^{18}	18.80	$[Zn(en)_2]^{2+}$	6.76×10^{10}	10.83
$[Fe(CN)_6]^{4-}$	1.0×10^{35}	35.00	$[ZnY]^{2-}$	3.16×10^{16}	16.50

附录 9　一些难溶物质的溶度积

化合物	$K_{sp}^{\ominus}$	化合物	$K_{sp}^{\ominus}$
氯化物		$BaCO_3$	5.1×10^{-9}
$PbCl_2$	1.6×10^{-5}	$CaCO_3$	2.8×10^{-9}
AgCl	1.8×10^{-10}	Ag_2CO_3	8.1×10^{-12}
Hg_2Cl_2	1.3×10^{-18}	$PbCO_3$	7.4×10^{-14}
CuCl	1.2×10^{-6}	磷酸盐	
溴化物		$MgNH_4PO_4$	2.5×10^{-13}
AgBr	5.0×10^{-13}	草酸盐	
CuBr	5.2×10^{-9}	$CaC_2O_4\cdot H_2O$	4×10^{-9}
碘化物		BaC_2O_4	1.6×10^{-7}
PbI_2	7.1×10^{-9}	CuC_2O_4	2.3×10^{-8}
AgI	8.3×10^{-17}	PbC_2O_4	4.8×10^{-10}
Hg_2I_2	4.5×10^{-29}	$CdC_2O_4\cdot 3H_2O$	9.1×10^{-8}
氰化物		NiC_2O_4	4×10^{-10}
AgCN	1.2×10^{-16}	ZnC_2O_4	2.7×10^{-8}
硫氰化物		SrC_2O_4	5.61×10^{-8}
AgSCN	1.0×10^{-12}	氢氧化物	
硫酸盐		AgOH	2.0×10^{-8}
Ag_2SO_4	1.4×10^{-5}	$Al(OH)_3$	1.3×10^{-33}
$CaSO_4$	9.1×10^{-6}	$Ca(OH)_2$	5.5×10^{-6}
$SrSO_4$	3.2×10^{-7}	$Cr(OH)_3$	6.3×10^{-31}
$PbSO_4$	1.6×10^{-8}	$Cu(OH)_2$	2.2×10^{-20}
$BaSO_4$	1.1×10^{-10}	$Fe(OH)_2$	8.0×10^{-16}
硫化物		$Fe(OH)_3$	4.0×10^{-38}
MnS	2×10^{-13}	$Mg(OH)_2$	1.8×10^{-11}
FeS	3.7×10^{-19}	$Mn(OH)_2$	1.9×10^{-13}
ZnS	1.62×10^{-24}	$Pb(OH)_2$	1.2×10^{-15}
PbS	8.0×10^{-28}	$Zn(OH)_2$	1.2×10^{-17}
CuS	6.3×10^{-36}	碘酸盐	
HgS	4.0×10^{-53}	$Ca(IO_3)_2\cdot 6H_2O$	6.44×10^{-8}
Ag_2S	6.3×10^{-50}	$Cu(IO_3)_2$	1.4×10^{-7}
铬酸盐		$AgIO_3$	9.2×10^{-9}
$BaCrO_4$	1.2×10^{-10}	$Ba(IO_3)_2\cdot 2H_2O$	6.5×10^{-10}
Ag_2CrO_4	1.1×10^{-12}	酒石酸盐	
$PbCrO_4$	2.8×10^{-13}	$CaC_4H_4O_6\cdot 2H_2O$	7.7×10^{-7}
碳酸盐			
$MgCO_3$	3.5×10^{-8}		

附录 10　某些氢氧化物沉淀和溶解所需的 pH

氢氧化物	开始沉淀 pH		沉淀完全及溶解 pH		
	原始浓度(1mol · L^{-1})	原始浓度(0.01mol · L^{-1})	沉淀完全	沉淀开始溶解	沉淀完全溶解
$Sn(OH)_4$	0	0.5	1.0	13	>14
$TiO(OH)_2$	0	0.5	2.0		
$Sn(OH)_2$	0.9	2.1	4.7	10	13.5
$ZrO(OH)_2$	1.3	2.3	3.8		
$Fe(OH)_3$	1.5	2.3	4.1	14	
HgO	1.3	2.4	5.0	11.5	
$Al(OH)_3$	3.3	4.0	5.2	7.8	10.8
$Cr(OH)_3$	4.0	4.9	6.8	12	>14
$Be(OH)_2$	5.2	6.2	8.8		
$Zn(OH)_2$	5.4	6.4	8.0	10.5	12～13
$Fe(OH)_2$	6.5	7.5	9.7	13.5	
$Co(OH)_2$	6.6	7.6	9.2	14	
$Ni(OH)_2$	6.7	7.7	9.5		
$Cd(OH)_2$	7.2	8.2	9.7		
Ag_2O	6.2	8.2	11.2	12.7	
$Mn(OH)_2$	7.8	8.8	10.4	14	
$Mg(OH)_2$	9.4	10.4	12.4		

附录 11　常见基准试剂的干燥条件及应用对象

基准物质		干燥后组成	干燥条件/℃	标定对象
名称	化学式			
碳酸钠	$Na_2CO_3 \cdot 10H_2O$	Na_2CO_3	270～300	酸
硼砂	$Na_2B_4O_7 \cdot 10H_2O$	$Na_2B_4O_7 \cdot 10H_2O$	放在装有蔗糖和氯化钠饱和溶液的密闭容器中	酸
碳酸氢钾	$KHCO_3$	K_2CO_3	270～300	酸
草酸	$H_2C_2O_4 \cdot 2H_2O$	$H_2C_2O_4 \cdot 2H_2O$	室温空气干燥	碱或 $KMnO_4$
邻苯二甲酸氢钾	$KHC_8H_4O_4$	$KHC_8H_4O_4$	110～120	碱
重铬酸钾	$K_2Cr_2O_7$	$K_2Cr_2O_7$	140～150	还原剂
溴酸钾	$KBrO_3$	$KBrO_3$	130	还原剂
碘酸钾	KIO_3	KIO_3	130	还原剂
铜	Cu	Cu	室温干燥器中保存	还原剂
草酸钠	$Na_2C_2O_4$	$Na_2C_2O_4$	130	氧化剂

续表

基准物质		干燥后组成	干燥条件/℃	标定对象
名称	化学式			
碳酸钠	Na_2CO_3	Na_2CO_3	110	EDTA
锌	Zn	Zn	室温干燥器中保存	EDTA
氧化锌	ZnO	ZnO	900～1000	EDTA
氯化钠	NaCl	NaCl	500～600	$AgNO_3$
氯化钾	KCl	KCl	500～600	$AgNO_3$
硝酸银	$AgNO_3$	$AgNO_3$	220～250	氯化物
氨基磺酸	$HOSO_2NH_2$	$HOSO_2NH_2$	在真空环境中，浓 H_2SO_4 干燥保存 48h	碱

附录 12　常用指示剂

（一）酸碱指示剂

指示剂名称	变色 pH 范围	颜色变化	$pK^{\ominus}_{HIn}$	配制方法
百里酚蓝	1.2～2.8	红→黄	1.65	0.1%的 20%乙醇溶液
甲基黄	2.9～4.0	红→黄	3.25	0.1%的 90%乙醇溶液
甲基橙	3.1～4.4	红→黄	3.45	0.05%的水溶液
溴酚蓝	3.0～4.6	黄→紫	4.1	0.1%的 20%乙醇溶液或其钠盐水溶液
溴甲酚绿	4.0～5.6	黄→蓝	4.9	0.1%的 20%乙醇溶液或其钠盐水溶液
甲基红	4.4～6.2	红→黄	5.0	0.1%的 60%乙醇溶液或其钠盐水溶液
溴百里酚蓝	6.2～7.6	黄→蓝	7.3	0.1%的 20%乙醇溶液或其钠盐水溶液
中性红	6.8～8.0	红→黄橙	7.4	0.1%的 60%乙醇溶液
酚红	6.8～8.4	黄→红	8.0	0.1%的 60%乙醇溶液或其钠盐水溶液
百里酚蓝	8.0～9.6	黄→蓝	8.9	0.1%的 20%乙醇溶液
酚酞	8.0～10.0	无→红	9.4	0.5%的 90%乙醇溶液
百里酚酞	9.4～10.6	无→蓝	10.0	0.1%的 90%乙醇溶液

（二）混合酸碱指示剂

指示剂溶液的组成	变色点 pH	颜色		备注
		酸色	碱色	
1 份 0.1%甲基黄乙醇溶液 1 份 0.1%次甲基蓝乙醇溶液	3.25	蓝紫	绿	pH 3.2 蓝紫色 pH 3.4 绿色
1 份 0.1%甲基橙水溶液 1 份 0.25%靛蓝二磺酸水溶液	4.1	紫	黄绿	

续表

指示剂溶液的组成	变色点 pH	颜色		备注
		酸色	碱色	
1份0.1%溴百里酚绿钠盐水溶液 1份0.2%甲基橙水溶液	4.3	黄	蓝绿	pH 3.5 黄色 pH 4.0 黄绿色 pH 4.3 绿色
3份0.1%溴甲酚绿乙醇溶液 1份0.2%甲基红乙醇溶液	5.1	酒红	绿	
1份0.2%甲基红乙醇溶液 1份0.1%次甲基蓝乙醇溶液	5.4	红紫	绿	pH 5.2 红紫色 pH 5.4 暗蓝色 pH 5.6 绿色
1份0.1%溴甲酚绿钠盐水溶液 1份0.1%氯酚红钠盐水溶液	6.1	黄绿	蓝紫	pH 5.4 蓝绿色 pH 5.8 蓝色 pH 6.2 蓝紫色
1份0.1%溴甲酚紫钠盐水溶液 1份0.1%溴百里酚蓝钠盐水溶液	6.7	黄	蓝紫	pH 6.2 黄紫色 pH 6.6 紫色 pH 6.8 蓝紫色
1份0.1%中性红乙醇溶液 1份0.1%次甲基蓝乙醇溶液	7.0	蓝紫	绿	pH 7.0 蓝紫色
1份0.1%溴百里酚蓝钠盐水溶液 1份0.1%酚红钠盐水溶液	7.5	黄	绿	pH 7.2 暗绿色 pH 7.4 淡紫色 pH 7.6 深紫色
1份0.1%甲酚红钠盐水溶液 3份0.1%百里酚蓝钠盐水溶液	8.3	黄	紫	pH 8.2 玫瑰色 pH 8.4 紫色
1份0.1%百里酚蓝50%乙醇溶液 3份0.1%酚酞50%乙醇溶液	9.0	黄	紫	从黄到绿再到紫
2份0.1%百里酚酞乙醇溶液 1份0.1%茜素黄乙醇溶液	10.2	黄	紫	

（三）氧化还原指示剂

指示剂名称	$E^{\ominus\prime}$/V [$c(H^+)=1mol\cdot L^{-1}$]	颜色变化		配制方法
		氧化态	还原态	
中性红	0.24	红	无色	0.05%的60%乙醇溶液
次甲基蓝	0.36	蓝	无色	0.05%水溶液
二苯胺	0.76	紫	无色	1g溶于100mL 2%硫酸中
二苯胺磺酸钠	0.85	紫红	无色	0.5%的水溶液
邻二氮菲-Fe(Ⅱ)	1.06	浅蓝	红	1.485g邻二氮菲加0.965g $FeSO_4$溶于100mL水中
邻苯氨基苯甲酸	1.08	紫红	无色	0.1g指示剂加20mL 5% Na_2CO_3溶液，用水稀释至100mL
5-硝基邻二氮菲	1.25	浅蓝	紫红	1.008g指示剂及0.695g $FeSO_4$溶于100mL水中

（四）金属指示剂

指示剂名称	适用 pH 范围	颜色		配制方法
		游离态	化合物	
铬黑 T	7～11	蓝	紫红	1g 铬黑 T 与 100g NaCl 研细、混匀
钙指示剂	8～13	蓝	酒红	1g 钙指示剂与 100g NaCl 研细、混匀
二甲酚橙	<6	黄	红紫	0.5g 指示剂溶于 100mL 蒸馏水中
磺基水杨酸	3～13	无	红	1%的水溶液
PAN 指示剂	2～12	黄	红	0.2g PAN 溶于 100mL 乙醇中
K-B 指示剂	8～13	蓝	红	0.5g 酸性铬蓝 K 加 1.25g 萘酚绿 B，再加 25g NaCl 研细、混匀
邻苯二酚紫	2～12	紫	蓝	0.1g 指示剂溶于 100mL 蒸馏水中
钙镁试剂	9～11	蓝	红	0.5%的水溶液，或 0.1%的 10%乙醇溶液
酸性铬蓝 K	8～13	蓝	红	1g 指示剂与 100g NaCl 研细、混匀

附录 13　常用缓冲溶液及标准缓冲溶液的配制

（一）常用缓冲溶液

缓冲溶液组成	$pK_a^\ominus$	缓冲 pH	缓冲溶液配制方法
氨基乙酸-HCl	2.35 ($pK_{a1}^\ominus$)	2.3	取氨基乙酸 150g 溶于 500mL 水后，加浓 HCl 80mL，加水稀释至 1000mL
H_3PO_4-柠檬酸盐		2.5	取 $Na_2HPO_4 \cdot 12H_2O$ 113g 溶于 200mL 水后，加柠檬酸 387g 溶解，过滤后稀释至 1000mL
一氯乙酸-NaOH	2.86	2.8	取 200g 一氯乙酸溶于 200mL 水，加 NaOH 40g，溶解后稀释至 1000mL
邻苯二甲酸氢钾-HCl	2.95 ($pK_{a1}^\ominus$)	2.9	取 500g 邻苯二甲酸氢钾溶于 500mL 水，加浓 HCl 80mL，稀释至 1000mL
甲酸-NaOH	3.76	3.7	取 95g 甲酸和 40g NaOH 于 500mL 水，稀释至 1000mL
NH_4Ac-HAc		4.5	取 NH_4Ac 77g 溶于 200mL 水，加冰醋酸 59mL，稀释至 1000mL
NaAc-HAc	4.75	4.7	取无水 NaAc 83g 溶于水，加冰醋酸 60mL，稀释至 1000mL
NaAc-HAc	4.75	5.0	取无水 NaAc 160g 溶于水，加冰醋酸 60mL，稀释至 1000mL
NH_4Ac-HAc		5.0	取 NH_4Ac 250g 溶于水，加冰醋酸 25mL，稀释至 1000mL
六亚甲基四胺-HCl	5.15	5.4	取六亚甲基四胺 40g 溶于 200mL 水，加浓 HCl 10mL，稀释至 1000mL
NH_4Ac-HAc		6.0	取 NH_4Ac 600g 溶于水，加冰醋酸 20mL，稀释至 1000mL
NaAc-Na_2HPO_4		8.0	取无水 NaAc 50g 和 $Na_2HPO_4 \cdot 12H_2O$ 50g 溶于水，稀释至 1000mL
Tris[三羟甲基氨基甲烷 $C(HOCH_2)_3NH_2$]-HCl	8.21	8.2	取 25g Tris 试剂溶于水，加浓 HCl 8mL，稀释至 1000mL
NH_3-NH_4Cl	9.26	9.2	取 NH_4Cl 54g 溶于水，加浓氨水 63mL，稀释至 1000mL
NH_3-NH_4Cl	9.26	9.5	取 NH_4Cl 54g 溶于水，加浓氨水 126mL，稀释至 1000mL
NH_3-NH_4Cl	9.26	10.0	取 NH_4Cl 54g 溶于水，加浓氨水 350mL，稀释至 1000mL

（二）标准 pH 缓冲溶液（25℃）

名称	pH	配制方法
0.05mol · L^{-1}四草酸氢钾溶液	1.65	称取(54±3)℃下烘干 4～5h 的 $KH_3(C_2O_4)_2 \cdot 2H_2O$ 12.61g，溶于蒸馏水，在容量瓶中稀释至 1000mL
饱和酒石酸氢钾溶液(0.034mol · L^{-1})	3.56	在磨口玻璃瓶中装入蒸馏水和过量的酒石酸氢钾粉末(约 20g · L^{-1})，控制温度在(25±5)℃，剧烈振摇 20～30min，溶液澄清后，取上层清液备用
0.05mol · L^{-1}邻苯二甲酸氢钾	4.01	称取 10.12g 在(115±5)℃下烘干 2～3h 的优级纯邻苯二甲酸氢钾 $KHC_8H_4O_4$溶于蒸馏水，在容量瓶中稀释至 1000mL
0.025mol · L^{-1}磷酸二氢钾和 0.025 mol · L^{-1}磷酸氢二钠混合溶液	6.86	分别称取在(115±5)℃下烘干 2～3h 的 KH_2PO_4 3.39g 和 Na_2HPO_4 3.53g 溶于蒸馏水，在容量瓶中稀释至 1000mL
0.01mol · L^{-1}硼砂溶液	9.18	称取优级纯硼砂 $Na_2B_4O_7 \cdot 10H_2O$ 3.80g 溶于蒸馏水，在容量瓶中稀释至 1000mL
0.025mol · L^{-1}碳酸氢钠和 0.025mol · L^{-1}碳酸钠混合液	10.00	分别称取 $NaHCO_3$ 2.10g 和无水 Na_2CO_3 2.65g 溶于蒸馏水，在容量瓶中稀释至 1000mL

附录 14　某些试剂的配制

名称	组成量度	配制方法
奈斯勒试剂		11.55g HgI_2和 8g KI 溶于水，稀释至 50mL，再加 50mL 6mol · L^{-1} NaOH 溶液，静置后取其清液，储于棕色瓶中
乙酸双氧铀锌		①10g 乙酸双氧铀溶于 15mL 6mol · L^{-1} HAc 溶液，微热并搅拌使其溶解，加水至 100mL；②另取 $Zn(Ac)_2 \cdot 2H_2O$ 30g 溶于 15mL 6mol · L^{-1} HAc 溶液，搅拌加水稀释至 100mL；③将上述两种溶液加热至 70℃后混合，放置 24h 后，取其清液，储于棕色瓶中
钴亚硝酸钠 $Na_3[Co(NO_2)_6]$		溶解 23g $NaNO_2$于 50mL 水，加 16.5mL 6mol · L^{-1} HAc 和 3g $Co(NO_3)_2 \cdot H_2O$，放置 24h，取其清液，稀释至 100mL，储于棕色瓶
镁试剂	0.01g · L^{-1}	取 0.01g 镁试剂(对硝基苯偶氮间苯二酚)溶于 1L 1mol · L^{-1} NaOH 溶液中
碘水	0.01mol · L^{-1}	2.5g 碘和 3g KI，加入尽可能少的水中，搅拌至碘完全溶解，加水稀释至 1L
淀粉溶液	5g · L^{-1}	将 1g 可溶性淀粉加入 100mL 冷水调和均匀。将所得乳浊液在搅拌下倾入 200mL 沸水中，煮沸 2～3min 使溶液透明，冷却即可
KI-淀粉溶液		0.5% 淀粉溶液中含有 0.1mol · L^{-1} KI
铬酸洗液		25g 重铬酸钾溶于 50mL 水，加热溶解。冷却后，向该溶液缓慢加入 450mL 浓硫酸，边加边搅拌，冷却即可。切勿将重铬酸钾溶液加到浓硫酸中
硝酸亚汞	0.1mol · L^{-1}	取 56.1g $Hg_2(NO_3)_2 \cdot 2H_2O$ 溶于 250mL 6mol · L^{-1} HNO_3，加水稀释至 1L，并加入少量金属汞
硫化钠	1mol · L^{-1}	240g $Na_2S \cdot 9H_2O$ 和 40g NaOH 溶于水，稀释至 1L，混匀

续表

名称	组成量度	配制方法
硫化铵	$3mol \cdot L^{-1}$	在200mL浓氨水中通入H_2S气体至饱和，再加入200mL浓氨水稀释至1L，混匀
碳酸铵	$1mol \cdot L^{-1}$	将96g $(NH_4)_2CO_3$研细，溶于1L $2mol \cdot L^{-1}$氨水
硫酸铵	饱和	将50g $(NH_4)_2SO_4$溶于100mL热水，冷却后过滤
钼酸铵	$0.1mol \cdot L^{-1}$	将124g $(NH_4)_2MoO_4$溶于1L水，然后将所得溶液倒入1L $6mol \cdot L^{-1}$ HNO_3中，放置24h，取其清液
氯水		水中通氯气至饱和。25℃时氯的溶解度为$199mL \cdot (100g\ H_2O)^{-1}$
溴水		将50g(16mL)液溴注入有1L水的磨口瓶中，剧烈振荡2h。每次振荡后将塞子微开，使溴蒸气放出。将清液倒入试剂瓶中备用。溴在20℃的溶解度为$3.58g \cdot (100g\ H_2O)^{-1}$
镍试剂	$10g \cdot L^{-1}$	溶解10g镍试剂(丁二酮肟)于1L 95%乙醇溶液中
硫氰酸汞铵	$0.15mol \cdot L^{-1}$	取8g $HgCl_2$、9g NH_4SCN溶于水中，储于棕色瓶中
对氨基苯磺酸	0.34%	将0.5g对氨基苯磺酸溶于150mL $2mol \cdot L^{-1}$ HAc中
α-苯胺	0.12%	0.3g α-苯胺溶于20mL水，加热煮沸后，在所得溶液中加入150mL $2mol \cdot L^{-1}$ HAc
二苯硫腙	0.01%	0.01g二苯硫腙溶于100mL CCl_4中
硫脲	10%	10g硫脲溶于100mL $1mol \cdot L^{-1}$ HNO_3中
二苯胺	1%	1g二苯胺在搅拌下溶于100mL浓硫酸中
三氯化锑	$0.1mol \cdot L^{-1}$	22.8g $SbCl_3$溶于330mL $6mol \cdot L^{-1}$ HCl，加水稀释至1L
三氯化铋	$0.1mol \cdot L^{-1}$	31.6g $BiCl_3$溶于330mL $6mol \cdot L^{-1}$ HCl，加水稀释至1L
氯化亚锡	$0.1mol \cdot L^{-1}$	22.6g $SnCl_2 \cdot 2H_2O$溶于330mL $6mol \cdot L^{-1}$ HCl，加水稀释至1L，加入几粒纯锡，以防氧化
三氯化铁	$1mol \cdot L^{-1}$	90g $FeCl_3 \cdot 6H_2O$溶于80mL $6mol \cdot L^{-1}$ HCl，加水稀释至1L
三氯化铬	$0.5mol \cdot L^{-1}$	44.5g $CrCl_3 \cdot 6H_2O$溶于40mL $6mol \cdot L^{-1}$ HCl，加水稀释至1L
硫酸亚铁	$0.1mol \cdot L^{-1}$	取69.5g $FeSO_4 \cdot 7H_2O$溶于适量的水，缓慢加入5mL浓硫酸，再用水稀释至1L，并加入数枚小铁钉，以防氧化
二苯碳酰二肼	$0.4g \cdot L^{-1}$	0.04g二苯碳酰二肼溶于20mL 95%乙醇，边搅拌，边加入80mL(1∶9)硫酸(存于冰箱中可用一个月)
硝酸铅	$0.25mol \cdot L^{-1}$	83g $Pb(NO_3)_2$溶于少量水，加入15mL $6mol \cdot L^{-1}$ HNO_3，用水稀释至1L
亚硝酰铁氰化钠 $Na_2[Fe(CN)_5NO]$	1%	溶解1g亚硝酰铁氰化钠于100mL水中，若溶液变成蓝色，即需重新配制(只能保存数天)
硫酸氧钛 $TiOSO_4$		溶解19g液态$TiCl_4$于220mL 1∶1 H_2SO_4中，再用水稀释至1L(注意：液态$TiCl_4$在空气中强烈发烟，必须在通风橱中配制)
氯化氧钒 VO_2Cl		取1g偏钒酸铵固体，加入20mL $6mol \cdot L^{-1}$盐酸和10mL水